全国水利行业“十三五”规划教材（职业技术教育）
中国水利教育协会策划组织

水利工程管理

主　编　岳延兵　王稳江
副主编　闵志华　刘甘华　王　娟
　　　　陈丽娟　张　杰
主　审　余周武

黄河水利出版社
·郑州·

内 容 提 要

本书是全国水利行业"十三五"规划教材,是根据中国水利教育协会职业技术教育分会高等职业教育教学研究会制定的水利工程管理课程标准编写完成的。本书主要介绍了水利工程管理方面的实用技术、操作技能和法规制度。全书有5个学习项目,项目共分解成22个学习型工作任务,主要内容包括认识水利工程管理、水工建筑物的安全监测、水工建筑物的养护修理、水库管理工作、水利工程管理相关标准与法规等。

本书可供高等职业院校水利水电工程建筑、水利工程、农田水利、城市水利类专业使用,也可供从事水利水电工程基层管理工作的技术人员参考。

图书在版编目(CIP)数据

水利工程管理/岳延兵,王稳江主编.—郑州:黄河水利出版社,2019.3

全国水利行业"十三五"规划教材. 职业技术教育

ISBN 978-7-5509-2209-9

Ⅰ.①水… Ⅱ.①岳…②王… Ⅲ.①水利工程管理-高等职业教育-教材 Ⅳ.①TV6

中国版本图书馆CIP数据核字(2018)第265485号

组稿编辑:王路平　电话:0371-66022212　E-mail:hhslwlp@163.com

田丽萍　66025553　912810592@qq.com

出 版 社:黄河水利出版社　网址:www.yrcp.com

地址:河南省郑州市顺河路黄委会综合楼14层　邮政编码:450003

发行单位:黄河水利出版社

发行部电话:0371-66026940、66020550、66028024、66022620(传真)

E-mail:hhslcbs@126.com

承印单位:河南承创印务有限公司

开本:787 mm×1 092 mm　1/16

印张:16.5

字数:380千字　印数:1—3 100

版次:2019年3月第1版　印次:2019年3月第1次印刷

定价:45.00元

前 言

本书是贯彻落实《国家中长期教育改革和发展规划纲要(2010～2020年)》、《国务院关于加快发展现代职业教育的决定》(国发〔2014〕19号)、《现代职业教育体系建设规划(2014～2020年)》和《水利部 教育部关于进一步推进水利职业教育改革发展的意见》(水人事〔2013〕121号)等文件精神,依据中国水利教育协会水教协〔2016〕16号文《关于公布全国水利行业“十三五”规划教材名单的通知》,在中国水利教育协会精心组织和指导下,由中国水利教育协会职业技术教育分会组织编写的全国水利行业“十三五”规划教材。教材以学生能力培养为主线,具有鲜明的时代特点,体现了实用性、实践性、创新性的特色,是一套水利高职教育精品规划教材。

近年来水利部新出台了《水利单位管理体系要求》《水库大坝安全管理应急预案编制导则》《水利水电工程施工安全管理导则》《水利工程建设与管理数据库表结构及标识符》《水资源监控管理系统建设技术导则》《水库调度规程编制导则》等国家及行业规范标准,这些新的规范、标准的颁布实施对水利工程管理提出了更高的要求。这里主要从认识水利工程管理、水工建筑物的安全监测、水工建筑物的养护修理、水库管理工作、水利工程管理相关标准与法规等方面,以项目引领、任务驱动的编写思路,做到实用、够用、能学、会用,重在培养学生的职业岗位能力,为更加适应水利行业高等职业技术教育的发展需求组织编写了本书。

全书按项目引导、任务驱动的教学理念编写,设计了5个学习项目,项目共分解成22个学习型工作任务。全书编写突出实用性和职业性,注重实践能力的培养,努力适应水利行业高等职业技术教育的发展需求。

本书编写人员及编写分工如下:山西水利职业技术学院岳延兵(项目一),湖北水利水电职业技术学院陈丽娟(项目二中任务一、二、三),山东水利职业学院王娟(项目二中任务四、五),安徽水利水电职业技术学院刘甘华(项目三中任务一、三、四),重庆水利电力职业技术学院闵志华(项目三中任务二、五),杨凌职业技术学院王稳江(项目四),山西水利职业技术学院张杰和安徽水利水电职业技术学院周娟(项目五)。全书由岳延兵、王稳江担任主编;由闵志华、刘甘华、王娟、陈丽娟、张杰担任副主编,张杰负责统稿工作;由湖北水利水电职业技术学院余周武担任主审。

在本书的编写过程中,各编写人员所在学院和校企合作单位都给予了大力支持,本书参考并引用了各种教材和文献资料,在此不详细列出,特此表示诚挚的感谢!

由于编者水平有限,不足之处在所难免,敬请读者批评指正。

编 者

2018年9月

目　录

前　言

项目一　认识水利工程管理 …… (1)

任务一　了解水利工程管理的发展 …… (1)

任务二　了解水利工程管理的内容 …… (2)

任务三　理解水利工程管理的意义 …… (6)

思考题 …… (7)

项目二　水工建筑物的安全监测 …… (8)

任务一　了解水工建筑物安全监测 …… (8)

任务二　掌握水工建筑物的变形监测 …… (17)

任务三　掌握水工建筑物的渗流监测 …… (41)

任务四　掌握水工建筑物的应力和温度观测 …… (57)

任务五　掌握水工建筑物的水流观测 …… (70)

思考题 …… (73)

项目三　水工建筑物的养护修理 …… (74)

任务一　掌握土石坝的养护修理 …… (74)

任务二　掌握混凝土坝的养护维修 …… (109)

任务三　掌握水闸的养护维修 …… (136)

任务四　掌握溢洪道的养护维修 …… (142)

任务五　掌握输水隧洞及渠系建筑物的养护维修 …… (146)

思考题 …… (171)

项目四　水库管理工作 …… (172)

任务一　认识水库管理工作 …… (172)

任务二　水库兴利调度 …… (181)

任务三　水库防洪调度 …… (211)

任务四　水库泥沙治理措施 …… (230)

任务五　水电站工程管理 …… (234)

思考题 …… (240)

项目五　水利工程管理相关标准与法规 …… (241)

任务一　理解水库调度规程编制导则 …… (241)

任务二　掌握水库大坝安全管理应急预案编制导则 …… (246)

任务三　了解水利水电工程管理法规制度建设现状 …… (253)

任务四　编制水利工程管理计划 …… (255)

思考题 …… (257)

参考文献 …… (258)

项目一 认识水利工程管理

任务一 了解水利工程管理的发展

我国是水利历史悠久的国家，长期以来，积累了丰富的水利工程管理经验。我国古代有过诸如河防、岁修、堵口复堤、通舟保漕等属于水利管理范畴的事迹和制度。《水部式》就是商代颁布执行的水利工程管理法规，代表了当时水利管理的成就。但19世纪中叶以后，我国沦为半封建半殖民地社会，不仅水利建设停滞不前，而且已有的一些水利工程也年久失修，管理制度废弛、管理水平已十分落后。直至20世纪初，我国才开始学习和引进西方先进的水利科学技术，但管理落后的局面并未有大的改变。直至中华人民共和国成立以后，我国水利事业才得到迅速发展。

中华人民共和国成立60多年来，随着水利建设的迅速发展，我国水利管理事业的发展过程可分为以下三个阶段：

第一个阶段是“三年恢复”和第一个五年计划时期。1949～1952年为“三年恢复”时期，开始建立新的行政管理机构和民主管理制度，大力开展堵口复堤、疏浚河道、整修建筑等水利工程管理活动。从1953年开始执行第一个五年计划，新建了淮河、海河、长江等流域的重点工程。1953年12月，召开了全国水利会议。会议要求加强工程管理机构建设，建立管理制度，从此各地逐步开展了正规的工程管理。水利部成立了工程管理局，召开水利管理经验交流会、现场会，开办培训班，派人赴苏联学习，划分水库、水闸等工程的等级标准，开展工程检查观测和资料分析整编工作，并把当时新编制的官厅水库和三河闸管理规范作为示范印发全国。这些工作有力地推动了各地水利工程管理业务的开展，并为以后的工作打下了良好基础。

第二个阶段是“大跃进”到“十年动乱”时期。1958年“大跃进”时期中，大批水利工程上马，成绩显著。但在“左”的思想指导下“边勘测、边设计、边施工”，不少工程标准低、质量差、尾工多、配套不全，在缺乏严格验收交接手续的情况下交付管理。一方面水利工程建设呈现出兴旺发达景象，另一方面也给管理单位增加了许多困难。加之当时“重建、轻管”现象再次抬头，国民经济出现困难，水利工程管理也出现低潮。1961年中央批转了农业部、水利部《关于加强水利管理工作的十条意见》。1963年水利电力部召开了全国闸坝管理和防汛工作会议，表扬了三河闸、三家店闸、蚌埠闸和杜家台闸等先进典型。1964年，全国水利会议针对当时暴露出的问题，要求消灭中小型工程无人管理现象和管理中乱指挥、乱运用、乱操作现象，建立正常的管理秩序。此后，水利电力部陆续颁发了水库、闸坝、堤防管理通则和11种水利工程检查观测、养护修理的技术规范，同年10月，国务院批准了《水利工程水费征收、使用和管理试行办法》。1965年，全国水利工作会议全面总结了水利的“四重四轻”现象，制定了“大小全管好”的水利工作方针，掀起了全国水利工程管理工作的新高潮。

从1966年开始的“十年动乱”使水利管理遭受了冲击,撤销下放了许多管理机构和技术人员,大批技术资料、技术档案被销毁,管理制度废止,工程管理工作秩序一片混乱。加之淮河“75·8”大洪水和板桥、石漫滩等水库垮坝,陡河、密云等水库出险,天灾人祸交织,水利管理遭遇到空前浩劫。

第三个阶段是党的十一届三中全会至今。我国推行了以经济建设为中心、全面改革、对外开放的一系列方针政策,从此出现了一个具有历史意义的伟大转折。新时期的水利事业开始了伟大振兴和大踏步的前进,水利改革与发展展现出勃勃生机。与此同时,水利工程管理在安全管理、体制改革、经济改革以及其他方面面貌大为改观,工作成绩显著。到2010年年末,全国水利工程管理体制改革基本完成并通过验收。11 422个水利工程管理单位全部完成“两费”测算,99.6%的单位完成分类定性。“两项经费”共落实134.15亿元,落实率达89%。其中:落实人员经费80.96亿元,落实率为94%;落实维修养护经费53.19亿元,落实率为81%。实行管养分离(包括内部管养分离)的水利工程管理单位7 197个,占水利工程管理单位总数的63.0%。

任务二　了解水利工程管理的内容

一、水利工程管理的任务

水利工程管理的主要任务是,确保水利工程的安全、完整,充分发挥水利工程和水资源的综合效益,即“安全、效益、综合经营”。具体来说,其任务是通过合理调水用水,除害兴利,最大限度地发挥水资源的综合效益;通过检查、观测、了解建筑物的工作状态,及时发现隐患;对工程进行经常性的养护,对病害及时处理;开展科学研究,不断提高管理水平,逐步实现工程管理现代化。

为了做好工程管理工作,首先应当详细掌握工程的情况。在工程施工阶段,就应筹建管理机构,并派驻人员参与施工;工程竣工后,要严格履行验收交接手续,要求设计和施工单位将勘测、设计及施工资料一并移交管理单位;管理单位要根据工程具体情况,制定出工程运用管理的各项工作制度,并认真贯彻执行,保证工程正常高效地运用。

在建筑物的管理中,必须遵循以防为主、防重于修、修重于抢的原则。首先做好检查观测和养护工作,防止工程病害的发生和发展,发现病害后应及时修理。做到小坏小修、随坏随修,防止病害进一步扩大,以免造成不应有的损失。

二、水利工程管理的内容

水利工程管理的内容随着水利事业的发展也在不断充实和发展。它的内容很广泛,一般可分为工程技术管理、法制管理和经营管理。工程技术管理主要包括控制运用、用水管理、检查观测、养护维修和防汛抢险等。法制管理主要包括水法律、水利工程管理法规和地方性管理法规等。经营管理主要包括组织管理、计划管理、生产管理、财务管理和综合经营管理等。无论是工程技术管理、法制管理还是经营管理,都要运用现代化的管理技术手段，如应用计算机技术提高管理的自动化、现代化水平。

（一）工程技术管理

1. 水库控制运用

水库的作用是兴利调节、防洪除害。但是水库在运用中常常存在各种矛盾，如防洪与兴利的矛盾、各兴利部门之间在用水上的矛盾等，解决矛盾的途径和方式不同，相应的效果也不同。水库控制运用，也称水库调度，包括防洪调度和兴利调度。水库控制运用的任务就是，根据水库工程承担的水利任务、河川径流的变化情况及国民经济各部门的用水要求，利用水库的调蓄能力，在保证水库枢纽安全的前提下，制订合理的水库运用方案，有计划地对入库天然径流进行控制蓄泄，最大限度地发挥水资源的综合效益。水库控制运用是水库工程运行管理的中心环节。合理的水库控制运用，还有助于工程的管理，保持工程的完整，延长水工建筑物的使用寿命。

水库控制运用的工作内容包括拟定各项水利任务的控制运用方式，编制水库调度规程、水库调度图、当年调度计划，制订面临时段（月、旬）的水库蓄泄方案，进行水库水量调度运用的实时操作等。水库控制运用的日常业务主要有：①加强水库控制运用的基础工作，逐步建立健全水文、雨量报汛站网，推广应用水情自动测报技术；②努力掌握完整的基本资料；③研究采取科学合理的水库控制运用方式；④建立完整的水库控制运用工作制度；⑤加强水库控制运用的科研工作等。

2. 用水管理

用水管理是指应用长期供求水的计划、水量分配、取水许可制度、征收水费和水资源费、计划用水和节约用水等手段，对地区、部门及单位和个人使用水资源的活动进行管理，以期达到合理用水、高效用水的目的。水资源的开发利用经历了从以需定供、供需平衡到以供定需的三个阶段，水资源已经成为制约我国国民经济持续稳定发展与影响社会和谐发展进步的重要因素，对使用水资源的活动进行行之有效的管理已势在必行。

用水管理主要包括灌区用水管理和城镇用水管理，需根据水源情况、工程条件、工农业生产安排等编制用水计划，实行计划用水。按照用水计划的规定和水量调配组织的指导，调节、控制水量，准确地从水源引水、抽水和按定额向用水单位供水，同时做好量测水工作。在灌溉用水中，减少渠道水量损失、提高灌溉水的利用率是一项极为重要的工作，主要措施包括改善灌水技术、渠道防渗、积极开展灌排试验等。

用水管理的最终目标是使各地区、各部门、各用水单位和个人合理用水、高效用水，以保证在当地水资源处于良性循环的前提下，满足不断增长的社会经济的用水需要。

3. 检查观测

检查观测是水利工程管理中的重要技术工作之一，也是管理工作的“耳目”。实践证明，水利工程进行系统的检查观测，及时分析观测资料，就能及时掌握工程状态变化出现的异常现象，及早采取抢护和加固措施，确保工程安全运行。

检查观测工作的任务是：①确保工程安全。通过检查观测能及时发现异常情况，分析原因，指导维修工作，防止事故发生，保证工程安全。②充分发挥工程效益。通过检查观测，判断建筑物在各种运用条件下的安全程度，以便在确保建筑物安全的前提下充分发挥工程效益。③验证设计。通过原型观测，对建筑物的设计理论、计算方法和计算指标进行验证,有利于提高设计水平。④鉴定施工质量。通过分析施工期观测资料,控制施工进度,保证工程质量。通过对运行中观测资料的分折,能更好地鉴定施工质量。⑤为科学研究提供资料,以发展水工技术。

水利工程检查工作,分为经常检查、定期检查、特别检查和安全鉴定。工程管理单位对建筑物各部位、闸门及启闭机械、动力设备、通信设施、水流形态,以及库区岸坡等进行经常观察。

水利工程管理人员除必须对各项建筑物进行巡视检查外,还应根据工程规格大小、结构形式以及工程的具体情况,参照《水工建筑物观测工作手册》的规定,确定观测项目。

水工建筑物的观测项目,概括起来有变形观测、应力应变观测及温度观测、渗透观测、水库泥沙淤积观测及水文气象观测等。工程观测的基本要求是按照规定的观测项目和观测方法进行系统和连续的观测,掌握特征测值和有代表性的测值,研究工程运用情况是否正常及重要部位和薄弱环节的变化情况,分析原因,进行检查处理。

4. 养护维修

水工建筑物在运营中,受到各种外力和外界因素的作用,随着时间的推移,将向不利的方向转化,逐渐降低其工作性能、缩短工程寿命,甚至造成严重事故。因此,对水工建筑物进行妥善的养护,对其病害进行及时有效的维修,使不安全的因素向有利的方向转化,确保工程安全,使水工建筑物长期地充分发挥其应有效益,这就是加强养护维修的重要意义。工程实践告诉我们,只要加强检查观测和养护维修工作,病险水库就可以转危为安、发挥正常效益,否则势必造成严重事故,严重威胁人民生命财产的安全。

本着"经常养护,随时维修;养重于修,修重于抢"的原则,养护维修工作一般可分为经常性的养护维修、岁修、大修和抢修等。经常性的养护维修是根据检查观测发现的问题而进行的日常保养维修和局部修理,以保持工程完整。岁修是每年根据汛后全面检查所发现的工程问题,编制岁修计划,报批后进行的修理。大修是指工程发生较大损坏,修复工程量大,技术较复杂,管理单位报请上级主管部门批准,邀请设计、施工和科研单位共同研究制订修复计划,报批后进行的修理。抢修是当工程发生事故危及工程安全时,管理单位组织力量进行的抢险,应同时上报主管部门,采取进一步的处理措施。无论是经常性的养护维修,还是岁修、大修或抢修,均以恢复或局部改善原有结构为原则;如要扩建、改建,应列入建设计划,待基建程序报批后进行。

5. 防汛抢险

防汛,是在汛期掌握水情变化和建筑物状况,做好调动和加强建筑物及其下游的安全防范工作;抢险,是在建筑物出现险情时,为避免工程失事而进行的紧急抢护工作。防汛抢险是水利工程管理的一项重要工作,内容包括:各级机构建立防汛机构,组织防汛队伍准备物资器材,立足于防大汛、抢大险,确保工程安全。不断总结抢险的经验教训,及时发现险情,准确判断险情的类型及程度,采取正确措施处理险情,迅速有利地把险情消灭在萌芽状态,是取得防汛抢险胜利的关键。工程出现险情时,应在党和政府的组织领导下,充分发动群众,立即进行抢护。在防汛抢险中,应随时做好防大汛、抢大险的准备。制订相应的抢险方案,尽可能地减少洪灾造成的损失。

（二）法制管理

1. 水法律

全国人民代表大会常务委员会会议通过的《中华人民共和国水法》和《中华人民共和国防洪法》是有关水利工程管理工作的基本法，这两部法律中有关水利工程管理的内容，是进行水利工程管理的法律依据。

2. 水利工程管理法规

中华人民共和国国务院发布的《水库大坝安全管理条例》和《中华人民共和国防汛条例》是水库大坝管理和防汛工作的专项法规。

《水库大坝安全管理条例》以中华人民共和国国务院令第78号发布，自1991年3月22日起施行，为加强水库大坝安全管理、保障人民生命财产和社会主义建设的安全，根据《中华人民共和国水法》制定该条例。

《中华人民共和国防洪条例》以中华人民共和国国务院令第86号发布，自1991年7月2日起施行。为了做好防汛抗洪工作、保证人民生命财产安全和经济建设的顺利进行，根据《中华人民共和国水法》制定该条例，2005年国务院对1991年发布的《中华人民共和国防汛条例》做了修改，同时对条文的顺序做了相应调整。

另外，根据《水库大坝安全管理条例》，水利部和有关部门制定了《水库大坝注册登记办法》《水库大坝安全鉴定办法》《水库降等与报废管理办法》等配套规章，这三个办法具体确定了水库管理中进行注册登记、安全鉴定，以及降等与报废管理等的有关规定。

3. 地方性管理法规

有立法权的地方权力机关及省、直辖市、自治区及较大市级人民政府根据国家有关法律法规，结合本地区实际制定了相关的《×××实施办法》《×××实施细则》以及《×××实施意见》等。例如，山东省为加强水库大坝安全管理、保证人民生命财产安全，根据《水库大坝安全管理条例》及其他有关法律、法规，结合本省实际情况，于1994年6月3日以山东省人民政府令第53号发布了《山东省实施〈水库大坝安全管理条例〉办法》。

除中央和国务院颁发的有意义法规外，各地已制定了三百多条地方性法规，基本形成了较为完备的水法规体系，为依法治水奠定了良好基础。

（三）经营管理

水利工程经营管理主要研究如何对水利工程管理单位的全部生产活动和经营活动，进行计划、组织、指挥、控制和调节，以发挥工程设施的效能，充分利用水资源，提高经济效益，为保障防洪安全和国民经济发展服务。

把水利工程建设好、管理好，建立科学、良性的管理、运行、维护、指挥机制，使其能够长期发挥应有的效益，是一项长期的重要任务。现在许多水利工程老化失修，水利工程管理单位生存和发展困难较多，水利工程经营管理不善成为水利工作中十分突出的问题。为此，要综合分析影响水利工程经营管理的各种因素，按照社会主义市场经济体制的要求，深化改革、大胆探索，努力建立符合我国国情的水利工程管理体制和运行机制。

任务三　理解水利工程管理的意义

水利工程的建设,为发展国民经济创造了有利条件,但要确保工程安全,充分发挥工程的效益,还必须加强水利工程管理。水利工程管理是以已建水利工程为对象,以水利技术为基础,以现代管理科学为手段,以提高经济效益为宗旨,以确保工程安全为目的的一门新的管理学科。常言道,“三分建,七分管”。对水利工程而言,建设是基础,管理是关键,使用是目的。工程管理的好坏,直接影响效益的高低,管理不当可能造成严重事故,给国家和人民生命财产带来不可估量的损失。加强水利工程管理的必要性,主要体现在以下几个方面:

(1)由于影响水利水电工程的自然因素复杂,水工理论技术仍处于发展阶段,同时水工建筑物的工程量大、施工条件困难,因此在工程的勘测、规划、设计和施工中难免有不符合客观实际之处,致使水工建筑物本身存在着不同程度的缺点、弱点和隐患。根据 1996 年年底统计,我国大中型病险水库占水库总数的 1/4 左右,小型水库高达 2/5 左右,分布面广、量大,除险加固任务艰巨。

(2)水工建筑物长期处于水中工作,受到水压力、渗透、冲刷、气蚀、冻融和磨损等物理作用,以及侵蚀、腐蚀等化学作用的影响。水工建筑物在长期运行中,可能受到设计时所未能预见的自然因素和非常因素的作用,如遭遇超标准的特大洪水、强烈的台风和地震等。

(3)水工建筑物失事危害随社会发展而不断加大。随着国民经济的迅速发展,各水利水电工程下游的城镇居民和工矿企业均日益增多,条件也日渐优越,一旦水工建筑物失事,溃坝洪水所造成的损失会远远超过以往的任何时期而难以估计。

(4)水利水电工程对国民经济发展关系重大,如果工程失事而丧失作用,必将严重影响工农业生产和发展,造成极大的间接损失。如 1998 年汛期,长江上游先后出现 8 次洪峰,并与中下游洪水相遭遇,形成了全流域性特大洪水。在长江荆江河段以上洪峰流量小于 1931 年洪水和 1954 年洪水,而洪量大于 1931 年洪水和 1954 年洪水。在这场大洪水中,长江中下游干流和洞庭湖、鄱阳湖共溃垸 1 075 个,总淹没面积 32.1 万 km^2,耕地 19.7 万 km^2,涉及人口 229 万,死亡人口 1 562;长江干堤九江大堤决口,尽管未造成人员死亡,但给国家及当地工农业发展造成了难以估量的损失。

总之,水工建筑物在运用中受到各种外力和外界因素的作用,随着时间的推移,将向不利方向转化,逐渐降低其工作性能,缩短工程寿命,甚至造成严重事故。因此,应对水工建筑物加强检查观测,及时发现问题,进行妥善的养护,对病害及时进行维修,不断发现和克服不安全的因素,确保工程安全。同时,科学调度、使用和保护水资源,使水利水电工程长期充分发挥其应有效益,也是水利工程管理的意义所在。

思考题

1. 简述我国水利工程管理发展的几个阶段。

2. 水利工程技术管理主要有哪些内容？

3. 简述水利工程管理的意义。

项目二 水工建筑物的安全监测

水工建筑物的安全监测是指对水工建筑物及其基础从施工开始到竣工整个过程中，以及在运行期间所进行的监测与分析。安全监测在水利水电工程中发挥着重要作用，是工程设计、施工、运行管理中的重要组成部分。

任务一 了解水工建筑物安全监测

一、水工建筑物安全监测的意义

水利水电工程历史悠久，积累了丰富的实践经验。但是在水工建筑物的建设过程中，勘测、设计、施工方面有其不足之处，使水工建筑物的安全承受一定风险。

(1)勘测方面：由于地质、水文、气象的复杂性，即使掌握了现代最先进的勘探技术，采取了周密详尽的调查研究，仍然难以彻底掌握工程地质、水文、气象等情况，因此在某些情况下，作为设计依据的勘测数据与实际情况可能有很大的出入。

(2)设计方面：由于实际情况的复杂性和科技水平的限制，至今水工建筑物设计理论还不够成熟和完善。一些设计前提有某种程度的假定性；若干因素只能简化地加以考虑；作用于结构上的某些荷载还不能准确算出；对结构破坏机制、发展过程、安全界限等的认识都不够清楚和准确；建筑物和地基各部位的物理力学参数更难精确给定。所以，设计中可能存在对水工建筑物工作条件估计偏差或运行情况考虑不全的问题，也可能存在因引用假设进行简化而使结果偏离实际的情况，设计很难做到完美无缺。

(3)施工方面：施工中，也可能发生因施工方法不当，如混凝土浇筑振捣不透，温度控制、选用材料不严，堆石体碾压不密实等各种问题，从而引发一系列质量问题。

竣工运行后，水工建筑物承受各种荷载的作用和自然环境的影响，建筑材料逐渐老化，加之高压水不断渗流溶蚀，使得水工建筑物及其地基的物理力学性能逐渐变异，偏离设计要求。因此，在荷载长期作用以及洪水、地震等恶劣环境因素影响下，水工建筑物结构不断老化，发生事故乃至失事的可能性长期存在，具有事故的风险性。

如果能够在事故发生前获得有关信息，进行分析和判断，及时采取有效的防范措施，便有可能避免事故的发生或减免事故产生损失。20 世纪 50 年代以来，水利水电工程安全监测的问题被逐渐提出和重视，并随监测方法和监测手段的不断改进而逐步发展。

对于水利水电工程，布设完善、先进的安全监测系统，及时埋设监测设施进行监测并对监测成果进行及时分析和反馈，也是工程安全施工和运行的重要保障。在水工建筑物施工及运行过程中，安全监测体系均以“耳目”作用直接指导、反馈工程问题的处理。安全监测工作在水工建筑物建设期和运行期的安全管理中具有举足轻重的地位，非常重要。

概括起来,安全监测具有如下几个方面的作用:

(1)了解建筑物在荷载和各种因素作用下的工作状态和变化情况,据此对建筑物的质量和安全程度做出正确判断和评价,为施工控制和安全运行提供依据。

(2)及时发现不正常的现象,分析原因,以便进行有效的处理,确保工程安全。

(3)检验设计和施工水平,为水利水电工程的实践积累经验,发展工程技术。

二、水工建筑物安全监测的内容

水工建筑物安全监测工作贯穿于工程建设与运行管理的全过程:

(1)在工程设计阶段,需提出安全监测系统的总体设计方案、布置图、仪器设备清单、施工详图及埋设安装技术要求、各监测项目测次的规定、监测系统的工程概算等。

(2)在施工阶段,需做好仪器设备的检验、率定、埋设、安装、调试、维护,施工期的监测,竣工报告及监测报告的编写等工作。

(3)在运行阶段,需进行日常及特殊情况下的监测工作,定期采集数据、巡视检查,及时整理、整编和分析监测成果并编写监测报告,建立监测档案,做好监测系统的维护、更新、补充、完善工作。

安全监测的方法主要有巡视检查和仪器监测两种。巡视检查主要通过人工巡检,发现水工建筑物的沉降、开裂、渗漏等异常现象。仪器监测主要利用已埋设在水工建筑物中的仪器设备或安装的固定测点监测效应量及环境量。

水工建筑物安全监测的主要目的是监控水工建筑物的安全,掌握水工建筑物的运行性态和规律,指导施工和运行。所以,首先要确定哪些现象与水工建筑物的安全相关,从而确定需要监测的内容。总体来说,水工建筑物的各种破坏征兆一般可归结为出现异常的变形(如沉降、倾斜、开裂等异常现象),异常的渗流(如渗漏量、扬压力、渗透压力异常增大等),结构内部应力应变剧烈变化等。为了分析和评估结构安全性,还需要掌握环境量和荷载的情况。

因此,监测的物理量主要有变形、渗流、应力应变和温度、动力响应及水力学参数等类型,监测的环境量主要有大坝上下游水位、降水量、气温、水温、风速、波浪、冰冻、冰压力、坝前淤积和坝后冲刷等。安全监测项目按上述监测工作内容划分为变形监测、渗流监测、应力应变及温度监测、地震反应监测、水力学监测、环境量监测和巡视检查7类,水工建筑物安全监测项目随建筑物的不同而有所不同。以下对几种典型的水工建筑物安全监测的内容做简要介绍。

(一)重力坝安全监测

1.结构特点

重力坝在各类坝型中是历史最悠久的坝型之一,在水压力及其他外荷载作用下,主要依靠坝体自重来维持稳定。人们已在重力坝的设计、施工与运行等方面积累了丰富的实践经验,筑坝技术较为成熟。

重力坝体积庞大,它通常沿坝轴线用横缝分成若干坝段,每一坝段在结构形式上类似三角形悬臂梁。上游水压力在坝的水平截面上所产生的力矩将在上游面产生拉应力,在下游面产生压应力，而在坝体自重作用下，在上游面产生的压应力足以抵消由水压力产生的拉应力。因此，重力坝又得以满足强度要求。一旦稳定性和强度得不到满足，将危及重力坝的安全。

2. 监测重点

从重力坝特点来看，由于重力坝坝体与地基接触面积大，因而坝基的扬压力较大，对坝体稳定不利，重力坝失事大多也是由基础引起的。因此，应把坝基面扬压力、基础渗透压力、渗流量及绕坝渗流作为重点监测项目。

由于重力坝的失稳模式是滑动或倾覆，而变形监测可了解坝体抗滑、抗倾稳定情况，以及基础及坝体混凝土材料受外荷载产生的压缩、拉伸等情况，是重力坝安全监测的重点。

由于重力坝体积较大，施工期混凝土的温度应力和收缩应力较大，在施工期对混凝土温度控制的要求较高，因此也需要重视施工期坝体混凝土温度监测。

由于重力坝坝体应力较小，一般只有高坝（坝高≥100 m）在地震工况下才有可能出现对坝体结构产生破坏的应力，因此坝体内部的应力应变不是重力坝安全监测的重点，只需结合计算分析成果对结构特殊的坝体或溢流闸墩、泄洪底孔、中孔等部位布置混凝土应力应变、钢筋应力或锚索荷载等监测项目。

3. 监测项目

由于大坝的工程等别不同，大坝失事后对公共安全和环境的影响程度不同，对安全监测系统的要求也各不相同。对于重要的、地质条件复杂的、失事后影响大的大坝，必须设置系统的监测设施，对其运行性态进行全面监控。对于一般性的大坝，监测设施的设置可以适当降低要求。

一般大坝安全监测包括仪器监测和巡视检查两类。针对具体工程，根据重力坝的级别及工程特性选定监测项目，详见表2-1。此外，若坝基内地质缺陷部位（如断层破碎带、软弱夹层等）采取结构加固措施的，宜布置相应的监测设施，如变形、应力应变、钢筋应力等监测仪器。

表2-1　混凝土重力坝安全监测项目分类

序号	监测类别	监测项目	大坝级别		
			1	2	3
一	人工巡视检查		●	●	●
二	变形	坝体位移	●	●	●
		倾斜	●	○	
		接缝变化	●	●	○
		裂缝变化	●	●	●
		坝基位移	●	●	●
		近坝边坡位移	○	○	○

续表 2-1

序号	监测类别	监测项目	大坝级别		
			1	2	3
三	渗流	渗流量	●	●	●
		扬压力	●	●	●
		渗透压力	○	○	
		绕坝渗流	●	●	●
		水质分析	●	●	○
四	应力	应力	●	○	
		应变	●	○	
		混凝土温度	●	●	○
		坝基温度	●	○	
五	水文、气象	上、下游水位	●	●	●
		气温	●	●	●
		降水量	●	●	●
		库水温	●	○	
		坝前淤积	●	○	○
		下游冲淤	●	○	○
		冰冻	○		

注:1. 有“●”者为必设项目;有“○”者为可选项目,可根据需要选设。

2. 坝高 70 m 以下的 1 级坝,应力应变为可选项目。

(二)面板堆石坝

1. 结构特点

面板堆石坝是以堆石为主体材料,上游面采用钢筋混凝土、沥青混凝土或土工膜等做防渗体的土石坝,属于非土质材料防渗体碾压式土石坝,与混凝土坝相比属于散粒体结构,对地基适应性较好。面板堆石坝主要由上游铺盖、趾板、面板、垫层区、过渡区、主堆石区、次堆石区、排水区和下游护坡等组成。面板堆石坝的荷载传递比较简单,水荷载通过面板依次传递给垫层区、过渡区和主堆石区,主堆石区是承受水荷载的主要支撑体。根据面板坝的特点,面板防渗、面板与堆石体的协调变形若得不到满足,将危及面板坝的安全。

2. 监测重点

面板坝的安全监测技术对常规的中小型面板坝已非常成熟。但对于高坝,特别是在不对称的峡谷地区或深厚覆盖层上修筑的面板堆石坝等,还存在众多技术问题需要研究和解决,是面板坝安全监测的重点。

以堆石体变形、面板挠曲变形、面板周边缝三维变形和竖直缝开合度的变化、大坝及基础渗流量等监测为重点。其中,对堆石体变形的监测包括横向水平位移、纵向水平位移和垂直位移，表面变形与内部变形监测要能相互印证；对面板挠曲变形的监测包括面板挠度、最大位移和面板脱空的监测；通过对渗流量的监测可判断面板、两岸基础的防渗效果，如果将面板及基础的渗流量分开，可找出渗流量增加的原因和部位。对堆石体内部变形的监测也是整个工程安全监测的重点，它主要体现在检查堆石体的填筑质量、寻找面板施工时机、设计计算对比等，也是大坝安全评价的重要依据。

坝高在 70 m 以内的 2、3 级及以下的面板坝，监测项目的布置一般仅对面板表面和堆石体表面变形、面板垂直缝及周边缝变形，以及渗流及渗流量等进行监测。

3. 监测项目

面板堆石坝安全监测通常设置表面变形（垂直、水平位移）、堆石体内部变形（垂直、水平位移）、混凝土面板变形（挠度）、渗流、混凝土面板应力应变等监测项目，具体见表 2-2。

表 2-2　面板堆石坝安全监测项目分类

序号	监测类别	监测项目	大坝级别		
			1	2	3
一	巡视检查	坝体、坝基、坝肩及近坝库岸	●	●	●
二	变形	表面变形（水平、垂直位移）	●	●	●
		内部垂直位移	●	○	○
		内部水平位移	●	○	○
		面板接缝、裂缝变化	●	●	●
		坝基变形	●	●	●
		面板变形	●	●	○
		近坝岸坡位移	○	○	○
三	渗流	渗流量	●	●	●
		坝体渗透压力	●	○	○
		坝基渗透压力	●	●	●
		面板垫层渗透压力	●	○	○
		绕坝渗流（地下水位）	●	●	○
		水质分析	●	●	○
四	应力、应变及温度	坝体土压力	○	○	
		坝基压应力	○	○	○
		接触土压力	●	○	
		面板应力、应变及温度	●	○	○
五	环境量	上、下游水位	●	●	●
		气温	●	●	●
		降水量	●	●	●
		库水温	●	○	
		坝前淤积	●	○	
		下游冲淤	●	○	
		冰冻	○		

注：1. 有"●"者为必设项目；有"○"者为可选项目，可根据需要选设。

2. 坝高 70 m 以下的 1 级坝，面板应力温度和坝体内部水平位移为可选项目。

此外，还需对一些特殊情况，如高趾墙、贴坡面板等布置相应的变形、应力应变、钢筋应力、基础渗透压力等监测仪器。

（三）心墙坝安全监测

1. 结构特点

心墙坝是土石坝的一种坝型。其特点就是利用各种类型的防渗材料作为防渗体，以降低坝体的浸润线，防止渗透破坏坝体和减少渗流量。心墙坝包括黏土心墙坝、沥青混凝土心墙坝和土工膜心墙坝等。由于心墙坝具有抗渗性能高、坝坡稳定性好的特点，目前高土石坝多采用土心墙坝或沥青混凝土心墙坝。

2. 监测重点

对于心墙坝来说，坝体的填筑规模都比较大，为了对心墙坝的工作状态和运行状况进行有效全面的监测，应确定合理的监测断面。监测断面选择一般应考虑的部位有最高大坝断面、原河床沟或地形变化较大处、坝基有高压缩层或地质构造复杂处、施工导流段和合龙段等。

由于心墙坝的筑坝材料不耐冲刷，一旦出现漫顶或裂缝，就会形成渗漏通道，导致坝体局部失稳滑坡，严重时可导致溃坝，因此心墙坝的关键问题就是坝体、坝基的变形和渗流稳定问题，心墙坝的重点监测项目应是心墙防渗体、坝体及坝基的渗流稳定和变形。

3. 监测项目

对于心墙坝来说，一般根据工程的等级、大坝的结构特点、地质条件等因素来确定相应的监测项目，心墙坝安全监测项目分类见表2-3。

表2-3　心墙坝安全监测项目分类

序号	监测类别	监测项目	大坝级别		
			1	2	3
一	巡视检查	坝体、坝基、坝肩及近坝边坡	●	●	●
二	变形	表面变形（水平、垂直）	●	●	●
		坝体内部垂直位移	●	●	○
		坝体内部水平位移	●	●	○
		界面位移	●	●	○
		坝基变形	●	●	●
		心墙变形	●	●	○
		近坝边坡位移	○	○	○
三	渗流	渗流量	●	●	●
		坝体渗透压力	●	●	○
		坝基渗透压力	●	●	●
		心墙渗透压力	●	●	●
		绕坝渗流（地下水位）	●	●	○
		水质分析	●	●	○

续表 2-3

序号	监测类别	监测项目	大坝级别		
			1	2	3
四	应力、应变及温度	孔隙水压力	○	○	
		坝体土压力	○	○	
		坝基压应力	○	○	○
		接触土压力	●	○	
		心墙应力、温度	●	●	○
五	环境量	上、下游水位	●	●	●
		气温	●	●	●
		降水量	●	●	●
		库水温	●	○	
		坝前淤积	●	○	
		下游冲淤	●	○	
		冰冻	○		

注：1. 有"●"者为必设项目；有"○"者为可选项目，可根据需要选设。

2. 坝高 70 m 以下的 1 级坝，心墙应力温度和坝体内部水平、垂直位移为可选项目。

（四）水闸安全监测

1. 结构特点

水闸是建在河道、渠道及水库、湖泊岸边，具有挡水和泄水功能的低水头水工建筑物。水闸一般由闸室段、上游连接段和下游连接段组成。闸室段是水闸的主体，设有底板、闸门、闸墩、启闭机、工作桥、交通桥等。上游连接段由护底、铺盖、两岸翼墙和护坡等组成。下游连接段一般由护坦、海漫、防冲槽、两岸翼墙、护坡等组成。

水闸大多建在平原或丘陵地区的软土地基上，其主要特点是部分水闸为穿堤建筑物，两岸与土质岸堤相接，闸室段直接挡水，在上下游水头作用下容易出现绕闸渗流现象。另外，水闸出口水流条件复杂，下游常出现的波状水跃和折冲水流可能对河床和两岸造成淘刷。由于水闸多数位于江、河、湖、海附近，基础大多为搬泥、粉沙、流沙及软土等土质，地基土质均匀性差、压缩性大、承载力低，在水闸结构荷载作用下，容易产生基础过大沉降。

2. 监测重点

水闸的绕闸渗流、基础沉降、扬压力及翼墙变形、下游冲刷等是工程安全监测的重点。若按工程部位考虑，闸室段结构复杂，是整个水闸工程的主体，因而闸室段又是水闸工程的监测重点或关键部位。

3. 监测项目

水闸工程根据其工程级别及自身实际情况，通常按表 2-4 进行监测项目的分类和选择。

表 2-4 水闸安全监测项目分类

监测项目	建筑物级别		
	1	2	3
垂直位移	●	●	●
倾斜或水平位移	●	●	○
扬压力	●	●	○
绕闸渗流	●	●	○
应力应变	○	○	
水闸前、后水位	●	●	●
过闸流量	●	○	○
冲刷及淤积	●	●	○

注:有“●”者为必设项目;有“○”者为可选项目,空格为可不监测。

三、安全监测自动化系统

(一)安全监测自动化系统的必要性

安全监测系统是监视水工建筑物安全的耳目,通过日常的监测和分析,可掌握水工建筑物的工作性态。当水工建筑物遇到洪水、水库高水位、地震等情况时,为确保建筑物安全,充分发挥工程在防洪、发电以及航运等方面的综合效益,就需要尽快得到工程实时监测的资料,以使管理人员能及时掌握工程的安全性态,做出科学的决策和调度。在这种情况下,传统的人工监测显然无法提供大量有效的数据供分析和决策,从而难以满足对工程实时监测和快速反馈的要求。因而,必须建立高效的自动化监测系统,实现对监测数据的实时采集、传输、分析和反馈。特别是在水利水电建设快速发展的今天,水工枢纽建筑物规模和难度越来越大,安全监测的测点越来越多,监测系统十分庞大、分散,用人工观测已很难应付日常的安全监测工作,因此实现安全监测自动化显得更为紧迫。

(二)安全监测自动化系统的总体结构

安全监测自动化系统总体由以下四部分组成。

1. 监测仪器系统

该系统由分布在各个建筑物的监测仪器,包括环境量监测仪器、变形监测仪器、渗压及渗流监测仪器、应力应变及温度监测仪器等组成。

该系统的特点是监测仪器分散,相互之间各自独立,基本不存在联系,但从监测点的布置来看却是系统整体的有机联系体。系统中成千上万个测点测量到的信息之间有着密切的相关关系,这种关系的实质表征了水工建筑物的安全因素。接入自动化系统的监测仪器应以建筑物的强度、刚度、稳定等安全起控制性作用的关键断面、控制断面的测点为主,并考虑其他不利条件、结构特别复杂等不利因素。自动化系统的最终规模,应根据工程环境、建筑物规模和特点及技术经济条件等因素综合考虑。

2. 监测数据自动采集系统

该系统的主要装置是测控单元,它在计算机网络支持下通过自动采集和 A/D 转换对现场模拟信号或数字信号进行采集、转换和存储,并通过计算机网络系统进行传输。

3. 计算机网络系统

该部分包括计算机系统及内外通信网络系统,该系统可以是单个监测站,也可分为中心站和监测分站,站中配有计算机及其附属设备,计算机配置专用的采集及通信管理软件,其主要功能是在计算机与测控单元之间形成双向通信,上传存储数据、指令下达以及进行物理量计算等。

4. 安全监测信息管理系统

该系统主要功能是对所有观测数据、文件、设计和施工资料以数据库为基础进行管理、整编及综合分析,形成各种通用报表,并对结构物的安全状态进行初步分析和报警,并与相关系统进行数据交换、共享和信息发布。

（三）安全监测自动化系统的功能

目前国内外安全监测自动化系统一般都具有以下 9 方面的功能。

1. 采集功能

采集功能包括对各类传感器的数据采集功能和信号越限报警功能。监测数据的采集方式分为常规巡测、检查巡测、定时巡测、常规选测、检查选测、人工测量等。

2. 显示功能

显示建筑物及监测系统的总貌、各监测子系统概貌、监测布置图、数据过程曲线、监控图、报警状态显示窗口等。

3. 操作功能

在现场监控主机或管理计算机上可实现监视操作、输入/输出、显示打印、报告测值状态、调用历史数据、评估运行状态;根据程序执行状况或系统工作状况发出相应的声响;进行整个系统的运行管理(包括系统调度、过程信息文件的形成、进库、通信等一系列管理功能,调度各级显示画面及修改相应的参数等);进行系统配置、测试、维护等。

4. 数据检验功能

监测站和数据采集单元应具有数据检验功能,具体如下:

(1)测值自校。在数据采集单元内具有自校设备,以保证测量精确度。

(2)超差自检。可以输入并储存检验标准,对每一监测仪器的每次测值自动进行检验,超过检验标准的数据能自动加以标记,显示报警信息以及通过网络进行信息发布。

5. 数据通信功能

此功能包括现场级和管理级的数据通信,现场级通信为测控单元之间或数据采集装置与监控管理中心监控主机之间的双向数据通信,管理级通信为监控管理中心内部及其同上级主管部门计算机之间的双向数据通信。

6. 数据管理功能

经换算的数据自动存入数据库,可供浏览、插入、删除、查询及转存等,并具有绘制过程线、分布线、相关线和进行一定分析处理的能力。

7. 综合信息管理功能

可实现在线监视、大坝工作性态的离线分析、预测预报、图表制作、数据库管理及安全评估等。

8. 硬件自检功能

系统具有硬件自检功能，能在管理主机上显示故障部位及类型，为及时维修提供方便。

9. 人工接口功能

自动化监测系统备有与便携式检测仪表相连的接口，能够使用便携式监测仪表采集监测数据，并录入监测信息管理系统，可防止资料中断。

任务二 掌握水工建筑物的变形监测

变形监测是安全监测中的重要项目之一，是通过人工或仪器手段观测建筑物整体或局部的变形量，用以掌握建筑物在内外荷载及各种影响因素作用下所发生的变形量的大小、分布及其变化规律，从而了解建筑物在施工和运行期间的变形情况，监控建筑物的变形安全。

变形监测包括位移监测、土石坝内部变形、裂缝及接缝变形等监测。

一、位移监测

（一）位移监测设施

1. 观测点

1）水准基点

水准基点可采用国家水准网的水准点或国家水准点监测的点位。

2）位移标点

位移标点是设置在坝体、坝基和基岩上的需要观测位移的点位。位移标点有不同的形式。

土工建筑物的位移标点通常由底板、立柱和标点头三部分组成，对于有块石护坡的土工建筑物，可采用图2-1（a）所示的位移标点，标点立柱为ϕ50 mm的钢管，钢管的顶部焊接一块200 mm×200 mm×8 mm的铁板，铁板表面刻画十字线或钻一小圆孔，以便观测水平位移，同时在十字线的一侧焊接一个铜的或不锈钢的标点头，用以观测竖直位移。立柱设置在用砖石砌成的井围中间，井内填砂，砂面在标点头以下10 cm，立柱底部浇筑在厚度约40 cm的混凝土底板内，底板的底部应在护坡层以下的土层内，在冰冻地区，则应设置在最深冰冻线以下。对于无块石护坡的土工建筑物，则可采用图2-1（b）所示的位移标点，标点立柱和底板为混凝土结构。标点顶部高出坝面50～80 cm，底板位于最深冰冻线以下0.5 m处。

混凝土建筑物的位移标点比较简单，如图2-2所示。对于只需观测竖直位移的标点，一般只需用直径15 mm、长80 mm的铜螺栓埋入混凝土中，而将螺栓头露出混凝土外面5～10 mm作为标点头。

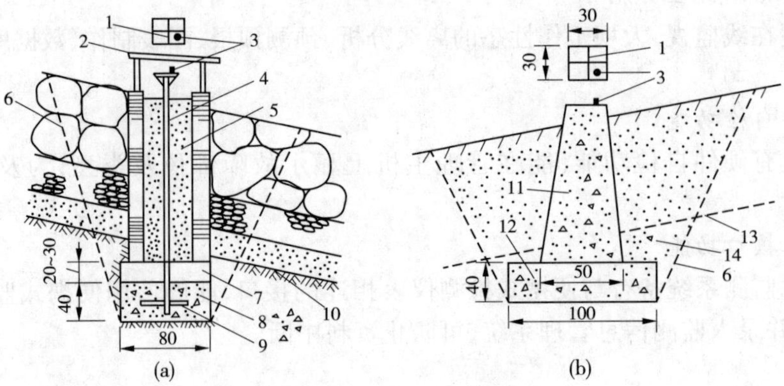

1—十字线;2—保护盖;3—标点头;4—Φ50 mm 管;5—填砂;6—开挖线;

7—回填土;8—混凝土;9—铁销;10—坝体;11—立柱;12—底板;

13—最深冰冻线;14—回填土料

图 2-1　土工建筑物的位移标点　(单位:cm)

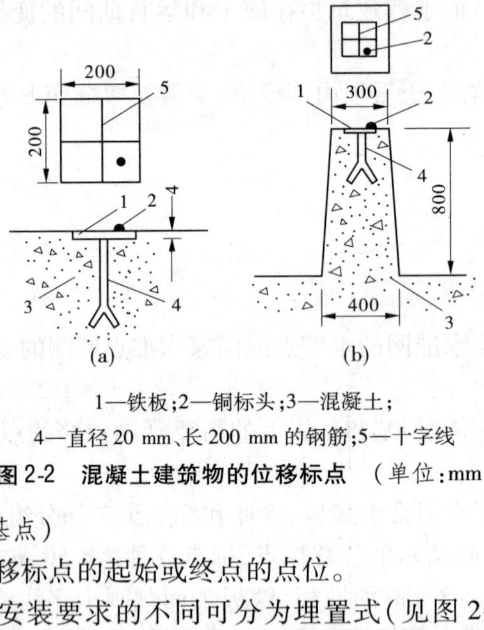

1—铁板;2—铜标头;3—混凝土;

4—直径 20 mm、长 200 mm 的钢筋;5—十字线

图 2-2　混凝土建筑物的位移标点　(单位:mm)

3)工作基点(起测基点)

工作基点是测定位移标点的起始或终点的点位。

工作基点根据仪器安装要求的不同可分为埋置式(见图 2-3)和外露式(见图 2-4、图 2-5),一般包括混凝土柱(或混凝土墩)和上部结构两部分。外露式工作基点柱的顶面尺寸一般为 0.3 m×0.3 m,柱的高度为 1.0~1.2 m,底座部分的尺寸为 1.0 m×1.0 m×0.3 m,可直接浇在岩基上(见图 2-4),也可埋设在土基中(见图 2-5)或土工建筑物上,对于埋设在土基上的工作基点,基点底座应埋入冰冻线以下。上部结构为柱(墩)身与经纬仪或觇标连接部分,根据其连接形式的不同,可分为支承托架式(见图 2-4)、中心直插式和中心旋入式(见图 2-5)等。

工作基点供安置经纬仪和觇标以构成视准线,埋设在两岸山坡上的工作基点称为固定工作基点,埋设在建筑物上的工作基点则称为非固定基点。

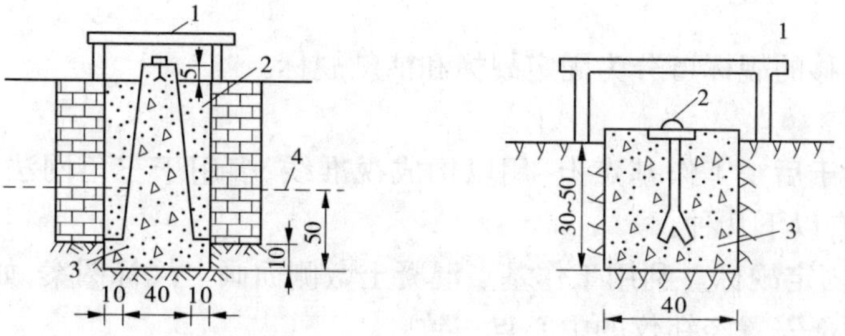

(a)设在土基上的起测基点 (b)设在岩基上的起测基点

1—保护盖;2—回填细砂;3—混凝土;4—冰冻线

图 2-3 工作基点结构图 (单位:cm)

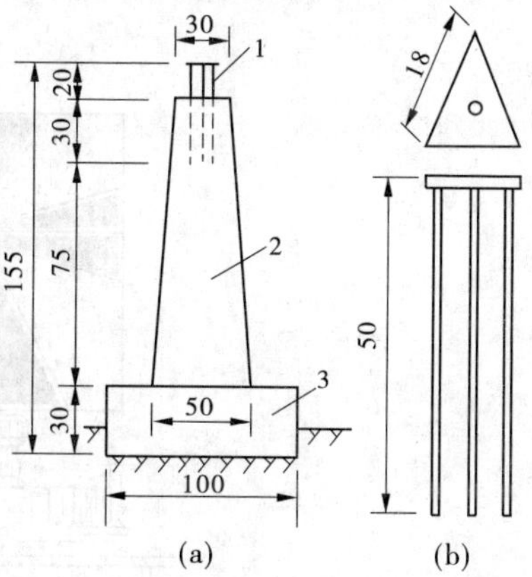

1—支承托架;2—柱身;3—底座

图 2-4 设置在岩基上的工作基点 (单位:cm)

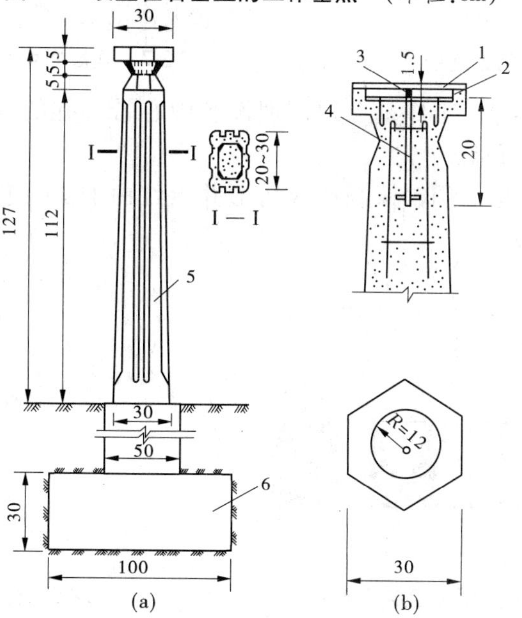

1—保护盖;2—垫板;3—螺丝头;4—直径 16 mm 的金属棒;5—柱身;6—底座

图 2-5 设置在土基上的工作基点 (单位:cm)

2. 观测觇标

观测水平位移的觇标可分为固定觇标和活动觇标。

1) 固定觇标

固定觇标设于后视工作基点上，用以构成视准线，多用于三角网法和视准线法的观测，常用的形式有以下几种：

(1)墙标式固定觇标。利用工作基点混凝土墩侧面画上觇标图案，如图 2-6 所示。图案中心必须与顶部安置经纬仪的中心点一致。

(2)强制对中式固定觇标。如图 2-7 所示，觇标为辐射形图案，中间为红玻璃，后面装有电灯，可供夜间观测。觇标底座与经纬仪底座一致。

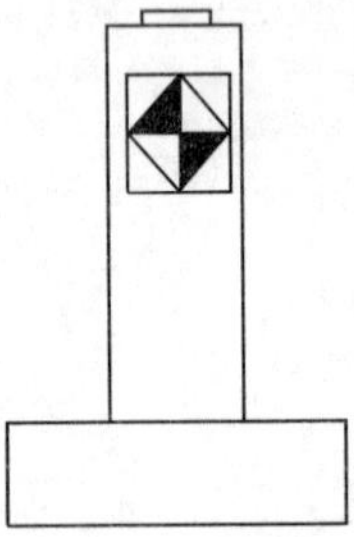

图 2-6　墙标式固定觇标

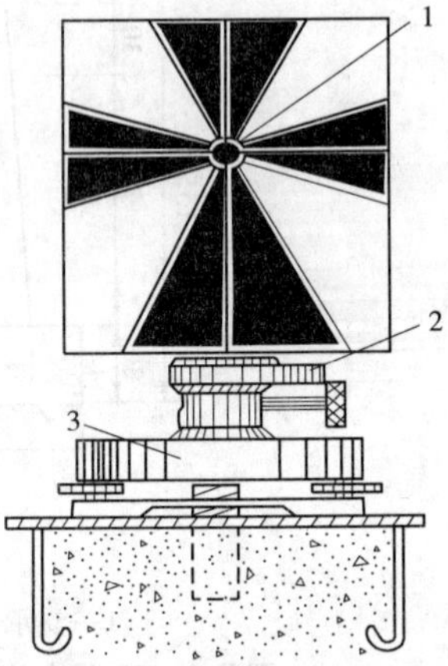

1—红玻璃；2—圆水准器；3—觇标座

图 2-7　强制对中式固定觇标

(3)直插式固定觇标。工作基点顶部埋设有中心带圆孔的观测盘，观测时将固定觇标插入圆孔，如图 2-8 所示。

(4)标杆式固定觇标。用铁棒制造成塔形并涂红白油漆，使用时直接插入观测盘中心圆孔中，如图 2-9 所示。

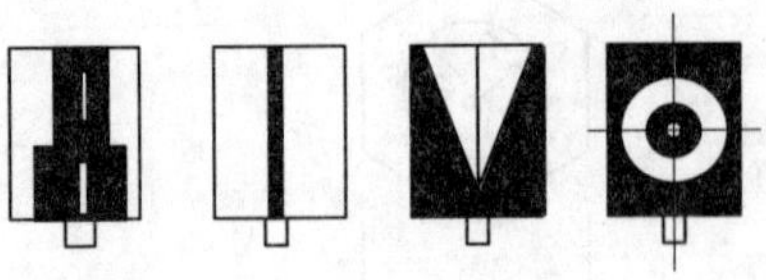

图 2-8　直插式固定觇标

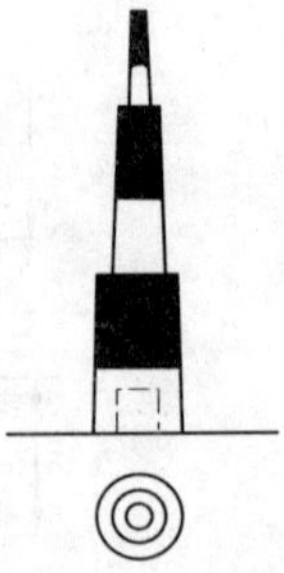

图 2-9　标杆式固定觇标

2)活动觇标

活动觇标置于位移标点上,供经纬仪瞄准并测量标点的位移。

(1)简易活动觇标。如图 2-10 所示,觇标底缘刻有毫米分划,其零分划与觇标图案中心一致。注记分划向左右增加,供观测时读数用。应用简易活动觇标,位移标点顶部的观测盘上只需刻上十字线,十字线中心即为位移标点中心。

(2)精密活动觇标。如图 2-11 所示为直插式精密活动觇标,使用时插入带圆孔的观测盘。觇标上有调节螺旋,用以移动觇标以对准观测仪器的竖丝,然后通过觇标的刻度尺和游标卡尺读数。

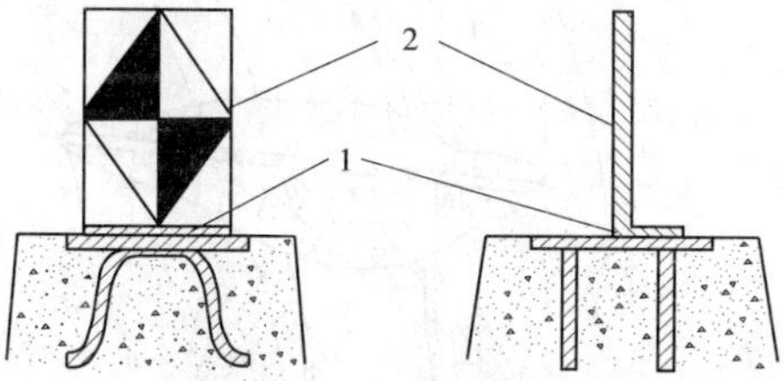

1—刻度尺;2—觇牌

图 2-10 简易活动觇标

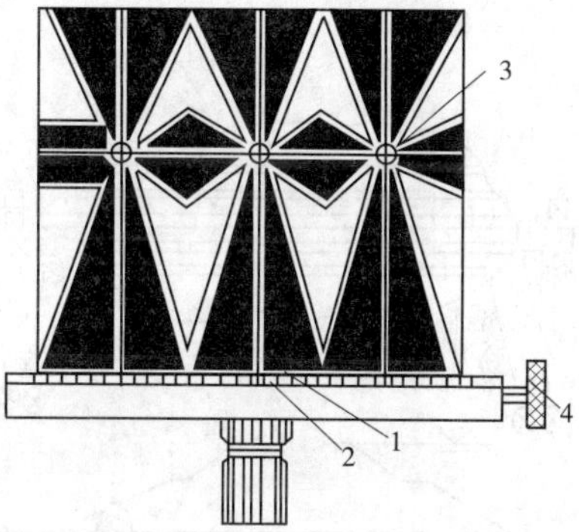

1—游标尺;2—刻度尺;3—红玻璃;4—水平微动螺旋

图 2-11 直插式精密活动觇标

3. 观测点的位置

为了全面掌握建筑物的变形状态,应根据建筑物的规模、特点、重要性、施工及地质情况,选择有代表性的断面布设测点,并且常常将观测水平位移的测点和观测竖直位移的测点设置在同一标点上。

1)测点的布置

对于土坝,应选择在最大坝高处、合龙段、坝内设有泄水底孔处和坝基地形地质变化较大的坝段布置观测断面,观测横断面的间距一般为 50 ~ 100 m,但整个坝体不得少于 3 个断面。每个观测横断面上最少布置 4 个测点,其中上游坝坡正常水位以上至少布置 1 个测点,下游坝肩上布置 1 个测点,下游坝坡上布置 2 ~ 3 个测点。

对于混凝土坝或浆砌石坝,在坝顶下游坝肩及坝趾处平行坝轴线各布置一个纵向观测断面,每个纵向断面上应在各坝段的中间或在每个坝段的两端布置 1 个测点。对于拱坝,可在坝顶布置一个纵向观测断面,纵向观测断面上每隔 40 ~ 50 m 设置 1 个测点,但是在拱冠、1/4 拱段和坝与两岸接头处必须设置 1 个测点。

水闸可在垂直水流方向的闸墩上布置一个纵向观测断面,并在每个闸墩上设置 1 个测点,或在闸墩伸缩缝两侧各设 1 个测点。

2)工作基点的布置

观测竖直位移的工作基点,一般布置在建筑物两岸便于观测且不受建筑物变形影响的岩基上或坚实的土基上,每一个纵向观测断面的两端各布置一个。

观测水平位移的工作基点,应布置在不受建筑物变形影响,便于观测的岩基上或坚实的土基上。对于采用视准线法观测的工作基点,一般设置在每个纵向观测断面的两端,为了校核工作基点在垂直坝轴线方向的位移,在每一纵向观测断面的工作基点延长线上设置 1 ~2 个校核基点。当建筑物长度超过 500 m 或建筑物长度为折线形时,为了提高观测精度,可在每个纵向观测断面中间设置一个或几个等间距的非固定工作基点,如图 2-12所示。对于采用三角网按前方交会法观测的工作基点,可选择在建筑物下游两岸,使交会三角形的边长在 300 ~ 500 m,最长不超过 1 000 m,并使相邻两点的倾角不致太大。图 2-13所示为采用前方交会法观测位移时测点和工作基点的布置图。

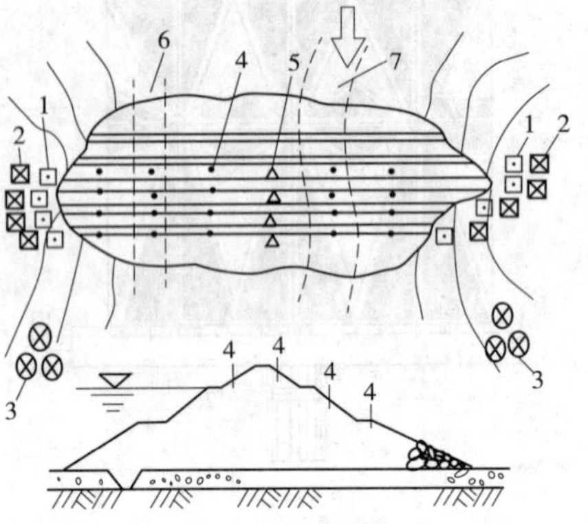

1—工作基点;2—校核基点;3—水准基点;
4—位移标点;5—增设工作基点;
6—合龙段;7—原河床

图 2-12 土石坝位移测点布置示意图

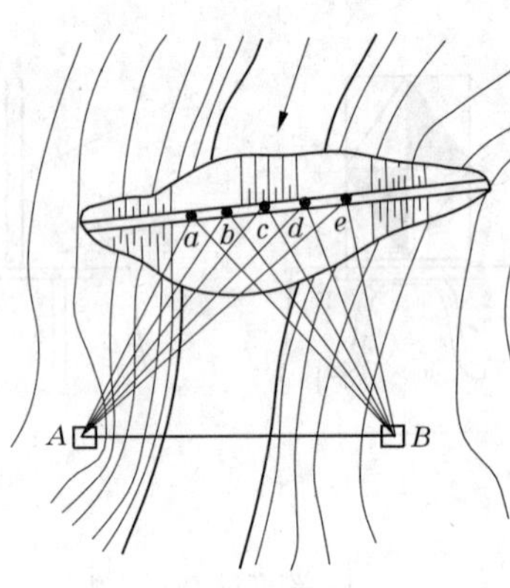

A、B—三角网工作基点;
a、b、c、d、e—测点

图 2-13 采用三角网按前方交会法观测位移时测点和工作基点的布置

(二)水平位移监测

水平位移的监测通常有大地测量法、基准线法和全球定位系统(Global Positioning System, GPS)测量法。其中,大地测量法一般有交会法、极坐标法和导线法等。根据基准线的不同,基准线法一般分为垂线法、引张线法、视准线法、激光准直法等。GPS 测量法一般有常规 GPS 测量法和一机多天线测量法等。

不同水工建筑物的水平位移监测适用方法也不一样,具体如下所述:

(1)土石坝水平位移监测可采用视准线法、前方交会法、极坐标法和 GPS 法进行。

(2)重力坝或支墩坝坝体和坝基水平位移宜采用垂线法、引张线法和真空激光准直法监测。若坝体较短、条件有利,坝体水平位移也可采用视准线法或大气激光准直法监测。

(3)拱坝坝体和坝基水平位移宜采用垂线法监测。若交会边长较短、交会角较好,坝体水平位移可采用测边或测角交会法监测。有条件时,坝顶水平位移也可采用视准线法监测。

(4)水闸水平位移通常采用测斜仪法与水准法、视准线法或交会法相结合,或利用其中某一种方式或其他方式进行监测。

以下介绍一些常用的水平位移监测方法。

1. 视准线法

视准线是平行于坝轴线建立一条固定不变的光学视线，定期观测建筑物上确定的点位与视准线之间水平方向的偏离值，即为该点的水平位移。视准线法的优点是结构简单、投资小、便于布置与维护、观测值直观可靠；缺点是视线长度及布置位置受光学观测仪器设备的性能影响，不便于实现自动化监测，需选择合适的观测时段，避免受大气折光的影响。

视准线采用的观测方法主要有活动觇标法和小角度法。

1) 活动觇标法

观测原理如图 2-14 所示。在观测断面两端的山坡上设置工作基点 A 和 B，然后将经纬仪设在 A 点（或 B 点），后视 B 点（或 A 点），构成视准线，作为观测坝体变形的基准线。首次测出水平位移标点 a、b、c、d、e 中心偏离视准线的距离 l_{a0}、l_{b0}、l_{c0}、l_{d0}、l_{e0} 作为观测前的初测成果。当坝体发生位移后，视准线保持固定不变，各位移标点随坝体产生位移，再次测出各位移标点中心偏离视准线的距离 l_{a1}、l_{b1}、l_{c1}、l_{d1}、l_{e1}，与初测成果的差值即为各位移标点在垂直视准线方向上的水平位移，亦即坝体横向水平位移。

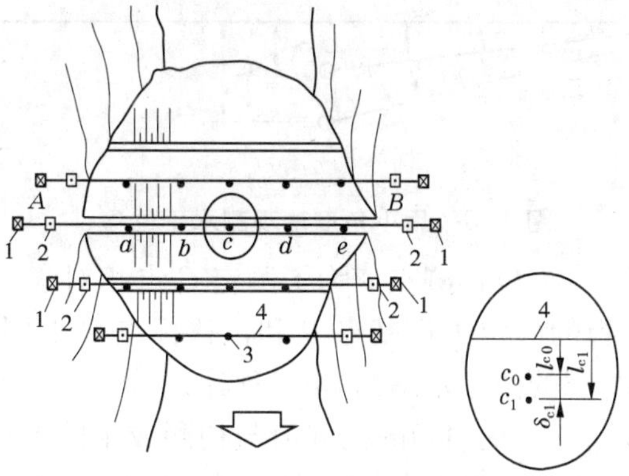

1—校核基点；2—工作基点；3—位移标点；4—视准线

图 2-14　视准线法观测水平位移原理图

观测时移动活动觇标，使觇标中心线与经纬仪望远镜的竖丝重合，并由持标者根据位移标点在活动觇标分划尺上所对应的刻度，记录读数，读数一般取两次的平均值，然后按上述方法用倒镜观测一次，最后取正、倒镜观测读数的平均值作为第一测回的观测结果。随后按同样方法观测第二个测回，两次测回的差值不应大于 4 mm，否则应重新测量。视准线法观测水平位移的记录表格如表 2-5 所示。

上述测量水平位移的方法是固定端点设站观测法，仅适用于建筑物长度小于 500 m 的情况，当建筑物长度超过 500 m 时，可适当增加测回数或增设中间非固定工作基点进行分段观测，对折线形建筑物可在转折处设中间非固定工作基点进行观测。

表 2-5　水平位移观测记录计算表(视准线法)

日期______天气______气温______水位______

测站______后视______司标______司镜______

记录______计算______校核______

测点	测回	正镜			倒镜			一测回平均值	本次偏离值	埋设偏距	上次偏离值	间隔位移量	累计位移量
		1	2	平均	1	2	平均						
2－3	1	+35.4	+32.8	+34.1	+34.6	+33.8	+34.2	+34.2	+33.7	+28.3	+32.5	+1.2	+5.4
	2	+33.2	+34.6	+33.9	+32.6	+31.8	+32.2	+33.1					

注:1. 埋设偏距为位移标点的初测成果,即位移标点在位移前与视准线的初始偏差。

2. 位移方向以向下游方向读数为"+",以上游方向读数为"-"。

2)小角度法

用小角度法观测水平位移,所用观测仪器、工作基点、位移标点等设备与活动觇标法相同,觇标则只需要固定觇标,其原理如图 2-15 所示。

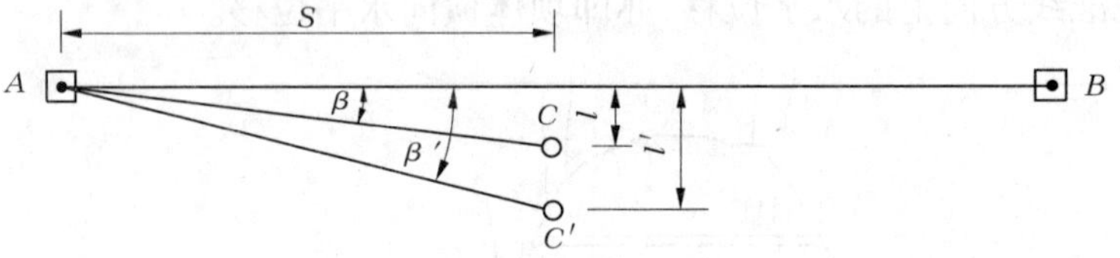

图 2-15　用小角度法观测水平位移

A、B 为固定工作基点,C 为位移测点。为了测定 C 点相对于视准线 AB 的偏移值,将经纬仪安置于 A 点,在后视的固定工作基点 B 和位移标点 C 上同时安置固定觇标,测出视准线 AB 与位移标点 AC 间的微小水平角 β(以秒计)。由于 β 一般均较小,故 C 点偏离视准线 AB 的距离可近似计算。观测到的偏移值与初测成果的差值即为各位移标点在垂直视准线方向上的水平位移,亦即坝体横向水平位移,位移 Δl 可近似地按式(2-1)计算。

$$\Delta l = \frac{S\Delta\beta}{\rho''} \tag{2-1}$$

式中　Δl——C 点位移;

S——位移标点 C 距工作基点 A 的距离;

$\Delta\beta$——水平角差值,$\Delta\beta = \beta - \beta'$;

ρ''——206 265″。

2. 前方交会法

用视准线法来观测水平位移,虽然有很多优点,但对于长坝,视线很长,受望远镜放大倍数的限制,观测精度大大降低。对折线形和曲线形坝,则需要加设非固定工作基点,精度更低。此时则应采用前方交会法进行观测,可获得较好的效果。

前方交会法是在建筑物下游侧的两岸山坡上,不受建筑物变形影响的地点,设置两个(或三个)工作基点,如图 2-16 中的 A 点和 B 点,A、B 两点间的水平距离及其方位角均已测出。M 点是位移标点，M_0 为初测时位移标点 M 的位置，则首先应将全站仪（或经纬仪）分别安置在 A、B 两点，测出交会角 α_0（AM_0方向线与基线 AB 的夹角）和 β_0（BM_0方向线与基线 AB 的夹角）计算出 M_0点的坐标 x_{M_0}和 y_{M_0}。当建筑物变形后，位移标点 M_0移动到 M_1点，用同样方法测出位移标点 M_1的交会角 α_1和 β_1，并算出 M_1点的坐标 x_{M_1}和 y_{M_1}，则 M_1和 M_0点坐标之差即为位移标点 M_0在坐标轴方向的位移分量，即

$$\left.\begin{aligned}\delta x_M &= x_{M_1} - x_{M_0}\\ \delta x_M &= y_{M_1} - y_{M_0}\end{aligned}\right\} \tag{2-2}$$

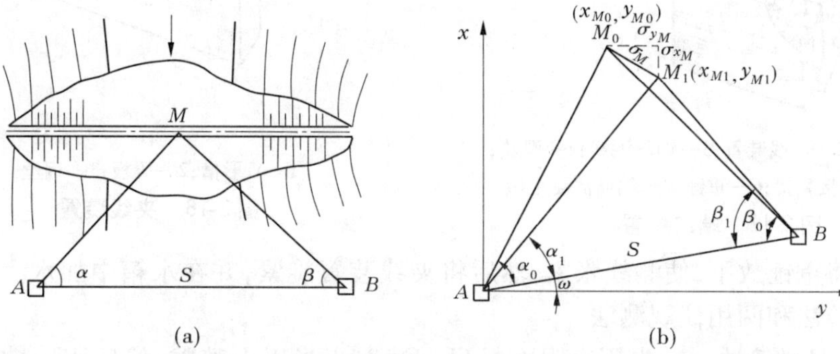

图 2-16 用前方交会法观测建筑物的水平位移

3. 引张线法

引张线法观测水平位移，一般用于混凝土坝、砌石坝等水工建筑物，这种观测方法所需设备简单，不需精密的测量仪器，可以在建筑物的廊道内进行观测，因此不受气候的影响。

引张线法是在建筑物两端基点间拉紧一根钢丝作为基准线，然后测量建筑物上各测点对此基准线的偏离值来计算水平位移。引张线即相当于视准线法中的视准线。

引张线法观测设备由测线、端点装置和测点三部分组成。

（1）测线一般采用直径 0.2 ~ 1.2 mm 的不锈钢丝做成，两端固定在端点装置上。为了保证观测精度，保护测线不受外部因素的影响，测线通常都放置在直径 10 cm 的钢管或塑料管内。

（2）端点装置由墩座、夹线装置、滑轮、线锤连接装置和重锤等组成，如图 2-17 所示。墩座一般用钢筋混凝土或金属做成，具有一定的刚度，并与地基牢固结合，以便能承受测线传来的张力。夹线装置（见图 2-18）的作用是使测线始终固定在一个位置上，其构造是在一块钢质基板上嵌入一个铜质 V 形夹槽，将测线放入 V 形槽中，盖上压板，旋紧压板螺丝，测线即被固定在这个位置上。在安装夹线装置时，应使测线通过重锤经测轮拉紧后高出 V 形槽底 2 mm，并使 V 形槽中心线与测线方向一致，与墩座上的滑轮中心剖面在一个平面上。在非观测期间，重锤垫起，测线放松。

（3）测点是一个固定在建筑物上的金属箱，每隔 20 ~ 30 m 设置一个，箱内设有水箱和标尺。水箱内盛水，水面设有浮船，用以支托钢丝，如图 2-19 所示。标尺是一条长 15 cm 的不锈钢尺，刻度至毫米，安装在一段槽钢表面。安装时应使尺面水平，尺身与测线垂

直。各测点的标尺应尽可能安置在同一高程上，误差应控制在±5 mm。

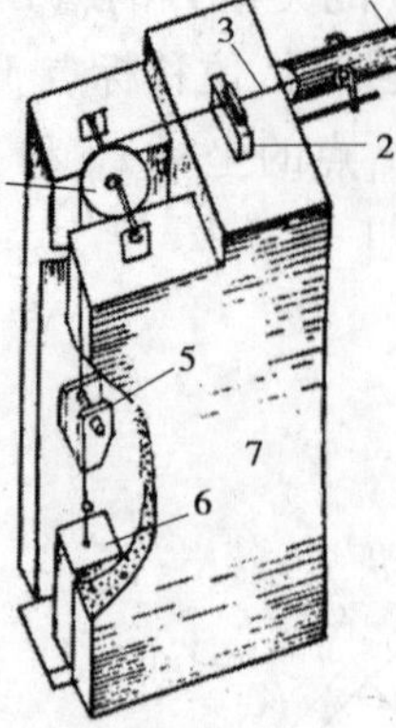

1—保护管；2—夹线装置；3—钢丝测线；4—滑轮；
5—线锤连接装置；6—重锤；7—钢筋混凝土墩

图2-17　端点装置

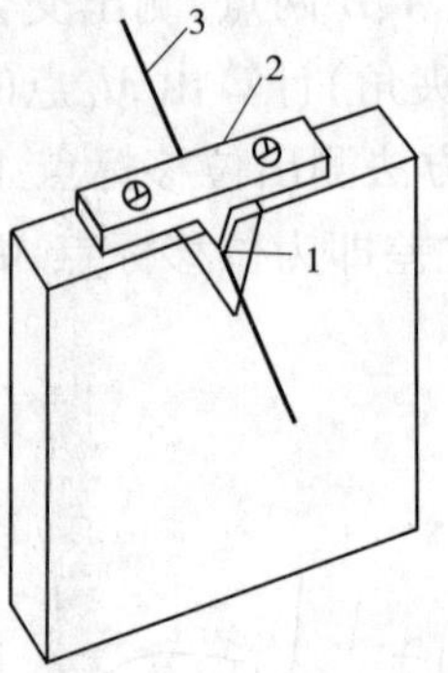

1—V形槽；2—压板；3—钢丝

图2-18　夹线装置

观测时将重锤放下，使测线张紧，然后将夹线装置旋紧，并在水箱中加水。观测方法有读数显微镜法和两用仪观测法。

（1）读数显微镜法。首先用肉眼在标尺上读取毫米以上整数，然后用读数显微镜观测毫米以下小数，即将显微镜的测微分划线对准该整数分划，读取测线左边缘和右边缘至该分划线的距离 a 和 b，则钢丝（测线）中心线的读数 l = 整数读数 + $(a+b)/2$。一个测点的观测通常进行3个测回，3个测回的误差应不大于0.2 mm。

（2）两用仪观测法。首先将两用仪（见图2-20）安置在测点上，旋转底脚螺旋，使水准气泡居中，然后转动望远镜复合系统，使之成上视位置，同时旋转微动螺旋和对光螺旋，使望远镜光栏内的两根钢丝呈像清晰并重合，此时即可从读数镜内的游标尺上读出读数。

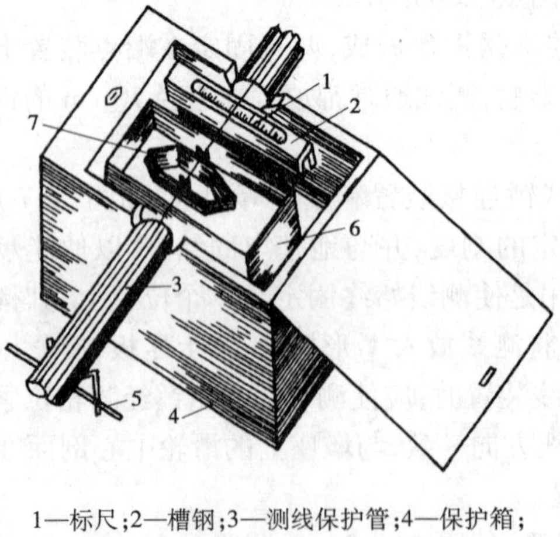

1—标尺；2—槽钢；3—测线保护管；4—保护箱；
5—保护管支架；6—水箱；7—浮船

图2-19　测点结构

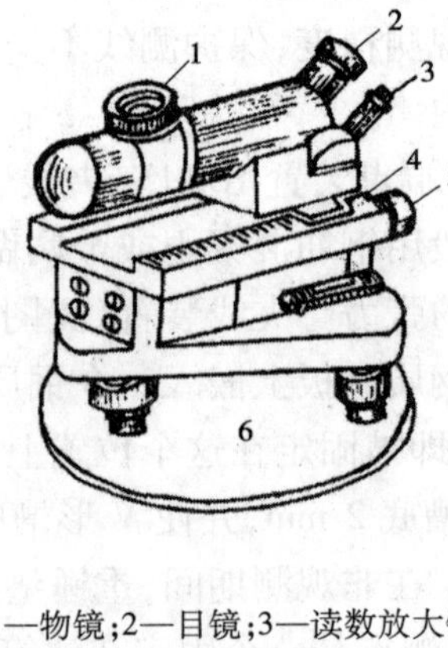

1—物镜；2—目镜；3—读数放大镜；
4—标尺；5—转动手轮；6—底盘

图2-20　两用仪

4. 激光准直法

激光准直法分为真空激光准直法和大气激光准直法。

1) 真空激光准直法

真空激光装置的优点是能同时监测水平位移和垂直位移,测量精度高,对准直线的长度没有要求,适应长度从几十米到 2 km,且便于自动化观测。缺点是价格较贵,施工工艺和运行维护要求高。有些系统失败的根本原因是施工质量极差,真空管道严重漏气,管道内锈蚀产生的锈蚀粉尘影响正常观测,另外由于漏气量大,真空泵和电磁阀频繁启动,也会加速电磁阀损坏,最终使整个系统瘫痪。

真空激光准直系统分为激光准直系统和真空管道系统两部分,见图 2-21。激光准直(波带板激光准直)系统由激光点光源(发射点)、波带板及其支架(测点)和激光探测仪(接收端点)等组成。真空管道系统包括真空管道、测点箱、软连接段、两端平晶密封段、真空泵及其配件等。

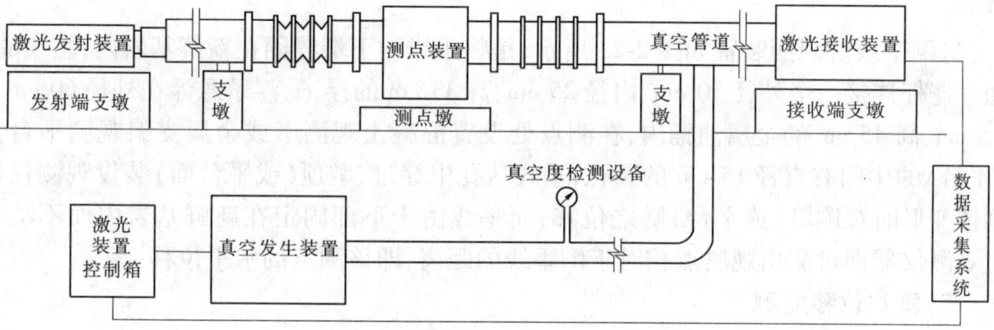

图 2-21 真空激光准直系统结构示意图

2) 大气激光准直法

A. 激光器法

利用激光经纬仪发射的红色激光束直接准直,按视准线法原理测度位移值,也可将活动觇标和固定觇标改为光电接收靶接收激光光斑,从接收靶上的测微鼓读取偏离值。

B. 衍射投影法

由安装于工作基点上的一个发散透镜将氦氖激光管发射的激光束扩大为目镜有效孔径的 1.5 倍左右射进望远镜,使激光束通过十字分划后(安装于位移标点上)产生相干光的衍射现象并投影到观测屏上(安装于另一端的工作基点上)成像,并测其偏移值,再根据三角形相似原理计算位移标点的偏移值。

C. 波带板法

波带板法又称三点准直法,主要由激光器点光源、波带板和接收靶三部分组成,将波带板安置在位移标点上起聚焦作用,在接收靶上形成一个亮点或十字线,测定其中心位置即可确定位移标点的位置。

5. 垂线法

垂线法是观测混凝土坝的水平位移的一种方法,是用垂线作为基准线,测量沿垂线不同高程坝体各测点的水平位移。该法设备简单、精度和效率较高、观测方便,因此得到普遍采用。垂线有正垂线和倒垂线两种。

(1)正垂线法是在坝体竖井或宽缝的上部悬挂一条直径0.8～1.0 mm的不锈钢丝，钢丝下部系有10～15 kg的重锤，重锤悬浮在高40～45 cm、直径40 cm的油箱内，箱内注入不冻的锭子油或变压器油。在重锤处于稳定状态时，钢丝位于铅直位置，当坝体变形时，垂线也随着垂线固定点(顶点)移动。因此，若沿垂线在不同高度设置观测装置，即可测得顶点相对于不同高程测点的水平位移。坝基测点的读数与各高程测点读数之差，即为各高程测点与坝基测点的相对位移值，这种观测装置称为一点支承多点观测装置(见图2-22(a))。若沿垂线在坝体不同高程上埋设夹线装置，当垂线被某一高程的夹线装置夹紧时，即可通过坝基观测点测得该点相对于坝基测点的相对位移，这种装置称为多点支承一点的观测装置(见图2-22(b))。

观测时将坐标仪放置在观测墩上，使仪器整平后照准垂线，然后读记纵横尺的观测值，取两次照准读数的平均值作为一次测回，每测点应进行两次测回，其误差不大于0.1 mm。

(2)倒垂线法观测装置如图2-23所示，是将垂线的下端锚固在新鲜基岩内，垂线的上端通过连杆连接一个外径50 cm、内径25 cm、高33 cm的浮子，浮子悬浮在外径60 cm、内径15 cm、高45 cm的金属油桶内，在测点处设置混凝土观测墩或金属支架观测平台，墩(或平台)的中间有直径15 cm的圆孔，垂线从孔中穿过，墩顶(或平台面)装设观测仪器。当坝体变形时观测墩(或平台)随之位移，而垂线由于下部固定在新鲜基岩内而不动，故通过观测仪器即可测出观测点相对于倒垂线的距离，即该测点的水平位移。

(三)垂直位移监测

垂直位移是指测点在高程方面的变化量，即垂直方向的上升或沉陷的变化量。垂直位移的监测通常有几何水准测量法、流体静力水准测量法、双金属标法、三角高程测量法、激光准直法、GPS测量法等。

不同水工建筑物的垂直位移监测适用方法也不一样，具体如下所述：

(1)土石坝垂直位移监测可采用水准法、三角高程法和GPS测量法。

(2)混凝土坝垂直位移观测可采用精密水准法和连通管法，此外真空激光准值系统可以兼测垂直位移。

(3)水闸垂直位移通常采用水准点、沉降计和位错计相结合的方式进行监测。

以下介绍一些常用的垂直位移监测方法。

1.水准法

用水准仪进行水准测量可测出两点之间高差，观测建筑物垂直位移就是在建筑物两岸不受建筑物变形影响的地方设置水准基点或起测基点，并在坝体上布设适当的垂直位移标点，然后定期根据水准基点或起测基点用水准测量测定垂直位移标点处的高程变化，经计算求得测点的垂直位移值。

每次观测应进行两个测回(往返一次为一个测回)，每次测回对测点应测读三次。对于混凝土坝、大型砌石坝和重要土石坝，应采用精密水准测量，对于中型水库的坝、一般土石坝和一般建筑物，采用普通水准测量。

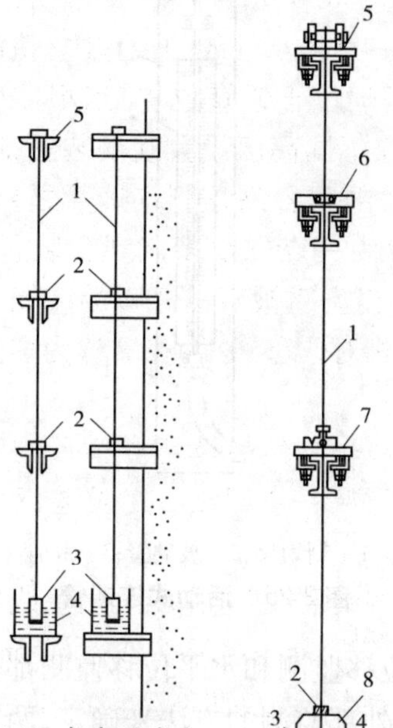

(a)一点支承多点观测装置

(b)多点支承一点观测装置

1—垂线;2—观测仪器;3—垂球;
4—油箱;5—支点;6—固定装置;
7—活动夹;8—观测墩

图 2-22　正垂线法观测水平位移

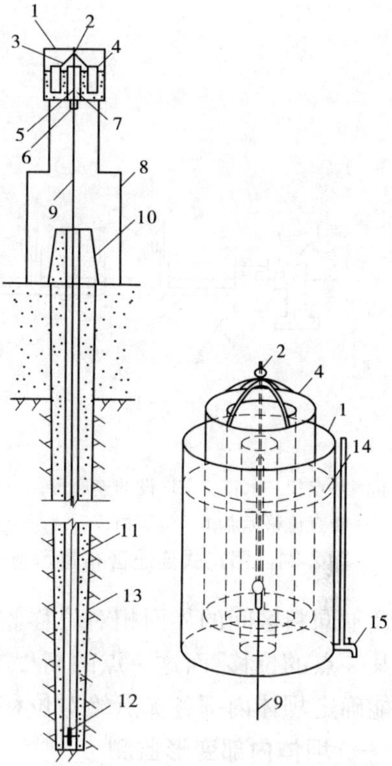

(a)倒垂线装置　(b)浮体组

1—油桶;2—浮子连杆连接点;3—连接支架;
4—浮子;5—浮子连杆;6—夹头;7—油桶中间空洞部分;8—支承架;9—不锈钢丝;10—观测墩;
11—保护管;12—锚夹;13—钻孔;14—液面;15—出油管

图 2-23　倒垂线法观测装置

2.连通管法

连通管法是利用液面水平的原理,将工作基点和各垂直位移标点用连通管连接,灌水后即可获得一条水平的水面线,量出水面线与工作基点的高差,算出水面线的高程。然后依次量出各垂直位移标点与水面线的高差,即可算出各位移标点的高程。将前后两次所测得的位移标点的高程相减,即得两次观测间隔时间内的位移量。如将该次测得的位移标点高程与初测的位移标点高程相减,即得该标点的累计位移量。

连通管可做成固定式(见图 2-24)和活动式(见图 2-25)。活动式的连通管由外径 1.4 cm、长 120 cm 的玻璃管,内径 1.2 cm、长 2 m 的胶管和刻有厘米分划的刻划尺所组成,观测时由两人各执一根刻划尺,分别直立在两个相邻的测点上,读出管内水位的高度,两测点读数之差即为两点的高差。

二、土石坝内部变形监测

土石坝坝体内部变形监测又可分为垂直位移(沉降)监测、水平位移监测和坝体与边

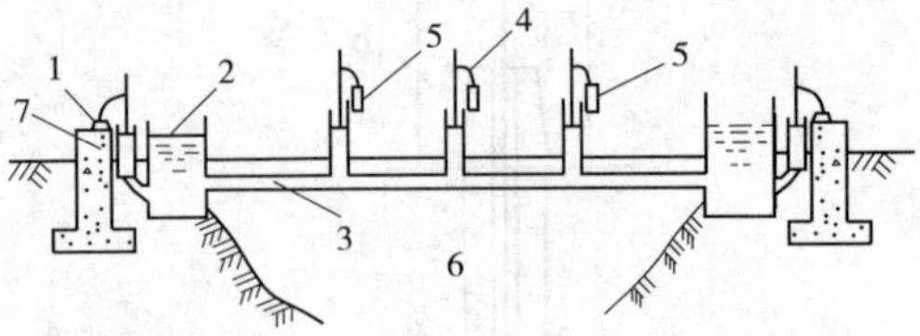

1—起测基点;2—水箱;3—埋设的连通管;4—水位测针;
5—竖直位移标点;6—建筑物;7—混凝土基础

图 2-24　固定式连通管布置示意图

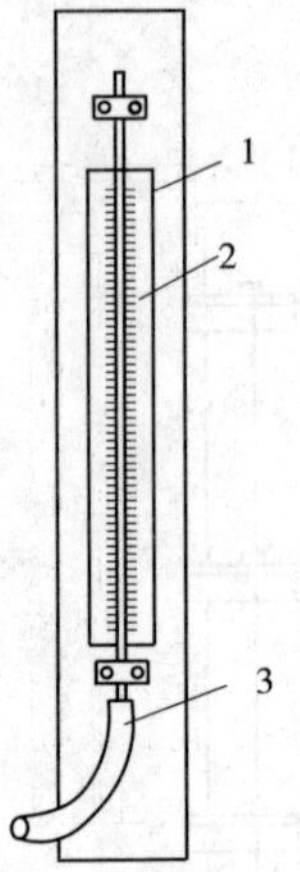

1—刻划尺;2—玻璃管;3—胶管

图 2-25　活动式连通管

坡以及不同料区间的界面相对位移监测。一般内部垂直位移监测和水平位移监测都是相对于某一点的位移,而这一点的高程或平面坐标需要采用外部监测的方法来确定,两者结合才能确定坝体内部各测点绝对位移的变化。

(一)坝体内部变形监测

1. 监测仪器

土石坝内部垂直位移监测主要仪器有横梁式沉降仪、电磁式沉降仪、钢弦式沉降仪、水管式沉降仪、气压式沉降仪、深式标点、测斜仪等。各种监测方法各有优缺点,埋设方法和要求不同,精度也不同。具体采用的监测方法应根据不同工程的坝型、坝高、坝长、地形、地质、施工条件以及施工方法等因素进行综合选择。目前,常用的监测仪器有电磁式沉降仪、钢弦式沉降仪、水管式沉降仪和测斜仪等。

土石坝内部水平位移监测仪器主要有测斜仪、引张线式水平位移计、土体位移计、钢弦式水平位移计等,监测方法各有优缺点,埋设方法和要求不同,精度也不同。具体采用的监测方法应根据坝型、坝高、坝长、地形、地质、施工条件以及施工方法等因素进行综合选择。目前,常用的监测仪器有测斜仪、引张线式水平位移计、土体位移计等。

1)电磁式沉降仪

电磁式沉降仪是安装埋设在堤坝、土石坝、地基内部或外表面,用来监测竖直向不同高程垂直位移变化的仪器。

电磁式沉降仪主要由探头、沉降环或沉降板、电缆和测尺等组成。探头由圆筒形密封外壳和电路板组成。探头一端与长钢卷尺(两侧带有导线,并与卷尺一同压入尼龙或透明塑料中)或有刻度标识的电缆相连。钢卷尺或电缆平时盘绕在滚筒上,滚筒与脚架连为一体。测量时将脚架放置在观测管管口外,将探头放入测管中。测管采用 PVC 管或 ABS 管制成,由主管和连接管组装而成。连接管是伸缩的,套于两节主管之间,用自攻螺丝定位。沉降环或沉降盘套于主管之上,与主管一起埋入钻孔或填土中。电磁式沉降仪的结构见图 2-26。

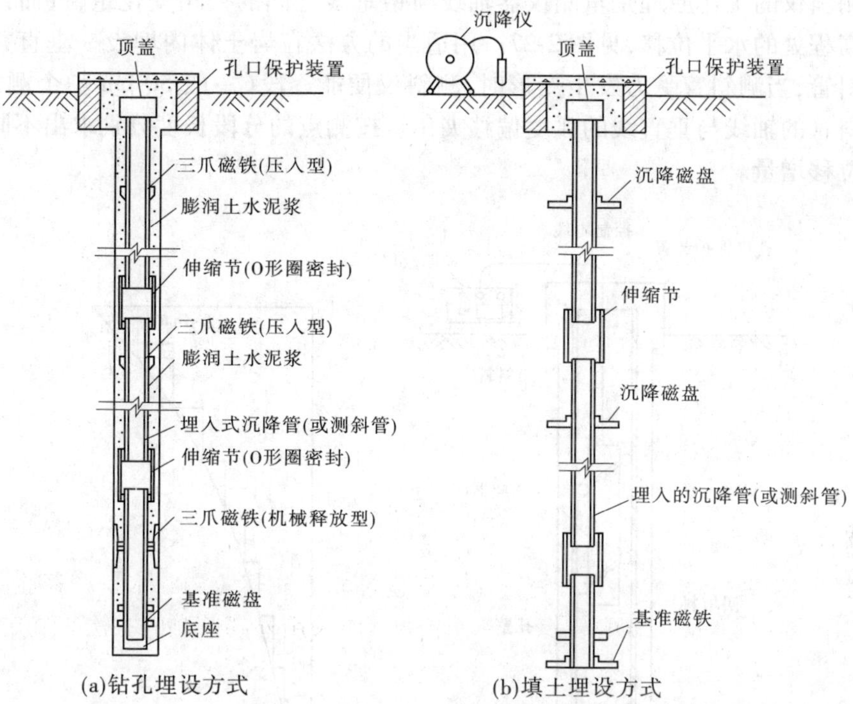

图 2-26 电磁式沉降仪的结构示意图

电磁式沉降仪的工作原理是将带有永久磁铁的锚固点穿过测管轴线并锚固在地下,带有读数开关的测量探头通过钢尺连接放入观测管管中,在钢尺的两侧带有两根导线。当探头通过每个锚固点时,探头读数开关闭合,然后会使放置在地表的钢尺绞盘上的蜂鸣器发声。当蜂鸣器鸣叫时,通过读取钢尺上的读数来得到锚固点的深度。一般地,最底部的锚固点会深入基岩,可作为基准点,土体沉降可用其他测点相对于基准点的绝对位移来计算。

2) 钻孔测斜仪

钻孔测斜仪是一种精度高、稳定性好、可移动的、测定垂直与钻孔轴线的水平位移的原位监测仪器。通过对钻孔的逐段测量可以获得沿钻孔在整个深度范围内的水平位移,从而可以比较准确地确定其变形的大小、方向和深度。钻孔测斜仪对边坡、地基、地下洞室等岩土工程进行变形监测,效果很好。钻孔测斜仪在水利水电工程中主要适用于土石坝坝体、心墙、边坡(滑坡)岩土体、围岩等的深部水平位移监测。

钻孔测斜仪按使用方式的不同,可分为活动测斜仪与固定测斜仪两种类型,固定测斜仪埋设于已知滑动面的部位,而活动测斜仪则沿钻孔各个深度从下至上滑动观测,以寻找可疑的滑面并观测位移的变化。

A. 活动测斜仪

活动测斜仪由测斜管、探头、电缆、数字式测读仪等部分组成。测斜管在监测前埋设于待测的岩土体和水工建筑物内。测斜管内有 4 条十字形对称分布的凹形导槽,作为测斜仪滑轮的上下滑行轨道。测量时,使探头的导向滚轮卡在测斜管内壁的导槽中,沿导槽滑动至测斜管底部,再将探头往上拉,每隔 0.5 m 或 1 m 读取一次数据。监测数据由传感器经控制电缆传输并显示在测读仪上。

活动测斜仪的工作原理是量测仪器轴线与铅垂线之间的夹角变化量，进而计算出岩土体不同高程处的水平位移，见图 2-27。用适当的方法在岩土体内埋设一垂直并有 4 个导槽的测斜管，当测斜管受力发生变形时，测斜仪便能逐段（一般 50 cm 一个测点）显示变形后测斜管的轴线与垂直线的弧度偏移夹角。按测点的分段长度分别求出不同的高程处的水平位移增量。

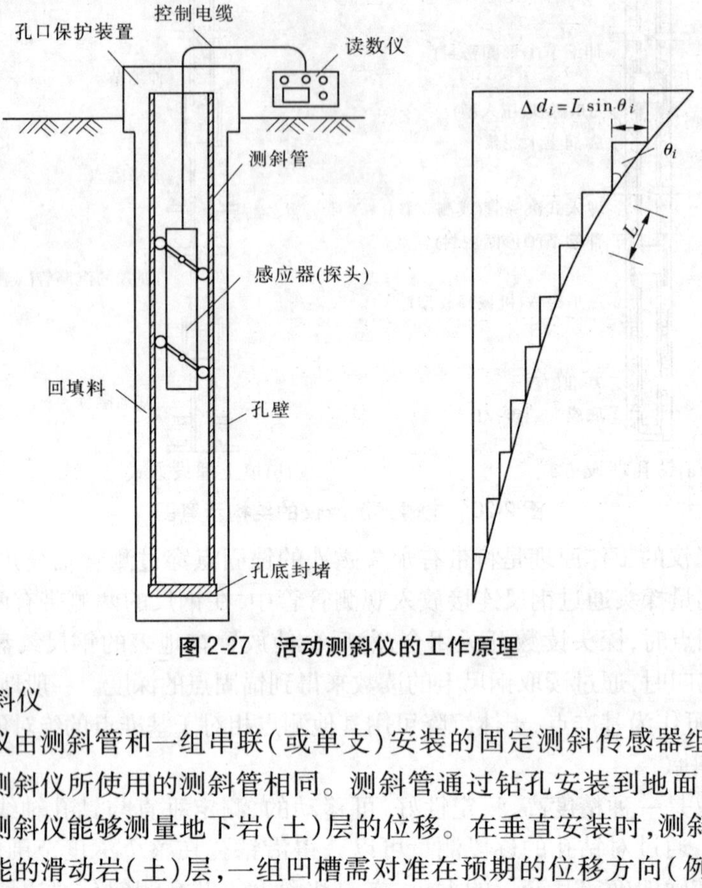

图 2-27 活动测斜仪的工作原理

B. 固定测斜仪

固定测斜仪由测斜管和一组串联（或单支）安装的固定测斜传感器组成，见图 2-28。测斜管与活动测斜仪所使用的测斜管相同。测斜管通过钻孔安装到地面以下，使得定向安装在管内的测斜仪能够测量地下岩（土）层的位移。在垂直安装时，测斜管可以安装在钻孔中穿越可能的滑动岩（土）层，一组凹槽需对准在预期的位移方向（例如滑坡方向），传感器逐个由轴销相连接安装在测斜管内。当地层发生位移时，测斜管产生位移，从而引起安装在管内的传感器发生倾斜，然后通过每支传感器的标距的位移读数测量得到倾角。在大多数情况下，传感器连接到自动采集系统上，数据处理由计算机来完成。

3）引张线式水平位移计

引张线式水平位移计系统（亦称钢丝位移计系统）一般安装埋设在土石坝及其他岩土工程洞室内，用来监测大量程的沿钢丝水平张拉方向的位移变化。其优点是工作原理简单、观测数据可靠，长距离位移传递的铟钢丝不受温度及外部环境影响，能长期在任何环境下工作，广泛用于土石坝和其他填土建筑物及边坡工程等。

引张线式水平位移计系统由大量程位移传感器（人工测读时采用位移标尺）、锚固装置、铟钢丝、保护管、伸缩节及配重等组成，传感器测读方式的引张线式水平位移计系统组成见图 2-29。

引张线式水平位移计是利用固定在被测建筑物两端的钢丝将位移传递到位移传感器或位移标尺,来测量建筑物的水平变形。坝体内部水平方向的变形会带动锚固板发生位移,锚固板的位移则通过紧绷的钢丝传递给位移传感器或位移标尺,从传感器或标尺上读取到的位移量就是坝体内部各测点的位移。引张线式水平位移计测得的位移值是坝体内各测点与观测房内测读装置之间的相对位移值,与大坝表面水平位移观测值(如视准线)叠加即可计算得到坝体内部各测点处的绝对位移值。

2. 监测布置

监测布置时应同时考虑水平位移和沉降监测点,具备条件时,水平位移和沉降监测点应结合布置。

1)竖向布置

根据坝体结构的实际情况,对于大中型大坝来说,每个典型横断面应布置 2 ~4 条竖向测线(每条测线的水平位移和沉降可结合布置,如测斜沉降管),其中,在坝轴线附近设置 1 条测线,心墙下游侧设 1 ~3 条测线,心墙上游可在最大坝高断面处设 1 条竖向测线。竖向测线底部应深入基础变形相对稳定处。

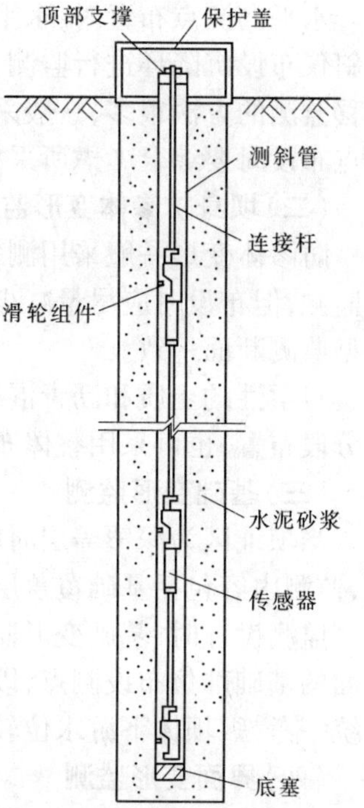

图 2-28　固定式测斜仪结构示意图

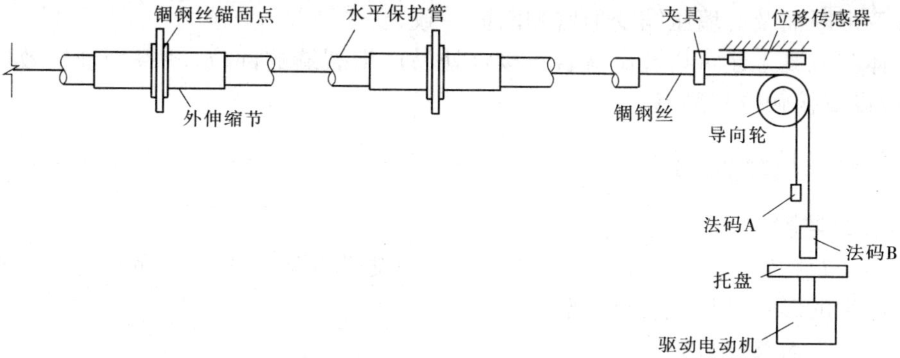

图 2-29　传感器测读方式的引张线式水平位移计系统组成示意图

竖向测线布设一般采用测斜管加沉降环的方式。

2)水平布置

当心墙下游采用水平层测点布置方式时,监测断面位置应在最大断面及左右两端受拉区,应在 1/3 、1/2 、2/3 坝高处布置测点,高程间距宜为 20 ~50 m,最低监测高程宜设置在距基础 10 m 范围内;各监测高程第一个测点应尽量靠近心墙,但不能穿过心墙,测点平面间距 30 ~50 m,测点在竖直向应形成观测线。当采用水平层和竖向结合布置时,监测断面位置应一致,测点数量应根据监测要素综合考虑。

水平向测点布置时，水平位移一般采用引张线式水平位移计进行监测，也可采用水平测斜仪布设沉降环进行监测，对于坝体的纵向变形，一般采用土体位移计进行监测，垂直位移监测的方法很多，一般采用水管式沉降仪、弦式沉降仪、水平测斜仪等方法进行监测。测点布设时要综合考虑所采用的方法以及坝体自身的结构情况。

（二）坝身防渗体变形监测

防渗体变形一般采用测斜管与沉降环相结合的方式进行监测，也可采用其他方式进行监测，但布设时应尽量减少监测设施对心墙造成损害。坝身防渗体变形监测断面应与典型监测断面一致。

对柔性的土质和沥青混凝土心墙，应监测心墙的压缩变形、挠曲变形。压缩变形可采用分段布置，也可采用整体布置。对刚性的混凝土心墙宜监测其挠曲变形。

（三）基础变形监测

当坝址区为深覆盖层时应对深覆盖层基础防渗墙及其与坝体防渗体结合部分进行监测，监测内容包括基础覆盖层变形和防渗墙变形等。

监测设计时，基础变形监测与坝体变形监测应统一考虑。对于大型心墙坝，应在最大断面的基础部位布设测点，以监测基础的沉降量。基础覆盖层变形监测应与坝体变形监测统一考虑，坝体下游水位较高时宜采用竖向布置方式。

（四）界面变形监测

界面变形包括心墙与过渡料接触位移、土体与混凝土建筑物及岸坡岩石接触位移等。界面变形监测设施一般布设在不同坝料交界及土石坝与混凝土建筑物、岸坡连接处，监测界面上两种介质相对的法向及切向位移，一般采用界面变位计进行监测。

在心墙的上游、下游宜设置心墙与过渡料的剪错位移和接触位移监测，监测断面应与坝体内部变形断面及心墙压缩变形监测断面一致。

在土体与混凝土建筑物及岸坡岩石接合处易产生裂缝的部位、峡谷坝址拱效应突出的部位，应设置接触位移测点。

三、裂缝及接缝监测

（一）裂缝监测

当水工建筑物发生裂缝时，就需要监测裂缝的发展情况，分析产生的原因和对水工建筑物安全产生的影响，以便进行处理。

1. 土石坝表面裂缝监测

对土石坝的表面裂缝（非干缩、冰冻缝），凡缝宽大于5 mm、缝长大于5 m、缝深大于2 m的纵、横向缝，以及危及大坝安全的裂缝，均应横跨裂缝布置表面裂缝测点，进行裂缝开合度监测。

可在缝面两侧埋设简易测点（桩），采用皮尺、钢尺等简单工具进行测量。对于深层裂缝，当深度不超过20～25 m时，宜采用探坑、竖井或配合物探等方法检查，必要时也可埋设测缝计（位移计）进行监测。

对于表面裂缝的长度及可见深度，若用钢尺在缝口测量，应精确到5 mm。对于裂缝的宽度变化，宜采用在裂缝两端设置测点（桩）进行测量，应精确到0.5 mm。裂缝的延伸走向应精确到1°。

2. 混凝土建筑物裂缝监测

混凝土建筑物裂缝监测的内容包括裂缝的分布、长度、宽度及是否形成贯穿缝等，有漏水的裂缝，应同时监测漏水情况。监测裂缝的同时，如有条件，应同时对气温、水温、上游水位及混凝土温度等相关因素进行监测。

裂缝位置和长度的监测，可在裂缝两端用油漆划线做标志，或绘制方格坐标丈量。裂缝宽度的监测可借助于放大镜测定，重要的裂缝还可以在缝两侧各埋设一金属标点，用游标卡尺测定缝宽的变化。裂缝的深度可用金属丝探测或用超声波探伤仪测定。

（二）接缝监测

混凝土建筑物为适应温度变化和地基不均匀沉陷以及满足施工要求，一般均设有接缝。缝的开合度与建筑物温度、水温、气温、上下游水位等因素有关。为了解接缝的开合情况，掌握其变化规律及灌浆效果，以综合分析建筑物的运行状态，应进行接缝监测，同时还应对温度、水位等相关因素进行监测。

接缝的观测通常选择建筑物高度最大、地质条件复杂、有较大断层或破碎带、建筑物施工质量差或止水不良，有显著漏水，以及进行应力应变观测的地段，在建筑物顶部、下游表面或廊道内适当位置布置测点，此外，根据需要，还可选择其他具有代表性的纵、横缝埋设测点。

水工建筑物接缝监测是在接缝的测点处埋设观测设备，常用设备有单向测缝标点、型板式三向测缝标点、三点式测缝标点和差动式电阻测缝计。

1）单向测缝标点

单向测缝标点是在伸缩缝两侧混凝土体上各埋设一段角钢，角钢与缝平行，一翼向上，一翼用螺栓固定在混凝土上。向上的翼板上各焊有一半圆球形的标点，以用外径游标卡尺（读至 0.1 mm）测量两标点头间的距离，见图 2-30。

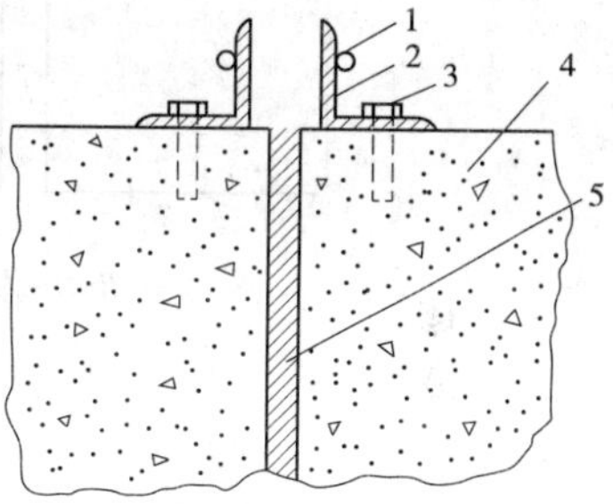

1—标头；2—角钢；3—螺栓；
4—混凝土；5—伸缩缝

图 2-30　单向测缝标点

2）型板式三向测缝标点

型板式三向测缝标点可以测出伸缩缝开合、错动和高差三个方向变化值，是用两块宽约 30 mm、厚 5～7 mm 的金属板锚固在缝侧混凝土上，金属板弯曲成互成直角的三段，每段焊上一个不锈钢的或铜的标点，埋设后量出三对标点的距离 x、y、z，作为初始值，在观测时重新量出三对标点的距离，即可算出伸缩缝沿 X、Y、Z 方向的变化量，见图 2-31。

3）三点式测缝标点

三点式测缝标点由组成等边三角形的三个标点组成，其中两个标点埋在伸缩缝的一侧，并使两点连线与缝平行，另一个标点埋在另一侧。标点下部埋入混凝土，露出的标头为一圆柱体，中心为一圆坑，见图 2-32。三点式测缝标点需用专门的游标卡尺测量。

4）差动式电阻测缝计

差动式电阻测缝计的工作原理与电阻应变计相同，在浇筑建筑物混凝土的同时埋设。在埋设时，首先在高浇筑块中埋入套管，然后当低浇筑块的混凝土上升后，将测缝计旋入套筒内，再回填混凝土，如图 2-33 所示。

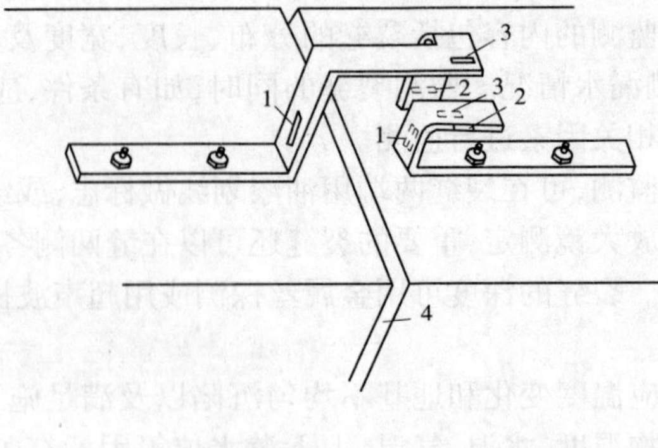

1—观测 X 方向的标点；2—观测 Y 方向的标点；
3—观测 Z 方向的标点；4—伸缩缝

图 2-31　型板式三向测缝标点

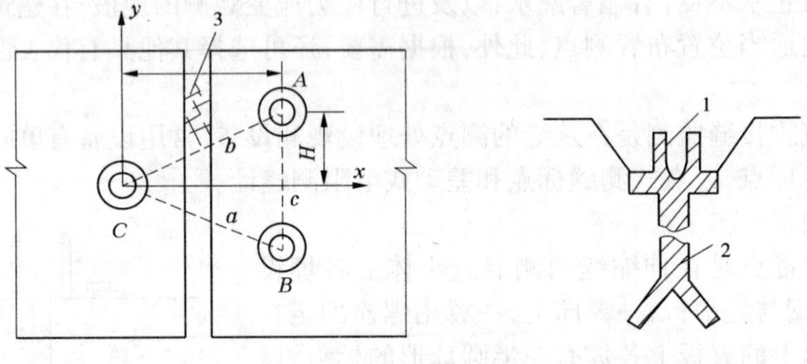

A、B、C—标点；1—放卡尺测针的小坑；2—标点固定锚筋；
3—伸缩缝填料

图 2-32　三点式测缝标点结构图

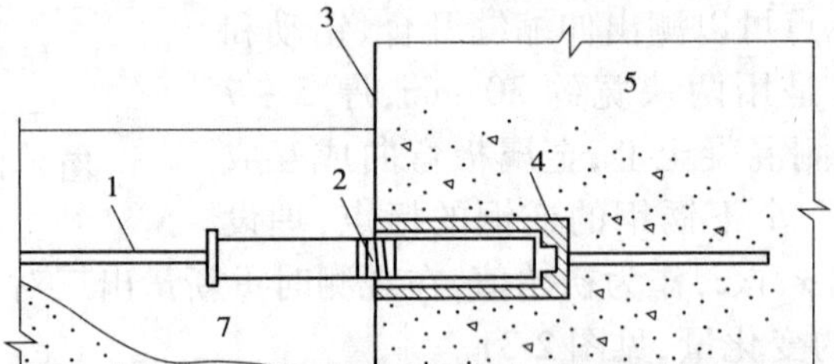

1—电缆；2—波纹管；3—接缝；4—套筒；5—高浇筑块；6—低浇筑块；7—挖去的混凝土

图 2-33　差动式电阻测缝计的埋设图

四、监测资料的整理

（一）土石坝变形资料的整理与分析

土石坝的变形有其一定的规律性，在建成初期，水库蓄水后，由于在上游坝坡上水的荷重和坝体土料的湿陷等作用下，会产生向上游方向的水平位移，随后在水压力作用下又将产生向下游方向的位移，同时在自重及荷载作用下，也将产生竖直位移（沉陷）。而土料在固结过程中由于土层厚度的逐渐减小，上下游坝坡也会产生向坝趾方向的水平位移。所以，将土石坝变形观测资料加以整理，可以分析其变形是否正常，对建筑物会产生什么样的影响，是否会危害建筑物的稳定和安全，对此需要采取什么样的安全保护措施。

1. 水平位移监测资料的整理

1）水平位移过程线

以观测标点的水平位移为纵坐标，以时间为横坐标，绘制水平位移过程线，如图 2-34 所示。在水平位移过程线图上，通常还画上相应的水库水位过程线，以便对照分析。

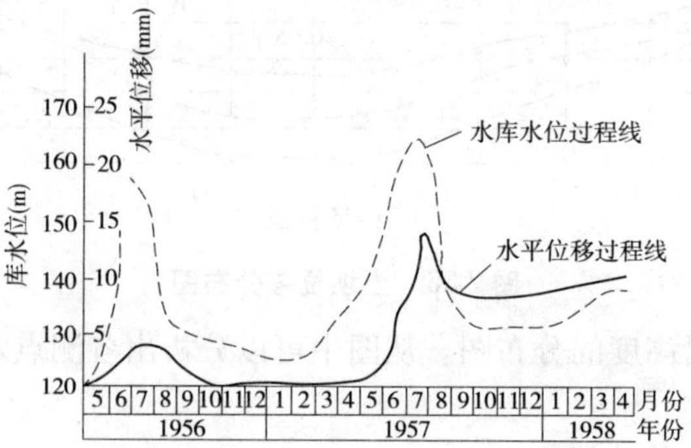

图 2-34 土坝坝顶水平位移过程线

2）累计水平位移变形曲线

以历年水平位移累计值或相对值（历年水平位移累计值与坝高之比）为纵坐标，以时间为横坐标，绘制累计水平位移变化曲线，如图 2-35 所示。

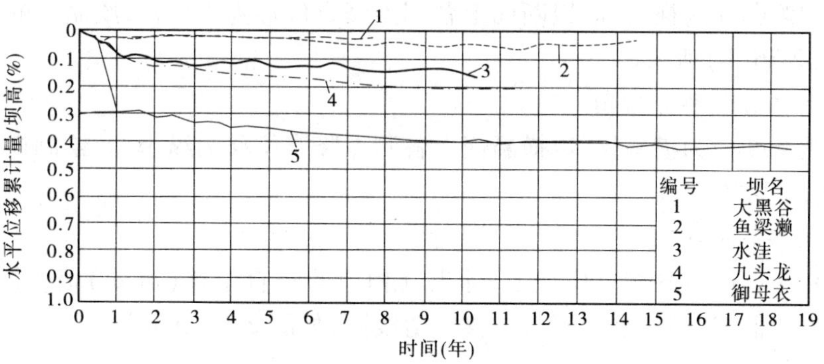

图 2-35 土坝累计水平位移变化曲线

3）水平位移分布图

以水平位移观测断面为横坐标，以水平位移为纵坐标，按一定比尺将各测点的水平位移标于建筑物平面图上，即可绘制成水平位移分布图，如图 2-36(a) 所示。

4）水平位移沿高程分布图

以同一次观测的断面各高程测点的水平位移为横坐标，以测点的高程为纵坐标，即可

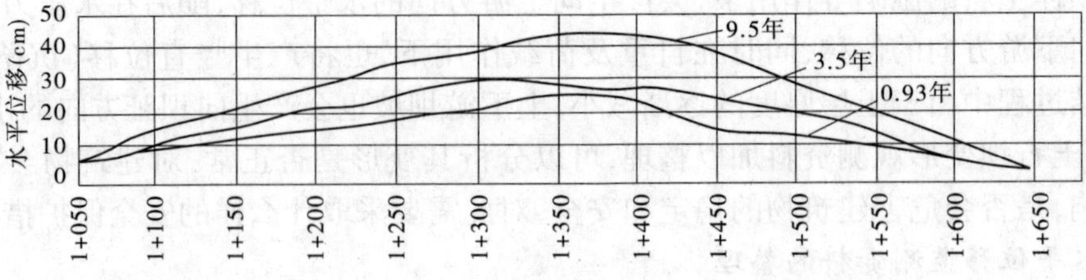

(a)水平位移

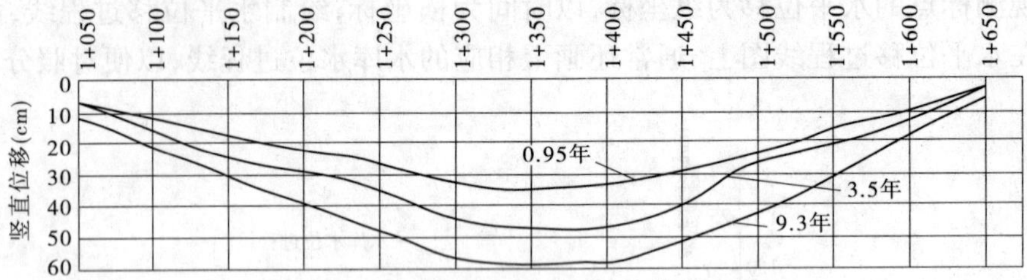

(b)竖直位移

图 2-36 土坝位移分布图

绘制成土坝水平位移沿高度的分布图。从图中可以分析出各测点水平位移量沿高程上的变化趋势。

2. 竖直位移观测资料的整理

1) 竖直位移过程线

以某一观测标点的累计竖直位移或相对竖直位移(竖直位移与坝高比值的百分数)为纵坐标,以时间为横坐标,绘制竖直位移过程线。

2) 纵断面竖直位移分布图

以纵向观测断面为横坐标,以断面上各测点竖直位移为纵坐标,绘制纵断面竖直位移分布图,如图 2-36(b)所示。

3) 横断面竖直位移分布图

以横向观测断面为横坐标,以横断面上各测点竖直位移为纵坐标,绘制横断面竖直位移分布图,如图 2-37 所示。

4) 竖直位移等值线图

在建筑物平面图内各测点位置上,标出其相应的竖直位移(沉陷)值,并将竖直位移相等的各点连成曲线,即可绘制竖直位移等值线图,如图 2-38 所示。

3. 资料分析

通过整理可以表明,土工建筑物的水平位移和竖直位移的一般规律是各种作用的综合反映,其表现形式为:

(1)横向水平位移受库水位的影响比较大,尤其是坝顶的测点,受库水位的影响更强烈。

(2)横向水平位移主要发生在河谷中部坝的最大断面处,向两岸逐渐减少。

(3)一般情况下,坝的上游坝坡向上游位移,下游坝坡向下游位移,坝顶位移方向则

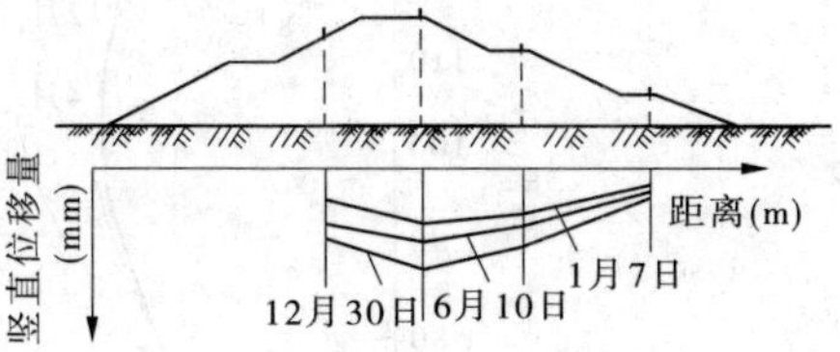

图 2-37 横断面竖直位移分布图

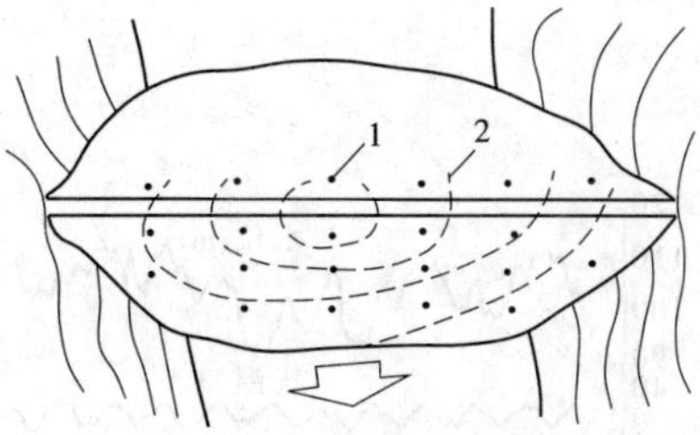

1—观测标点;2—竖直位移等值线

图 2-38 竖直位移等值线图

视具体条件而定。

(4)横向最大位移量,施工期发生在坝的 1/2 坝高处,竣工后发生在坝顶或坝顶以下 1/3 坝高处附近。

(5)竖直位移在水库初蓄期增长较快,以后渐趋平缓,随着土体固结速率越来越小,最终接近水平线。

(6)竖直位移量与填土厚度成正比。填土高度相同的上游坡比下游坡位移量大。

对土工建筑物观测资料进行整理分析,就是研究是否符合上述规律。例如,实测竖直位移量远较预计的小,这不是正常现象,有可能是建筑物体内发生拱效应而形成内部裂缝。反之,如大坝竣工初期沉陷速率过大,即说明填土质量差,抗裂抗渗性能低,往往有裂缝和渗漏。根据分析出的原因,提出处理的措施,确保建筑物的安全。

(二)混凝土建筑物变形观测资料的整理

1. 水平位移资料的整理

1)水平位移过程线

以时间为横坐标,以测点的水平位移为纵坐标,即可绘制水平位移过程线,如图 2-39 所示。

2)挠度曲线

以横坐标表示水平位移,以纵坐标表示测点高程,即可绘制表示同一垂线上各测点水平位移的挠度曲线,如图 2-40 所示。

3)水平位移分布图

以纵向观测断面为基线,将各测点的水平位移按一定比例尺标于图上,则可绘制水平位移分布图,如图 2-41 所示。

2. 竖直位移观测资料的整理

混凝土建筑物竖直位移观测资料可整理成竖直位移过程线(见图 2-42)、累计竖直位移变化曲线(见图 2-43)和竖直位移分布曲线(见图 2-44)。

3. 伸缩缝观测资料的整理

伸缩缝宽度的观测资料通常整理如下:

(1)伸缩缝宽度变化过程线。以横坐标表示时间,以纵坐标表示缝宽,即可绘制伸缩缝宽度变化过程线,如图 2-45 所示。

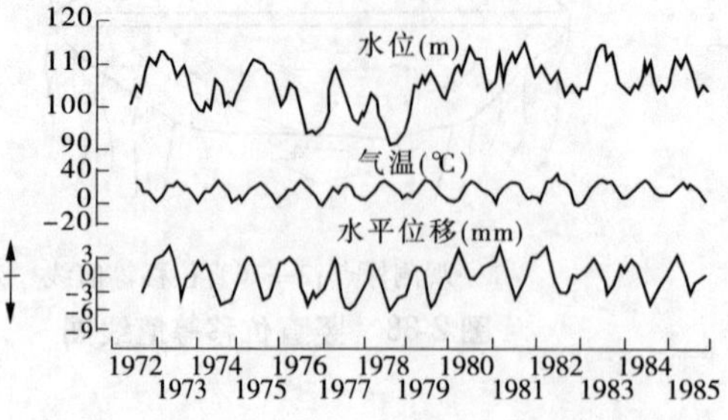

图 2-39　陈村拱坝水平位移过程线

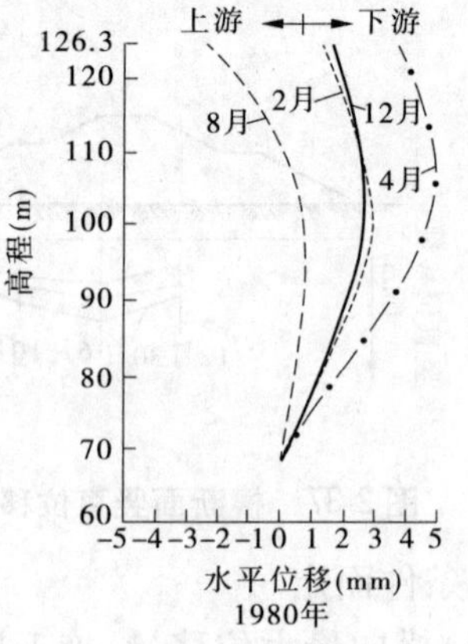

图 2-40　拱坝拱冠断面挠度曲线

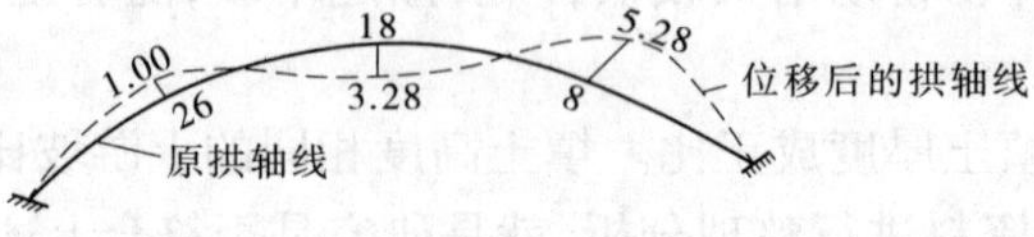

图 2-41　某拱坝拱环的水平位移分布图　（单位：mm）

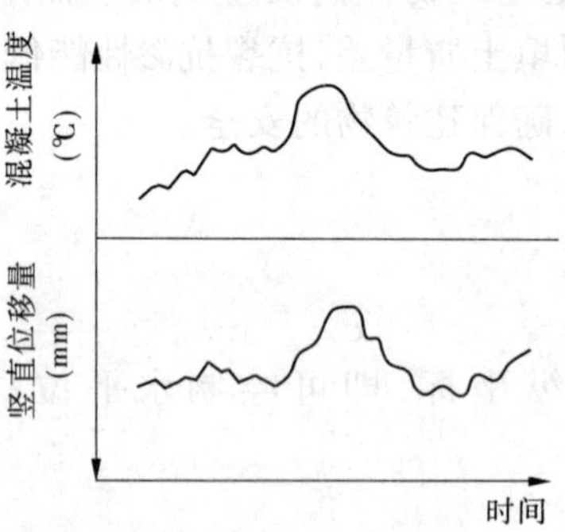

图 2-42　竖直位移过程线

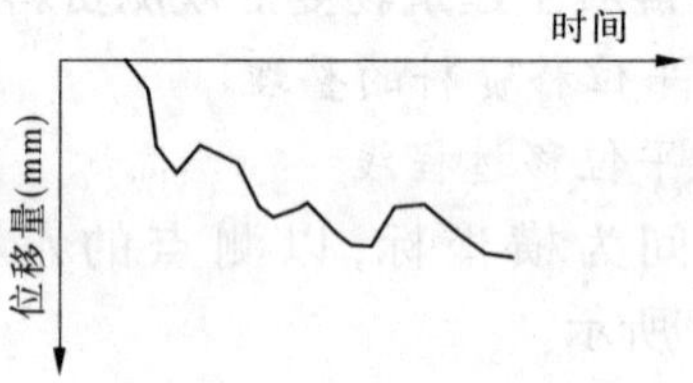

图 2-43　累计竖直位移变化曲线

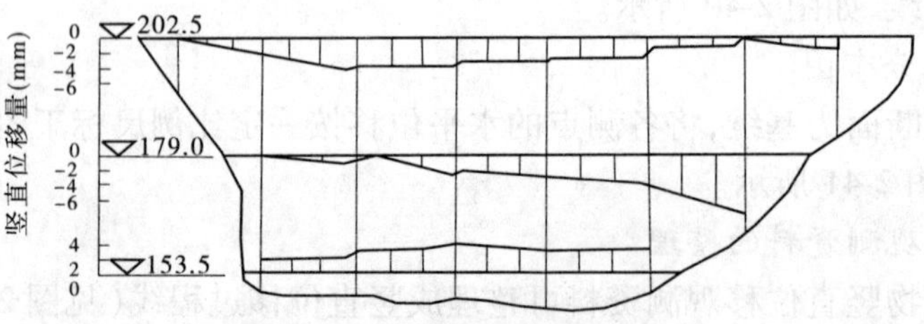

图 2-44　竖直位移分布曲线

（2）伸缩缝宽度与气温关系曲线。伸缩缝宽度的变化与气温有密切关系，如以横坐标表示伸缩缝宽度，以纵坐标表示气温，即可绘制伸缩缝宽度与气温的关系曲线，如图 2-46 所示。

4. 资料分析

混凝土建筑物在自重、外荷载和温度变化的作用下将产生水平和竖直位移，特别是在

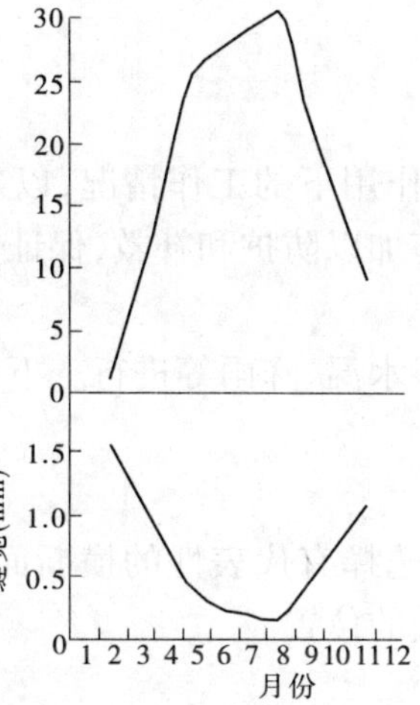

图 2-45 伸缩缝宽度变化过程线

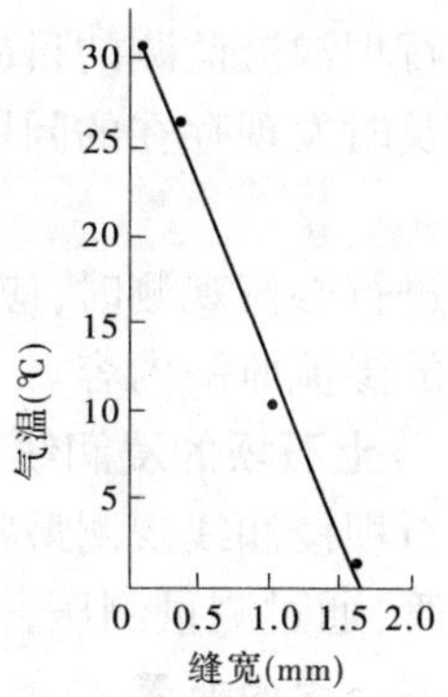

图 2-46 伸缩缝宽度与气温关系曲线

水库水位升降或温度骤然变化时，都会立即产生变形，这些变形具有一定的特点和规律性，如以混凝土坝为例，其表现形式如下：

(1)水平位移的变化具有一定的周期性，一般是每年夏季坝体向上游方向位移，冬季向下游方向位移。

(2)水平位移随库水位的升降而变化，一般是同步发生的，而且水压力所引起的水平位移是向下游方向的。

(3)温度对坝体水平位移的影响，随坝型、坝体厚度、水库水位的不同而有一定的滞后作用，例如新安江宽缝重力坝滞后 90 天，陈村重力拱坝滞后 30 ~ 90 天。

(4)对水平位移而言，在坝体的上部，温度变化的影响较大，水压力的影响较小；在坝体的下部，温度变化的影响减小，水压力的影响增大。

(5)拱坝的切向位移和重力坝的纵向(沿坝轴向)位移远小于径向位移和上下游方向的位移值，例如陈村拱坝的切向位移为径向位移的 20%，里石门拱坝为 10%。

(6)竖直位移的大小与建筑物的高度、水库的水位、温度的变化和坝基的地质情况有关。对于同一座坝，最高坝段的竖直位移较岸坡坝段大；测点位置愈高，竖直位移也愈大。温度增高，混凝土膨胀，故坝体升高；温度下降，混凝土收缩，故坝体下降。水库水位的变化将引起坝体温度和应力的变化，因而影响坝体竖直位移的变化。地质条件愈好，竖直位移愈小；反之，则愈大。

任务三 掌握水工建筑物的渗流监测

水库建成蓄水后，在上下游水头差的作用下，坝体和坝基会出现渗流现象。渗流分为正常渗流和异常渗流。正常渗流不会对水库水量损失和大坝安全造成影响，在水利工程中是允许的。异常渗流往往会逐渐发展并对建筑物造成破坏。在一定的边界条件下，正常渗流有可能转化为异常渗流。所以，为了保证坝体安全和水库的蓄水效益，对水库中的渗流现象，必须引起足够的重视，并进行认真的检查观测，从渗流的现象、部位、程度来分析并判断建筑物的运行状态，保证水库安全运用。

一、土石坝的渗流监测

土石坝渗流监测的目的是监视土石坝在渗流作用下的工作情况，以确定正确的运用方式和及时发现存在的问题及隐患，便于采取措施加以防护和补救，保证大坝的正常工作和安全。

在进行渗流观测时，应结合上下游水位、气温、水温、降雨等进行。下面介绍土石坝通常进行的渗流监测内容。

（一）土石坝的浸润线观测

土石坝浸润线观测最常采用的方法是在坝体选择有代表性的横断面，埋设适当数量的测压管，通过测量测压管中的水位来获得浸润线的位置。

1. 测压管的布置

土石坝浸润线观测的测点应根据水库的重要性和规模大小、土坝类型、断面尺寸、坝基地质情况以及防渗、排水结构等进行布置。一般选择最重要、最有代表性且能控制主要渗流情况，以及预计有可能出现异常渗流的横断面作为浸润线观测断面，布置测压管。例如，选择最大坝高、老河床、合龙段以及地质情况复杂处。在设计时进行浸润线计算的断面，最好也布置测压管进行观测，以便与设计进行比较。布置测压管的横断面间距一般为100～200 m，如坝体较长、断面情况大体相同，可以适当增大断面间距，在有特殊需要的坝段应增设断面。对于一般大型和重要的中型水库，浸润线观测断面不少于3个，一般中型水库不少于2个。

每个横断面内测点的位置和数量，以能使观测成果如实地反映出断面内浸润线的几何形状及其变化，并能充分描绘出坝体各组成部分（防渗体、排水体、反滤层等）在渗流作用下的工作状况为原则进行布置。要求每个横断面内的测压管数量不少于3根。

（1）对于具有堆石排水体的均质土坝，在坝顶上游坝肩和排水体上游坡与坝基相交点各布置1根测压管，其间根据具体情况布置1根或数根测压管，如图2-47（a）所示。

（2）对于具有褥垫式排水体的均质土坝，可在上游坝肩和褥垫式排水体上游端各布置1根测压管，其间根据具体情况布置。褥垫式排水体的上面根据需要可增设1根测压管，如图2-47（b）所示。

（3）对于宽心墙坝，可在心墙内布置2～3根测压管，在心墙下游面靠近心墙的透水料中和排水体上游端处各布置1根测压管，其间根据具体情况布置。对于窄心墙坝，可在心墙上下游和排水体上游端各布置1根测压管，其间根据具体情况布置，如图2-47（c）和图2-47（d）所示。

（4）对于塑性斜墙坝，在紧靠斜墙下游面坝底处应埋设1根测压管，反滤坝址上游端埋设1根测压管，其间视具体情况布置。紧靠斜墙的测压管，为了不破坏斜墙的防渗性能并便于观测，通常采用有水平管段的L形测压管。水平管段略倾斜，进水管段稍低，坡度在5%左右，以免破坏斜墙的不透水性。此外，应在排水体上游坡脚处布置1根测压管，其间根据具体情况布置，如图2-47（e）所示。

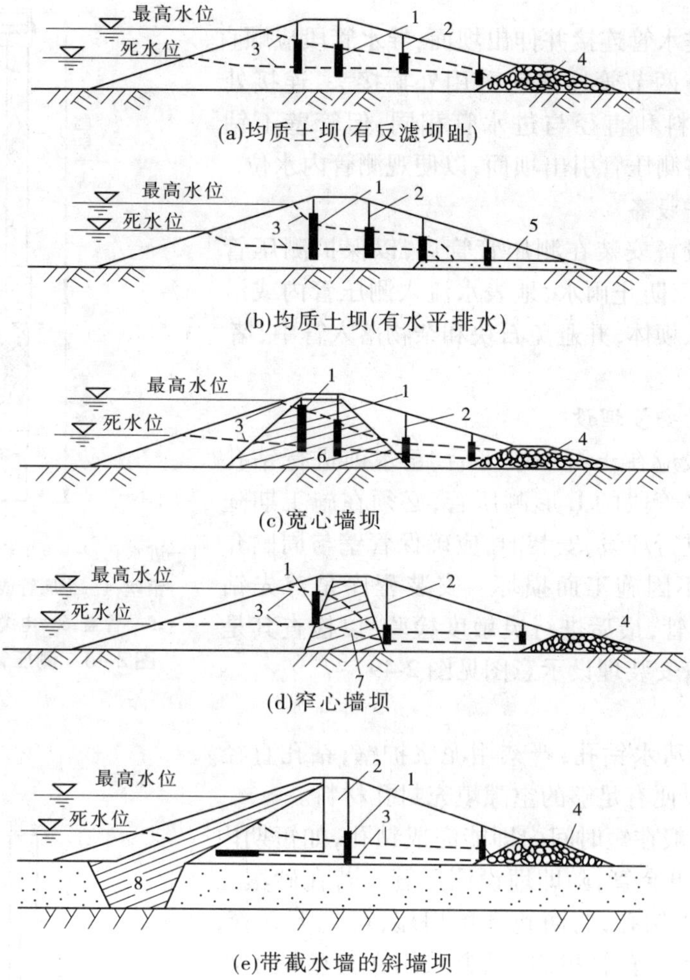

1—进水管段;2—导管;3—浸润线;4—反滤坝趾;

5—水平反滤层;6—宽心墙;7—窄心墙;8—斜墙

图2-47 不同坝型浸润线测压管布置示意图

2. 测压管的结构

测压管长期埋设在坝体内,要求管材经久耐用。常用的有金属管、硬工程塑料管和无砂混凝土管。无论哪种测压管均由进水管段、导水管段和管口保护设备三部分组成。测压管结构见图2-48。

1)进水管段

测压管的进水管应既能顺利进水又能防止土粒进入管内,常用的进水管直径为38~50 mm。进水管可用管材加工制作,一般长1.5~3 m,进水管壁钻有足够数量的进水孔,面积开孔率为10%~20%,孔径一般为6 mm左右(孔眼形状不限,但必须排列均匀和内壁无毛刺)。外部包扎采用足以防止土颗粒进入的无纺土工织物,管底封闭,不留沉淀管段。也可采用与导水管等直径的多孔聚乙烯过滤管或透水石管作为进水管。进水管顶端与导水管牢固相连。

2)导水管段

导水管与进水管连接并伸出坝面,导水管段应顺直,内壁光滑无阻。两节管连接应采用外箍接头,连接处应不漏水,其材料和直径与进水管相同,但管壁不钻孔。其作用是将测压管引出坝面,以便观测管内水位。

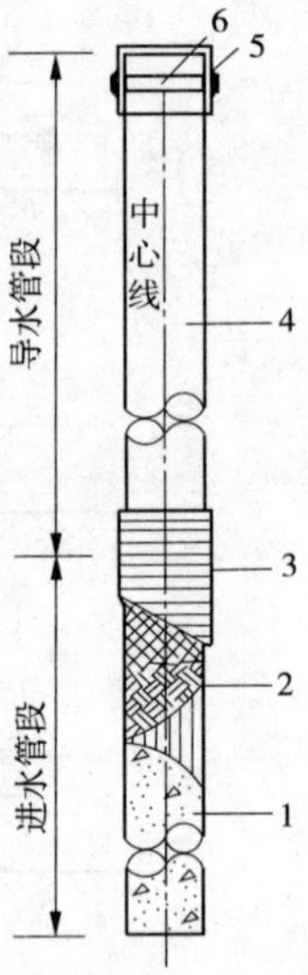

1—进水孔;2—土工织物过滤层;3—外缠铅丝;4—金属管或硬工程塑料管;5—管盖;6—电缆出线及通气孔

图2-48 测压管结构示意图

3)管口保护设备

管口保护设备安装在测压管管口,以保护测压管不受人为的破坏,防止雨水、地表水流入测压管内或沿测压管外壁渗入坝体,并避免石块和杂物落入管中,堵塞测压管。

3.测压管的安装埋设

测压管一般应在土石坝竣工后、蓄水前进行钻孔安装。只有水平管段的L形测压管,必须在施工期随坝体填筑施工进行埋设,安装时,应确保管壁与周围介质结合良好和不因施工而损坏。安装程序是首先钻孔,再埋设测压管,最后进行灵敏度检验,以检查其是否合格。测压管安装埋设示意图见图2-49。

1)钻孔

(1)宜采用清水钻孔,严禁用泥浆护壁,钻孔直径宜为110 mm,以便有足够的空隙填充封孔材料。

(2)钻机一般在短时间内即能完成钻孔,如短期内不易塌孔,可不下套管,随即埋设测压管。若在砂壤土或砂砾料坝体中钻孔,为防止孔壁坍塌,可先下套管,在埋好测压管后将套管拔出,或者采用在管壁钻了小孔的套管,万一套管拔不出来也不会使测压管作废。

(3)建议钻孔采用麻花钻头干钻,尽量不用循环水冲孔钻进,以免钻孔水压对坝体的扰动破坏及可能产生裂缝。

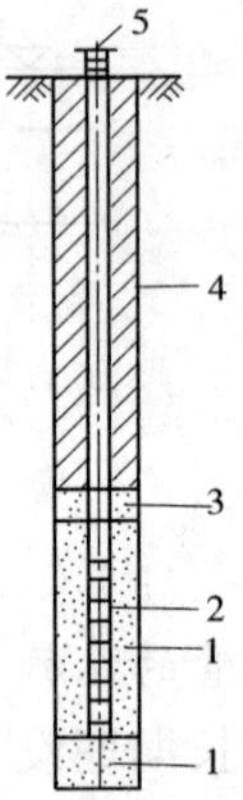

1—中粗砂反滤料;2—测压管进水管段;3—细砂;4—封孔料;5—管盖

图2-49 测压管安装埋设示意图

2)埋设测压管

(1)安装前,应对钻孔深度、孔底高程、孔内水位、有无塌孔以及测压管加工质量、各管段长度、接头、管盖等进行全面检查并做好记录。

(2)下管前应先在孔底填约厚20 cm的反滤料,然后将测压管逐根对接下入孔内。下管过程中,必须连接严密,吊系牢固,保持管身顺直。

(3)待测压管全部下入孔内后,应在测压管与孔壁间回填反滤料至本测点的设计进水段高度。从孔底至反滤料顶面的孔段长度是测压管的进水段(可大于测压管管体透水段),也是该测压管的实际监测范围,故须在埋设中严格遵守设计意图,精确测量并记录存档。

(4)反滤料应既能防止细颗粒进入测压管,又具有足够的透水性,一般其渗透系数宜大于周围介质的10～100倍。对于黏壤土或砂壤土可用细砂，对于砂砾石层可用细砂和粗砂的混合料。

（5）反滤层以上用膨胀土泥球封孔，泥球应由直径5～10 mm的不同粒径组成，宜风干，不宜日晒或烘烤。封孔厚度不宜小于4 m。

3）灵敏度检验

测压管安装、封孔完毕后应进行灵敏度检验。检验方法采用注水试验，一般应在施工期或库水位稳定期进行。

若进水管段周围为壤土料或岩体，注水量相当于1 m测压管容积的3～5倍；若为砂砾料，则为5～10倍。注水后不断观测测压管管内水位，直至恢复到或接近注水前的水位。对于黏壤土，若管内水位在注水后5天内降至注水前水位，则灵敏度合格；对于砂壤土或岩体，若1天内降至注水前水位，则灵敏度合格；对于砂砾料，若1～2 h降至注水前水位或注水后水位升高不足3～5 m，则灵敏度合格。

4.测压管水位观测方法

测压管水位常采用测深针或电测水位计进行观测，随着自动化仪器的发展，可采用自动化量测水位计对管中水位进行自动观测。

1）测深钟测定测压管水位

测深钟的结构形式如图2-50所示，为上端封闭、下端开敞的一段金属圆管。圆管长30～50 mm，外径较测压管内径小，形状好像一个倒置的杯子。吊绳用皮尺或测绳，零点置于测深钟下口。

观测时，用吊绳将测深钟慢慢放入测压管中，当测深钟下口接触管中水面时，会发出空筒击水的"嘭嘭"声，即停止下送。再将吊绳稍微提起又放下，使测深钟反复击水并连续发出"嘭嘭"的声音为止，此时即可测出管口至管内水面的高度L，再根据管口高程Z_g，计算出管水位高程Z，即

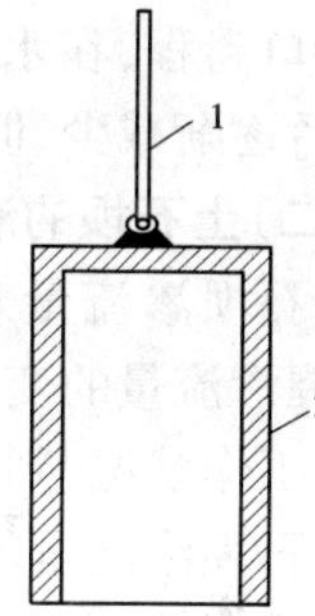

1—吊绳；2—测深钟

图2-50 测深钟结构示意图

$$Z = Z_g - L \tag{2-3}$$

一般要求测读2次，读数差不大于2 cm。

2）电测水位计测定测压管水位

电测水位计由测头、电缆或钢尺、滚筒、手摇柄和指示器等组成。典型结构有提匣式和卷筒式，具体见图2-51。测头为金属制成的短棒，两芯电缆在测头中与电极相接，形成闭合电路的"开关"，测头的结构见图2-52。

两芯电缆除用来传输信号外，同时作为刻度标尺和测头的吊索，一般采用聚乙烯两芯刻度标尺，以测头下端为起点，自下而上标注刻度。滚筒用来盘卷标尺，用手摇柄操作滚筒进行收放。指示器一般采用微安表（或毫伏表），配有蜂鸣器或指示灯，电源采用干电池。有的电测水位计在测头装有测温元件，在测量水位的同时兼测水温。

当测头接触水面时水导体使电路两电极闭合，信号经电缆传至指示器配置的蜂鸣器或指示灯，此时可从电缆标尺上直接读取水位深度。

电测法测管水位需测读2次，2次读数差对于大型水库不大于1 cm，对于中型水库不

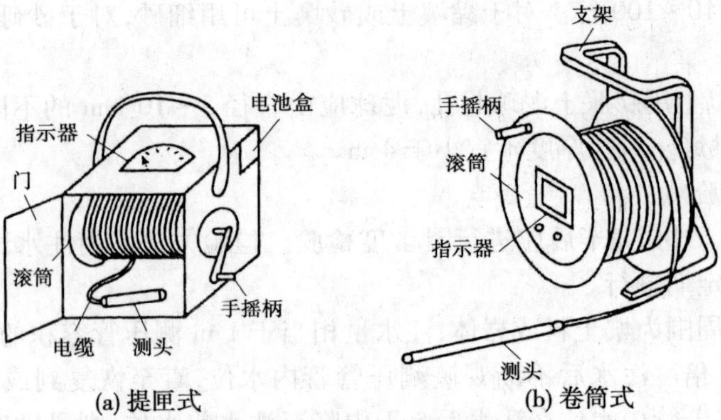

(a) 提匣式　(b) 卷筒式

图 2-51　电测水位计结构图

大于 2 cm。

测压管水位的测次，应根据水库蓄水等具体情况而定。水库初蓄水阶段每日观测一次，以后逐渐减少到每10天一次。但当水库水位超过历年最高水位或接近设计最高水位，以及发现不正常渗流或地震后，应增加测次。测压管口高程，在水库运用初期应每月用水准法测量一次，以后逐渐减少，但每年至少一次。

（二）土石坝的渗流量观测

土石坝渗流量观测的目的是通过测量渗流量的大小，掌握渗流量的变化规律，以便分析土石坝防渗和排水设备的工作状况，判断土坝的工作是否正常。

土石坝渗流量的观测，通常是将坝体和坝基排水设备中的渗水分别引入集水沟，在集水沟中布置量水设备进行观测。如果坝体和坝基的渗水可以分区拦截，则应分区进行观测，以利于分析问题。

渗流量观测应与上下游水位、测压管水位、气温和降雨等项目的观测配合进行。渗流量的观测方法应根据渗流量的大小和渗水的汇集条件，采用容积法、量水堰法和测流速法。

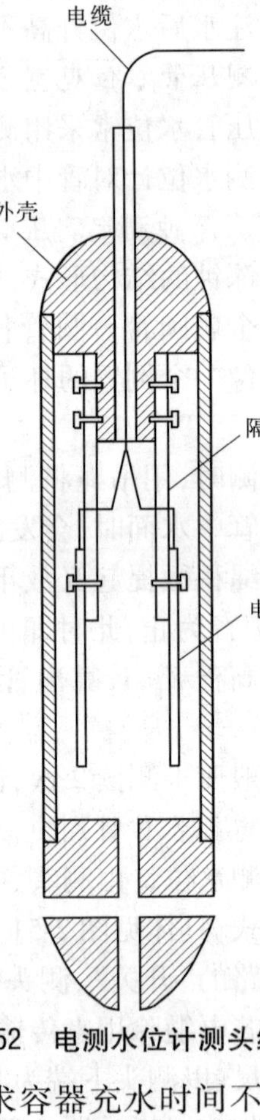

图 2-52　电测水位计测头结构图

1. 容积法

容积法适用于渗流量小于 1 L/s 的情况或无法将渗透水流长期汇集排泄的地方。观测时需要计时，当计时开始，将渗流水量全部引入容器内，计时结束时停止。一般要求容器充水时间不得小于 10 s，并用秒表测定。记录取水的时间，并量出容器内的水量，即可计算渗流量。

2. 量水堰法

量水堰法适用于渗流量为 1 ~ 300 L/s 的情况，一般设置在集水沟的直线段上，上下游沟底及边坡需加护砌，以免漏水，可建造专门的混凝土或砌石引水槽。集水沟断面尺寸设计和堰高的设计,应使堰下水深低于堰口,以形成堰口自由溢流。

量水堰一般常采用以下几种形式:

(1)三角堰。底角为直角,过水断面为等腰三角形的量水堰,如图2-53所示。三角堰适用于渗流量为1~70 L/s的情况,堰上水深一般不超过0.3 m,最小不宜低于0.05 m。直角三角堰自由出流的流量计算公式为

$$Q = 1.4H^{5/2} \tag{2-4}$$

式中 Q——渗流量,m^3/s;

H——堰上水头,m。

(2)梯形堰。梯形堰过水断面为一梯形,边坡常用1∶0.25,如图2-54所示。堰口应严格水平。底宽不宜大于3倍堰上水头。堰上水深不宜超过0.3 m,适用于渗流量为10~300 L/s的情况。

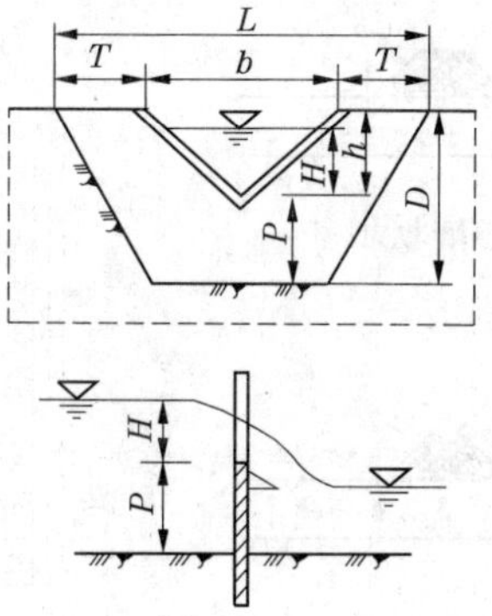

图2-53 三角堰示意图

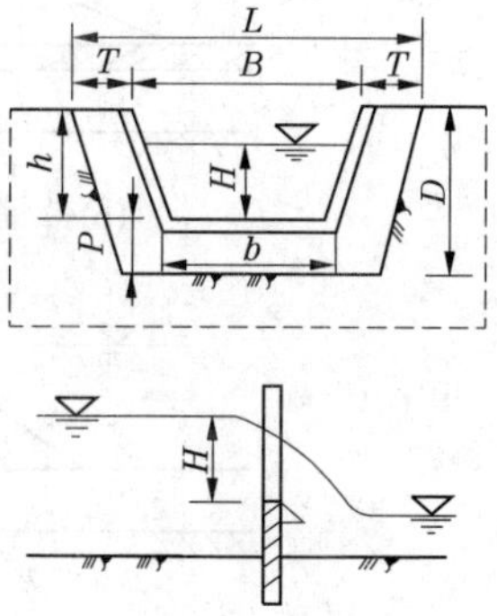

图2-54 梯形堰示意图

堰口边坡为1∶0.25的梯形堰流量计算公式为

$$Q = 1.86bH^{3/2} \tag{2-5}$$

式中 Q——渗流量,m^3/s;

b——堰底宽度,m;

H——堰上水头,m。

3.测流速法

当渗流量较大,且能将渗水汇集到比较规则的平直排水沟时,也可采用流速仪或浮标等观测渗水流速,并测出排水沟横断面尺寸和水深,求得过水断面面积,即可计算渗流量。

(三)土石坝坝基渗流压力的观测和绕坝渗流的观测

1.坝基渗流压力的观测

坝基渗流压力的观测是为了了解坝基透水层和承压层中渗水压力的沿程分布,以判断坝基防渗和排水设备的工作效能,防止坝基产生渗透破坏。

坝基渗水压力是通过观测布置在坝基内的测压管管内水位,推算其各测点处的渗水压力水头。测压管的布置根据地基地质情况、防渗排水设施的结构形式,以及有可能发生渗透变形的部位而定。

1)测压管的布置

测压管沿渗流方向布置,一般结合浸润线断面布置。不同地质状况,其布置形式不一样。

(1)均质砂砾石地基上测压管的布置。一般布置2~3个垂直于坝轴线的观测横断面,每个横断面布设3~5根测压管,具体位置视坝型而定,如图2-55所示。

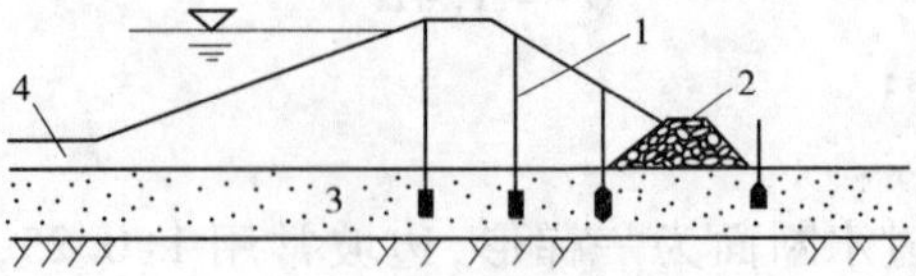

(a)带铺盖的均质坝坝基

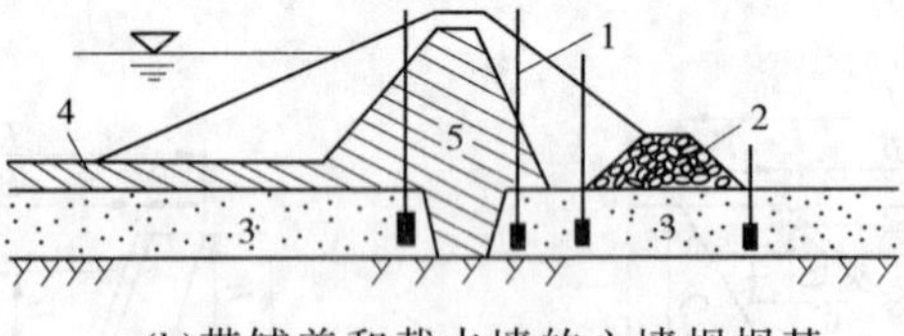

(b)带铺盖和截水墙的心墙坝坝基

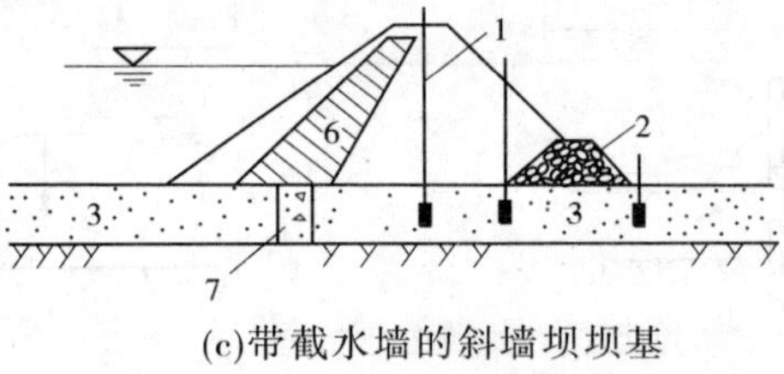

(c)带截水墙的斜墙坝坝基

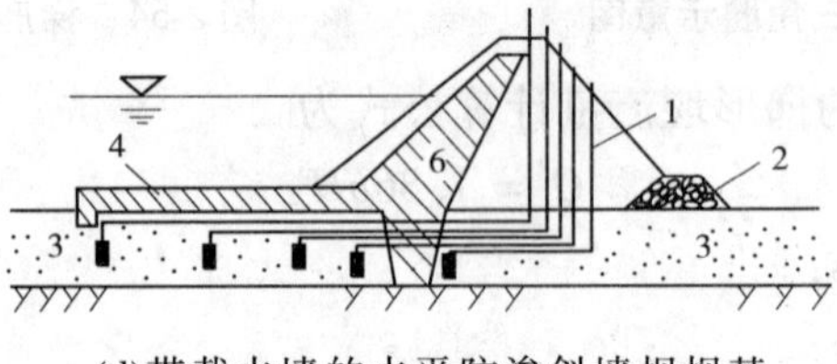

(d)带截水墙的水平防渗斜墙坝坝基

1—测压管;2—滤水坝趾;3—砂砾石层;4—水平铺盖;5—心墙;6—斜墙;7—垂直防渗墙

图2-55 均质砂砾石地基渗水压力测压管布置示意图

①具有水平防渗铺盖的均质坝,一般每个断面埋设4根测压管,上游坝肩、下游坡、反滤坝趾上下游各埋设1根,如图2-55(a)所示。

②对有塑性截水墙或垂直防渗帷幕的心墙坝,一般在截水墙前后各布设1根测压管,反滤坝趾上下游各埋设1根,如图2-55(b)所示。

③对有垂直防渗设施的斜墙坝,其黏土截水墙、灌浆帷幕或混凝土防渗墙靠近上游,测压管可全部布置在防渗设施下游,如图2-55(c)所示。

④对有水平防渗设施的斜墙坝,一般在土坝施工时预埋L形测压管,如图2-55(d)所示。其水平管段应有5%的坡度。

(2)对于上层为相对弱透水层、下层为强透水层的双层地基,应至少布置2~3个垂直于坝轴线的观测横断面，每个横断面布设 2 ~ 4 根测压管，并将测压管的进水管段布设在强透水层中，如图 2-56 所示。多层透水坝基可在各层中分别埋设测压管，每个观测横断面每层不少于 3 根，如图 2-57 所示。

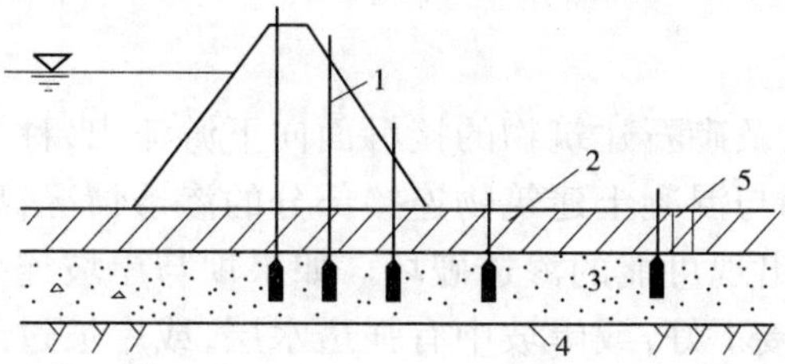

1—测压管；2—相对弱透水层；
3—强透水层；4—基岩；5—出水口

图 2-56 双层透水坝基渗水压力测压管布置示意图

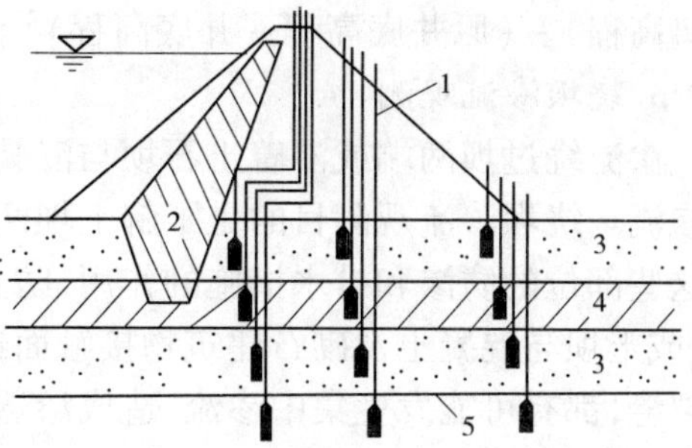

1—测压管；2—斜墙；3—透水层；
4—相对弱透水层；5—基岩

图 2-57 多层透水坝基渗水压力测压管布置示意图

(3) 当基岩有局部破碎带、断层或裂隙时，为了解集中渗流情况和检查垂直防渗设施的防水性能，通常沿破碎带、断层、裂隙等透水方向布设至少 3 根测压管，测压管的进水管深入断层或裂隙中。

(4) 为获得坝趾出逸段的出逸坡降，需在坝趾下游一定范围内布置若干测压管。在已经发生渗流变形的地方，应在其四周临时增设测压管进行观测。当采取工程措施进行处理后，仍应保留一部分测压管，观测处理前后渗水压力的变化，以评价处理效果。

2) 测压管的结构与管水位观测方法

坝基渗水压力测压管的结构与浸润线测压管基本相同，只是进水管较短，一般为 0.5 ~ 1 m。坝基测压管的埋设一般在大坝施工期或水库初蓄水前进行，造孔埋设不得用泥浆固壁，应下套管防止塌孔。钻进过程中应取土样，鉴定土的性质，并测定高程和计算各种土层厚度，绘制钻孔土层柱状图。埋设完后填写设备考证表。

坝基渗水压力观测通常与浸润线观测同时进行，并在水库水位最高、最低以及升降变化较大时增加测次，且同时观测上下游水位。其观测方法与浸润线测压管相同。

2. 导渗降压设备效能观测

导渗降压设备效能的观测包括进行测压管水位观测、渗流量观测和其他项目观测。

1) 测压管水位观测

当坝后设有排水沟时，应在垂直排水沟方向布置几个观测断面，在每个观测断面上至少应在沟的上游侧和下游侧各布置 1 根测压管，如果坝后设有排水减压井，应在井上游、井下游和井间平行坝轴线方向布置 3 个观测断面，每个断面上布置一定的测压管。

2) 渗流量观测

减压井和排水沟的渗流量观测一般是通过量水堰进行的，对于减压井的渗流量可采用体积法或用小流速仪在井内观测其涌水量。

3)其他项目观测

减压井的其他项目观测还包括涌水透明度、淤积量和失效后果等的观测。

涌水透明度的观测可参见后文。淤积量的观测一般是在每年汛前和汛后各进行一次,其方法是分别测量井口和井底的高程,则井的淤积量 = 井的断面 ×[(原井口高程 - 井口高程) - (原井底高程 - 井底高程)]。

3. 绕坝渗流观测

渗流绕过坝两端或沿着土石坝与混凝土及砌石建筑物的接触面向下游流出,称为绕坝渗流。绕坝渗流观测目的是了解土坝两岸与混凝土建筑物连接部分的渗透情况,以分析这些部位的防渗和排水措施的作用,防止出现可能的渗透破坏。如果坝与岸坡连接不好,或土坝与混凝土及砌石建筑物接触面连接不好,或岸坡中有强透水层,或岸坡过陡产生裂缝,都有可能发生集中渗流,造成渗透变形,甚至造成土坝失事。

绕坝渗流一般也是埋设测压管进行观测。测压管的布置以能使观测成果绘出绕渗等水位线和浸润线为原则。一般根据坝与岸坡和混凝土建筑物的连接方式,以及两岸地质情况、防渗排水设施的形式等确定。

(1)两岸绕渗测压管沿绕流线布置,一般至少埋设 2 排,每排至少 3 根,如图 2-58 所示。

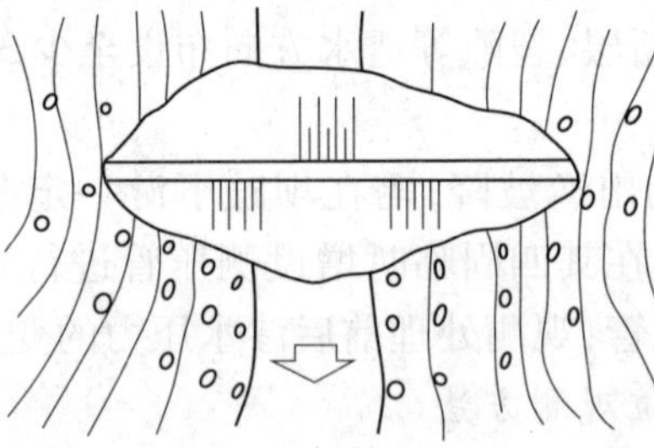

图 2-58 绕坝渗流测压管平面布置图

(2)在下游河槽两侧台地的渗流区,可垂直坝轴线布置 2 ~ 3 排测压管,各排间距 50 ~ 100 m,靠近河槽处可稍密一些。每排测压管管距为 50 ~ 200 m,近坝址处稍密一些。每排测压管根数不少于 3 根。

(3)岸坡内有防渗齿墙或灌浆帷幕的,应在其前后各设 1 ~ 2 根测压管。

(4)对心墙或斜墙坝,下游坝壳的透水材料易成为绕渗的出口,因此除在坝外岸坡布设测压管外,还应在坝内岸坡段布设测压管,用以观测渗流出口处的渗透稳定性。

绕坝渗流属无压渗流,其观测实际上是浸润线观测。因此,浇渗测压管的构造、埋设方法和坝体浸润线相同。但当岸坡为坚硬岩石时,可只钻孔而不必埋管。对于坝内岸坡段的测压管,进水管埋在岸坡内,坝体内为导管。若要对岸坡进行分层透水性观测,则按坝基渗水压力管的构造和埋设方法进行。

绕渗测压管的水位观测与坝体浸润线观测相同,观测仪器、方法及测次等规定也一样。

（四）渗水透明度检测

由坝体、坝基渗出的水，如果清澈透明，一般认为是正常渗流。如果渗流水中带有泥沙颗粒或渗水浑浊不清，或渗水中含有某种可溶盐成分，则反映出坝体或坝基土料中细粒料被渗流水带出，或者是土料受到溶滤，这些现象通常是管涌、内部冲刷或化学管涌等渗流破坏的先兆。因此，应对渗流水进行透明度检测，并结合其他渗流观测分析判断是否会发生渗透破坏。

渗水透明度用渗水透明度管进行检测。透明度管为一高 35 cm、直径 3 cm 的平底玻璃管，管壁刻有厘米刻度，零点在管底处。管底有一放水阀门，如图 2-59 所示。其观测方法如下：

（1）在渗水出口处取水样摇匀后注入透明度管内。

（2）用一块 5 号汉语拼音铅印字体置于管底下 4 cm 处。从管口通过水样看铅印字体。如看不清字样，则打开阀门放水，降低管中水柱观看铅印字体，直至看清字体。

（3）从管壁刻度上读出水柱高度，即为渗水透明度。透明度大于 30 cm 为清水，透明度愈小，说明水样中含泥沙量愈大。若事先率定出透明度与含沙量的关系，即可由透明度查出含沙量。

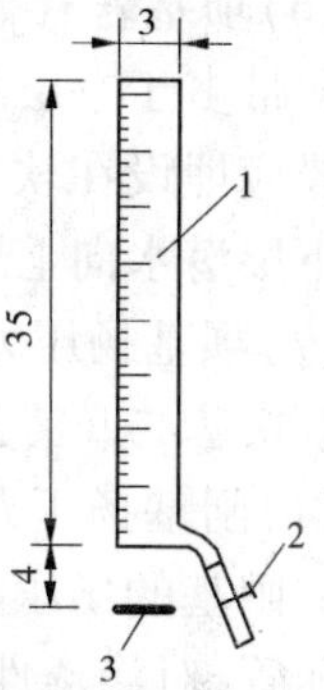

1—透明度管；2—阀门；
3—5 号字符

图 2-59　透明度管示意图
（单位：cm）

渗水透明度检测应固定专人进行，以免视力差异引起误差。检测工作在同样光亮条件下进行。检测应做两次，两次读数差不大于 1 cm。渗水正常时，可每月或每季进行一次，渗水浑浊时每天检测一次或几次。

二、混凝土建筑物扬压力监测

扬压力是指渗流对混凝土建筑物产生的渗透压力及尾水产生的浮托力。扬压力的大小和分布情况，主要与基岩地质特性、裂隙程度、帷幕灌浆质量、排水系统的效果以及基础轮廓线和扬压力的作用面积等因素有关。向上的扬压力减少了混凝土建筑物的有效重量，降低了混凝土建筑物的抗滑稳定性，扬压力的大小直接关系到混凝土建筑物的安全性。

对闸坝等混凝土建筑物基础上的扬压力进行观测，以掌握扬压力的分布及其变化，从而判断建筑物地基内防渗设备的工作是否正常，如果在相同库水位下扬压力有显著增大，应及时分析原因并采取补救措施。

（一）测点布置

1. 混凝土坝扬压力监测

（1）坝基扬压力监测应根据建筑物的类型、工程规模、坝基地质条件、渗流控制措施等进行布置，纵向和横向断面应结合布置。宜设纵向监测断面 1 ~ 2 个，横向监测断面至少 3 个。

（2）纵向监测断面宜布置在第一道排水幕线上，每个坝段应至少设 1 个测点；重点监测部位测点数量应适当加密。坝基有大断层或强透水带的，灌浆帷幕和第一道排水幕之间宜加设测点。

(3)横向监测断面应选择最大坝高坝段、岸坡坝段、地质构造复杂坝段和灌浆帷幕折转坝段。横断面间距一般为 50 ~ 100 m,如坝体较长,坝体结构与地质条件大致相同,则可加大横断面间距。对于支墩坝,横断面可设在支墩底部。

(4)每个断面设置 3 ~ 4 个测点,测点宜布置在各道排水幕线上。若地质条件复杂,可适当加密测点。在防渗墙或板桩后宜设测点。有下游帷幕时,应在其上游侧布置测点。

(5)扬压力监测孔在建基面以下深度不宜大于 1 m,与排水孔不应互换或代用。

(6)坝基若有影响大坝稳定的浅层软弱带,应增设测点,一个钻孔宜设一个测点,浅层软弱带多于一层时,渗压计或测压管宜分孔安设。渗压计的集水砂砾段或测压管的进水管段应埋设在软弱带以下 0.5 ~ 1.0 m 的基岩内。应做好软弱带处导水管外围的止水,防止下层潜水向上层的渗透。

(7)坝基扬压力可埋设渗压计监测,也可埋设测压管监测。

2. 闸基扬压力监测

(1)闸基扬压力监测的重点是坐落于松软地基上且运行水头较高或水位变化频繁的水闸。闸基的扬压力可通过埋设测压管或渗压计进行观测。一般对渗透性较好的地基采用测压管,对渗透性较小的地基采用渗压计。条件允许时测压管管口可延伸至闸墩顶部。

(2)测点的数量及位置应根据水闸的结构形式、闸基轮廓线和地质条件等因素确定,并应以能测出闸基扬压力的分布及其变化为原则,测点可布置在闸底板中部地下轮廓线有代表性的转折处。扬压力监测断面不宜少于 2 个,每个断面上的测点不应少于 3 个。

(二)监测设备安装

测点上的扬压力观测设备通常使用测压管和渗压计。

1. 测压管

基础扬压力测压管与土石坝浸润线测压管类似,由进水管段、导管和管口保护设备组成。基础扬压力是指建筑物底面上某一点的水压力,该点水压力对应一个扬压水位,因此测压管的进水管段较短,只要不少于 20 cm 即可,进水管的管壁上钻有直径 5 ~ 6 mm 的小孔。进水管的外包反滤层要求较低,一般只包一层反滤层即可,进水管下部应留不短于 5 cm 的沉砂管段,管壁不钻孔,底部封死。

导管用与进水管直径相同的管材连接而成。导管埋设应尽量保持垂直。不能保持垂直时,可用水平的导管引至设计管口位置的铅直投影点上,然后从该点将导管垂直向上引至管口位置。

管口保护设备与土石坝测压管相同。

2. 渗压计

用于基础扬压力观测的渗压计有钢弦式、差动电阻式等。

渗压计的埋设与渗压计的结构形式、使用目的以及埋设部位等有关,当用于基岩上测定建筑物扬压力时,一般在基坑开挖完成后,在岩面钻孔。孔径 10 ~ 20 cm,孔深 30 cm,在孔底部放 5 ~ 6 cm 厚的细砂,上面再放细粒卵石或粗砂 5 ~ 6 cm,将渗压计透水石卸下浸水使其饱和,受压膜空腔内注满水并排尽空气,然后装好透水石,将渗压计放入孔中。周围用粗砂填紧并覆盖渗压计,坑内再灌入适当水分使反滤料饱和,最后用砂浆填满钻孔,上面浇筑混凝土。

（三）扬压力观测

扬压力测压管的观测方法视管内水位而定，如管中水位低于测压管管口，其观测方法和所用仪器与土石坝浸润线测压管相同。如管中水位高于测压管管口，则应采用压力表或水银压差计进行观测，后者适用于管内水位高出测压管管口 5 m 以内的情况。两者与测压管的连接见图 2-60、图 2-61。

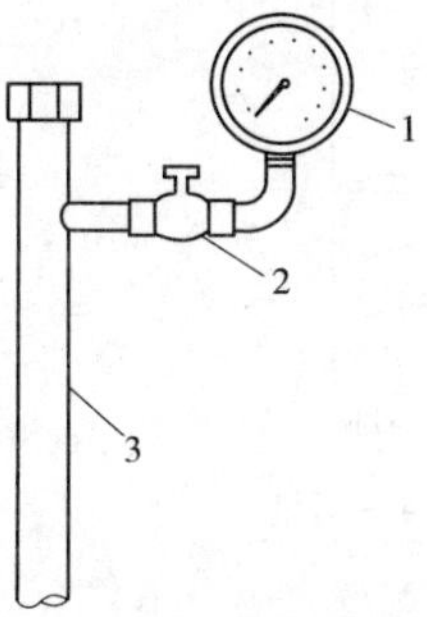

1—压力表；2—阀门；3—测压管

图 2-60 压力表与测压管的连接

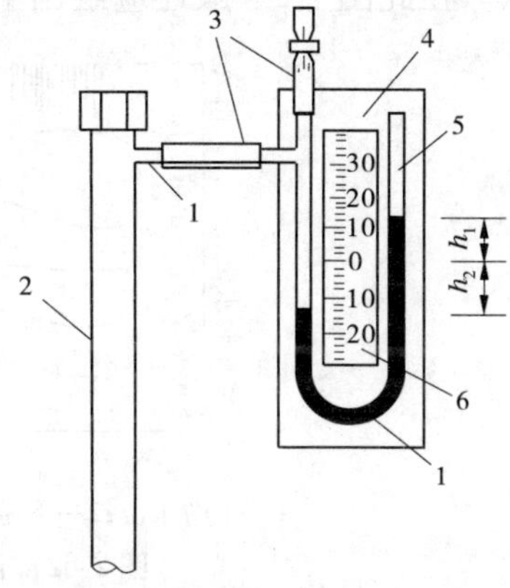

1—水银；2—测压管；3—胶皮管；4—木板；
5—U 形管；6—标尺

图 2-61 U 形压差计与测压管的连接

压力表分为固定式和装卸式，其量程范围应比所量测的最大压力大 1/3 ~ 2/3。观测时将阀门打开，等压力稳定后再读取两次读数，两次读数之差应小于表中最小刻度单位。此时，测压管水位（m）= 压力表座高程 + $0.1P$，其中 P 为压力表读数。

采用压差计观测测压管水位时，压差计安装在测压管管口处的岔管上。通常采用直径为 10 mm、高度大于 400 mm、带有三通管的 U 形玻璃管压差计，压差计背面是一块木板，在 U 形玻璃管中间的木板上钉有带刻度的标尺，标尺零点设在压差计中间高度处。安装时先向压差计中注入水银，使管中水银面与标尺零点齐平，然后用一根胶皮管接在压差计的三通管和测压管的岔管上，并从三通管的上口处向管内注水，直到水从管口流出，随后将三通管上口处的胶皮管扎紧，即可进行观测。观测时从压差计的标尺上读出两端水银面距标尺零点的高度 h_1 和 h_2（单位是 m），读至毫米，通常应测读两次，两次读数的差值不应大于 1 mm。此时，测压管水位（m）= 标尺零点高程 + $13.6(h_1 + h_2) - h_2$。

三、整理分析渗流观测资料

渗流观测资料的整理分析，可根据不同目的和要求采用不同的方法，其内容一般包括检查现场记录、核对计算成果、填写报表、绘制测压管过程线和各种关系曲线等。分析方法采用对比法，将外界条件相同或不同情况下各时期的观测资料进行对比，不同地点的资料进行对比，实测资料与理论计算结果进行对比，检查其变化及趋势，分析其变化是否正常，如发现异常，应寻找原因，立即采取措施进行防护和处理。

（一）测压管水位整理分析

测压管水位的整理通常包括绘制测压管水位过程线、测压管水位与上游水位关系曲线和特定库水位与历年测压管水位关系曲线等。

1. 测压管水位过程线

测压管水位过程线是以测压管水位为纵坐标，以时间为横坐标而绘制的曲线，如图 2-62 所示。在此图上，一般还应绘出上、下游水位过程线和雨量分布线等。

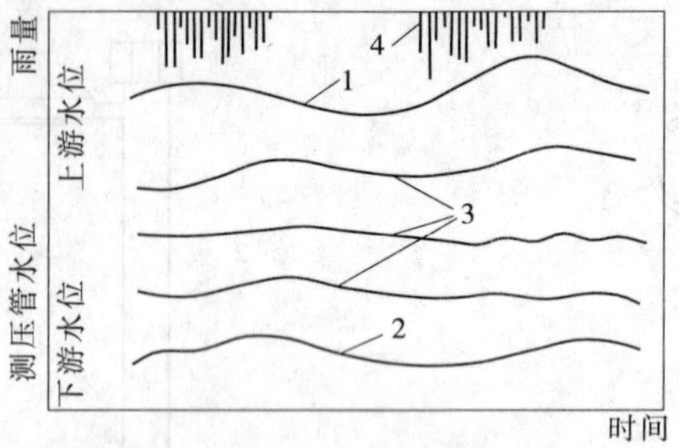

1—上游水位；2—下游水位；3—测压管水位；4—雨量

图 2-62　测压管水位过程线

2. 测压管水位与上游水位关系曲线

以测压管水位为横坐标，以上游库水位为纵坐标，将实测结果点绘在图上，如果这些点比较密集，则可通过这些点的中间绘出一条曲线，即为测压管水位与上游库水位关系曲线，如图 2-63 所示。如果上述测点并不密集，则可按观测顺序将各点依次连接，形成一个回环状的曲线，即为测压管水位与上游库水位关系过程线，如图 2-64 所示。

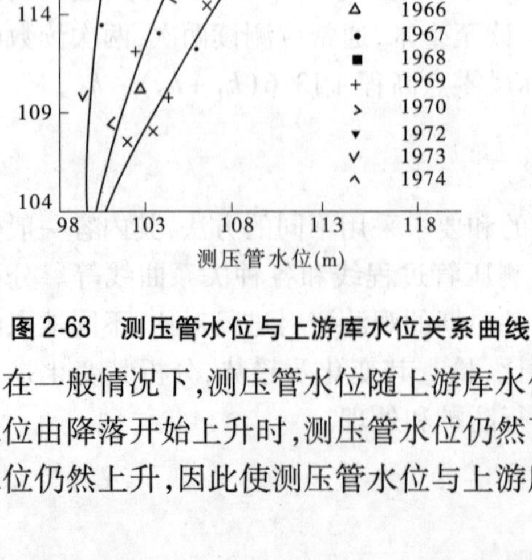

图 2-63　测压管水位与上游库水位关系曲线

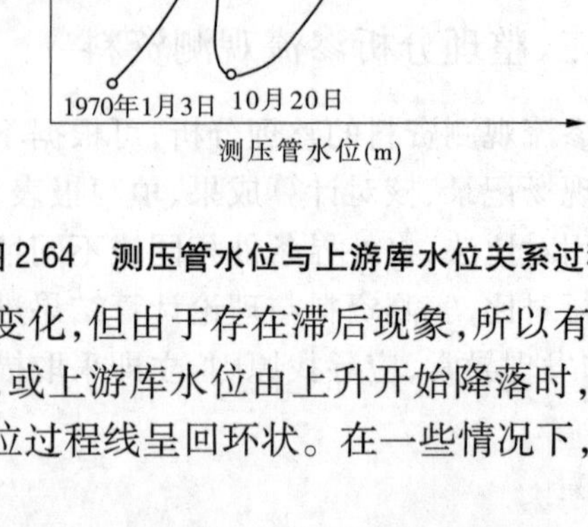

图 2-64　测压管水位与上游库水位关系过程线

在一般情况下，测压管水位随上游库水位而变化，但由于存在滞后现象，所以有时候库水位由降落开始上升时，测压管水位仍然下降，或上游库水位由上升开始降落时，测压管水位仍然上升，因此使测压管水位与上游库水位过程线呈回环状。在一些情况下，由于坝趾处排水条件的改变,测压管水位与库水位关系曲线会出现左右偏移。如关系曲线向左偏移,说明库水位相同时测压管水位逐年降低,这可能是由于产生渗透破坏所致的。如关系曲线向右偏移,说明库水位相同时测压管水位逐年升高,这可能是由于排水堵塞所造成的。

3. 特定库水位与历年测压管水位关系曲线

根据水库多年运行情况,选取每年都可能出现的高、中、低三级特定库水位,然后以相应于上述三级库水位的历年测压管水位为纵坐标,以时间为横坐标,绘制成测压管特定水位过程线,如图 2-65 所示。

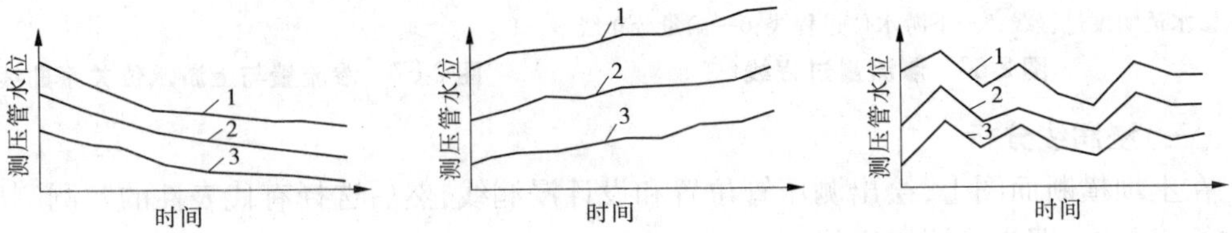

(a)逐年下降型 (b)逐年上升型 (c)锯齿型

1—水库特定高水位;2—水库特定中水位;3—水库特定低水位

图 2-65 测压管特定水位过程线

测压管特定水位过程线可能出现下列 3 种情况:

(1)测压管水位随水库运用时间逐年下降,如图 2-65(a)所示,这种情况一般是土坝处于正常运用状态下,但也可能是由于排水设备受到冲刷破坏造成的。

(2)测压管水位随水库运用时间逐年上升,如图 2-65(b)所示,这种情况可能是由于排水设备堵塞造成的。

(3)测压管水位随水库运用过程中有升有降,呈锯齿状,如图 2-65(c)所示,但其总的趋势有下降和上升两种,其原因如上述(1)、(2)情况所述。

(二)渗流量整理分析

渗流量观测资料一般可绘制成渗流量过程线和渗流量与上游水位关系曲线。

在渗流量过程线图上一般还需绘制上下游水位过程线、渗流量过程线、测压管水位过程线、渗水透明度过程线和雨量分布线,如图 2-66 所示。通过此图可分析:

(1)如果渗流量随库水位变化,但略有滞后,则属正常情况。

(2)如果渗流量过程线有突然变化,则应查明原因,是否由于降雨等情况所引起。

(3)如果渗流量随测压管水位变化,则属正常情况。

(4)如果透明度无变化,属正常情况,如果透明度持续降低,渗流量相应增大,则可能是由于坝体或坝基产生渗透破坏。

渗流量与上游水位关系曲线如图 2-67 所示,如果关系曲线稳定不变,属正常情况;如关系曲线随时间向左偏移,则说明土坝上游淤积,渗流量逐年减小;如关系曲线随时间向右偏移,说明渗流量逐年增大,土坝或坝基遭受冲刷破坏。

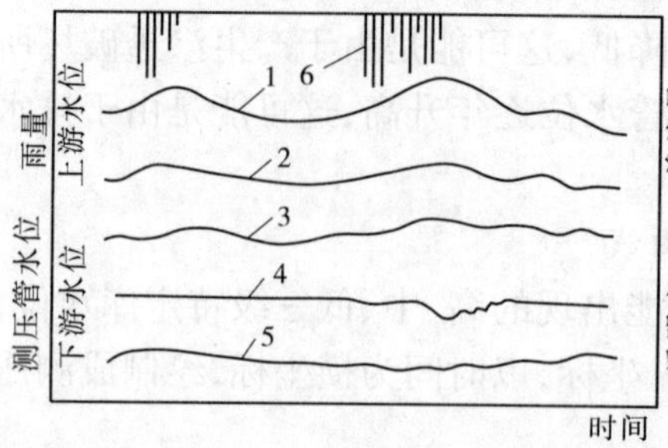

1—上游水位过程线；2—渗流量过程线；3—测压管水位过程线；
4—渗水透明度过程线；5—下游水位过程线；6—雨量分布线

图 2-66　渗流量过程线

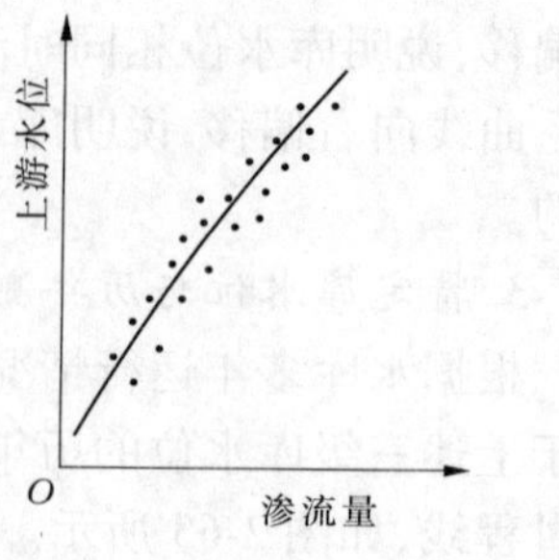

图 2-67　渗流量与上游水位关系曲线

(三)浸润线分析

在土坝横断面图上，绘出测压管位置和设计浸润线，然后选择有代表性的实测测压管水位绘于图上，即为实测浸润线。

如果实测浸润线与设计浸润线相差不大，属正常情况；如果两者相差较大，则应分析原因。如果实测浸润线高于设计浸润线，可能是由于下游排水堵塞所造成的；如果实测浸润线上游部分与设计浸润线差不多，而下游部分较低，则可能是下游坝体遭受冲刷破坏所引起的。

(四)坝基渗水压力分析

将同一次的坝基渗水压力测压管的水位点绘在土坝平面图上，然后根据各测点水位高程勾绘出等水位线，即得坝基渗水压力等值线图，如图 2-68 所示。

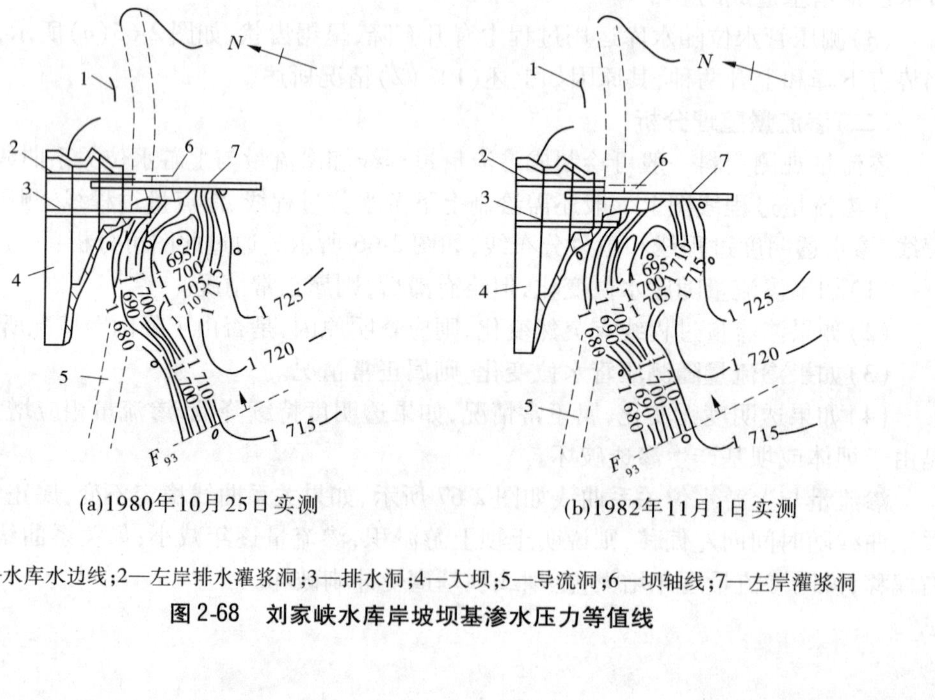

(a)1980年10月25日实测　　(b)1982年11月1日实测

1—水库水边线；2—左岸排水灌浆洞；3—排水洞；4—大坝；5—导流洞；6—坝轴线；7—左岸灌浆洞

图 2-68　刘家峡水库岸坡坝基渗水压力等值线

如果渗水压力等值线在两岸比较密集，河床中部较稀，说明渗透水力坡降在两岸较河床大，这属于正常情况。

通过对坝基渗水压力等值线图的比较可知，若各测压管水位连年逐渐下降，随后渐趋稳定，说明坝前泥沙逐年淤积，起到了防渗效果。

此外，通过坝基渗水压力测压管的水位还可分析坝基垂直防渗设备（灌浆帷幕、截水槽、防渗墙等）的防渗效果。例如，取垂直防渗设备上、下游两侧坝基的两根测压管水位差 Δh，除以上下游水位差 H，即 $\eta=\dfrac{\Delta h}{H}\times 100\%$（$\eta$ 为渗透水头折减系数），η 愈大，说明防渗效果愈好。

（五）建筑物基础扬压力观测资料的整理分析

（1）绘制扬压力测压管的水位过程线，分析其变化，分析方法与前面所述的测压管水位分析方法相同。

（2）绘制扬压力水头和扬压力测压管水位的纵向分布图，如图 2-69 所示。通常扬压力水头和扬压力测压管水位的纵向分布与坝高的纵向分布一致，河床部分较大，两岸较小，如果某处扬压力较相邻测压管的扬压力大许多，说明该处防渗帷幕或排水效果差或有缺陷。

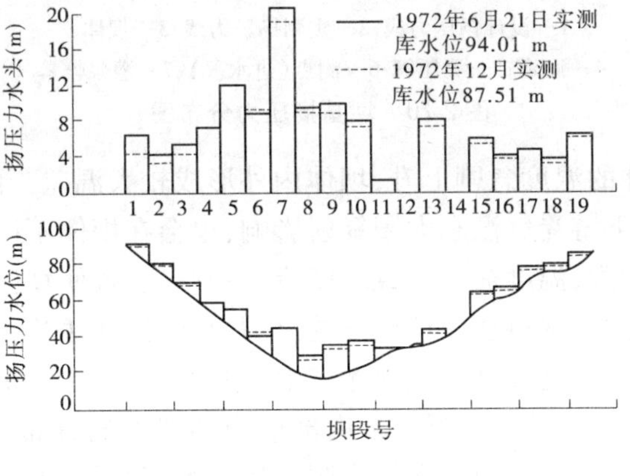

图 2-69 扬压力水头和扬压力测压管水位的纵向分布图

（3）绘制建筑物横断面上扬压力分布图（横向分布图），如图 2-70 所示，在此图中还应绘出扬压力的设计分布值，便于比较。通常，实测值不应超过设计值，若扬压力实测值的分布面积大于设计值的分布面积，说明建筑物的稳定有问题，应加强防渗和排水措施。若扬压力分布面积逐年减小，说明上游淤积使渗透减弱。

任务四 掌握水工建筑物的应力和温度观测

混凝土坝建成蓄水后，在水压力、泥沙压力、浪压力、扬压力和温度等荷载和因素作用下，坝体和坝基内各点将产生相应的应力，而这些应力随着荷载变化导致应变的产生，当应变值超过了允许值时，坝体将发生变形。同时，坝体和混凝土坝在施工期由于水泥水化

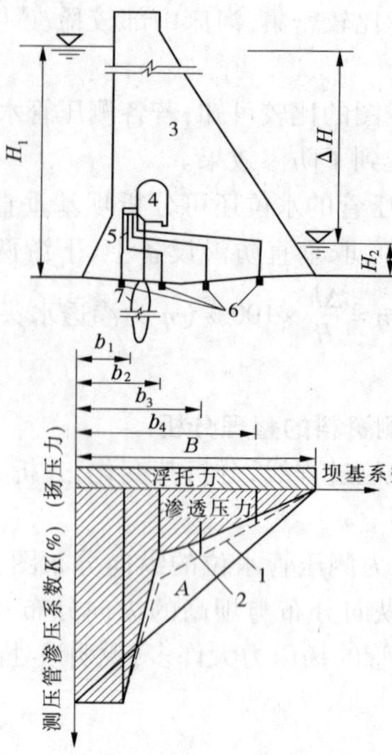

1—设计扬压力线；2—实测扬压力线；3—坝体；
4—廊道；5—测压管；6—测点（进水段）；7—灌浆帷幕

图 2-70　坝基扬压力分布图

热而引起混凝土浇筑体的温度急剧上升，坝体内外形成较大温差。同样，混凝土坝在运行期上游受库水温影响，下游受气温和太阳辐射影响，也会在坝体不同部位形成温差。由温差产生的荷载为温度荷载，温度荷载导致温度应力的产生，致使坝体发生应变。在建筑物正常运用的情况下，应力应保持在设计允许的范围内，以保证建筑物的安全。

由应力而引起的应变，是混凝土坝坝体产生裂缝的主要原因，是影响混凝土坝整体稳定性和安全的主要因素。为了解混凝土坝内部应力和温度的分布和变化情况，分析其状态变化和工作情况是否正常，并为工程的控制运用、验证设计和科学研究提供资料，需要进行应力和温度观测。

建筑物进行应力和温度观测的目的，是掌握在各种工作条件下应力和温度的分布及其变化，并与设计情况相比较，以便分析建筑物的工作状况，并作为工程控制运用的依据。

一、混凝土坝的应力观测

（一）观测断面和测点的布置

混凝土坝的应力观测点应根据坝型、结构特点、应力状况、分层分块的施工计划以及数值模型和模型试验成果合理地布置，使观测成果能反映结构应力分布及最大应力的大小和方向，以便和计算成果及模型试验成果进行对比，并便于和其他观测资料综合分析。

受观测仪器的限制，混凝土坝和浆砌石坝的应力观测主要依靠观测其应变量来间接地求得应力值。测点的应变计支数和布置方向应根据应力状态而定。空间应力状态宜布置7~9向应变计,平面应力状态宜布置4~5向应变计,主应力方向明确的部位可布置单向或两向应变计。单支应变计、应变计组旁1.0~1.5 m处均应布置相应的无应力计。坝体受压部位应布置相应的压应力计,以便与应变计组观测成果相互验证。压应力计和其他仪器之间应保持0.6~1.0 m的距离。

1. 重力坝应力监测布置

(1)应根据坝高、结构特点及地质条件选定重点观测坝段。

(2)在重点观测坝段上选择水平观测截面一个,该截面宜距坝底5 m以上;必要时另在混凝土与基岩结合面附近布置测点。

(3)观测点应布置在观测截面中心线上,同一浇筑块内的测点应不少于2个,纵缝两侧应有对应的测点。通仓浇筑的坝体,其观测截面上一般布置5个。

(4)坝踵和坝趾应加强观测,除布置应力、应变计外,还应配合布置其他仪器。

(5)观测坝体应力的应变计组与上下游坝面的距离宜大于1.5~2 m(在严寒地区还应大于冰冻深度),纵缝附近的测点宜距纵缝1.0~1.5 m。

(6)边坡陡峻的岸坡坝段,宜根据设计计算及试验的应力状态布设应变计组。

(7)表面应力梯度较大时,应在距坝面不同距离处布置测点。

图2-71为某重力坝观测断面和测点的布置。

2. 拱坝应力监测布置

(1)根据拱坝坝高、坝型、坝体结构及地质条件,可在拱冠、1/4拱弧处选择铅直观测断面1~3个,在不同高程上选择水平观测截面3~5个。

(2)在厚拱坝的观测截面上,应布置2~3个测点。拱坝设有纵缝时,测点可多于3个。

(3)在薄拱坝的观测截面上,上、下游坝面附近应各布置一个测点,应变计组的主平面应平行于坝面。

(4)观测截面应力分布的应变计组距坝面不小于1 m。测点距基岩开挖面应大于5 m,必要时可在混凝土与基岩结合面附近布置测点。

(5)拱座附近的应变计组数量和方向应满足观测平行拱座基岩面的剪应力和拱向推力的需要,在拱向还可布置压应力计。

(6)坝踵、坝趾及表面应力监测的布置要求与重力坝相同。

图2-72为某拱坝应力观测点的布置。

3. 面板堆石坝

面板混凝土应力监测断面宜按面板条块布置,监测断面宜设3~5个,可布设于两端受拉区、中部最大坝高处(受压区)。

每个断面的测点数宜设3~5个,在面板受压区的测点可布设两向应变计(组),分别测定水平向及顺坡向应变。在受拉区的测点宜布设三向应变计(组),应力条件复杂或特别重要处宜布设四向应变计(组)。每一组应变计测点处均应布设1个无应力计。

钢筋应力监测断面宜布设于受拉区,在拉应力较大的顺坡向或水平向布设钢筋应力测点。面板中部受压区的挤压应力较大时,也可设钢筋应力测点。

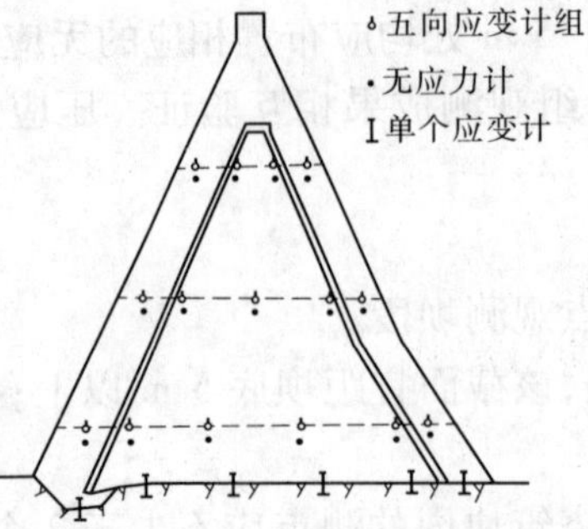

图 2-71　某重力坝观测断面和测点的布置

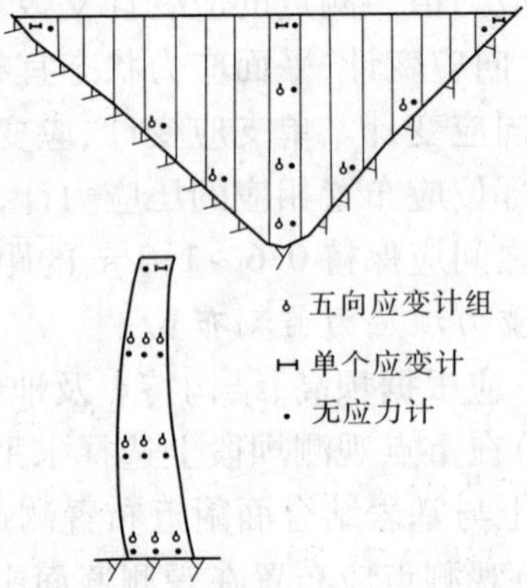

图 2-72　某拱坝应力观测点的布置

4. 坝基、坝肩、边坡、地下洞室

监测断面应选择地质条件、结构形式、受力状态等具有代表性或关键的部位，宜选择一个重点监测断面，在其附近设监测断面 1 ~ 2 个。在重点监测断面，应力监测宜与其他监测项目结合布置。

重力坝宜在坝踵和坝址部位布置测点，拱坝的测点应布置在应力变化较大的部位。

坝基、坝肩、边坡、地下洞室采用锚杆、预应力锚索等加固措施时，应进行锚杆（锚索）应力监测。锚杆监测宜选择有代表性的部位，按锚杆的形式进行抽样，监测数量占锚杆总数的 3% ~ 5%。每根锚杆宜布置 1 ~ 3 个测点，仪器采用锚杆应力计。预应力锚索监测宜按锚索吨位进行抽样，监测数量占预应力总数的 3% ~ 5%，每个典型地质堤段或每种锚索应监测 2 ~ 3 根，仪器宜采用锚索测力计。

5. 防渗墙

防渗墙混凝土应变宜设 2 ~ 3 个断面，每一断面根据墙高设 3 ~ 5 个监测高程。

在同一高程的距上下游面约 10 cm 处沿铅直方向各布置 1 支应变计，在防渗墙的中心线处布置 1 支无应力计。

（二）监测设备

常用的监测仪器设施主要有应变计、无应力计、压应力计等。其中，应变计主要有差动电阻式、弦式、差动电感式、电阻应变片式和差动电容式等。国内采用较多的是差动电阻式传感器和弦式传感器，下面介绍差动电阻式传感器。

1. 差动电阻式应变计

差动电阻式应变计中内置将非电量变换为电量的传感部件，一根弯杆和一根直杆分别与仪器两端相连，其上各安装圆瓷子和半圆瓷子一个，在两个半圆瓷子上绕三圈半钢丝称外圈钢丝，在两个圆瓷子上绕四圈半钢丝称内圈钢丝，如图 2-73 所示。

当差动电阻式应变计受到外力作用时，钢丝产生弹性变形，其变形和钢丝电阻变化呈线性关系，也就是说，测定钢丝电阻变化量后就可求得仪器产生的变形量，然后换算成相应的应变，再由应变换算成相应的应力。

在差动电阻式应变计受到温度变化影响后，钢丝电阻和温度之间也存在一定的函数关系，测出导线电阻，即可算得导线的温度，因此应变计还可兼测仪器所在处的温度。

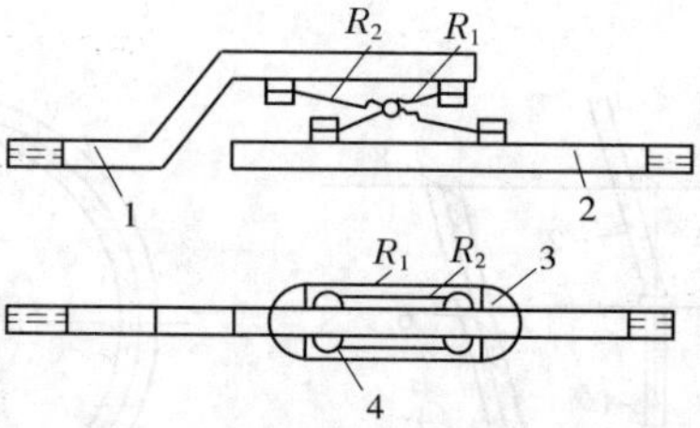

1—弯杆;2—直杆;3—半圆瓷子;4—圆瓷子

图 2-73 差动电阻式仪器传感部件

若干个应力计组合在一起称为应变计组,如四向应变计组、五向应变计组、九向应变计组等,如图 2-74 所示。通过观测,能掌握应力在空间的分布规律。

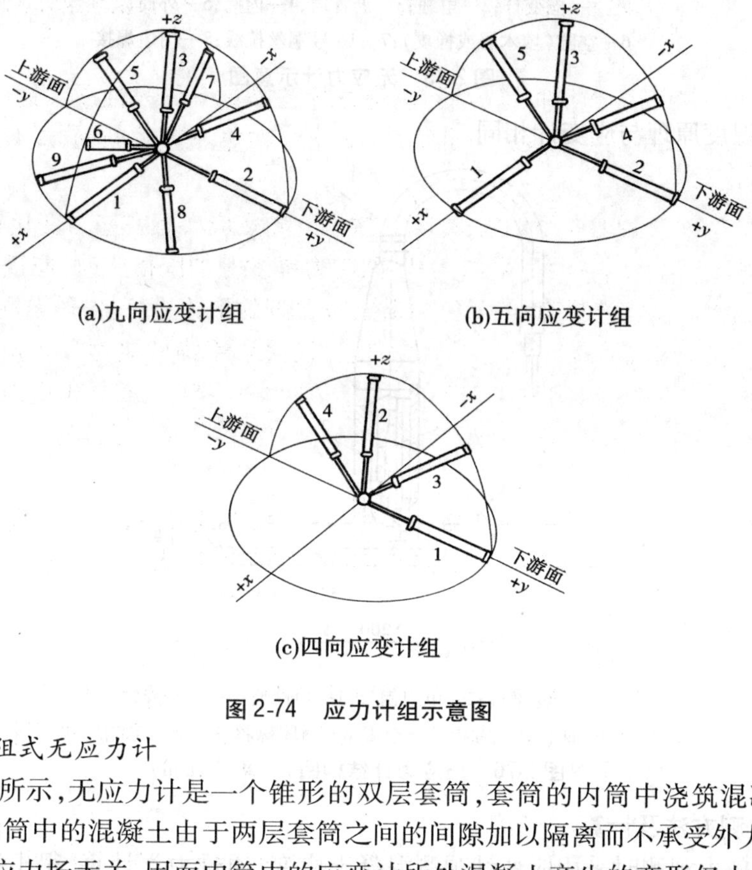

(a)九向应变计组 (b)五向应变计组

(c)四向应变计组

图 2-74 应力计组示意图

2. *差动电阻式无应力计*

如图 2-75 所示,无应力计是一个锥形的双层套筒,套筒的内筒中浇筑混凝土并埋设一支应变计,内筒中的混凝土由于两层套筒之间的间隙加以隔离而不承受外力作用,即与大体积混凝土应力场无关,因而内筒中的应变计所处混凝土产生的变形仅由温度、湿度、化学作用和自身等非应力因素引起,而不是应力作用的结果,故称为无应力计。

不论是三向、五向、九向应变计组,距离 1.5 m 处均需埋设一个无应力计,观测由混凝土的非应力因素引起的变形,作为该应变计组计算的基准值。

3. *差动电阻式压应力计*

压应力计使用范围不大,只能观测压应力,如图 2-76 所示。压应力计的工作原理是:传压液体将受压板上感受的混凝土压应力传递到感应板上,感应板产生变形,推动传感部件使钢丝电阻值差动变化,用比例电桥测量电阻比变化量,计算出混凝土内的压应力。压

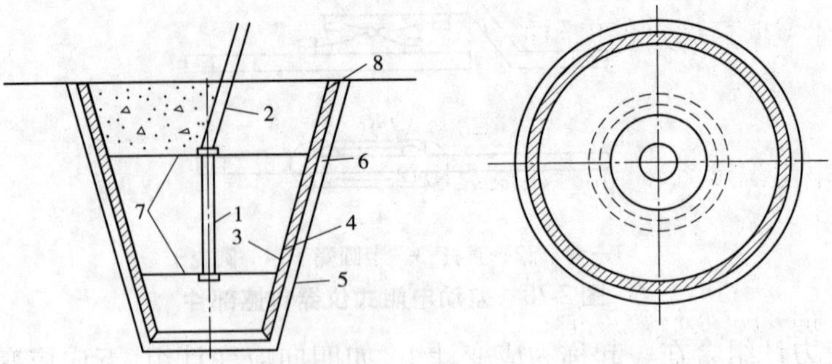

1—应变计;2—电缆;3—沥青层;4—内筒;5—外筒;
6—空隙(填木屑或橡皮);7—16 号铜丝拉线;8—周边焊接

图 2-75 无应力计示意图

应力计测量温度原理与应变计相同。

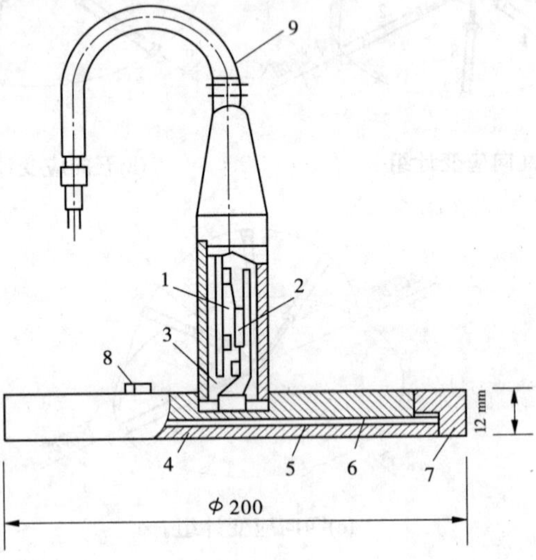

1—传感部件;2—电阻钢丝;3—中性油;4—传压液体;
5—面板;6—背板;7—护圈;8—封闭螺丝;9—引出电缆

图 2-76 压应力计结构图 (单位:mm)

(三)监测方法及计算

混凝土应力观测时采用应变计观测混凝土应变,通过力学计算,得出混凝土的应力。仪器埋设后,必须确定基准值,并按照规定的测次、时间及所采用的接收仪表使用方法进行监测。使用直读式接收仪表进行监测时,每月应对仪表进行一次准确度检验。

1. 单个差动电阻式应变计的计算

根据应变计所测电阻 R_t 和电阻比 Z,计算温度变化 ΔT 和电阻比变化 ΔZ,计算应变值。

1)电阻变化 ΔR 的计算

$$\Delta R = R_t - R_0 \quad (\Omega) \tag{2-6}$$

式中　R_t——t 时刻所测应变计电阻值,Ω;

R_0——0 ℃时应变计的电阻值,Ω。

2)温度值 T_t 的计算

$$T_t = \alpha' \Delta R \quad (℃) \tag{2-7}$$

式中　α'——电阻温度系数(亦称温度灵敏度),埋设前率定。

3)温度变化 ΔT 的计算

$$\Delta T = T_t - T_0 \quad (℃) \tag{2-8}$$

式中　T_t——t 时刻应变计温度值;

T_0——温度基准值。

4)计算电阻比变化 ΔZ

$$\Delta Z = Z - Z_0 \quad (格) \tag{2-9}$$

式中　Z——应变计所测电阻比,格;

Z_0——电阻比基准值,格。

5)计算实测应变 ε_m(又称变形实值)

其计算公式如下:

$$\varepsilon_m = f'\Delta Z + b\Delta T \tag{2-10}$$

式中　ε_m——应变计的实测应变;

f'——应变计修正灵敏度,$\times 10^{-6}$/格;

ΔZ——电阻比的变化,格;

b——温度补偿系数,$\times 10^{-6}$/℃;

ΔT——温度变化,℃。

6)计算由应力引起的应变值 ε

在算得实测应变 ε_m 后,扣除同一环境无应力计测得的变形值 ε_0,即得出由应力所产生的应力应变 ε,即

$$\varepsilon = \varepsilon_m - \varepsilon_0 \tag{2-11}$$

式中　ε_m——应变计的实测应变;

ε_0——无应力计测得的应变。

2. 振弦式传感器的计算

振弦式传感器在构造上是将一定长度的钢弦两端固定,钢弦的自振频率因钢弦长度变化而不同,测定钢弦自振频率的变化可求得钢弦应变,钢弦自振频率与钢弦所受应力的关系式为

$$F = \frac{1}{2L}\sqrt{\frac{T}{\rho}} \tag{2-12}$$

式中　F——自然频率,Hz;

L——钢弦长度,cm;

T——钢弦所受的应力,N;

ρ——钢弦材料的密度,kg/cm^3。

若以钢弦的应变表示,其式为

$$F = \frac{1}{2L}\sqrt{\frac{E\varepsilon}{\rho}} \tag{2-13}$$

式中　E——钢弦材料的弹性模量，Pa；

　　ε——钢弦的应变，故而

$$\varepsilon = \frac{4L^2F^2\rho}{E} \tag{2-14}$$

由于振弦式传感器的钢弦是在一定初始应力下拉紧，其初始自振频率为 F_0，应力变化后的自振频率为 F，可得出：

$$\varepsilon = K(F^2 - F_0^2) \tag{2-15}$$

二、混凝土坝的温度观测

对于混凝土坝，由于混凝土水化热而产生的温升、水库蓄水后的水温、周围的气温和太阳辐射的影响，坝体的温度在不断地变化，坝体表面和坝体内部的温度也不一致，形成内外温差。温度观测的目的是掌握大坝施工期混凝土的散热情况，改进施工方法，确定纵缝灌浆的时间，研究温度对坝体应力和体积变化的影响，防止产生温度裂缝，以及分析大坝的运行状态，及时发现存在的问题。

（一）布置原则

（1）温度监测坝段应为监测系统的重点坝段。其测点分布应根据混凝土结构的特点和施工方法而定。

（2）坝体温度测点应按温度场的状态进行布置。在温度梯度较大的坝面附近或孔口附近测点宜适当加密。坝体温度测点应结合安全监控预报模型需要而设置，不做预报模型的坝段，温度测点可适当减少。在能兼测温度的其他仪器处，可不再布置温度计。

（3）坝体温度测点宜结合坝面温度测点和基岩温度测点布置。

（二）坝体温度

（1）在重力坝段的中心横剖面上，宜按网格布置温度测点，网格间距为 8 ~ 15 m。若为坝高 150 m 以上的高坝，间距可适当增加到 20 m，以能绘制出坝体等温线为原则。宽缝重力坝和重力坝引水坝段的测点布置应顾及空间温度场观测的需要。

（2）在拱坝观测坝段，根据坝高不同可布设 3 ~ 7 个观测截面。大坝横剖面的每个观测截面，至少应布置 3 个测点。在拱座的应力观测截面上，可增设必要的温度测点。

（3）支墩坝应在观测坝段不同高程的 3 ~ 5 个截面上布置测点。挡水部位的测点数宜适当增加。

（三）坝面温度

（1）可在距上游坝面 5 ~ 10 cm 的坝体混凝土内沿高程布置测点，间距一般为 1/15 ~ 1/10 坝高，死水位以下的测点间距可加大 1 倍。多泥沙河流的库底水温受异重流影响，该处测点间距不宜加大。

（2）在受日照影响的下游坝面可适当布置若干坝面温度测点。

（3）当拱座两岸日照相差很大时，宜分别布置测点。

（四）基岩温度

宜在温度观测断面的底部，靠上下游设置深入基岩 5 ~ 10 m 的钻孔，在孔内不同深度

处布置测点，并用水泥砂浆回填孔洞。

图 2-77 为某宽缝重力坝温度测点的布置。

(五)监测仪器

如前所述，利用应变计可以附带测定温度，但不够准确，有时专门埋设温度计，用以测定混凝土、基岩或水的温度。温度计的全称是埋入式铜电阻温度计，其结构比较简单，由铜电阻线圈、引出电缆和密封外壳组成，如图 2-78 所示。

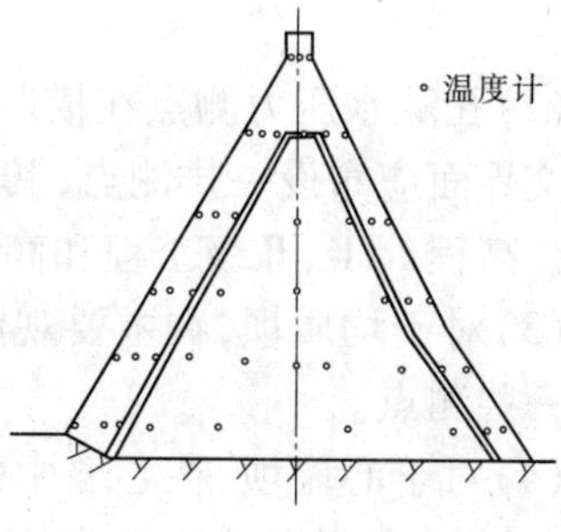

图 2-77　某宽缝重力坝温度测点的布置

现有温度计产品，在潮湿环境下损坏率较高，使用之前必须认真检查，注意使用环境。埋设在上游附近的温度计或在水下使用时，应注意挑选密封较好的仪器。

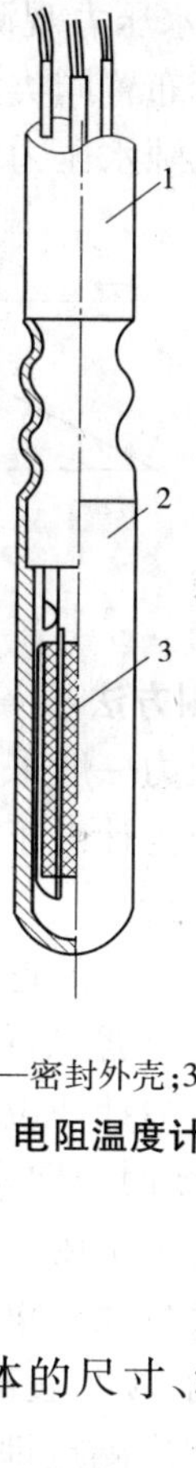

1—引出电缆；2—密封外壳；3—铜电阻线圈

图 2-78　电阻温度计的结构

三、土坝孔隙水压力观测

孔隙水压力观测是对土石坝坝体或地基在土体固结、基础变形和水流渗透等因素作用下土粒孔隙中水压力大小和变化所做的量测。孔隙水压力的作用减小了土的有效应力，降低了土的抗剪强度，容易引起坝坡失稳。因此，对于重要的和较高的土坝应进行孔隙水压力的观测，在施工期间可以随时核算坝体或坝基的稳定性，控制填筑速度，保证安全施工；在运行期间可以随时分析土石坝的渗流和稳定情况，保证安全运用；验证设计、科研计算结果。

孔隙水压力观测一般仅适用于饱和土及饱和度大于 95% 的非饱和黏性土。均质土坝、充填坝、尾矿坝、松软坝基、土石坝土质防渗体、砂壳等土体内需进行孔隙水压力的观测。

(一)观测断面

(1)孔隙水压力观测断面布置，应根据工程的重要程度、坝体的尺寸、结构形式、地形、地质及施工方法等情况而定。

(2)孔隙水压力观测横断面，应设于最大坝高断面、合龙段、坝基地质地形条件复杂处，并应结合固结、内部变形、应力和渗流观测项目，尽量同变形、渗流、土压力观测断面相结合。

(3)孔隙水压力观测断面，一般设 2 ~ 3 个横断面，且其中 1 个为主观测断面。Ⅰ、Ⅱ级工程可另增设 1 ~ 2 个观测纵断面。

(二)观测点

(1)测点的布置应根据坝型和具体尺寸而定，以能给出所需的孔隙水压力等压线为原则。

(2)孔隙水压力测点在横断面、纵断面上的布置,应尽量同渗流观测点结合。坝身与坝基交界面应布设一排测点,其上排与下排的高差约为1/4坝高,位置应尽量与变形测点在同一高程。Ⅰ、Ⅱ级工程和高坝可酌情增加。

(3)对于均质坝,在主要观测横断面内,应在坝坡稳定分析弧区域和靠近坝基部位多布设一些测点。

(4)对于心墙坝,在心墙中的测点布置,一般为心墙轴线及其两边不同填筑材料交界处各布置1个测点。心墙宽度较宽时,应在距心墙轴线上下游1/4宽度处各增加1个测点。

(5)孔隙水压力观测,可在同一测点布设不同类型的孔隙水压力计,进行校测。对重要部位可平行布置同类型孔隙水压力计进行复测。

均质坝孔隙水压力观测布置示意图如图2-79所示。

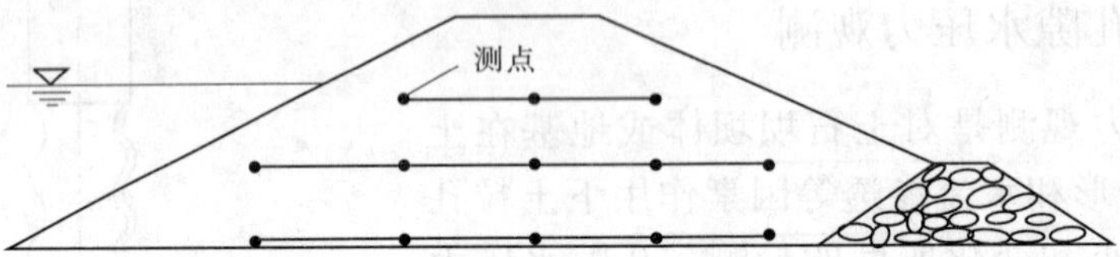

图2-79　均质坝孔隙水压力观测布置示意图

(三)观测方法

孔隙水压力一般采用水管式、测压管式和振弦式孔隙水压力计等方法进行观测。水管式孔隙水压力计由于操作和埋设复杂、容易损坏等,目前很少应用。在此主要介绍振弦式孔隙水压力计。

孔隙水压力计的选型,应优先选用振弦式仪器。当黏土的饱和度低于95%时,应选用带有细孔陶瓷滤水石的高进气压力孔隙水压力计。

孔隙水压力计埋设时,一般应在埋设点附近适当取样,进行土的干密度、级配等物理性质试验,必要时应取样进行有关土的力学性质试验。

振弦式孔隙水压力计可采用坝体填筑过程中埋设和钻孔埋设方式。

1.坝体填筑过程中的埋设

土石坝内、坝基表部孔隙水压力计的埋设,可采用坑式埋设法。在坝内埋设时,当坝面填筑高程超出测点埋设高程约0.3 m时,在测点挖坑,坑深约0.4 m,采用砂包裹体的方法,将孔隙水压力计在坑内就地埋设。

砂包裹体由中粗砂组成,并以水饱和。然后采用薄层辅料、专门压实的方法,按设计回填原开挖料。

埋设后的孔隙水压力计仪器以上的填方安全覆盖厚度应不小于1 m。

孔隙水压力计的连接电缆可沿坝面开挖沟槽敷设。当横穿防渗体敷设时,应加阻水环;当在堆石坝壳内敷设时,应加保护管。当进入观测房时,应以钢管保护。

连接电缆在敷设时，必须留有裕度，并禁止相互绞绕。敷设裕度根据敷设的介质材料、位置、高程而定，一般为敷设长度的5%～10%。

连接电缆、水管以上的填方安全覆盖厚度，在黏性土填方中应不小于0.5 m，在堆石填方中应不小于1 m。

振弦式孔隙水压力计坝体填筑过程中埋设示意图如图2-80所示。

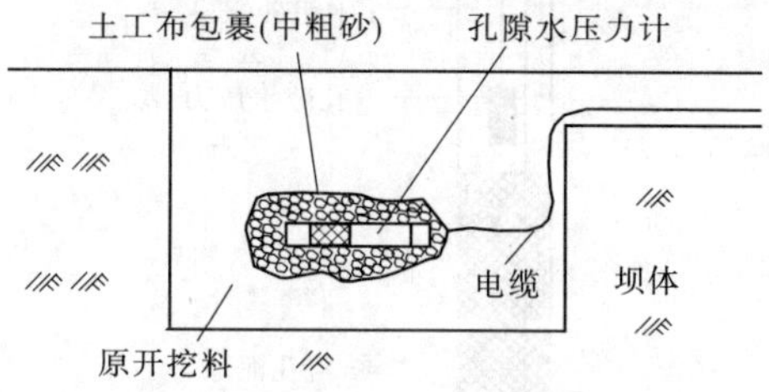

图2-80 振弦式孔隙水压力计坝体填筑过程中埋设示意图

2. 运行期埋设

运用期孔隙水压力计的埋设，应采用钻孔埋设法。钻孔孔径根据该空中埋设的仪器数量而定，一般采用ϕ108～146 mm。成孔后应在孔底铺设中粗砂垫层，厚约20 cm。

孔隙水压力计的连接电缆必须用软管套护，并辅以铅丝与测头相连。埋设时，应自下而上依次进行，并依次以中粗砂封埋测头，以膨润土干泥球逐段封孔。封孔长度应符合设计规定。回填料、封孔料应分段捣实。

孔隙水压力计埋设与封孔过程中应随时进行检测，严禁损坏仪器测头与连接电缆，一旦发现，必须及时处理或重新埋设。

振弦式孔隙水压力计钻孔埋设示意图如图2-81所示。

3. 孔隙水压力计观测

孔隙水压力计测读方法，依所选用仪器类型而定，振弦式孔隙水压力计通过测读其自振频率的变化以确定其反映的孔隙水压力的变化。

孔隙水压力的观测测次，依坝的类型和监测阶段而定，除满足规范要求外，应遵守下列规定：在施工期，当填方升高5～10 m或10～15天时应观测一次，同时必须测记观测断面填方的填筑高程变化。对于已运行的坝，如新建观测系统，在第一个高水位周期，应按初蓄期的规定进行观测。

四、整理应力和温度观测资料

（一）应力观测资料的整理

根据测点应力观测资料，应绘制下列曲线。

1. 测点应力过程线

以时间为横坐标，以测点应力为纵坐标绘制成的曲线，即为测点应力过程线。为了便于分析和比较，常将同一时期的水位过程线、混凝土浇筑高程过程线和混凝土温度过程线画在同一图上。

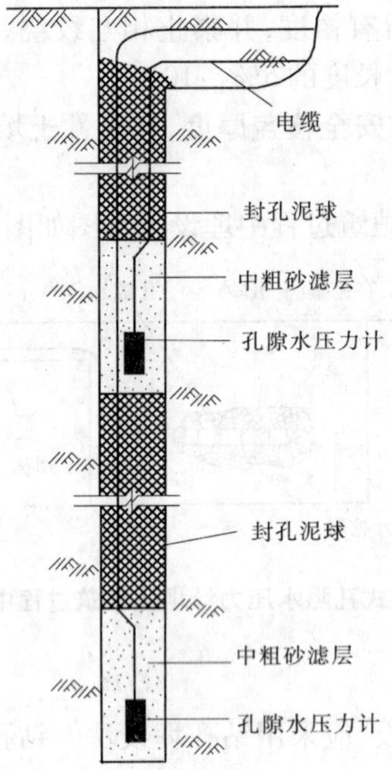

图2-81 振弦式孔隙水压力计钻孔埋设示意图

2. 应力分布曲线

将观测剖面上同一排测点的应力连接成的曲线,即为应力分布曲线。图2-82为某坝实测正应力分布曲线。

(二)温度观测资料的整理

温度观测成果通常整理成下列几种曲线:

(1)测点温度过程线。在此图上常绘有气温过程线或水库水温过程线,以便对比分析。

(2)观测坝段中间垂直断面等温线图(见图2-83)和观测坝段不同高程水平界面等温线图。

(3)坝体平均温度过程线图。

(三)孔隙水压力观测资料的整理

孔隙水压力及其消散过程是分析和计算坝体固结和稳定的重要依据,其观测资料应及时整理分析,一般包括:①绘制孔隙水压力计施工填土荷载、库水位等的综合过程线,分析它们之间的联系,研究孔隙水压力的形成、发展、消散和滞后情况,并与理论计算的消散系数进行比较,指导土石坝的合理、安全运行。②绘制孔隙水压力与填土荷载的关系曲线,分析填筑速度与孔隙水压力增长之间的关系,必要时进行坝体稳定校核,以控制施工填筑速度。③绘制孔隙水压力断面等值线图,了解其分布情况。绘制高水位时的大坝浸润线,用以验算坝坡稳定。④绘制固结量与孔隙水压力的关系过程线或关系线,分析土体固结过程中孔隙水压力的变化,以及对土石坝安全的影响。

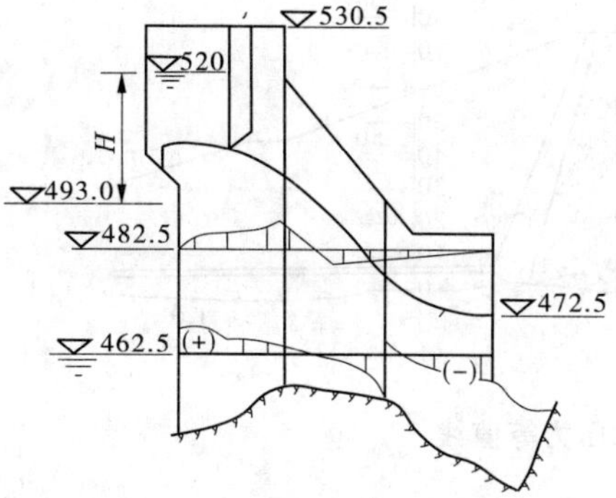

图 2-82　某坝实测正应力分布曲线

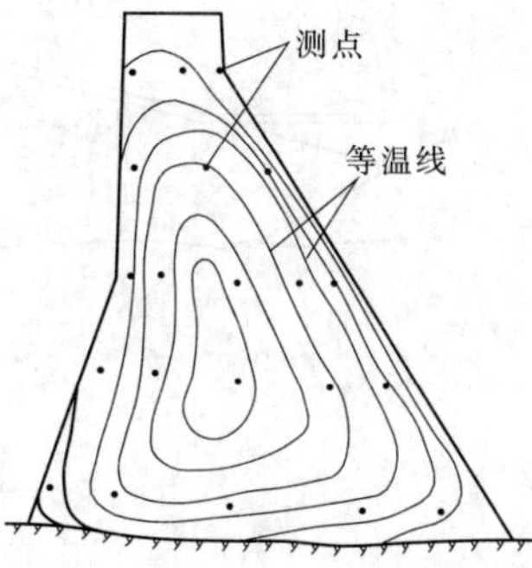

图 2-83　坝段垂直断面等温线图

1. 孔隙水压力过程线

在施工期，常将坝体填土高程过程线绘于图 2-84 上；对于运用时期，常将水库水位过程线绘于图 2-84 上。孔隙水压力随荷载的增加而立即增大，但随后因消散而逐渐降低。孔隙水压力也随库水位的变化而变化，但略有滞后。

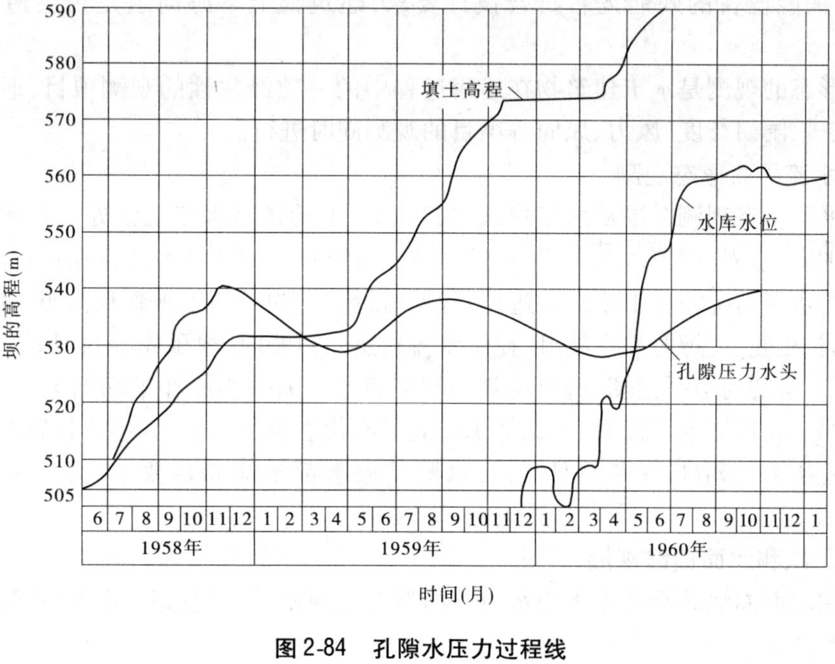

图 2-84　孔隙水压力过程线

2. 孔隙水压力等值线图

从图 2-85 中，可以看出坝体内孔隙水压力的分布和消散情况。

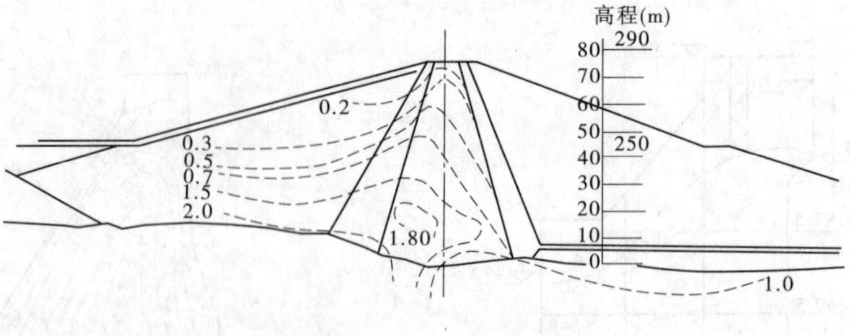

图 2-85　孔隙水压力等值线

任务五　掌握水工建筑物的水流观测

一、观测水流形态

水工建筑物水利形态的观测，包括水流平面形态、水跃、水面曲线、挑射水流和水流对下游河道影响的观测，其目的是了解建筑物过流时的水流状况，以判断建筑物的工作情况是否正常，消能设备的效能是否符合设计要求，建筑物上下游河道是否会遭受冲刷和淤积。

水流形态的观测是水工建筑物在运用过程中的一项经常性的观测项目，通常与上下游水位、流量、闸门开度、风力、风向等项目的观测同时进行。

（一）水流平面形态观测

水流平面形态观测范围从水工建筑物起向上、下游各至水流正常处。观测的内容包括水流的流向、漩涡、回流水花翻涌、折冲水流、水流分布，观测的方法是通过目测、摄影或浮标测量将水流情况测记下来。在进行目测和摄影时，为了便于观察和拍照，可在水流表面撒上锯屑、稻壳、麦糠等漂浮物，以显示水流行迹。目测时，要预先绘制观测范围内的建筑物和上、下游的河道平面图，将所观测到的平面形态随时描绘在平面图上，并加以必要的文字说明。在摄影或录像时，要选择水流表面有代表性的部位，并应将设置在建筑物上的标志一起摄入。对于一些大型工程，目测及摄影都不能满足要求时，可采用浮标测量法。

（二）水跃和水面曲线观测

水跃和水面曲线的观测范围与水流平面形态观测相同，一般是采用方格网法、水尺组法和活动测锤法。

方格网法适用于水面较窄，用目测或望远镜能清楚地看见侧墙的情况。具体方法是在水闸下游连接段的侧墙上绘制方格网，网格的间距视建筑物尺寸而定，一般从消能设备起点开始，向下游按桩号每一米绘一条铅垂线，另从消能设备底板开始，向上按高程每一米绘一条水平线，线条的宽度为 3 ~5 m，用白色磁漆绘制，并注明高程，如图 2-86 所示。

在水面经常变动范围内的铅垂线、水平线分别加密至 0.1 m 和 0.5 m。观测前，先将

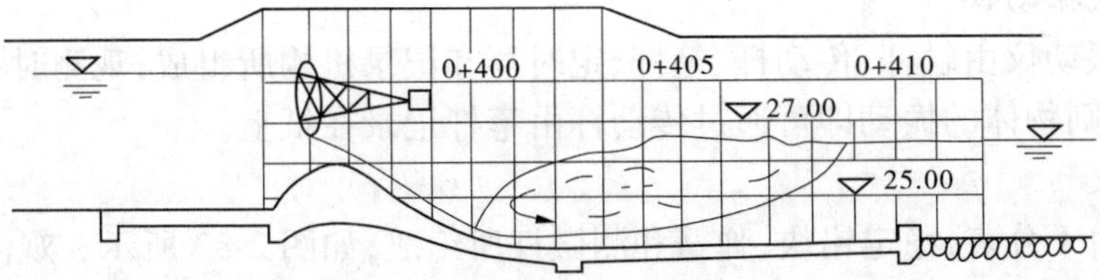

图2-86　方格坐标法观测水跃示意图

泄水建筑物及绘制的方格缩绘成图,比例可取为1/100;观测时,待水流稳定后,观测人员站立对岸,用目测或望远镜观测水流的水面在方格网上的位置,并将其描绘在图上。为便于比较,可把两侧墙上观测的成果,用不同颜色绘于同一图上。

水尺组法是沿水流方向在建筑物两岸侧墙上设立一组水尺来代替方格坐标进行观测,水尺的间距和刻度以能按要求精度测出水跃或水面曲线为准。观测时将水流的水面在各水尺上的位置测记下来,并将其描绘在图上。

如在侧墙上无法绘制方格坐标或设立水尺组,可采用活动测锤法,即在垂直于水流的方向上架设若干条固定断面索,其上设活动测锤来观测水面线。

(三)挑射水流观测

挑射水流观测即对挑流鼻坎消能工后发生的水流的观测。观测内容包括水面线的形态、尾水位、射流最高点和落水点的位置、冲刷坑位置和水流掺气情况。

观测的方法通常采用摄影或在建筑物两岸布设观测基点,架设经纬仪,采用前方交会法进行测量。一般是在夜间,用投光灯照射水流表面的测点,再用经纬仪进行观测。

二、观测高速水流

高速水流观测是对溢流面、陡坡段、挑流鼻坎和隧洞内部等流速较高部位水流形态的观测。高速水流常常伴有掺气、空化、压强脉动等现象,这些现象对建筑物有不利的影响,也有有利的影响。为及时掌握高速水流对建筑物的作用,对工程施工期过水建筑物及竣工后泄水建筑物上的高速水流,都要进行现场观测,以便及时发现问题,制订有效措施,为工程正确运用提供可靠的依据。

高速水流的观测内容包括振动、水流脉动压力、负压、进气量、空蚀和过水面压力分布等。

(一)水工建筑物振动观测

高速水流将引起建筑物和闸阀门产生振动,为了研究减免振动的措施(尤其要避免产生共振),需进行振动观测。振动观测的目的就是了解建筑物振动的效应,以判断其对建筑物的影响,以便采取措施,保证建筑物的安全。振动观测的内容有振幅和频率,测点常设在闸阀门、钢管道、工作桥大梁等受动能冲击最大且有代表性的部位,采用的观测仪器有电测振动仪、接触式振动仪和振动表等。

1. 电测仪器

电测仪器通常由感应部分、扩大部分和现实部分所组成,观测时只需将感应部分与振动物体相接触,即可从现实部分(一般为示波器)观测出振幅和频率。

2. 接触式振动仪

接触式振动仪由触杆、传动杆、笔杆、定时器和记录机构所组成，观测时将触杆与振动物体相接触，则物体的振动即可通过传动杆由笔杆记录在纸上。

3. 振动表

振动表由千分表、稳定铅块、弹簧和测微杆所组成，如图 2-87 所示。观测时将振动表的弹簧放置在振动物体表面，弹簧在上部重力的作用下随着振动而压缩和伸张，测微杆也因此而产生振动，此时即可由千分表上指针摆动的范围读出相对振幅。振动表的缺点是不能测出绝对振幅和频率。

（二）水流脉动压力观测

水流脉动压力可引起闸坝、输水管道等结构的振动，也可引起护坦、海漫、输水管道、溢流坝面等的破坏。脉动压力的观测内容是脉动的振幅和频率，测点常布设在闸门底缘、门槽、门后、闸墩后、挑流鼻坎后、泄水孔洞出口处、溢流坝面、护坦和水流受扰动最大的区域，采用电阻式脉动压强观测仪器进行观测，同时还应观测平均压力，以对比校验。

电阻式脉动压力传感器（见图 2-88），是在金属膜片的上下面粘贴电阻应变丝所构成，当膜片受外力作用而产生变形时，电阻应变丝也产生变形（伸长或缩短），电阻的变化又表现为线路上电流的变化，所以电流的变化就反映了作用在金属膜片上外力（压强）的变化。

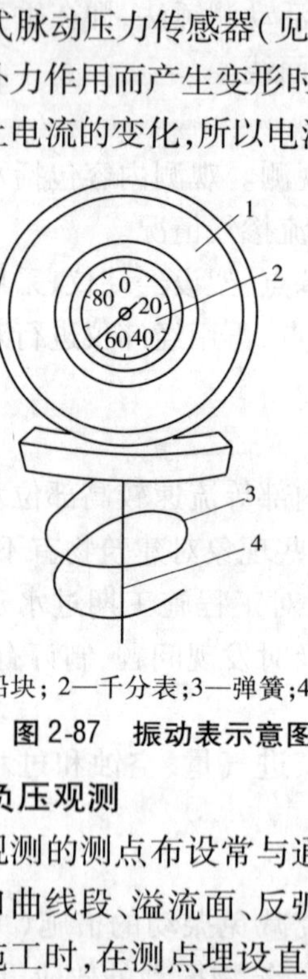

1—稳定铅块；2—千分表；3—弹簧；4—测微杆

图 2-87 振动表示意图

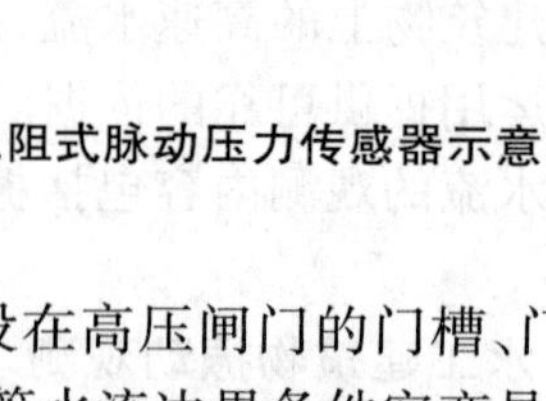

图 2-88 电阻式脉动压力传感器示意图

（三）负压观测

负压观测的测点布设常与通气管结合，测点一般布设在高压闸门的门槽、门后顶部、进水喇叭口曲线段、溢流面、反弧段末端和消力齿槛表面等水流边界条件突变易产生空蚀的部位。施工时，在测点埋设直径 18 mm 或 25 mm 的金属负压观测管，管口应与建筑物表面垂直并齐平，另一端引至翼墙、观测廊道或观测井内，安装真空压力表或水银压差计。观测时，由于水流脉动的影响，真空压力表指针和水银压差计中的液面极不稳定，因此只需测读压力的最高值、最低值及平均值。

（四）进气量观测

在泄水建筑物的闸门下游侧，由于水流极不稳定，常常会产生空蚀和引起闸门振动，因此一般都设置通气管道，及时进行补气和排气，以改善建筑物的运用条件。进气量的观测就是为了了解通气管道的工作效能，并为研究振动、负压、空蚀等提供资料。

进气量的观测一般采用孔口板法、毕托管法和风速仪法。

（五）空蚀观测

在建筑物的某些部位，如泄水建筑物的反弧段及其下游、闸门门槽、底孔闸门下游、溢流坝面、挑流鼻坎、消力墩和消力槛的侧面及背面，在高速水流通过时，其表面常常会发生剥蚀，这种现象称为空蚀。空蚀对建筑物的破坏很大，必须加以防止。

空蚀观测包括空蚀量与空蚀平面分布观测。空蚀量观测可用沥青、石膏、橡皮泥等塑性材料充填空蚀所形成的空洞，以测出空蚀体积。大型的空蚀，也可测量其面积、深度，计算出空蚀量。空蚀平面分布观测用摄影、拓印、网格等方法进行。

（六）过水面压力分布观测

对于溢流坝面、泄水管道喇叭口表面、隧洞洞壁等过水面上的压力分布，通常是在这些过水面上布置一组测压管，得出压力分布图，根据测压管中的水面高程来确定压力的分布。

测压管通常采用直径 50 mm 的金属管或塑料管，进水管段的直径约 18 mm，两者用渐变管连接。安装时，进水管口一端应与过水面齐平，另一端则引入观测廊道、观测井或墩顶，用水银压差计或压力表进行观测。

思考题

1. 水工建筑物安全监测的作用是什么？
2. 水工监测在工程建设和运行不同阶段有哪些工作内容？
3. 工程监测按照方法分为哪两种？安全监测项目按监测工作内容划分为哪几种？
4. 简述安全监测自动化系统的组成部分。
5. 水工建筑物变形监测的概念是什么？
6. 水平位移监测方法有哪些？垂直位移监测方法有哪些？
7. 试述视准线法观测土石坝横向水平位移的原理、方法。
8. 试述引张线观测设备的组成及作用。
9. 土石坝体内部变形监测包含哪些内容？
10. 为什么要进行水工建筑物裂缝、接缝观测？
11. 简述土石坝变形的规律。
12. 试述混凝土建筑物水平位移和垂直位移的一般变化规律。
13. 土石坝渗流观测的内容有哪些？
14. 土石坝浸润线观测的测点应该怎样布置？
15. 试述测量测压管水位的方法。
16. 观测渗流量有哪些方法？各适用于什么情况？
17. 观测扬压力测压管水位的方法有哪些？是怎样测出坝基扬压力的？
18. 测压管水位资料整理的内容有哪些？
19. 简述水工建筑物的应力和温度观测的目的。
20. 高速水流观测的主要内容有哪些？

项目三　水工建筑物的养护修理

水利工程养护修理是指为保障水利工程安全和完整，发挥其应有效益，对已建水利工程经常及时进行的保养以及对运行中发现的损坏及时进行的维修等工作，包括专项维修养护和日常维修养护。专项维修养护是为恢复水利工程原有设计（或竣工）标准，而对工程进行的集中性、专门性维修整治，它具有工程量大、容易量化、投资集中、质量要求高、施工时间集中等特点。日常维修养护是为了保证水利工程的正常、安全运行，保持工程整体面貌，而对工程进行全面的、长期的、常态化的维修养护，它具有经常性、全年性、持续性、机动性、难以量化、投资分散等特点。另外，当突然发生危及水利工程安全的各种险情时，必须立即进行抢修。

任务一　掌握土石坝的养护修理

围绕土石坝养护的任务，结合水库案例，熟悉土石坝工作条件及特点，掌握土石坝养护的程序、方法和要求。

一、土石坝的检查和养护

（一）土石坝的工作条件及特点

土石坝属散粒体结构，在填筑过程中虽然采用碾压、冲填等方法来提高筑坝材料的密实程度，但毕竟不能像浆砌石坝一样具有显著的整体性。因此，土石坝虽然也是挡水建筑物，但与其他坝型比较具有以下工作特点。

1. 不允许洪水漫顶

土石坝是散粒体结构，抗冲能力很低，位于上下游水位变化范围内的坝体表面会因风浪淘刷而产生局部的破坏。降落在土石坝表面或坝头岸坡的雨水也会将坝坡表面冲成冲沟，沟深可达1.0 m以上，危害极大。所以，对土石坝上下游边坡必须采取护坡保护措施，且更不允许洪水漫顶过水，否则将使坝体溃决，造成垮坝。据全国水库失事的原因分析，在运行期由于溢洪道泄水能力不足或水库管理运用不当，致使洪水漫顶失事的，占失事总数的46.6%。

由此可见，一般土石坝是不允许洪水漫顶的。因此，要求土石坝的坝顶必须保持足够的超高，溢洪道有足够的泄洪能力，不准在溢洪道进口任意加埂超蓄，以防洪水漫顶失事。

2. 坝体具有透水性

坝体土料的土粒之间存在着空隙，坝体与坝基都有一定的透水性，水库蓄水后，在水压力作用下就通过土粒间空隙从上游坡和坝基向下游渗透。在坝体的下游坡排水体后渗出少量清水的现象是不可避免的，当坝体的浸润线出逸点低于坝后排水体时，属于正常渗漏范围。但是，如果渗透水流超过一定限度，渗透水流在坝后排水体以上的坝坡逸出，通常称浸润线抬高,这对坝坡稳定是不利的。在土石坝坝体两岸坡与坝基,坝下涵洞等部位还可能发生集中渗流。集中渗漏容易将土粒带走,冒浑水导致坝体、坝基发生管涌、流土等渗透破坏,甚至发生溃坝事故。土石坝的破坏或垮坝失事很多都与渗流有直接或间接的关系,为了保证坝体与坝基不发生渗流破坏,并减少漏水量,土石坝通常都应设置有效的防渗和排水设施。

3. 坝体可发生压缩变形

因坝体土粒间存在着空隙,筑坝土料具有压缩性。土石坝在施工时,随着坝体增高或竣工蓄水后,坝体和坝基都受到上部坝体的荷载和水的作用,不断地因压缩而引起沉降。部分沉降在土石坝完工后相当长的时期内仍在继续,沉降数值大小与土料性质、施工质量有很大关系,特别是铺土较厚、碾压不实的土石坝沉陷量较大。在不均匀沉降较大时,还将产生坝体纵向、横向和各种类型的裂缝,进而造成严重的渗漏和滑坡事故。

4. 保持边坡稳定

蓄水的土石坝坝体必须有一个相应的稳定坡度,使之在各种水位作用下能保持上下游边坡稳定,不致产生滑坡。土石坝的横剖面呈梯形,上下游边坡较为平缓,剖面尺寸大,整体稳定性好,不会发生沿坝基表面的整体、水平滑动。土石坝的失稳主要是坝坡的局部滑动,或坝坡连同坝基一起滑动而使坝体受到破坏。因此,土石坝的稳定主要是保持边坡稳定。

(二)土石坝的养护

1. 土石坝养护的一般规定

(1)养护工作应做到及时消除大坝表面的缺陷和局部工程问题,随时防护可能发生的损坏,保持大坝工程和设施的安全、完整、正常运用。

(2)坝面上不得种植树木、农作物,不得放牧、铲草皮以及搬动护坡和导渗设施的砂石材料等。

(3)严禁在大坝管理和保护范围内进行爆破、打井、采石、采矿、挖砂、取土、修坟等危害大坝安全的活动。

(4)严禁在坝体修建码头、渠道,严禁在坝体堆放杂物、晾晒粮草。在大坝管理和保护范围内修建码头、鱼塘,必须经大坝主管部门批准,并与坝脚和泄水、输水建筑物保持一定距离,不得影响大坝安全、工程管理和抢险工作。

(5)大坝坝顶严禁各类机动车辆行驶。若大坝坝顶确需兼作公路,须经科学论证和上级主管部门批准,并应采取相应的安全维护措施。

2. 坝顶、坝端的养护

(1)坝顶、坝端的养护应达到坝顶平整,无积水,无杂草,无弃物;防浪墙、坝肩、踏步完整,轮廓鲜明;坝端无裂缝,无坑凹,无堆物。

(2)坝顶出现坑洼和雨淋沟缺,应及时用相同材料填平补齐,并应保持一定的排水坡度;对经主管部门批准通行车辆的坝顶,如有损坏,应按原路面要求及时修复,不能及时修复的,应用土或石料临时填平;坝顶的杂草、弃物应及时清除。

(3)防浪墙、坝肩和踏步出现局部破损时,应及时修补或更换。

(4)坝端出现局部裂缝、坑凹时,应及时填补,若发现堆积物应及时清除。

(5)坝顶灯柱歪斜,线路和照明设备损坏时,应及时修复或更换。

(三)坝坡的养护

1. 坝坡养护

应达到坡面平整,无雨淋沟缺,无荆棘杂草滋生现象;护坡砌块应完好,砌缝紧密,填料密实,无松动、塌陷、脱落、风化、冻毁或架空现象。

2. 干砌块石护坡的养护

(1)及时填补、揳紧个别脱落或松动的护坡石料。

(2)及时更换风化或冻毁的块石,并嵌砌紧密。

(3)块石塌陷、垫层被淘刷时,应先翻出块石,恢复坝体和垫层后,再将块石嵌砌紧密。

3. 混凝土或浆砌块石护坡的养护

(1)及时填补伸缩缝内流失的填料,填补时应将缝内杂物清洗干净。

(2)护坡局部发生侵蚀剥落、裂缝或破碎时,应及时采用水泥砂浆表面抹补、喷浆或填塞处理,处理时表面应清洗干净;当破碎面较大,且垫层被淘刷、砌体有架空现象时,应用石料做临时性填塞,岁修时进行彻底整修。

(3)排水孔如有不畅,应及时进行疏通或补设。

对于堆石护坡或碎石护坡,石料如有滚动,造成厚薄不均时,应及时进行平整。

4. 草皮护坡的养护

(1)应经常修整、清除杂草,保持完整美观,若杂草严重,应及时用化学或人工去除杂草;发现病虫害时,应立即喷洒杀虫剂或杀菌剂;草皮干枯时,应及时洒水养护。

(2)出现雨淋沟缺时,应及时还原坝坡,补植草皮。

5. 严寒地区护坡的养护

在冰冻期间,应积极防止冰凌对护坡的破坏。可根据具体情况,采用打冰道或在护坡临水处铺放塑料薄膜等办法减小冰压力;有条件的,可采用机械破冰法、动水破冰法或水位调节法,破碎坝前冰盖。

(四)排水设施的养护

(1)各种排水、导渗设施应无断裂、损坏、阻塞、失效现象,排水畅通。

(2)必须及时清除排水沟(管)内的淤泥、杂物及冰塞,保持通畅。

(3)对排水沟(管)局部的松动、裂缝和损坏,应及时用水泥砂浆修补。

(4)排水沟(管)的基础如被冲刷破坏,应先恢复基础,后修复排水沟(管);修复时,应使用与基础同样的土料,恢复到原来断面,并严格夯实;排水沟(管)如设有反滤层,也应按设计标准恢复。

(5)随时检查修补滤水坝趾或导渗设施周边山坡的截水沟,防止山坡浑水淤塞坝趾导渗排水设施。

(6)减压井应经常进行清理疏通,保持排水畅通;周围如有积水渗入井内,应将积水排干,填平坑洼,保持井周无积水。

(五)观测设施的养护

(1)各种观测设施应保持完整,无变形、损坏、堵塞现象。

(2)经常检查各种变形观测设施的保护装置是否完好，标志是否明显，随时清除观测障碍物；观测设施如有损坏，应及时修复，并应重新进行校正。

(3)测压管口及其他保护装置，应随时加盖上锁；如有损坏，应修复或更换。

(4)水位观测尺若受到碰撞破坏，应及时修复，并重新校正。

(5)量水堰板上的附着物和量水堰上下游的淤泥或堵塞物，应及时清除。

(六)坝基和坝区的养护

(1)对坝基和坝区管理范围内一切违反大坝管理规定的行为和事件，应立即制止并纠正。

(2)设置在坝基和坝区范围内的排水、观测设施和绿化区，应保持完整、美观，无损坏现象。

(3)发现绿化区内的树木、花卉缺损或枯萎时，应及时补植或灌水养护。

(4)发现坝区范围内有白蚁活动迹象时，应按要求进行治理。

(5)发现坝基范围内有新的渗漏逸出点时，不要盲目处理，应设置观测设施进行观测，待弄清原因后再进行处理。

(七)隧洞与涵管的检查养护

(1)平时要检查隧洞的衬砌或涵管有无蜂窝、麻面、裂缝、漏水或空蚀等病害，要分析原因，及时处理。还要检查隧洞进出口有无可能存在崩塌危险的山坡或危石，无衬砌隧洞有无可能塌落的岩块，要及时清除或妥善处理。

(2)经常清除拦污栅上的杂草、污物，以防阻水；易被泥沙淤积的进水口，要定期进行泄水冲沙，防止闸门被沙石卡阻。

(3)加强管理，禁止在建筑物附近采石爆破或炸鱼，以免因振动而使隧洞衬砌或涵管断裂；顶部岩石厚度小于3倍洞径的隧洞或涵管顶部，禁止堆放重物或修建其他建筑物。

(4)正确操作运用，避免在明、满流交替的流态下运行；闸门启闭要缓慢进行，避免流量猛增或骤减，防止洞内产生超压、负压或水锤等现象而引起破坏；无压洞严禁在受压情况下运用。

(5)运用期间要经常注意洞内有无异常声响，水流是否浑浊；对坝下涵管，要注意观察附近的上下游坝坡有无塌坑、裂缝、湿软及漏水等现象，如有异常，应及时处理。对通气孔，亦应及时清理吸入的杂物和冬季的冰封现象。

二、土石坝的渗漏处理

(一)渗漏的途径及危害

1.渗漏的途径

土石坝的坝身填土和坝基都存在一定的透水性，因此当水库蓄水后，在水压力作用下，库水必然会通过坝身土体、坝基以及坝端两岸的孔隙，或坝体与地基接触面发生渗漏，这是不可避免的。如果渗漏量符合设计范围，则属于正常的渗漏现象。但是，如果渗漏水量超过允许范围，或者渗流逸出点太高，下游坡面出现渗水散浸，这就是异常渗漏现象了。异常渗漏是土石坝工程的一种“多发病”。按照土石坝的渗漏部位和特征，其分类包括：

(1)坝体渗漏。水库蓄水后，库水通过坝体在下游坡面或坡脚附近逸出，可分为散浸和集中渗漏两种。

(2)坝基渗漏。渗漏水流通过坝基的透水层,从坝脚或坝脚以外的覆盖层的薄弱部位逸出,一般情况下可使坝后形成沼泽化,严重情况下渗水由清变浑或冒水翻砂流出。

(3)绕坝渗漏。渗水绕过土石坝两端渗向下游,在下游岸坡逸出,这种渗漏远离坝肩慢慢减弱,如果是沿坝肩接触面上的接触渗漏则是危险的。

2.渗漏的危害

这些渗漏过大时将造成以下危害:

(1)损失蓄水量。一般正常的渗漏所损失水量与水库蓄水量相比,其值很小。若对坝基的工程地质和水文地质条件重视不够,未做必要的调查研究,更未做防渗处理,则蓄水后会造成大量渗漏,甚至无法蓄水。

(2)抬高浸润线,严重的坝身、坝基或绕坝渗漏,常会导致土石坝坝身浸润线抬高,使下游坝坡出现散浸现象,降低坝体的抗剪强度,甚至造成坝体滑坡。

(3)渗透破坏。渗流通过坝身或坝基时,若渗流的渗透坡降大于临界坡降,将使土体发生管涌或流土等渗透变形,甚至产生集中渗漏,导致土坝失事。显然,对于土石坝的异常渗漏,一经发现,必须立即查清原因,及时采取妥善的处理措施,有效防止事故扩大。

(二)坝体渗漏及修理

1.坝体渗漏的形式及原因

坝体渗漏的常见形式有散浸、集中渗漏、管涌及管涌塌坑、斜墙或心墙(斜墙)击穿等。坝体浸润线抬高,渗漏的逸出点超过排水体的顶部,下游坝坡呈大片湿润状态的现象,称为散浸。而下游坝坡、地基或两岸山包出现成股水流涌出的现象,则称为集中渗漏。坝体中的集中渗漏逐渐带走坝体中的土粒,形成管涌。若没有反滤保护(或反滤设计不当),渗流将把土粒带走,淘成孔穴,逐渐形成塌坑。当集中渗流发生在防渗体内,亦会使土料随渗流带出,即所谓的心墙(斜墙)击穿。

造成坝体渗漏的主要原因有以下几个方面:

(1)坝体尺寸单薄,特别是塑性斜墙或心墙厚度不够,使渗流水力坡降过大,造成斜墙或心墙被渗流击穿而引起坝体渗漏。

(2)排水体在施工时未按设计要求选用反滤料或铺设的反滤料层间混乱,甚至被削坡的弃土或者因下游洪水倒灌带来的泥沙堵塞等原因,造成坝后排水体失效,而引起浸润线抬高;也有因排水体设计断面太小,排水体顶部不够高,导致渗水从排水体上部逸出坝坡。

(3)坝体施工质量差,如土料含砂砾太多,透水性过大,或者在分层填筑时已压实的土层表面未经刨毛处理,致使上下土层结合不良;或铺土层过厚,碾压不实;或分区填筑的结合部少压或漏压等,施工过程中在坝体内形成薄弱夹层和漏水通道,从而造成渗水从下游坡逸出,形成散浸或集中渗漏。

(4)坝体不均匀沉陷引起横向裂缝;或坝体与两岸接头不好而形成渗漏途径;或坝下压力涵管断裂,在渗流的作用下,发展成管涌或集中渗漏的通道。

(5)管理工作中,对白蚁、獾、鼠等动物在坝体内的孔穴未能及时发现并进行处理,以致发展成为集中渗漏通道。

(6)冬季施工中,填土碾压前冻土层没有彻底处理,或把大量冻土填入坝内,形成软弱夹层,发展成坝体渗漏的通道。

2. 坝体渗漏的处理方法

坝体渗漏的处理,应按照“上堵下排”的原则,针对渗漏的原因,结合具体情况,采取以下不同的处理措施。

1)斜墙法

斜墙法即在上游坝坡补作或加固原有防渗斜墙,堵截渗流,防止坝身渗漏。此法适用于大坝施工质量差,造成严重管涌、管涌塌坑、斜墙被击穿、浸润线及其逸出点抬高、坝身普遍漏水等情况。具体按照所用材料的不同,分为黏土斜墙、沥青混凝土斜墙及土工膜防渗斜墙。

A. 黏土斜墙

修筑黏土斜墙时,一般应放空水库,揭开护坡,铲去表土,再挖松 10 ~ 15 cm,并清除坝身含水量过大的土体,然后填筑与原斜墙相同的黏土,分层夯实,使新旧土层结合良好。斜墙底部应修筑截水槽,深入坝基至相对不透水层。如果坝身渗漏不太严重,且主要是由施工质量较差引起的,则不必另做新斜墙,只需降低水位,使渗漏部分全部露出水面,将原坝上游土料翻筑夯实即可。

当水库不能放空,无法补作新斜墙时,可采用水中抛土法处理,即用船载运黏土至漏水处,从水面均匀抛下,使黏土自由沉积在上游坝坡,从而堵塞渗漏孔道,不过效果没有填筑斜墙好。

B. 沥青混凝土斜墙

在缺乏合适的黏土土料,而有一定数量的合适沥青材料时,可在上游坝坡加筑沥青混凝土斜墙。沥青混凝土几乎不透水,同时能适应坝体变形,不致开裂,抗震性能好,工程量小(因其厚度为黏土斜墙厚度的 1/40 ~ 1/20),投资省,工期短。我国在修筑沥青混凝土斜墙方面已积累了相当丰富的经验,故近年来,用沥青混凝土做斜墙处理坝身渗漏已受到广泛的重视。

C. 土工膜防渗斜墙

土工膜的基本原料是橡胶、沥青和塑料。当对土工膜有强度要求时,可将抗拉强度较高的棉纶布、尼龙布等作为加筋材料,与土工膜热压形成复合土工膜,成品土工膜的厚度一般为 0.5 ~ 3.0 mm。土工膜加固的优点是质量轻,运输量小,铺设方便;柔性好,适应坝体变形;耐腐蚀,不怕鼠、獾、白蚁破坏;施工简便,速度快,易于操作,节省造价;施工质量容易保证。缺点是施工时需要放空水库;抗老化性能不如混凝土材料;用于挡水水头超过 50 m 的大坝时需要进行专门论证。

土工膜与坝基、岸坡、涵洞的连接以及土工膜本身的接缝处理是整体防渗效果的关键,沿迎水坡坝面与坝基、岸坡接触边线开挖梯形沟槽,然后埋入土工膜,用黏土回填;土工膜与坝内输水涵管连接,可在涵管与土坝迎水坡相接段增加一个混凝土截水环,由于迎水坡面倾斜,可将土工膜用沥青粘在斜面上,然后回填保护层土料;土工膜本身的连接方式常见的有搭接、焊接、黏结等,其中焊接和黏结的防渗效果较好。

近年来,土工膜材料品种不断更新,应用领域逐渐扩大,施工工艺亦越来越先进,已从低坝向高坝发展。

2）充填式灌浆法

灌浆法的主要优点是水库不需要放空，可在正常运用条件下施工，工程量小，设备简单，技术要求不复杂，造价低，易于就地取材。适用于均质土坝，或者是心墙坝中较深的裂缝处理。具体方法与裂缝灌浆法相同。

如某均质坝，坝高 37 m，因坝体压实质量差而造成渗漏，经研究分析，采用坝体灌浆处理。灌纯黏土浆，灌浆孔一排，孔距 2 m，采用分段灌注，每段 5 m。第一段灌浆压力为 70 ~ 100 kPa，以后深度每增加 1 m，压力提高 10 kPa，但控制最高压力不超过 300 kPa，灌浆期间水库最大水头为 27.5 m。经过处理后渗流量减少 73% ~ 86%，坝体浸润线也明显下降，如图 3-1 所示。

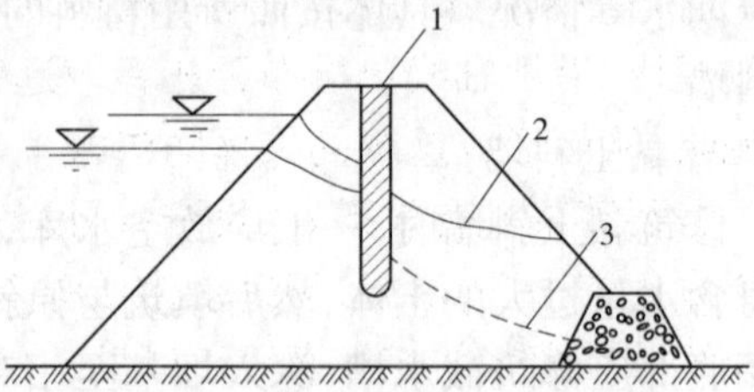

1—灌浆帷幕；2—灌浆前实测浸润线；
3—灌浆后实测浸润线

图 3-1　某土坝灌浆前后浸润线

3）防渗墙法

防渗墙法即用一定的机具，按照相应的方式造孔，然后在孔内填筑具体的防渗材料，最后在地基或坝体内形成一道防渗体，以达到防渗的目的。具体包括混凝土防渗墙、黏土防渗墙两种。

A. 混凝土防渗墙

混凝土防渗墙加固方法，就是沿土石坝的坝轴线方向建造一道混凝土防渗墙。防渗墙可建在坝体部分，也可深入到基岩以下一定深度，以截断坝体和坝基的渗漏通道。混凝土防渗墙加固的优点是适应各种复杂地质条件；可在水库不放空的条件下进行施工；防渗体采用置换方法，施工质量相对于其他隐蔽工程施工方法比较容易监控，耐久性好，防渗可靠性高。

我国最早使用混凝土防渗墙对大坝进行加固的是江西柘林水库黏土心墙坝，之后又在丹江口水库土坝加固中得到应用。早期防渗墙主要采用乌卡斯钻机钻凿法施工，成墙厚度 0.8 ~ 1.0 m，价格在 1 000 元/m^2以上。20 世纪 80 年代后，施工方法又出现了锯槽、液压开槽、射水及薄抓斗等多种成墙方法；墙体厚度也愈来愈薄，在土层、砂层或砂砾层，可减薄到 0.1 m，造价减到 100 元/m^2左右；墙体深度也愈来愈大，如黄河小浪底右岸坝基防渗墙深度已达到 81.9 m；应用范围由早期坝基防渗加固和围堰工程，又扩展到病险水库土石坝防渗加固中并获得了良好效果。

B. 黏土防渗墙

利用冲抓式打井机具，在土坝或堤防渗漏范围的防渗体中造孔，用黏性土料分层回填夯实，形成一个连续的黏土防渗墙。同时，在回填夯击时，对井壁土层挤压，使其井孔周围土体密实，提高坝体质量，从而达到防渗加固的目的。具体施工是在坝顶布置的防渗墙轴线上，用冲抓钻造孔，开孔直径一般要求为 110 ~ 120 cm，第一钻孔达到设计深度后，对钻孔进行检查并清除孔底浮土碎石，然后回填符合设计要求的黏土。回填层厚 25 ~ 35 cm 并夯实。而后，打第二孔，相邻两孔之间应有一定的搭接宽度，以保证黏土防渗墙的有效厚度。具体厚度可由黏土允许水力坡降确定。

如浙江省温岭县太湖水库大坝为黏土心墙砂壳坝,最大坝高 24 m,坝顶长 633 m,坝体填筑质量很差,漏水比较严重,1977 年全坝采用冲抓套井黏土回填防渗。处理后,经过 1981 年 8 月最高洪水位 15.54 m 和 1982 年 11 ~ 12 月持续 25 天水库水位超过 14 m 的考验,原漏水部位未发现渗水,处理效果较好。

实践证明,黏土防渗墙法具有机械设备简单、施工方便、工艺易掌握、工程量小、工效高、造价低、防渗效果好等优点。需注意的是,此法仅适用于坝体渗漏处理,孔深一般不超过 25 m,过深易发生偏斜。

4)劈裂灌浆法

所谓劈裂灌浆,就是应用河槽段坝轴线附近的小主应力面一般平行于坝轴线的铅垂面的规律,沿坝轴线单排布置相距较远的灌浆孔,利用泥浆压力,沿坝轴线劈开坝体并充填泥浆,从而形成连续的浆体防渗帷幕。

劈裂灌浆具有效果好、投资省、设备简单、施工方便等优点。对于均质坝及宽心墙坝,当坝体比较松散,渗漏、裂缝众多或很深,开挖回填困难时,可选用劈裂灌浆法处理。下面仅介绍劈裂灌浆与充填灌浆不同的一些特点。

A. 劈裂灌浆的机制

一是泥浆劈裂过程。当灌浆压力大于土体抗劈力(灌浆孔段坝体的主动土压力)时,坝体将沿小主应力方向产生平行于坝轴线的裂缝。泥浆在压力作用下进入坝体裂隙之中,并充填原有的裂缝和孔隙。二是浆压坝过程。泥浆进入裂隙后,仍有较大压力压迫土体,使土体之间产生相对位移而被压密。三是坝压浆过程。随着泥浆排水固结,压力减小,坝体回弹,反过来压迫浆体,加速浆液排水固结。经泥浆充填,浆坝互压和坝体湿陷等作用,不仅充填了裂缝,而且使坝体密实,改善了坝体的应力状态,有利于坝体的变形稳定。

B. 灌浆孔的布置

劈裂灌浆沿坝轴线单排布孔,第一序孔间距约为坝高的 2/3,分 2 ~ 3 道孔序,一般 30 ~ 40 m 高的坝最终孔距以 10 m 为宜。另外,应将坝体分段,区别对待。因大坝岸坡段和曲线段的小主应力面偏离坝轴线,故在岸坡段应缩小孔距,减小灌浆压力和每次灌注量,使防渗帷幕通过岸坡段。在曲线段应沿坝轴线不分序钻孔,间距 3 ~ 5 m,反复轮灌,形成连续的防渗帷幕。

C. 灌浆施工

劈裂式灌浆多采用全孔灌注法。全孔灌注法分为孔口注浆和孔底注浆两种。实践证明,孔底注浆法在施加较大压力和灌入较多浆料的情况下,外部变形缓慢,容易控制,能基本实现“内劈外不劈”。

5)导渗法

上面几种均为坝身渗漏的“上堵”措施,目的是截流减渗,而导渗则为“下排”措施。主要针对已经进入坝体的渗水,通过改善和加强坝体排渗能力,使渗水在不致引起渗透破坏的条件下,安全通畅地排出坝外。按具体情况,可采用以下几种形式。

A. 导渗沟法。

当坝体散浸不严重,不致引起坝坡失稳时,可在下游坝坡上采用导渗沟法处理。导渗沟在平面上可布置成垂直坝轴线的沟或人字形沟(一般为45°角),也可布置成两者结合的Y形沟,如图3-2所示。三种形式相比,渗漏不十分严重的坝体,常用I形导渗沟;当坝坡、岸坡散浸面积分布较广,且逸出点较高时,可采有Y形导渗沟;而散浸相对较严重,且面积较大的坝坡及岸坡,则需用W形导渗沟。

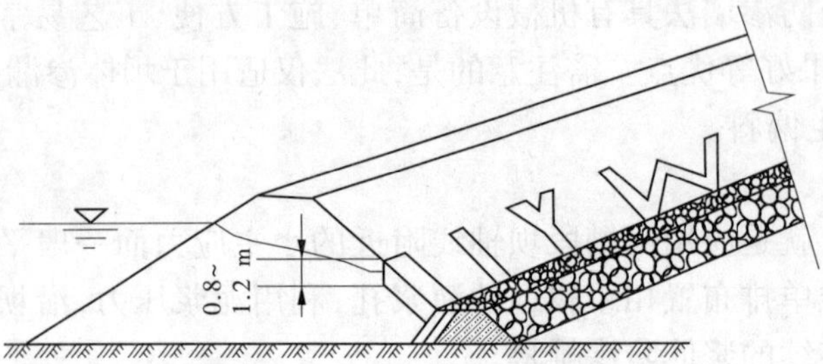

图3-2 导渗平面形状示意图

几种导渗沟的具体做法和要求为:①导渗沟一般深0.8~1.2 m、宽0.5~1.0 m,沟内按反滤层要求填砂、卵石、碎石或片石。②导渗沟的间距可视渗漏的严重程度,以能保持坝坡干燥为准,一般为3~10 m。③严格控制滤料质量,不得含有泥土或杂质,不同粒径的滤料要严格分层填筑,其细部构造和滤料分层填筑的步骤如图3-3所示。④为避免造成坝坡崩塌,不应采用平行坝轴线的纵向或类似纵向(如口形、T形等)导渗沟。⑤为使坝坡保持整齐美观,免受冲刷。

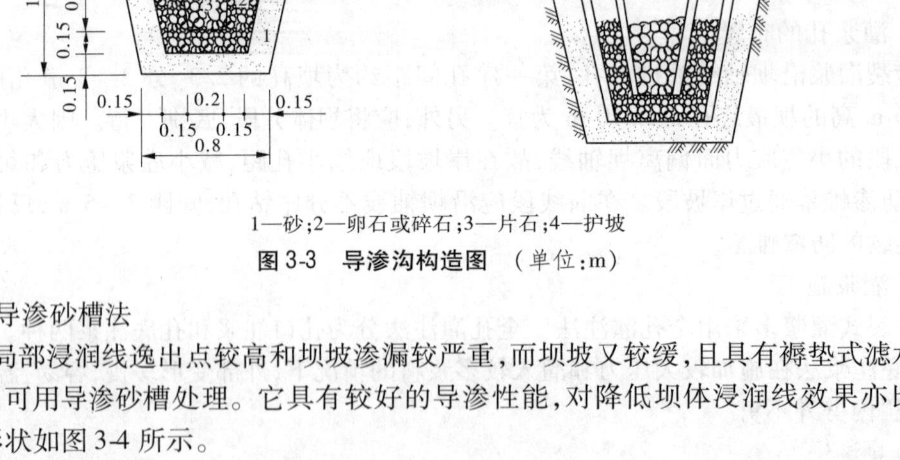

1—砂;2—卵石或碎石;3—片石;4—护坡

图3-3 导渗沟构造图 (单位:m)

B. 导渗砂槽法

对局部浸润线逸出点较高和坝坡渗漏较严重,而坝坡又较缓,且具有褥垫式滤水设施的坝段,可用导渗砂槽处理。它具有较好的导渗性能,对降低坝体浸润线效果亦比较明显,其形状如图3-4所示。

C. 导渗培厚法

当坝体散浸严重,出现大面积渗漏,渗水又在排水设施以上出逸,坝身单薄,坝坡较陡,且要求在处理坝面渗水的同时增加下游坝坡稳定性时,可采用导渗培厚法。

导渗培厚即在下游坝坡贴一层砂壳,再培厚坝身断面,如图3-5所示。这样,一可导渗排水,二可增加坝坡稳定。不过,需要注意新老排水设施的连接,确保排水设备的有效

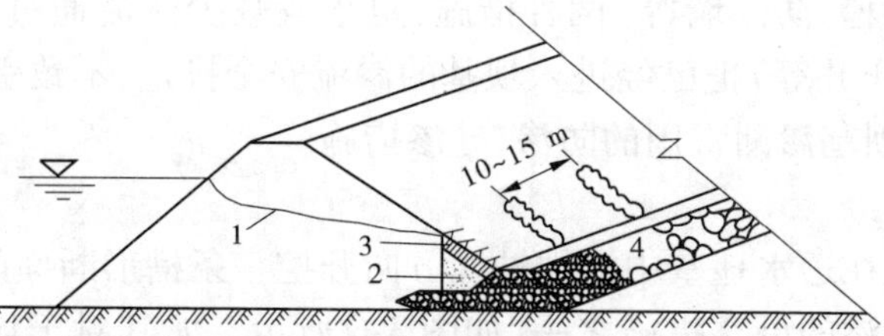

1—浸润线;2—砂;3—回填土;4—滤水体

图 3-4 导渗砂槽示意图

和畅通,从而达到导渗培厚的目的。

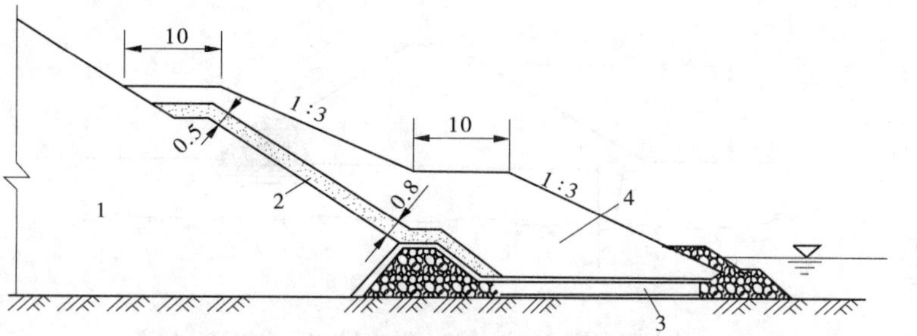

1—原坝体;2—砂壳;3—排水设施;4—培厚坝体

图 3-5 导渗培厚法示意图 (单位:m)

(三)坝基渗漏的原因及处理方法

1. 坝基渗漏的原因

坝基渗漏是通过坝基透水层从坝脚或坝脚以外覆盖层薄弱的部位逸出的现象。坝基渗漏的根本原因是坝址处的工程地质条件不良,而直接的原因还是存在于设计、施工和管理三个方面。

1)设计方面

对坝址的地质勘探工作做得不够,没有详细弄清坝基情况,未能针对性地采取有效的防渗措施,或防渗设施尺寸不够。薄弱部位未做补强处理,给坝基渗漏留下隐患。

2)施工方面

①对地基处理质量差,如岩基上部的冲积层或强风化层及破碎带未按设计要求彻底清理,垂直防渗设施未按要求做到新鲜基岩上。②施工管理不善,在库内任意挖坑取土,天然铺盖被破坏。③各种防渗设施未按设计要求严格施工,质量差。

3)管理方面

①运用不当,库水位消落,坝前滩地部分黏土铺盖裸露暴晒开裂,或在铺盖上挖坑取土打桩等引起渗漏。②对导渗沟、减压井养护维修不善,出现问题未及时处理,而发生渗透破坏。③在坝后任意取土、修建鱼池等也可能引起坝基渗漏。

显然,合理的设计、严格的施工及正确的运用管理是防止坝基渗漏的重要因素。

2. 坝基渗漏的处理方法

坝基渗漏处理的原则,仍可归纳为上堵下排,即在上游采取水平防渗(如黏土铺盖)

和垂直防渗（如截水槽、防渗墙等）两种措施，阻止或减少渗流通过坝基。在下游用导渗措施（如排水沟、减压井等）把已经进入坝基的渗流安全排走，不致引起渗透破坏。

下面分别介绍坝基渗漏常用的防渗、导渗措施。

1）黏土截水槽

黏土截水槽，是在透水地基中沿坝轴线方向开挖一条槽形断面的沟槽，槽内填以黏土夯实而成，是坝基防渗的可靠措施之一，如图 3-6 所示。尤其对于均质坝或斜墙坝，当不透水层埋置较浅（10 ~ 15 m 以内）、坝身质量较好时，应优先考虑这一方案。不过当不透水层埋置较深，而施工时又不便放空水库时，切忌采用，因施工排水困难，投资增大，不经济。对于均质坝和黏土斜墙坝，应注意使坝身或斜墙与截水槽的可靠连接，如图 3-7 所示。

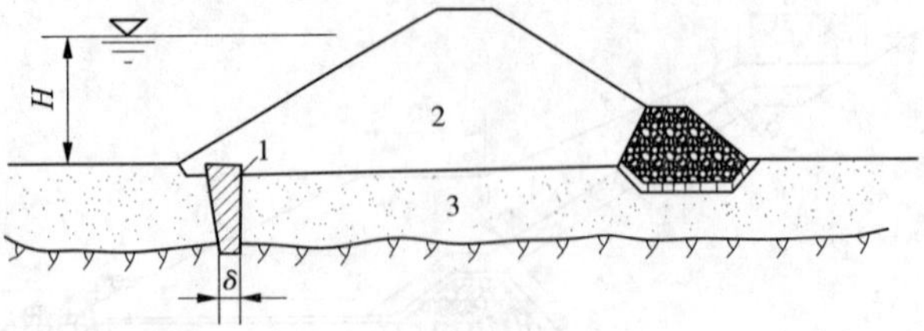

1—黏土截水槽；2—坝体；3—透水层；H—水深；δ—槽宽

图 3-6　黏土截水槽

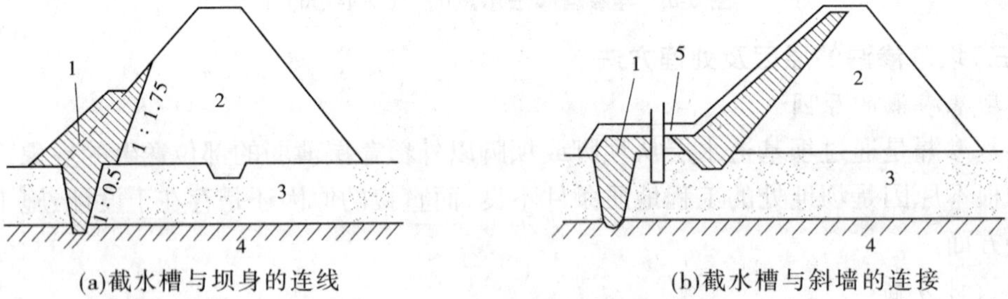

1—截水槽；2—原坝体；3—透水层 4—不透水层；5—保护层

图 3-7　新挖截水槽与坝身或斜墙的连接

2）混凝土防渗墙

如果覆盖层较厚，地基透水层较深，修建黏土截水槽困难大，则可考虑采用混凝土防渗墙。其优点是不必放空水库，施工速度快，节省材料，防渗效果好。

混凝土防渗墙即在透水地基中用冲击钻造孔，钻孔连续套接，孔内浇筑混凝土，形成的封闭防渗的墙体。其上部应插入坝内防渗体，下部和两侧应嵌入基岩，如图 3-8 所示。

3）帷幕灌浆

所谓帷幕灌浆，是在透水地基中每隔一定距离用钻机钻孔（达基岩下 2 ~ 5 m），然后在钻孔中用一定压力把浆液压入坝基透水层中，使浆液填充至地基土中孔隙，使之胶结成不透水的防渗帷幕，如图 3-9 所示。当坝基透水层厚度较大，修筑截水槽不经济，或透水层中有较大的漂石、孤石，修建防渗墙较困难时，可优先采用帷幕灌浆。另外，当坝基中局

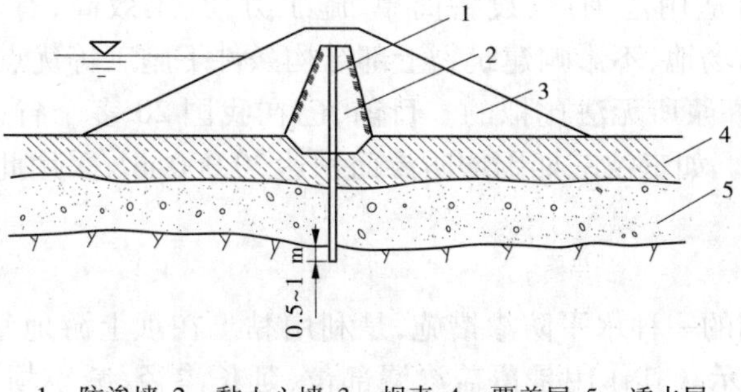

1—防渗墙;2—黏土心墙;3—坝壳;4—覆盖层;5—透水层

图 3-8　混凝土防渗墙的一般布置

部地方进行防渗处理时,利用帷幕灌浆亦较灵活方便。灌注的浆液一般有黏土浆、水泥浆、水泥黏土浆、化学灌浆材料等。在砂砾石地基中,多采用水泥黏土浆,对于中砂、细砂和粉砂层,可酌情采用化学灌浆,但其造价较高。

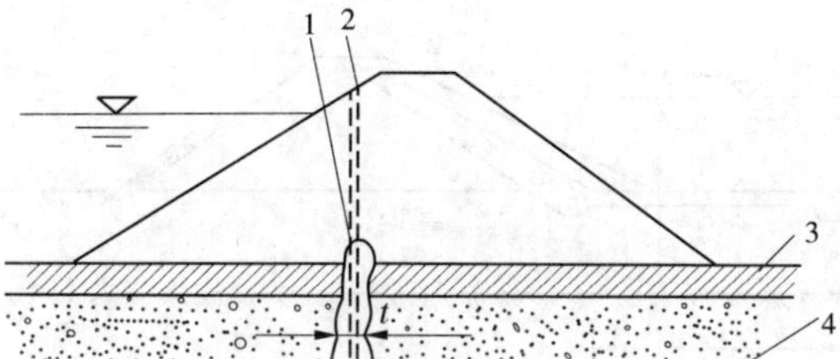

1—帷幕体;2—钻孔;3—覆盖层;4—透水层;t—帷幕灌浆

图 3-9　帷幕灌浆示意图

4)高压喷射灌浆

高压喷射灌浆是采用高压射流冲击破坏被灌地层结构,使浆液与被灌地层的土颗粒掺混,形成桩柱或板墙状的凝结体,如图 3-10 所示。

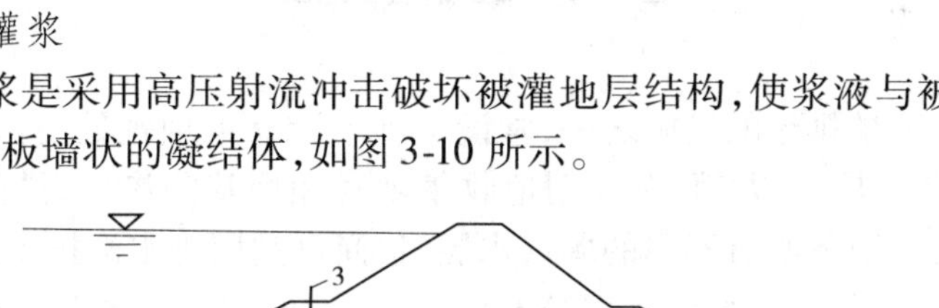

1—喷射帷幕;2—施工轴线;3—施工平台;4—透水层;5—坝体;6—不透水层

图 3-10　高压喷射帷幕灌浆示意图

高压定向喷射灌浆技术于 20 世纪 70 年代从日本引进,最初在我国铁路、冶金等系统应用,主要用于提高地基承载力。80 年代初山东省水利科学研究所将旋喷改为定喷灌浆,用于病险水库坝基防渗处理,取得了较好效果,其造价仅相当于混凝土防渗墙的1/6 ~ 1/3,之后迅速得到了推广。该技术适用于在各种松散地层(如砂层、淤泥、黏性土、壤土层和砂砾层)中,具有适用范围广、设备简单、施工方便、工效高,有较好的耐久性,料源广、造价低,能在狭窄场地、不影响建筑物上部结构条件下施工等优点。另外,它能定向形成板墙,是静压帷幕灌浆所无法比拟的。目前,已在我国20多个省(直辖市、自治区)的100余项工程中应用。如三峡三期围堰防渗面积达20 000 m^2,采用此法仅用45天就完成施工,且效果很好。

5)黏土铺盖

黏土铺盖是常用的一种水平防渗措施,是利用黏土在坝上游地基面分层碾压而成的防渗层,如图3-11所示。其作用是覆盖渗漏部位,延长渗径,减小坝基渗透坡降,保证坝基稳定。其特点是施工简单、造价低廉,易于群众性施工,但需在放空水库的情况下进行,同时,要求坝区附近有足够合乎要求的土料。另外,采用铺盖防渗虽可以防止坝基渗透变形并减少渗漏量,但却不能完全杜绝渗漏。因此,黏土铺盖一般在不严格要求控制渗流量、地基各向渗透性比较均匀、透水地基较深,且坝体质量尚好,采用其他防渗措施不经济的情况下采用。

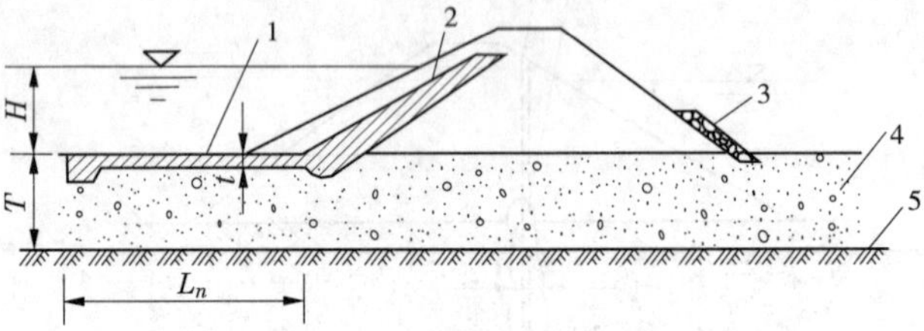

1—黏土铺盖;2—斜墙;3—坝坡排水;4—砂卵石质;5—不透水层;
H—水深;T—透水层深;L_n—铺盖宽度

图3-11　黏土铺盖示意图

6)排渗沟

排渗沟是坝基下游排渗的措施之一,常设在坝下游靠近坝趾处,且平行于坝轴线,如图3-12所示。其目的是:一方面,有计划地收集坝身和坝基的渗水,排向下游,以免下游坡脚积水;另一方面,当下游有不厚的弱透水层时,尚可利用排水沟排水减压。

对一般均质透水层沟,只需深入坝基1~1.5 m;对双层结构地基,且表层弱透水层不太厚时,应挖穿弱透水层,沟内按反滤材料设保护层;当弱透水层较厚时,不宜考虑其导渗减压作用。

为了方便检查,排渗沟一般布置成明沟;但有时为防止地表水流入沟内造成淤塞,亦可做成暗沟,但工程量较大。

7)减压井

减压井是利用造孔机具,在坝址下游坝基内,沿纵向每隔一定距离造孔,并使钻孔穿过弱透水层,深入强透水层一定深度而形成,如图3-13所示。

减压井的结构是在钻孔内下入井管(包括导管、花管、沉淀管),管下端周围填以反滤料,上端接横向排水管与排水沟相连,如图3-14所示。这样可把地基深层的承压水导出地面,以降低浸润线,防止坝基渗透变形,避免下游地区沼泽化。当坝基弱透水层覆盖较厚,开挖排水沟不经济,而且施工也较困难时,可采用减压井。减压井是保证覆盖层较厚

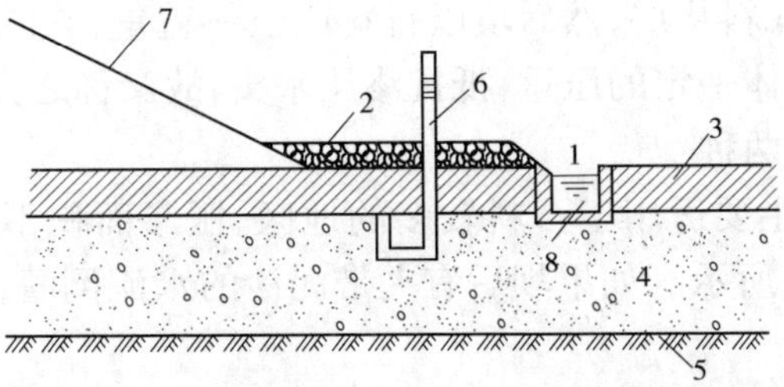

1—排渗沟；2—透水盖重；3—弱透水层；4—透水层；
5—不透水层；6—测压管；7—下游坝坡；8—反滤层

图 3-12　排渗沟示意图

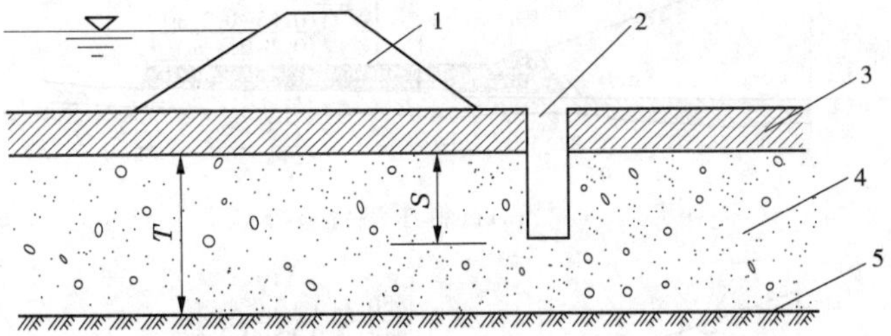

1—坝体；2—减压井；3—弱透水层；4—强透水层；5—不透水层；
T—强透水层深度；*S*—减压井进入强透水层深度

图 3-13　减压井示意图

的砂砾石地基渗流稳定的重要措施。

减压井虽然有良好的排渗降压效果，但施工复杂，管理、养护要求高，并随时间的推移，容易出现淤堵失效的现象，所以一般仅适用于下列情况：

(1)上游铺盖长度不够或天然铺盖遭破坏，渗透逸出坡降升高，同时坝基为复式透水地基，用一般导渗措施不易施工，或其他措施处理无效。

(2)不能放空水库，采用"上堵"措施有困难，且在运用上允许在安全控制地基渗流条件下，损失部分水量。

(3)原有减压井群中部分失效，或减压井间距过大，致使渗透压力亦过大，需要插补。

(4)在施工、管理运用和技术经济方面，都比其他措施优越。

8)透水盖重

透水盖重是在坝体下游渗流出逸地段的

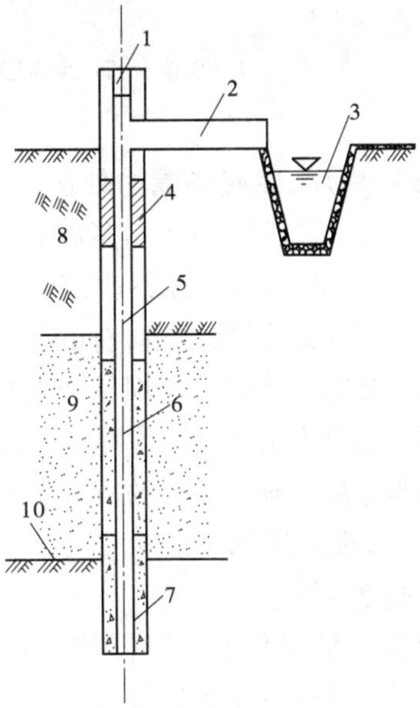

1—井帽；2—出水管；3—排水沟；4—黏土或混凝土封闭；5—导管；6—有孔花管；7—沉淀管；
8—弱透水层；9—透水层；10—不透水层

图 3-14　减压井结构示意图

适当范围内，先铺设反滤料垫层，然后填以石料或土料盖重，它既能使覆盖层土体中的渗水导出又能给覆盖层土体一定的压重，抵抗渗压水头，故又称之为压渗。

常见的压渗形式有两种：

(1)石料压渗台。主要适用于石料较多的地区、压渗面积不大和局部的临时紧急救护的情况，如图3-15(a)所示。如果坝后有夹带泥沙的水流倒灌，则压渗台上面需用水泥砂浆勾缝。

(2)土料压渗台。适用于缺乏石料、压渗面积较大、要求单位面积压渗重量较大的情况。需注意在滤料垫层中每隔3～5 m加设一道垂直于坝轴线的排水管，以保证原坝脚滤水体排出通畅，如图3-15(b)所示。

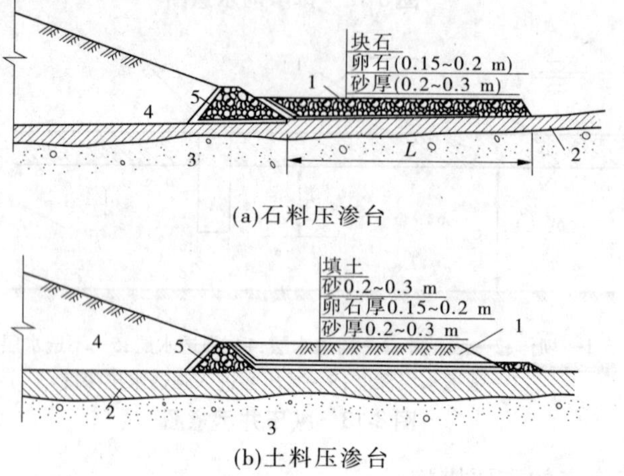

1—压渗台；2—覆盖层；3—透水层；4—坝体；5—滤水体；L—压渗台宽

图3-15　压渗台示意图

(四)库岸、库底渗漏的处理方法

库岸、库底渗漏的水库多属石灰岩地区。我国南方石灰岩分布较广，如湖南、广西、云南、四川、贵州等省(区)不少地方均为石灰岩地区，岩溶发育。这些水库修建后库区漏水，坝基、绕坝渗漏均严重，有的甚至不能蓄水。库岸库底严重渗漏，虽对安全影响不大，但严重影响蓄水效益，若坝基或两岸坡绕渗还会危及大坝安全。

石灰岩地区的库底、库岸及坝基渗漏较为普遍，渗漏的形式有裂隙渗漏，破碎带渗漏以及溶洞、落水洞等导致的穿孔渗漏。对此，常常采用铺盖法、堵塞法、围井法、隔离法等进行处理，现分述如下。

1. 铺盖法

铺盖法是用黏土、塑料薄膜、复合土工膜、浆砌块石混凝土等做铺盖防渗，适用于库底和库岸均匀岩溶裂隙漏水地带。这种岩溶地区铺盖与砂砾石透水层防渗铺盖略有不同，重点放在溶洞或渗透集中的个别地段，将漏水岩石地段铺盖起来与其周围非漏水地带连接，形成封闭的防渗层。如果采用黏土铺盖除必须分层压实紧密，铺至一定厚度外，要与四周不透水层接合良好，否则达不到好的效果。

当铺盖范围内有泉井、涌水点时，还必须做局部处理，才能铺筑铺盖，否则，铺盖将被顶破。而地下水位下降时,则又成为漏水通道。如在库内泉井、落水洞、陷井等处做铺盖时,应用大块石塞好井孔,然后填入块石、碎石和粗砂,最后做黏土铺盖。

2. 堵塞法

该法是在查明漏水洞穴和溶洞通道后,在其中段和上口加以堵塞切断漏水通道,起到防渗作用。此法适用于孤立的落水洞、溶洞或集中漏水处理。广东省采用水力充填法,借助于水力填砂堵漏,就是在漏水处灌砂把复杂的漏水通道全部填塞好后再用黏土铺盖防渗的一种方法。具体方法:

(1)掌握溶洞的分布规律,先查明溶洞或暗河之间相互连接的关系,查明通路的"咽喉"加以堵塞。

(2)当溶洞较大时可使用石渣、碎石或块石借助于水力冲填砂石加以堵塞。

(3)冲填砂石时,洞口插上探杆为记,以便倾倒砂石的位置。可先将碎石冲入漏水洞,然后冲填粗砂和细砂,最后沉下黏土,截断渗水。

比较大型的溶洞渗漏,可在放干库容后用块石加混凝土处理。如广东良塘水库,坝址处断层纵横交错,岩溶发育,坝底有暗河与库外相通。当水库蓄水后造成裂隙渗漏,最大渗漏量 2 m^3/s。曾经用黏土铺盖做了几次渗漏处理,均未见效,后来利用水力填砂法处理,渗漏量由 2 m^3/s 减少到 0.92 m^3/s。

3. 围井法

在库内有直径较大的落水洞竖井,深度、宽度较大,大小溶洞连通,若将溶洞逐个堵塞,工程量大且不保险。可采用围井;还有的库区内有反复泉,即雨季出水,在旱季地下水位下降又落水,周期性反复出水落水,堵塞困难。不堵时又是漏水通道,此时也可采用围井法。

具体做法是在反复泉或落水洞口四周筑围井,如图 3-16 所示,可用黏土也可用浆砌石。围井高度应高出最高洪水位。做围井的基础一定要放在不透水层或完整的基岩上。云南长桥海水库用围井法处理落水洞,收到了较好的效果。

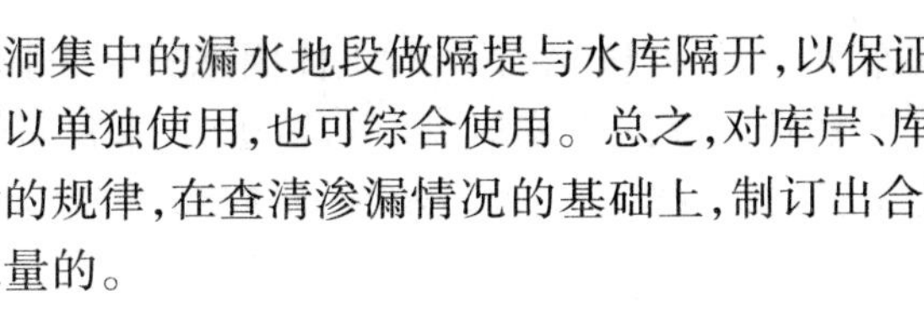

图 3-16 围井法处理示意图

4. 隔离法

隔离法是把落水洞集中的漏水地段做隔堤与水库隔开,以保证蓄水。

以上几种方法可以单独使用,也可综合使用。总之,对库岸、库底的渗漏处理,只要能掌握岩溶发育及渗漏的规律,在查清渗漏情况的基础上,制订出合理的处理措施,是可以制止和减少其渗漏水量的。

三、土石坝的裂缝处理

（一）裂缝的分类、成因及特征

1. 裂缝的分类

土石坝的裂缝，按其方向可分为龟状裂缝、横向裂缝和纵向裂缝；按其产生原因可分为干缩裂缝、冻融裂缝、不均匀沉陷裂缝、滑坡裂缝、水力劈裂缝、塑流裂缝、震动裂缝；按其部位可分为表面裂缝和内部裂缝等。在实际工程中土石坝的裂缝常由多种因素造成，并以混合的形式出现。下面按干缩裂缝、冻融裂缝、纵横向裂缝及内部裂缝等，分别阐述其成因特征。

2. 裂缝的成因及特征

1）干缩裂缝和冻融裂缝

干缩裂缝和冻融裂缝是由于坝体受气候的影响或植物的影响，土料中水分大量蒸发或冻胀，在土体干缩或膨胀过程中产生的。

A. 干缩裂缝

在黏性土中，土粒周围的薄膜水因蒸发而减薄，土粒与土粒在薄膜水分子吸引作用下互相移近，引起土体干缩，当收缩引起的拉应力超过一定限度时，土体即会出现裂缝。对于粗粒土，薄膜水的总量很少，厚度很薄，对粗粒土的性质没有显著影响。由上述可知，当筑坝土料黏性越大、含水量越高时，产生干缩裂缝的可能性越大。在壤土中，干缩裂缝则比较少见，而在砂土中则不可能出现干缩裂缝。显然，干缩裂缝的成因是土中水分蒸发，引起土体干缩。

干缩裂缝的待征：发生在坝体表面，分布较广，呈龟裂状，密集交错，缝的间距比较均匀，无上下错动。一般与坝体表面垂直，上宽下窄，呈楔形尖灭，缝宽通常小于 1 cm，个别情况下也可能较宽较深。例如山东峡山水库土坝，由于 1965～1968 年连续几年干旱，库水位低，而且在坝坡上种植棉槐，大量吸收土体水分，结果于 1968 年 6 月发现干缩裂缝多条，其中最宽的达 4 cm，最深的达 4.6 m。

干缩裂缝一般不致影响坝体安全，但若不及时维修处理，雨水沿缝渗入，将增大土体含水量，降低土体抗剪强度，促使病害发展。尤其是斜墙和铺盖的干缩裂缝可能引起严重的渗透破坏。施工期间，当停工一段时间，填土表面未加保护，发生细微发丝裂缝，不易发觉，以后坝体继续上升直至竣工，在不利的应力条件下，该层裂缝会发展，甚至导致蓄水后漏水。因此，对干缩裂缝也必须予以重视。

B. 冻融裂缝

冻融裂缝主要由冰冻而产生。当气温下降时土体因冰冻而冻胀，当气温升高时冰融，但经过冻融的土体不会恢复到原来的密实度，反复冻融，土体表面就形成裂缝。其特征为：发生在冻土层以内，表层破碎，有脱空现象，缝深及缝宽随气温而异。

2）纵向裂缝

平行于坝轴线的裂缝称为纵向裂缝。

A. 成因与特征

纵向裂缝主要是因坝体在横向断面上不同土料的固结速度不同，或由坝体、坝基在横断面上产生较大的不均匀沉陷所造成的。一般规模较大，基本上是垂直地向坝体内部延伸，多发生在坝的顶部或内外坝肩附近。其长度一般可延伸数十米至数百米，缝深几米至十几米，缝宽几毫米至几十厘米，两侧错距不大于30 cm。

B.常见部位

(1)坝壳与心墙或斜墙的结合面处，由于坝壳与心墙、斜墙的土料不同，压缩性有较大差异，填筑压实的质量亦不相同，因固结速度不同，致使在结合面处出现不均匀沉陷的纵向裂缝，如图3-17所示。

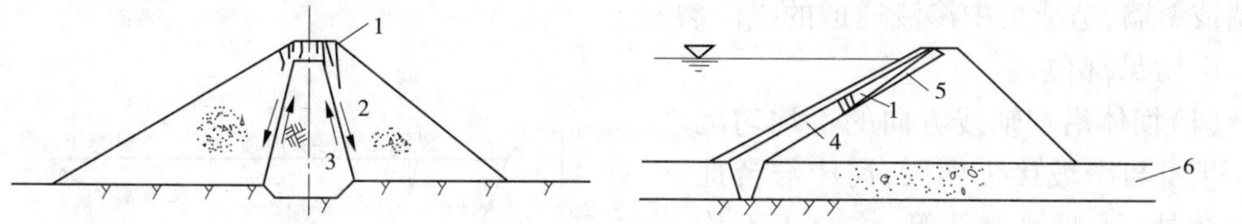

(a)心墙坝纵缝　　(b)斜墙坝纵缝

1—纵缝;2—坝壳;3—心墙;4—斜墙;5—斜墙沉降;6—砂卵石覆盖层

图3-17　坝壳与心墙或斜墙产生纵向裂缝示意图

(2)坝基沿横断面开挖处理不当处。具体如下：

①在未经处理的湿陷性黄土地基上筑坝，由于坝的中部荷载大，施工中坝基沉陷也大，蓄水后的湿陷较小，而上下游侧由于荷载小、坝基沉陷小，蓄水后的湿陷反而大，可能产生纵向裂缝，如图3-18(a)所示。

②沿坝基横断面方向上，因软土地基厚度不同或部分为黏软土地基，部分为岩基，在坝体荷重作用下，地基发生不均匀沉陷，引起坝体纵向缝，如图3-18(b)所示。

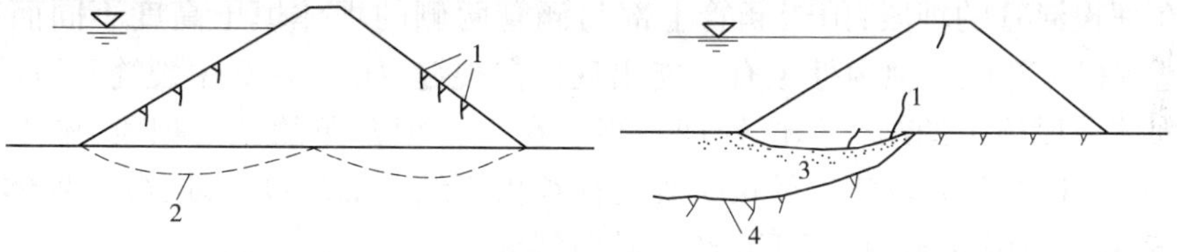

(a)湿陷性黄土地基　　(b)不均质地基

1—纵缝;2—地基湿陷;3—高压缩地基;4—岩基

图3-18　压缩性地基引起的纵缝

③坝体横向分区填筑结合面处，施工时分别从上下游取土填筑，土料性质不同，或上下游坝身碾压质量不同，或上下游进度不平衡，填筑层高差过大，结合面坡度太陡，不便碾压，甚至有漏压现象，因此蓄水后，在横向分区结合处产生纵向裂缝。

④骑在山脊的土坝两侧，在固结沉陷时，同时向两侧移动，坝顶容易出现纵向裂缝，如图3-19所示。

3)横向裂缝

走向与坝轴线大致垂直的裂缝称为横向裂缝。

A.成因与特征

横向裂缝产生的根本原因是沿坝轴线纵剖面方向相邻坝段的坝高不同或坝基的覆盖

厚度不同，产生不均匀沉陷，当不均匀沉陷超过一定限度时，即出现裂缝，常见于坝端，一般接近铅直或稍有倾斜地伸入坝体内。缝深几米到十几米，上宽下窄，缝口宽几毫米到十几厘米，偶而可见更深、更宽的裂缝。缝两侧可能错开几厘米甚至几十厘米。

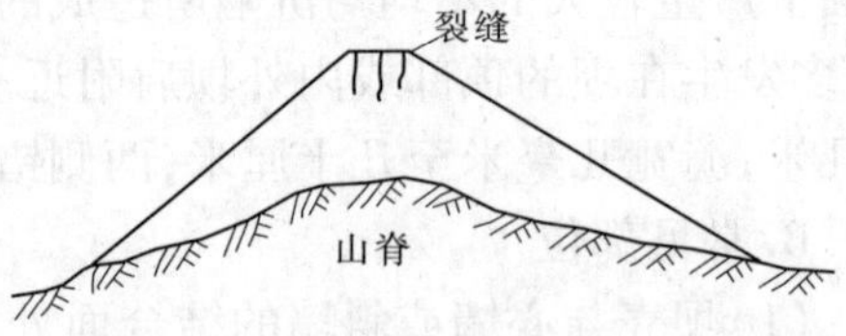

图 3-19　跨骑在山脊上的土坝坝顶纵向裂缝

横向裂缝对坝体危害极大，特别是贯穿心墙或斜墙、造成集中渗流通道的横向裂缝。

B. 常见部位

(1)坝体沿坝轴线方向的不均匀沉陷。坝身与岸坡接头坝段，河床与台地的交接处，涵洞的上部等，均由于不均匀沉陷，极易产生横向裂缝，如图 3-20 中裂缝甲所示。

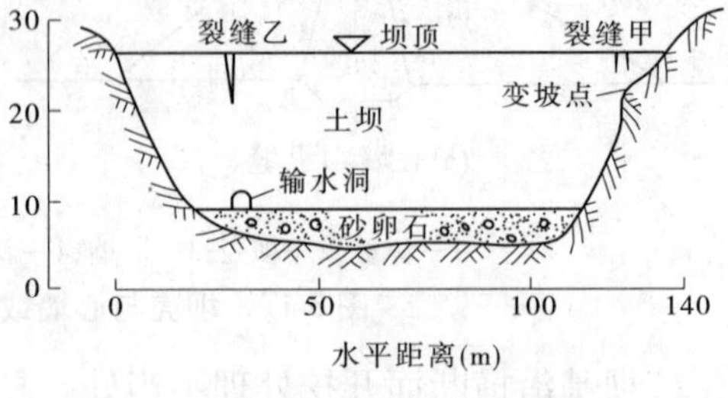

图 3-20　某水库横向裂缝示意图

(2)坝基地质构造不同，施工开挖处理不当而产生横向裂缝。有压缩性大(如湿陷性黄土)的坝段，或坝基岩盘起伏不平，局部隆起，而施工中又未加处理时，相邻两部位容易产生不均匀沉陷，而引起横向裂缝。

(3)坝体与刚性建筑物结合处往往会因为不均匀沉陷引起横向裂缝。坝体与溢洪道导墙连接的坝段就属于这种情况。

(4)在埋设涵管的坝段，由于涵管上部与涵管两侧的坝体填土高度不同而有不均匀沉陷，因此在相应部位的坝顶处也有可能出现横向裂缝，如图 3-20 中裂缝乙所示。

(5)坝体分段施工的结合部位处理不当。在土石坝合龙的龙口坝段、施工时土料上坝线路、集中卸料点及分段施工的接头等处往往由于结合面坡度较陡，各段坝体碾压密实度不同甚至漏压而引起不均匀沉陷，产生横向裂缝。

4)内部裂缝

内部裂缝很难从坝面上发现，往往发展成集中渗流通道，造成了险情才被发觉，使维修工作变得很被动，甚至无法补救，所以坝体内部裂缝危害性很大。根据实践经验，内部裂缝常在以下部位发生：

(1)薄心墙土坝。由于心墙土料运用后期可压缩性比两侧坝壳大，若心墙与坝壳之间过渡层又不理想，则心墙沉陷受坝壳的约束产生了拱效应，拱效应使心墙中的垂直应力减小，甚至使垂直应力由压应力变拉应力而在心墙中产生水平裂缝，如图 3-21 所示。

(2)修建在局部高压缩性地基上的土坝，因坝基局部沉陷量大，使坝底部发生拉应变过大而产生横向或纵向的内部裂缝，如图 3-22 所示。

(3)修建于狭窄山谷中的坝，在地基沉陷的过程中，上部坝体通过拱作用传递到两端，拱下部坝沉陷量较大，因而产生拉应力，坝体内产生裂缝，如图 3-23 所示。

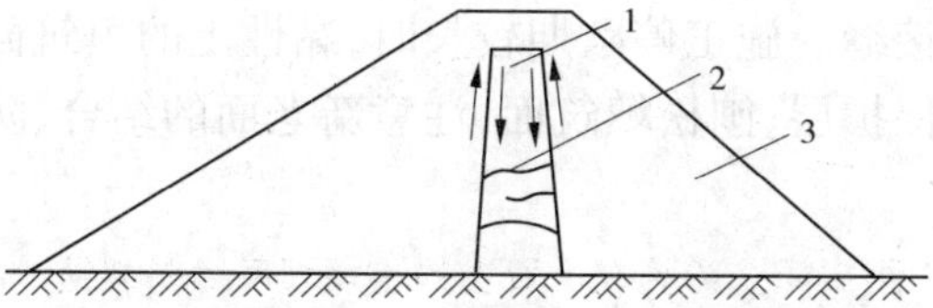

1—心墙；2—水平裂缝；3—坝壳

图 3-21　心墙内部水平裂缝

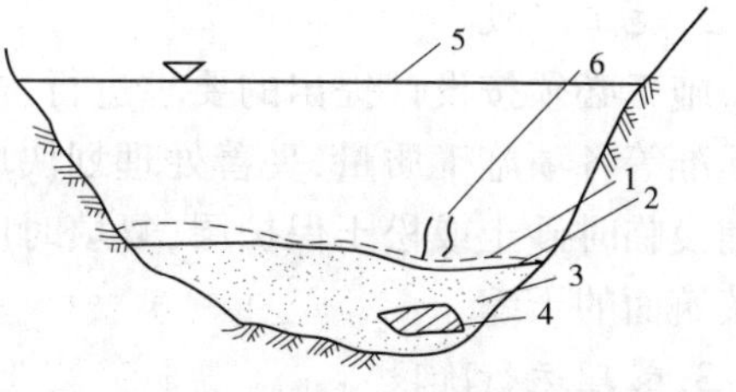

1—原坝底；2—沉降后坝底；3—细砂；
4—高压缩性土；5—坝顶；6—裂缝

图 3-22　高压缩地基内部裂缝

(4)坝体和刚性建筑物相邻部位。因刚性建筑物比周围的河床冲积层或坝体填土的压缩性小得多，从而使坝体和刚性建筑物相邻部位因不均匀沉陷而产生内部裂缝，如图 3-24所示。

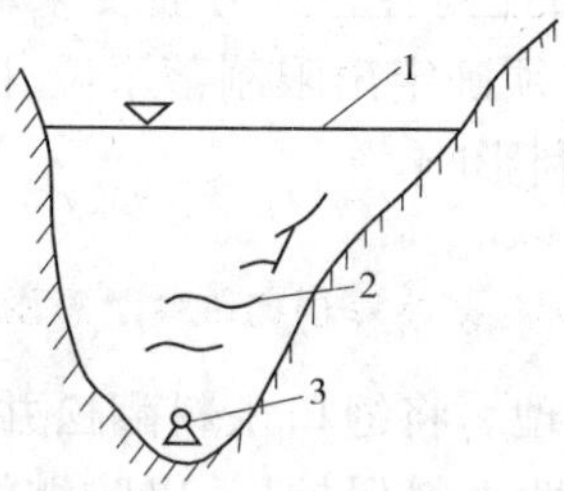

1—坝顶；2—裂缝；3—放水管

图 3-23　窄深峡谷土坝内部裂缝

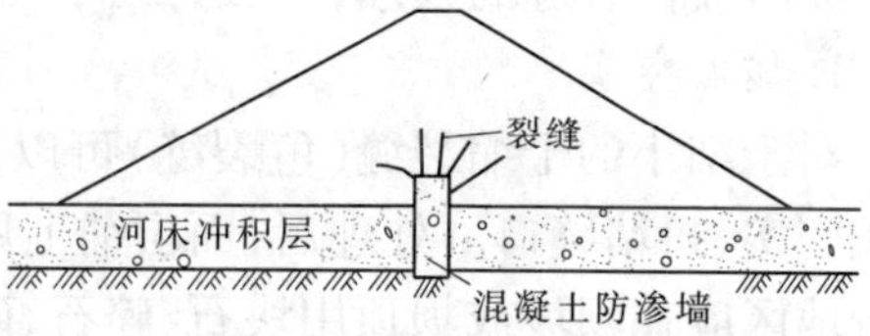

图 3-24　刚性截水引起内部裂缝

对于内部裂缝，可根据坝体表面和内部的沉陷资料，结合地形、地质、坝型和施工质量等条件进行分析，做出正确判断。必要时，还可以通过钻孔、挖探槽或探井进行检查，进一步证实。对于没有观测设备的中小型水库土坝，主要依靠加强管理，通过蓄水后对渗流量与渗水浑浊度的观测来发现坝体的异常现象。

(二)裂缝的预防

土坝裂缝的防治首先在于防。而土坝裂缝的预防措施，可归纳为设计、施工和管理运行三个方面。在设计时提出裂缝可能产生的部位，在施工中采取必要的措施，在管理上加强养护，正确运用。

1. 设计阶段

由前述裂缝的成因可知，大多数裂缝均由坝体或坝基的不均匀沉陷引起，故设计中，应考虑如何减小坝体的不均匀沉陷。如坝基中的软土层应预先挖除；湿陷性黄土应预先浸水，事先沉陷；坝体两端的山坡和台地应按具体条件开挖成较缓的边坡，切忌有倒坡和峭壁存在；与坝接触的刚性建筑物(如坝下涵洞、溢洪道、截水墙等)，应使其接触面有一定的正坡，减少坝体的不均匀沉陷，有利于坝体与刚性建筑物的结合；土坝与其他建筑物或岸坡的结合处应适当加厚黏土防渗体，防止裂缝贯穿防渗体；对坝体应根据土壤特性和碾压条件，选择合适的含水量和填筑标准。

2. 施工阶段

施工必须按设计提出的要求进行,严格把握好清基、上坝土质、含水量、填筑层厚和碾压标准等各项施工质量,妥善处理划块填筑的接缝。施工停歇期较长时,黏性土的填筑面应铺设临时砂土或松土保护层,复填时应清除保护层、刨松填筑面,注意新老面的结合,防止填筑面的干缩。

3. 管理运行阶段

在管理运行期间,首先应按日常维护工作的具体要求进行养护,其次需特别注意库水位的升降速度,即首次蓄水应逐年分期提高库水位,以防止因突然增加荷载和湿陷产生裂缝;正常供水期要限制库水位的下降速度,防止因库水位骤降而导致迎水坡产生滑坡裂缝。

(三)裂缝的修理

土石坝坝体出现的各种裂缝都应及时处理。发现后,一方面注意了解裂缝的特征,观测裂缝的发展和变化,找出裂缝产生的原因,判断裂缝的性质;另一方面要采取防止裂缝进一步发展的措施,同时制订处理方案。处理前水库必须确定出限制蓄水位,同时要采取临时防护措施。严防雨水向裂缝内灌注和冰冻等的不利影响。

非滑坡性裂缝的处理,一般有以下几种方法。

1. 翻松夯实

对于细小的干缩裂缝(龟裂缝)可以只进行表面处理。将缝口土料翻松并润湿,然后夯压密实,封堵缝口。处理后,面层铺上厚约10 cm砂性土料保护层,以防继续开裂。在寒冷地区应在坝坡或坝顶用块石、碎石、砂性土做保护层。保护层厚度应大于当地冻土层深度,如果土石坝坝体在施工停歇期,用黏性土料填土表面亦应采用保护层,防止裂缝产生,发现坝面有冻融裂缝、龟裂缝,必须在继续填土前,将出现裂缝的坝面土层全部翻松。翻松深度应超过已开裂的土层,然后重新碾压到规定标准再继续填土。

2. 开挖回填

开挖回填方法简单、效果好,是裂缝处理方法中最彻底的办法。它是将发生裂缝部分的土料全部挖出重新回填。因此,这种方法适用于缝深度在2 m之内,已停止发展的裂缝。处理裂缝开挖时,可先沿缝灌入少量石灰水,以便沿裂缝下挖,可挖成梯形断面,或台阶形的坑槽,如图3-25所示。槽的长度和深度均应超过裂缝0.3~0.5 m,开挖边坡以不致坍塌并便于施工为原则,槽底宽为0.3~0.5 m。开挖完成后,如土的含水率低于土的最优含水率,应将槽周洒湿,然后用与坝体相同的土料回填,分层夯实,每层填土厚度以0.15~0.2 m为宜。在回填前注意削成规定的边坡,保持梯形断面,便于新回填的土料和原坝体紧密结合。

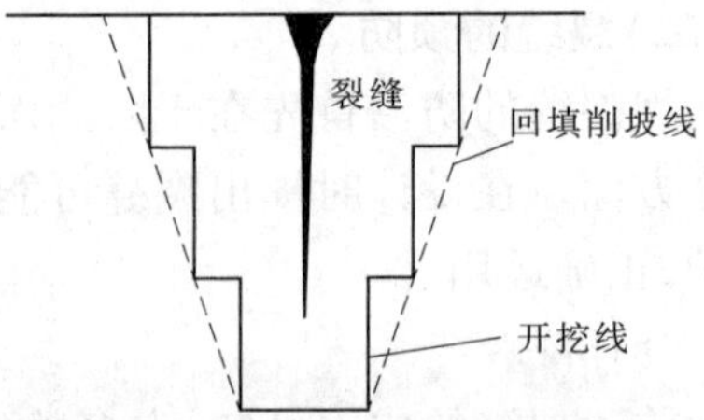

图3-25 裂缝开挖回填示意图

在开挖回填处理裂缝时应注意以下几点:

(1)对于贯穿坝体上下游的横向裂缝,不论缝的宽窄,都应采用开挖回填的办法进行彻底处理。开挖处理时，沿裂缝方向每隔5 m左右与裂缝相交成十字形，视裂缝深度而开挖一定宽度的结合槽，见图3-26，挖槽的深度至少要在裂缝底以下0.3～0.5 m，开挖长度应超出缝端点约2.0 m，槽底宽和边坡以便于施工操作和安全为原则。

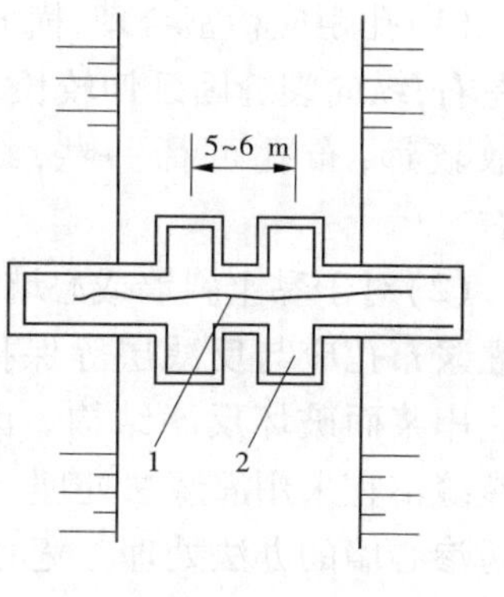

1—裂缝；2—结合槽

图3-26　横向裂缝处理示意图

(2)对迎水面坝端裂缝，应在裂缝部位沿坝端与山坡接触面开挖，挖到缝底以下0.3～0.5 m，在迎水面还应在垂直裂缝方向挖十字形结合槽坑，然后类似横缝进行处理。

(3)纵向裂缝的开挖回填方式如图3-27所示。其中，图3-27(a)为防渗体部位纵向裂缝不深时的处理情况，图3-27(b)为非防渗体部位裂缝不深时的处理情况。

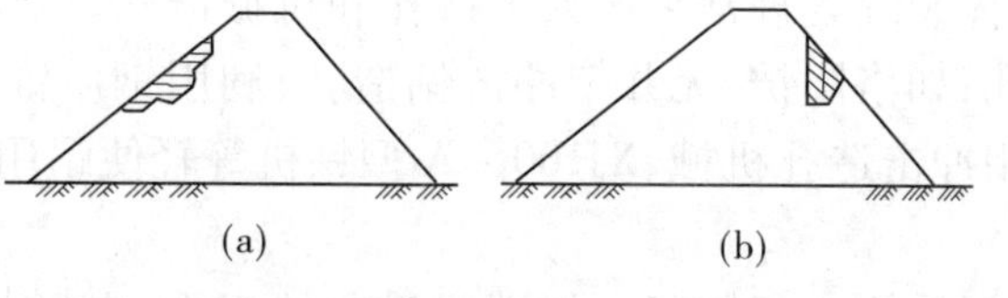

图3-27　纵向裂缝开挖回填示意图

在进行纵向裂缝处理时，开挖出的大量土料不应堆放在坝顶或裂缝以下的坝坡上，以免对坝坡稳定不利。挖出的土料，须经鉴定合格后，方能作为回填土料使用，否则应用新土回填。处理裂缝宜在枯水期进行，如果库水位过高、裂缝又较深，处理前应适当降低库水位，以保证安全。同时在开挖回填期间要尽量避免日晒雨淋和冰冻。例如：四川沙溪河水库，库容110万m^3，均质土石坝，高22 m，坝轴线长105 m，坝顶宽4 m。该库由于长期超高蓄水1 m，放水后，又长时间干旱，气温高，土料失水后，在坝顶出现了接近坝轴线并与之平行的纵向裂缝。该裂缝长95 m，宽5 cm，深1.0 m，缝口两侧无错距，经分析，属非滑坡性裂缝。经采取以上开挖回填方法处理后已运行至今，未再产生裂缝。

3.充填灌浆

当坝体裂缝部位较深时，采用开挖回填法往往开挖工程量较大，同时影响蓄水。此时，可采用充填灌浆法处理，或在裂缝上部开挖回填，下部较深的细小裂缝进行充填灌浆处理。充填灌浆法就是在坝体裂缝部位用较低压力或浆液自重把浆液灌入坝体内，充填密实裂缝和孔隙，以达到加固坝体的目的。该法适用于深度较大的非滑坡性裂缝处理。

若为滑坡裂缝深部的细微裂隙，必须待土石坝滑坡处理稳定并经可行性论证后，方可进行充填灌浆处理。用充填灌浆处理裂缝的布孔以及施工工艺应参照《土石坝灌浆技术规范》(SO 266—88)规定的内容，其一般要求如下。

1)布孔

灌浆钻孔的布置可根据裂缝分布情况考虑，对深度较大的裂缝都是沿缝或在缝附近布孔，在裂缝的两端及转弯处以及裂缝密集处都应布孔，见图3-28。

(1)孔距应稀密合理,横向裂缝终孔距离一般3 m左右;纵向裂缝因延伸较长,灌浆的浆液可沿裂缝扩散较远,布孔可稀一些,终孔距离一般为5 m左右。

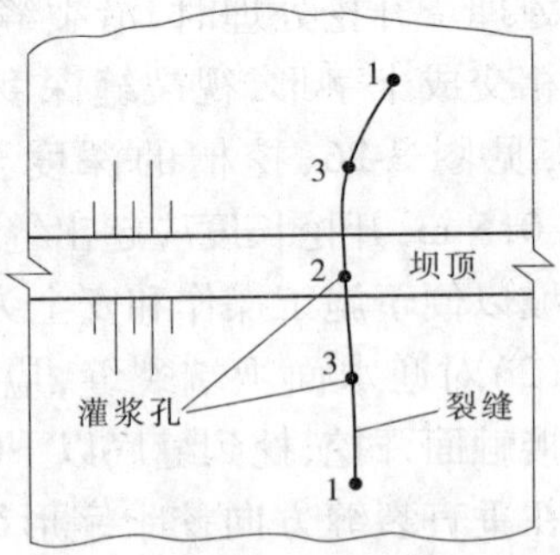

1、2、3—第一、二、三序孔

图3-28　裂缝灌浆处理布孔示意图

(2)对于黏土斜墙或心墙堆石坝,防渗体上的裂缝灌浆布孔应与反滤层等保持一定的安全距离,以防止串浆而破坏反滤结构。因此,窄心墙堆石坝内部裂缝不宜采用灌浆法处理。可以采用套井回填黏土防渗心墙的办法处理。宽心墙堆石坝存在内部裂缝时,灌浆孔多采用单排布孔。

2)造孔

造孔施工应据布孔的孔位由稀到密按序进行。孔深应超过隐患处2~3 m。造孔时力求保持铅直,要求用干法造孔,严禁用清水循环钻进。

小型水库土石坝体裂缝处理常采用人工造孔和机械造孔。对于深度不大于15 m的灌浆孔,可用人工造孔,如洛阳铲、无井架冲击钻造孔,利用钢质锥杆人力锥孔等;对于造孔较深的灌浆孔,可用冲击造孔机械、XJ100－A型钻机等轻便耐用的机械造孔。

3)制浆

灌浆浆液制作一般采用人工制浆。如灌浆量大的工程,也可采用机械制浆。常用的浆液有纯黏土浆和黏土、水泥混合浆两种。对浆液要求流动性好,使其能灌入裂缝;要析水性好,使浆液进入裂缝后,能较快地排水固结;同时要收缩性小,使浆液析水后与土石坝体结合密实。

A.纯泥浆

用黏性土做材料,一般含黏粒为20%~45%,如含黏粒过多,土料黏性过大,浆液析水慢,凝固时间长影响灌浆效果。用土料制作泥浆应先去掉土中的石子、杂草,加入清水浸泡2~3 h后,再捣拌成浆液,过滤后储存备用。制浆用水一般为不含过量杂质的淡水。

浆液的浓度必须保持浆液对裂缝具有足够的充填能力,在此条件下,稠度愈大愈好。根据试验一般采用水:土(重量比)=1:1~1:2.5。但是实际施工中,采用水土重量比来控制浓度比较麻烦,所以一般用简便比重计法控制,即把比重计放入浆液中直接测定泥浆的比重。灌浆浓度比重控制在1:3~1:6。也可用称重法测定比重,如用容积为1 L的容器,装满浆液,称其重量,其浆液净重的千克数即为该泥浆的比重值。

B.土、水泥混合浆

土、水泥混合浆用土料和水泥为材料混合搅制而成。在土料中掺入占干土总量10%左右的水泥比较适宜。这种浆液析水性好,可促使浆液及早凝固发挥效果。它适用于黏土心墙或浸润线以下的坝体裂缝处理,若水泥掺量过大,则混合浆液析水凝固后的浆体将因不能适应土石坝的变形而产生裂缝。

4)灌浆

灌浆方法一般有机械压力灌浆和重力灌浆两种。机械压力灌浆是借机械压力将浆液注入裂缝,如常用的手摇灌浆机、泥浆泵等。如果没有这些机械,也可采用重力灌浆,即将浆液桶置放在坝顶或山坡上，借浆液本身自重和地形高差形成的水头压力使浆液注入裂缝，这种设备简单。一般灌浆桶与灌浆孔的垂直高差在10 m左右，约可产生0.1 MPa的压力，见图3-29。

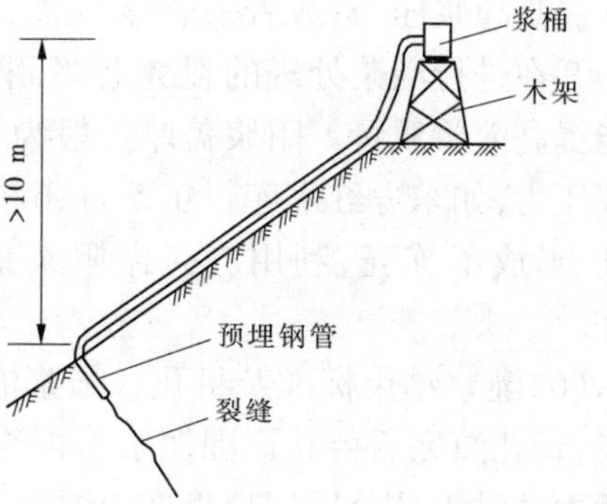

图3-29　重力灌浆示意图

(1)灌浆顺序应由外向里、由稀到密，即灌浆时应先灌最外边的两个孔，将裂缝封闭后，再灌中间的孔，先灌孔距较大，然后逐渐缩小孔距。从图3-30可以看出，沿裂缝布置了9个孔。第一轮先灌1#、9#孔，孔距为24 m，第二轮灌5#孔，孔距12 m，第三轮灌3#、7#孔，孔距为6 m，第四轮灌2#、4#、6#、8#孔，孔距(最终孔距)为3 m。这种灌浆顺序的作用是使前轮孔有较长的时间析水固结，后轮孔做补充灌注，使裂缝得到密实充填，并可减少或避免冒浆、串浆现象。对横向裂缝的处理可先灌上游孔，再灌下游孔，后灌中间孔。

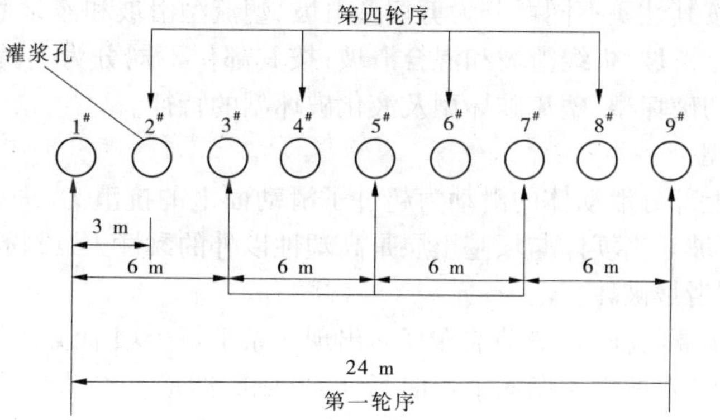

图3-30　灌浆顺序示意图

(2)灌浆浓度应先稀后浓。首先灌入比重较小的稀浆，应视吃浆量增大而逐渐由稀到浓。

(3)灌浆压力应由小到大，即指压力要先小后大，逐渐升高，这样可保证灌浆质量。一般充填灌浆处理土石坝裂缝的灌浆孔口压力控制在0.05～0.10 MPa，即能保证灌浆质量。采用充填灌浆方式要尽量避免大的劈裂，因此要严格控制灌浆压力。河南省元坡水库处理土石坝裂缝时，曾因压力掌握不准而造成水力劈裂，使坝坡土壤被浆液带走并冲出坝体数十米远，坝坡出现了大空洞及新的裂缝。

(4)灌浆方法应少灌多复，分段灌注，每孔灌浆次数不得少于5次，每米孔探每次灌浆量应控制在0.3～0.5 m^3。若已知裂缝、洞穴很大，可以适当增加灌浆量和提高浆液浓度。

(5)出现问题应及时处理。灌浆过程中经常可能发生冒浆、串浆现象，必须根据具体情况进行分析，及时处理。

①发现冒浆现象时应立即降低灌浆压力或停灌，采取开挖回填封闭冒浆口的措施，再

慢慢提高灌浆压力,或者采取停→灌 →停 →灌间歇灌浆等措施。

②在进行灌浆处理的裂缝上部,采取开挖回填黏土并夯实,形成阻浆盖,再钻孔灌浆,方能提高灌浆质量。阻浆盖厚一般为0.5～1.0 m,黑龙江省利用冻土层做阻浆盖以提高灌浆压力,如东方红水库每年5月、6月仍有0.5～1.0 m厚的冻土层埋在坝面以下1 m深处,形成了冻壳,利用冻壳做阻浆盖,灌浆压力提高到0.15～0.20 kPa使灌浆效果良好。

(6)灌浆结束标准及封孔。当浆液升至孔口,经连续复灌三次不再吃浆时,即可终止灌浆,每孔灌完后待孔周围泥浆不再流动时,将孔内浆液扫孔到底,用直径2～3 cm含水量适中的黏土球分层回填捣实,均质坝体的灌浆封孔则可向孔内灌注稠浆或用含水量适中的制浆土料倒入孔中捣实。

四、土石坝的滑坡处理

(一)滑坡的类型及原因

1.滑坡的种类

土石坝滑坡按其性质不同可分为剪切型滑坡、塑流型滑坡和液化型滑坡;按滑动面形状不同可分为圆弧滑坡、折线滑坡和混合滑坡;按其部位不同分为上游滑坡和下游滑坡。下面主要讲述剪切破坏型、塑流破坏型及液化破坏型的特征。

1)剪切破坏型

坝坡与坝基上部分滑动体的滑动力超过了滑动面上的抗滑力,失去平衡向下滑移的现象,即剪切型滑坡。当坝体与坝基土层是高塑性以外的黏性土,或粉砂以外的非黏性土时,多发生剪切型滑坡破坏。

这类滑坡的主要特征为:滑动前在坝面出现一条平行于坝轴线的纵向裂缝,然后随裂缝的不断延伸和加宽,两端逐渐向下弯曲延伸,形成曲线形。滑动时,主裂缝两侧便上下错开,错距逐渐加大。同时,滑坡体下部出现带状或椭圆形隆起,末端向坝脚方向推移。初期发展较慢,后期突然加快,移动距离可由数米至数十米不等,一般在滑动力与抗滑力经过调整达到新的平衡以后,才告终止。

2)塑流破坏型

塑流型滑坡多发生于含水量较大的高塑性黏土填筑的坝体中。其主要原因是土的蠕动作用(塑性流动)。高塑性黏土坝坡,由于塑性流动(蠕动)的作用,即使剪应力低于土的抗剪强度,土体也将不断产生剪切变形,以致产生显著的塑性流动而滑坡,土体的蠕动一般进行得十分缓慢,发展过程较长,较易察觉,并能及时防护和补救。但当高塑性土的含水量高于塑限而接近流限时,或土体接近饱和状态而又不能很快排水固结时,塑性流动便会出现较快的速度,危害性也较大。如水中填土坝、水力冲填坝,在施工期由于自由水不能很快排泄,很容易发生塑流型滑坡。

塑流型滑坡发生前,不一定出现明显的纵向裂缝,而通常表现为坡面的水平位移和垂直位移连续增长,滑坡体的下部土被压出或隆起,如图3-31所示。只有当坝体中间有含水量较大的近乎水平的软弱夹层,而坝体沿该层发生塑流破坏时,滑坡体顶端在滑动前也会出现纵向裂缝。

3）液化破坏型

对于级配均匀的中细砂或粉砂坝体或坝基，在水库蓄水砂体达饱和状态时，突然遭受强烈振动（如地震、爆炸或地基土层剪切破坏等），砂的体积急剧收缩，砂体中的水分无法流泻，这种现象即液化型滑坡，如图3-32所示。

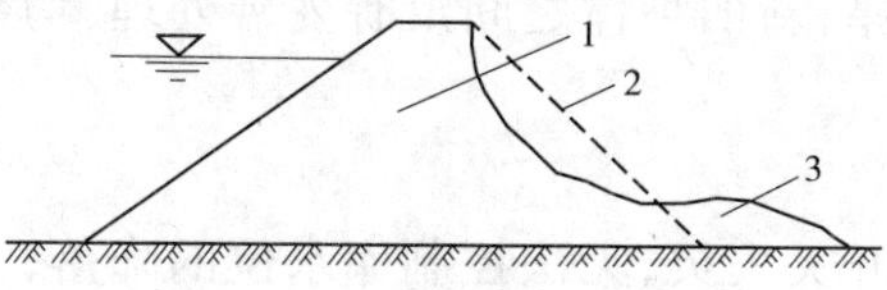

1—原坝体；2—原坡线；3—隆起体

图3-31　塑流型滑坡示意图

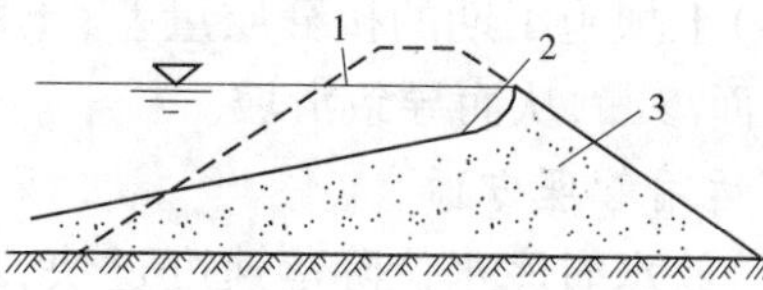

1—原坝坡线；2—滑动面；3—原坡体

图3-32　液化型滑坡示意图

显然，液化型滑坡发生时间短促，事前没有预兆，大体积坝体倾刻之间便液化流散，很难观测、预报或抢护。例如美国的福特帕克水力冲填坝，坝壳砂料的有效粒径为0.13 mm，控制粒径为0.38 mm，由于坝基中发生黏土层的剪切滑动，引起部分坝体液化，10 min之内塌方达380万m^3。

上述三类滑坡以剪切型破坏最为常见，需重点分析这种滑坡的产生原因及处理措施。而塑流型滑坡的处理基本与剪切破坏型滑坡相同。对于液化型滑坡破坏，则应在建坝前进行周密的研究，并在设计与施工中采取防范措施。

2. 滑坡的原因

滑坡的根本原因在于滑动面上土体滑动力超过了抗滑力。滑动力主要与坝坡的陡缓有关，坝坡越陡，滑动力越大；抗滑力主要与填土的性质、压实的程度以及渗透水压力的大小有关。土粒越细、压实程度越差、渗透水压力越大，抗滑力就越小。另外，较大的不均匀沉陷及某些外加荷载也可能导致抗滑力的减小或滑动力的增大。总之，造成滑动力大于抗滑力而引起土坝滑坡的因素是多方面的，只是在不同情况下占主导地位的决定因素有所不同。一般可归纳为以下几个方面。

1）勘测设计方面

（1）坝基中有含水量较高的成层淤泥或其他高压缩性软土层，在勘测时没有查明，设计时未能采取适当措施，致使筑坝后软土层承载力不够，产生剪切破坏而引起滑坡。

（2）土石坝坝坡过陡。设计中进行坝坡稳定分析时，选择的土料抗剪强度指标偏高，导致设计坝坡陡于土体的稳定边坡，造成滑坡。

（3）选择坝址时，没有避开坝脚附近的渊潭或水塘，筑坝后因坝脚局部沉陷而引起滑坡。

（4）坝端岩石破碎，节理裂隙发育，设计时未采取适当的防渗措施，产生绕坝渗漏而引起滑坡。

（5）下游排水设备设计不当，使下游大面积散浸而导致滑坡。

2）施工方面

（1）筑坝土料不符合要求，筑坝土料黏粒含量较多，含水量大。雨后、雪后坝面处理不好，在含水量过高的情况下继续施工；或将草皮、耕作土、干土块、冻土块等不符合质量要求的土上坝，使坝内存在薄弱部位，抗剪强度过低而引起滑坡。

(2)坝体填土碾压不密实。对碾压式土坝,由于施工时铺土过厚,碾压遍数不够或漏压,致使碾压不密实,未达到设计干容重,抗剪强度过低,从而引起滑坡。

(3)冬季施工时没有采取适当的保温措施,没有及时清理冰雪,以致填方中产生冻土层,在解冻后或蓄水后,形成软弱夹层引起滑坡。

(4)土坝施工期的接缝质量差;土坝加高培厚,新旧坝体之间没有妥善处理,均会通过结合面渗漏,从而导致滑坡。

3)运用管理方面

(1)放水时库水位降落速度过快,或因闸门开关失灵,无法控制库水位的降落,上游坝体含水不能及时排出,形成较大的渗透压力,从而引起上游坡的滑坡。

库水位降落可分为骤降、缓降和同步下降三种情况。当库水位降落过程中坝体内的自由水面基本保持不变时称为骤降;当库水位降落过程中坝内的自由水面几乎同速下降时称为同步下降;介于这两者之间的降落称为缓降。

当库水位发生缓降或骤降时,在浸润线至库水位之间的土体容重由浮容重变为饱和容重,增大了滑动力矩;与此同时,上游坝体中的孔隙水向上游排出,造成很大的反渗压力。另外,当迎水坡面存在弱透水可压缩性黏土层时,还会造成附加孔隙水压力,这时上游坡面极易滑坡。

(2)由于坝面排水不畅,加之坝体填筑质量差,在长期持续降雨条件下,雨水沿裂缝渗入坝体,使下游坝坡土料饱和,抗剪强度降低,极易引起滑坡。

(3)坝后减压设施堵塞(如减压井运用多年后淤堵失效),造成坝基渗透压力和浮托力增加。

4)其他方面

(1)坝体土料中的水溶盐、氧化物等化学物质以及渗水中可能挟带的细颗粒堵塞了排水滤体,使浸润线抬高,降低了土体的抗剪强度。

(2)强烈地震时,由于坝坡受地震惯性力和渗透压力的作用,部分坝体失去平衡造成滑坡,在某些情况下,地震还会造成软弱地基的剪切破坏或砂土液化等,同样影响坝坡的稳定。

(3)持续的特大暴雨,使坝坡土体饱和,或因风浪淘刷,使护坡破坏,坝坡形成陡坎,均能引起滑坡。

(4)在土坝附近爆破或者在坝坡上堆放重物等也可能造成局部滑坡。

(二)滑坡的征兆

土石坝滑坡前都有一定的征兆出现,经分析归纳为以下几个方面:

(1)产生裂缝。当坝顶或坝坡出现平行于坝轴线的裂缝,且裂缝两端有向下弯曲延伸的趋势,裂缝两侧有相对错动,进一步挖坑检查发现裂缝两侧有明显擦痕,且在较深处向坝趾方向弯曲,则为剪切型滑坡的预兆。应注意对滑坡性裂缝挖坑检查会加速滑坡的发展,故需慎重。

(2)变形异常。在正常情况下,坝体的变形速度是随时间而递减的。而在滑坡前,坝体的变形速度却会出现不断加快的异常现象。具体出现上部垂直位移向下、下部垂直位移向上的情况,则可能发生剪切破坏型滑坡。例如山西漳泽大坝,滑坡前即有坝顶明显下陷和坡脚隆起现象。若坝顶没有裂缝,但垂直和水平位移却不断增加,可能会发生塑流破坏型滑坡。

(3)孔隙水压力异常。土坝滑坡前,孔隙水压力往往会出现明显升高的现象。例如山西文峪河水库土坝,滑坡前孔隙水压力高,其值超过设计值的23.5%~36.3%,故实测孔隙水压力高于设计值时,可能会发生滑坡。

(4)浸润线、渗流量与库水位的关系异常。一般情况下,随库水位的升高,浸润线升高,渗流量加大。可是,当库水位升高、浸润线亦升高,但渗漏量显著减少时,可能是反滤排水设备堵塞,而当库水位不变、浸润线急剧升高,渗漏量亦加大时,则可能是防渗设备遭受破坏。上述两种情况若不采取相应措施,亦会造成下游坝坡滑坡。

(三)滑坡的修理

滑坡的处理原则,是设法减小滑动力,增大抗滑力,使坝坡满足稳定要求。其做法可归纳为"上部减载"与"下部压重"。如因渗漏而引起的滑坡,还必须采取"前堵后排"的措施。"上部减载"的措施是在滑坡体上部与裂缝上侧陡坎部分进行削坡,或适当降低坝高,加防浪墙等减载措施。"下部压重"的措施是放缓坝坡,在坡脚处修建镇压台及滑坡段下部做压坡体等。

土石坝无论在什么时期发生滑坡都必须针对不同情况及时采取应急的临时处理措施,如首先用塑膜等覆盖封闭滑坡裂缝,以防雨水入渗,加速其塌滑;对由于库水位骤降而引起上游滑坡,要立即减慢放水速度,或停止放水。对由于坝体渗漏或因雨水饱和而引起的下游滑坡必须尽可能地将库水位下降到适当的位置,以免下游坝体浸润线继续抬高增大滑动力。同时在下游坡开挖导渗沟,排除在坝体内的渗水等,以增加坝体的稳定性,防止滑坡险情进一步恶化。待查明滑坡体的位置、范围后,并针对产生滑坡的原因和不同的具体情况,确定整治方案,采用有效的方法及时进行加固。

1. 开挖回填

在彻底处理时,无论是坝体局部滑动还是深入基础的深层滑动都需要将滑坡体松散部分挖除,再用好土回填压实。但是滑坡体的开挖应视滑动土体的方量大小而定,对体积较小的局部滑坡最好全部挖去,再用与原来坝体相同的土料分层回填夯实。如果坝体内部夹有软弱层,则应将软弱土层全部挖去。当滑坡体方量很大,全部挖去确有困难时,也可将滑弧上部松土挖掉,然后由下而上分层填土夯压密实。在开始回填前应洒水湿润,将表层刨毛再填土夯实,以利层面结合。在开挖回填的同时,要翻筑维修好坝趾的排水设施,使其保持排水通畅,并起到压脚抗滑作用。

2. 放缓坝坡

对于坝坡过陡,坝体单薄而引起的滑坡应结合处理滑坡体时放缓坝坡,一般在滑坡体上部与裂缝上侧陡坎部分进行削坡。当坝体单薄,坝顶宽度较窄,无法进行削坡时,通常适当降低坝高,增设防浪墙,达到原坝顶高程,以减小上部荷载。上部放缓坝坡后,为维持原有坝顶宽度,应适当加厚下游坝体断面,如图3-33所示。加厚坝体断面应将原坡面挖成阶梯,用与原坝体相同土料分层回填夯实再削成斜面。放缓下游坝坡或加厚下游坝体断面时,应将原有排水体延伸或接通新的排水体。确定计算指标时,可参照滑坡后的坝体稳定边坡确定放缓的坡度。坝坡太缓则会浪费资金和劳力,坝坡过陡又达不到稳定要求。

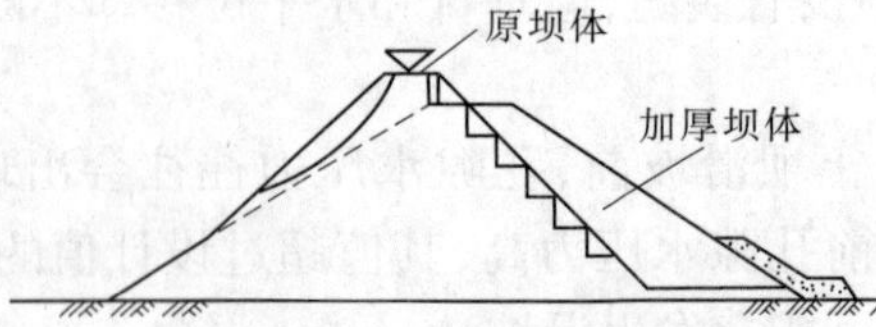

图 3-33　放缓坝坡处理示意图

3. 增设防滑体

对滑坡的处理常在滑坡段采取压重固脚的措施，以阻止坝体的下滑，特别是对上游滑坡的处理一定要查清滑动位置、范围(是否连同基础滑动)，然后在滑动坡脚增设阻滑体。如砌石固脚或抛石压脚，也有采用镇压台的。

1) 抛石压脚

对死库容较大、库水不能放空的滑坡整治一般采用抛石压脚。但抛石位置和数量要得当，否则起不到固脚抗滑的作用。抛石压脚的部位应当在滑弧的下沿靠近坝脚处，如图 3-34所示，圆弧中心线 OM 以左。抛石不能放在坝坡上，否则就不能起到增大抗滑力的作用。抛石的数量，要根据坝高及滑坡的严重程度等因素而决定，一般每米坝长在 30 ~ 50 m^3 以上，当压重厚度大于 1.5 m 时，对阻止滑坡就会有显著效果。抛石压脚的石料应具有足够的强度，并且有耐水和耐风化的特性。石料的抗压强度一般不宜低于 29.4 MPa。

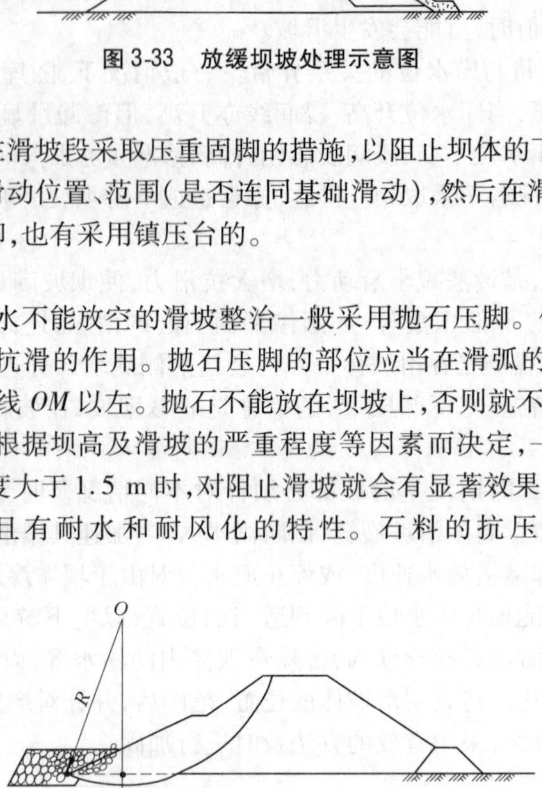

图 3-34　抛石压脚示意图

根据各地整治滑破的经验教训，抛石施工时，由于受水深限制，尽管用船搭浮桥固定位置，但石块不容易落在预定的位置，有时堆积在坝坡上反而加速坝体的滑动，因此必须保证抛石位置得当和足够的数量，否则就不能阻止坝体滑动。土石坝上下游滑坡整治，一般结合上部削坡减载，开挖回填、放缓坝坡，同时在下部砌石固脚进行整治。对内滑坡，或水库能放空(或筑围埝排干库水)，清基到基岩砌石固脚是最彻底的整治办法。特别是严重的内滑坡，放水后，按整治设计放缓的坝坡脚，清除淤泥、软土及散堆于坝坡体上原护坡石，再砌石固脚。砌石体断面尺寸应根据稳定要求计算确定，小(2)型水库也可根据坝高及滑坡的情况拟定。

如某水库 1958 年动工修建，均质土石坝高 25.5 m。工程竣工后，放水期该坝曾先后 6 次滑坡。1965 年和 1968 年滑坡后，只采取一般的补救措施；1969 年再次滑坡后，曾进行了内削外帮，处理裂缝；1971 年又发生内坡大滑坡，裂缝长 140 m，因为死库容近 400 万 m^3 不能放空，则采取抛石压脚处理，虽抛石 6 800 m^3，但未全部压住；1975 年因水库放水速度较快，又产生滑坡，又抛石压脚；至 1981 年发生较大的滑坡后，才于 1982 年开启放空底洞，将死库容水放空，进行彻底清基，砌石固脚，按设计坝坡开挖回填，进行了彻底整治，如图3-35所示。此后该坝运行数十年，坝体已完全稳定。据观测，大坝累计垂直位移仅13 mm，水平位移23 mm。

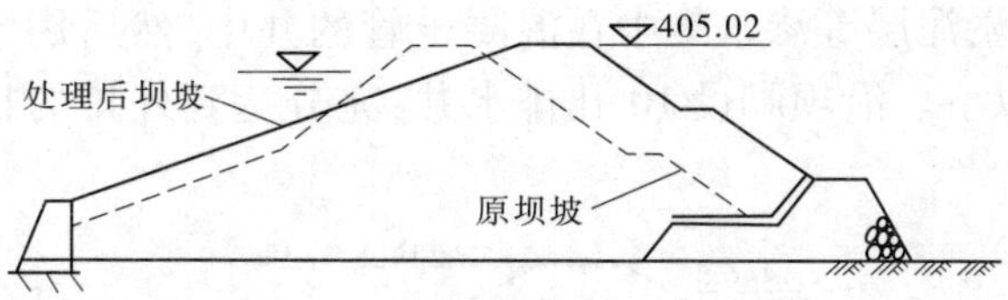

图3-35　某水库砌石固脚示意图

又如，某水库于1957年修建均质土石坝，先后6次加高，1975年达现有坝高32 m，库容286万m^3，坝长145 m。由于修建时几次加高新旧坝体接合面及部分土料回填质量差等，在修建过程中，大坝内外坡曾有4次不同程度的裂缝和沉陷。大坝于1987年6月自坝顶偏上游产生严重内滑坡，缝长100 m，滑坡体最大垂直位移2.16 m，水平位移3.82 m，在内坡504.3 m高程处可见部分隆起。经查，此属未伸入基础的浅层滑坡，但坝前淤泥层厚8～14.6 m，若要彻底清基，砌石固脚，工程量很大，同时受工期限制。经多方案比较，采用坝体上部削坡减载，清除部分滑动体，下部不清基，而用条石框格，框格中人工干砌块石压重的方法，即将库内水用抽水机排干，之前用木船将块石运至压重体范围内抛入基础淤泥中，进行块石换基，块石下沉，待水排干后，在其上面从高程500.293 m开始砌筑压重体。整治竣工断面如图3-36所示，砌石空隙率达设计要求。竣工后，经5年高水位蓄水、放水运行，大坝稳定，效果很好。

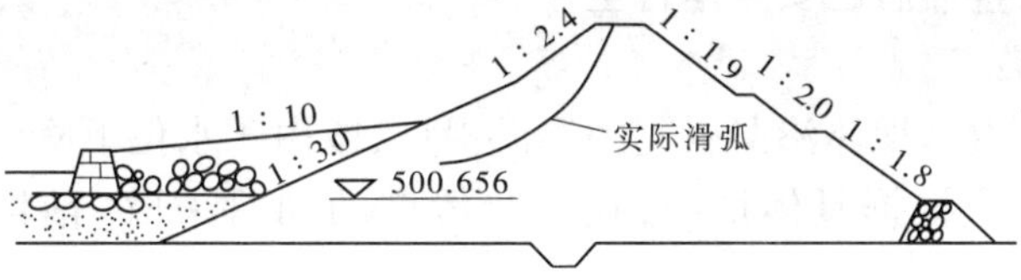

图3-36　整治竣工断面

2)镇压台

对于坝基存在淤泥夹层，清基时未做处理或处理不彻底而引起的滑裂面深入基础的严重滑坡，一般采用镇压台。压重固脚的材料最好用砂石料，在砂石料缺乏的地区也可用风化土料或与坝体相同的土料，但应夯压达设计要求的密实度。有排水要求的要同时考虑排水设施。镇压台的尺寸应根据使用材料和压实程度通过计算确定。当坝高小于30 m时，压坡体的高度一般可为滑坡体高度的1/2左右，镇压台的高度如采用石料可为3～5 m(或1/3压坡体高度)，如采用土料，应比石料大0.5～1.0 m。压坡体的坡度当采用土料时，可以放缓至1∶4左右。如某水库库容250万m^3，由于坝基下存在软弱的淤泥夹层、坝坡陡于设计边坡和下游排水不畅等而造成深入基础的深层滑动。针对其产生的原因，经多方案比较，采取的措施是：在旧坝基础上不清除软土层坝基，放缓坝坡，在上下游均做镇压台，为了尽量保持上游未滑动坝体，将坝轴线向上游移动10 m。于1987年整治竣工后的断面如图3-37所示，上游镇压平台宽22 m，下游镇压台宽24 m、高4 m，并在下游镇压台底部向上游方向埋设间距为 3 m，直径为 30 cm，深度穿过软土层的 4 排混凝土管排水砂井。下游排水体外用ϕ850 mm 冲击钻造孔，钻至平台下 15.5 m 粉细砂岩层面上，然后用 800 mm 外径混凝土花管（按 200 mm 间行距钻ϕ10 mm 的通水孔）外包土织物置钻孔中，可将排水体和淤泥层等渗水集中在混凝土管的井中，然后用潜水泵自动排水，控制井水位在淤泥层面以下。沿坝脚设 10 孔排水井，充分达到外排的目的，以保证坝坡的稳定性。

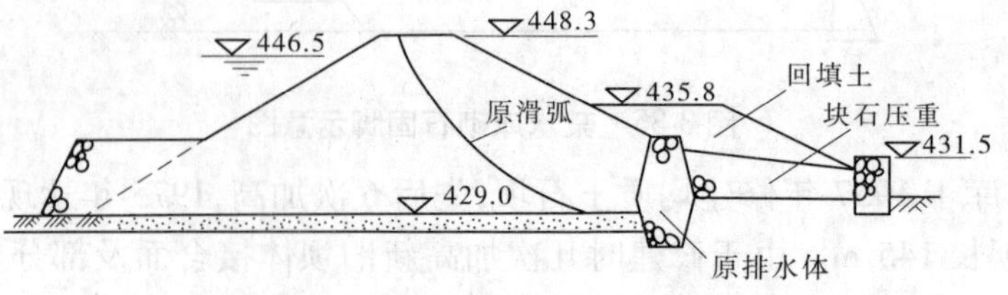

图 3-37　1987 年整治竣工后的断面

4. 多种土料掺和

对原筑坝土料物理力学指标差，而当地又缺乏适宜筑坝的土料时，可以采用多种土料掺和或用含石土（在黏性土料中掺入少量的砾石）来提高筑坝土料的物理力学指标。这样还可以节省工程量和造价。如某水库坝高 21 m，库容 423 万 m^3。建成后五年中发生过 3 次大滑坡。修建及整治滑坡时回填土料含粉粒 41%，含黏粒高达 44%，内摩擦角值很小，仅有 5.75°。两次滑坡整治的回填土料不变，盲目地将 1:2.7 的坝坡放缓到 1:4，仍然发生滑坡。1982 年第三次滑坡整治时，将黏土、壤土、砂土、石渣土料掺和碾压，提高了土料的物理力学指标，整治后已安全运行至今。

5. 增设防渗设施

对在高水位下，由于坝体渗漏引起的下游滑坡，或由于水位下降引起的上游滑坡使防渗斜墙受到破坏，均应根据具体情况，在整治滑坡的同时采取“前堵后排”的防渗导渗设施。

6. 裂缝处理

土石坝因滑坡而产生的裂缝，原则上不应采用灌浆的办法处理，因为浆液中所析出的水将会使滑裂面的土体软化。抗剪强度降低，对稳定不利，而且灌浆压力也会促使滑动体下滑。但当裂缝的宽度和深度较大，深部开挖回填比较困难，工程量太大时，可采用开挖回填与灌浆相结合的方法进行处理。先开挖回填裂缝的上部，对深处的裂缝采用灌浆充填密实。但灌浆前应先进行砌石固脚，或压坡处理。必须待滑动体处理稳定后，再用较小的压力对深层的细小裂缝进行充填灌注，否则易造成病情加重和溃坝的严重后果。如某水库库容 149 万 m^3，为水中填土均质坝，坝高 26 m，由于筑坝质量差，1973 年产生滑坡。滑坡弧形裂缝连通上下游，并向下游滑沉，对裂缝进行灌注泥浆方法处理，加之降雨，泥浆无法固结，促使滑坡加剧，裂缝宽达 6 cm，坝体明显变形，处理后第三天发生土石坝溃决。

（四）滑坡处理注意事项

（1）滑坡体的开挖与填筑，应符合上部减载、下部压重的原则，切忌在上部压重。开挖填筑应分段进行，保持允许的边坡，以利施工安全。开挖中对松土稀泥、稻田土、湿陷性黄土等应彻底清除，不得重新上坝。对新填土应严格掌握施工质量，填土的含水量和干容重必须符合要求。新旧土体的结合面应刨毛，以利结合。

(2)对于滑坡主裂缝，原则上不应采用灌浆方法。因为浆液中的水将渗入土体，降低滑坡体之间的抗剪强度，对滑坡体的稳定不利，灌浆压力更会增加滑坡体的下滑力。

(3)滑坡处理前，应严格防止雨水、地面水渗入缝内，可采用塑料薄膜、油毡、油布等加以覆盖。同时，应在裂缝上方修截水沟，拦截或引走坝面雨水。

(4)不宜采用打桩固脚的方法处理滑坡。因为桩的阻滑作用很小，土体松散，不能抵挡滑坡体的推力，而且因打桩连续的振动，反而促使滑坡体滑动。

(5)对于水中填土坝、水力冲填坝，在处理滑坡阶段进行填土时，最好不要采用碾压法施工，以免因原坝体固结沉陷而开裂。

五、土石坝的护坡破坏处理

(一)土石坝护坡破坏的类型及原因

常见护坡破坏的类型有脱落破坏、塌陷破坏、崩塌破坏、滑动破坏、挤压破坏、鼓胀破坏、溶蚀破坏等。

护坡的破坏原因是多方面的，观察和归纳后主要有以下几个方面的原因：

(1)由于护坡块石设计标准偏低或施工用料选择不严，块石重量不够，粒径小，厚度薄。有的选用石料风化严重，在风浪的冲击下，护坡产生脱落，垫层被淘刷，上部护坡因失去支撑而产生崩塌和滑移，如图3-38所示。

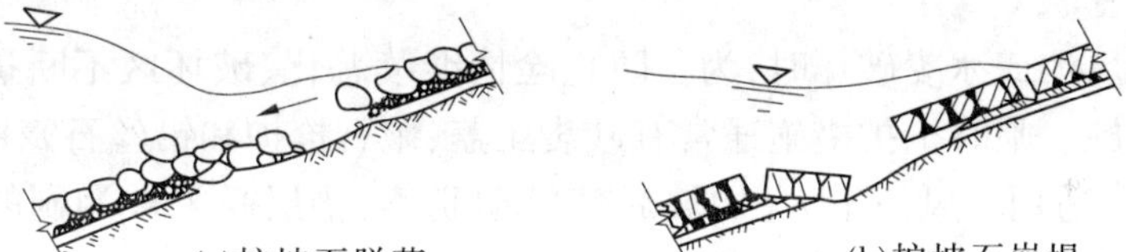

(a)护坡石脱落　(b)护坡石崩塌

图3-38　护坡在风浪作用下的破坏形式

(2)护坡的底端和护坡的转折处未设基脚，结构不合理或深度不够，在风浪作用下基脚被淘刷，护坡失去支撑而产生滑移破坏，如图3-39所示。

(3)砌筑质量差。砌筑块石时，块石上下竖向缝口没有错开，出现通缝，这样砌筑就失去了块石互相连锁的作用。块石砌筑的缝隙较大，底部架空，搭接不牢。受到风浪淘刷，块石极易松动脱出，遭到破坏。

(4)没有垫层或垫层级配不好。护坡垫层材料选择不严格，未按反滤原则设计施工，级配不好，层间系数大($D_{50}/d_{50}>10$)，起不到反滤作用。在风浪作用下，细粒在层间流失，护坡被淘空，引起护坡破坏。

(5)在严寒地区，冻胀使护坡拱起，冻土融化，坝土松软，使护坡架空；水库表面冰盖与护坡冻结在一起，冰温升降对护坡产生推拉力，使护坡破坏。

(6)在土坝运用中，水位骤降和遭遇地震，均易造成护坡滑坡的险情。

(二)护坡的检查

土石坝护坡的检查项目主要包括以下几个方面：

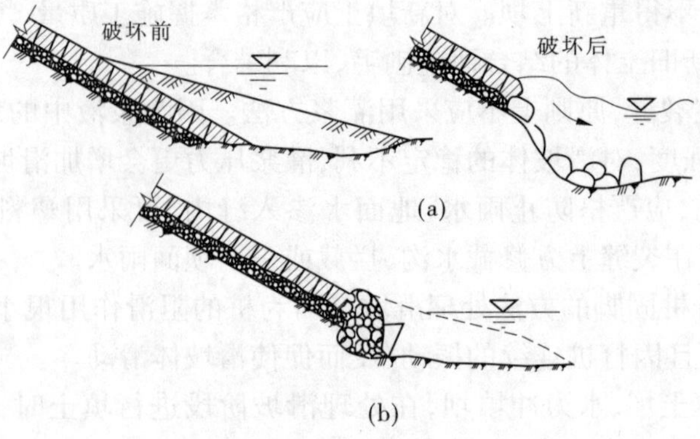

图 3-39 护坡基脚淘刷破坏

(1)靠近护坡处的水质是否变浑,护坡下面的垫层是否流失,垫层下面的土体是否松软、滑动和淘刷。

(2)坝面排水沟是否畅通,坝坡表面雨水有无集中流动冲刷,排水沟有无冲刷破坏,雨水能否从排水沟排出。

(3)护坡表面是否风化剥落、松动、裂缝、隆起、塌陷、架空和冲走,有无杂草、灌木丛、雨淋沟、空隙、兽洞或蚁穴。

(三)护坡的抢护和修理

土石坝护坡的抢护和修理分为临时紧急抢护和永久加固修理两类。

1. 临时紧急抢护

当护坡受到风浪或冰凌破坏时,为了防止险情继续恶化、破坏区不断扩大,应该采取临时紧急抢护措施。临时抢护措施通常有砂袋压盖、抛石抢护和铅丝石笼抢护等几种。

(1)砂袋压盖适用于风浪不大、护坡局部松动脱落,垫层尚未被淘刷的情况,此时可在破坏部位用砂袋压盖两层,压盖范围应超出破坏区 0.5~1.0 m。

(2)抛石抢护适用于风浪较大、护坡已冲掉和坍塌的情况,这时应先抛填 0.3~0.5 m 厚的卵石或碎石垫层,然后抛石,石块大小应足以抵抗风浪的冲击和淘刷。

(3)铅丝石笼抢护适用于风浪很大,护坡破坏严重的情况。装好的石笼用设备或人力移至破坏部位,石笼间用铅丝扎牢,并填以石块,以增强其整体性和抵抗风浪的能力。

2. 永久加固修理

永久加固修理的方法通常有局部翻砌、浆砌石框格加固、砾石混凝土或砂浆灌注、全面浆砌块石、混凝土护坡。

1)局部翻砌

这种方法适用于原有设计比较合理,只是由于土坝施工质量差,护坡产生不均匀沉陷,或由于风浪冲击,局部遭到破坏,可按原设计恢复。在翻砌前,先按坝原断面填筑土料和滤水料的垫层,再进行块石砌筑。有的在迎水坡上顺轴线方向设置浆砌石齿墙的阻滑设施,如图 3-40 所示。如安徽红旗水库上游坝坡采用干砌石护坡,水库运行 30 多年来,护坡块石出现风化、局部塌陷及不同程度损坏,对上游护坡加固采取局部翻修,对塌陷部位回填碎石,铺砌块石护坡,对严重风化块石予以更换。

2)浆砌石框格加固

由于河、库面较宽,风程较大,或因严寒地区结冰的推力,护坡大面积破坏,需全部进行翻砌,仍解决不了浪击冰推破坏时,可利用原护坡较小的块石浆砌框格,起到固架作用,中间再砌较大块石,如图 3-41 所示。框格形式可筑成正方形或菱形。框格大小,视风浪和冰情而定。如风浪淘刷或冰凌撞击破坏较严重,可将框格网缩小,或将框格带适当加宽;反之,可以将框格放大,以减少工程量和水泥的消耗。在采用框格网加固护坡时,为避免框格带受坝体不均匀沉陷裂缝,应留伸缩缝。在严寒地区,框格带的深度应大于当地最大冻层的厚度,以免土体冻胀,框格带产生裂缝,破坏框架作用。河南省某水库,曾采用正方形浆砌石框格加固护坡,浆砌石框格宽 1 m,框格内干砌块石长宽各 2 m,经过两次 6 ~ 7 级风浪淘刷,均未破坏。

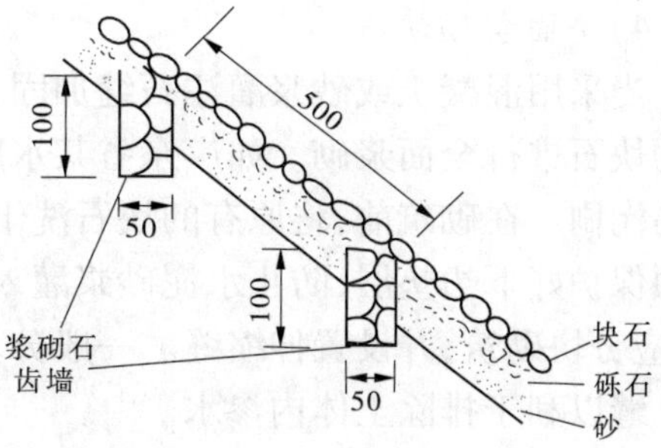

图 3-40 浆砌石齿墙护坡示意图 (单位:cm)

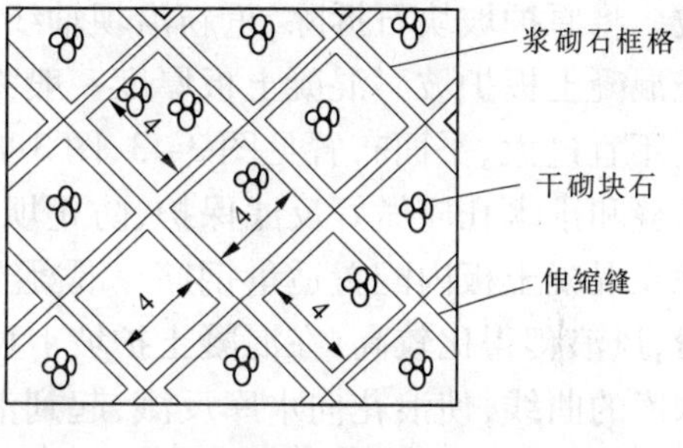

图 3-41 浆砌石框架护坡示意图 (单位:m)

3)砾石混凝土或砂浆灌注

在原有护坡的块石缝隙内灌注砾石混凝土或砂浆,将块石胶结起来,连成整体,可以增强抗风浪和冰推的能力,减免对护坡的破坏。当前,有的护坡垫层厚度和级配符合要求,但块石普遍偏小;有的护坡块石大小符合要求,但垫层厚度和级配不合规定,经常遭遇风浪或冰冻,破坏了护坡。如更换块石或垫层,工程量都很大,采用上述浆砌石框格加固,又不能避免破坏,可考虑采取这种措施加固护坡,如图 3-42 所示。具体的方法是,先将坡面的脏物、杂草等清除干净,用水冲洗石缝,保证块石与混凝土或水泥浆结合牢固。在初凝前,将灌注的缝隙表面用水泥砂浆勾成平缝。为了排除护坡内渗水,一般在一定的面积内应留细缝或小孔作为渗水排除通道。灌缝混凝土应选用适合石缝大小的砾石做骨料,混凝土强度等级不宜过高,以节约水泥。如遇石缝较小,可改用砂浆灌入。

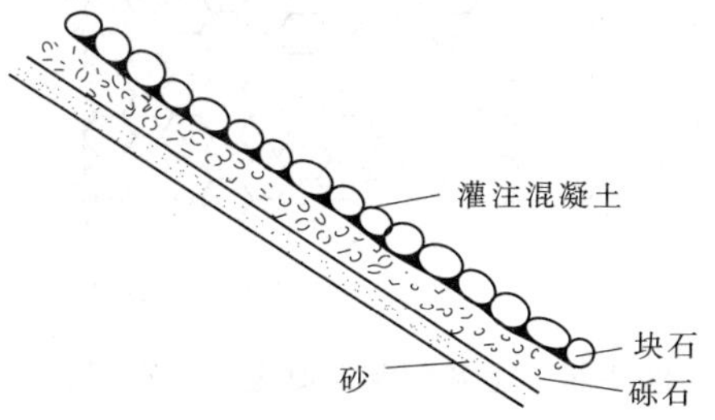

图 3-42 干砌石灌注混凝土护坡示意图

4)全面浆砌块石

当采用混凝土或砂浆灌注石缝加固,不能抗御风浪淘刷和结冰挤压时,可利用原有护坡的块石进行全面浆砌。如广东省某水库干砌石护坡,采取了这一加固措施后,解决了风浪的淘刷。在砌筑前,将原有的块石洗干净,以利于块石与砂浆紧密结合。砌筑块石时,必须保护好下边垫层,防止水泥砂浆灌入。为适应土坝边坡不均匀沉陷和有利于维修工作,应分块砌筑,并设置伸缩缝。一般分块的面积以 5~6 m^2为宜,并应留一个排水孔或排水缝以利于排除土体内渗水。

5)混凝土护坡

对吹程较远、风浪较大、经常发生破坏的护坡,可采用预制或现浇混凝土板加固处理护坡。将原护坡块石拆除,重新沿坝轴线方向在一定范围内或整个上游坝坡采用预制或现浇混凝土板护坡。混凝土板厚度一般为 15~30 cm,平面尺寸为 1.5 m×2.5 m~4 m×4 m,不宜过大,平面布置见图 3-43、图 3-44,并应按规定做好垫层和伸缩缝,设置排水孔。伸缩缝和排水孔应做好反滤保护,防止坝体材料在风浪作用下淘刷流失。为防止裂缝,可考虑在混凝土板内配置适量钢筋。混凝土护坡耐久性好、抗风浪冲刷能力强,缺点是比较光滑,风浪爬得比较高,在混凝土护坡上可采取加糙措施消浪,或将防浪墙上游面修成凹向水库的曲线,使浪花向水库反溅,起到消浪的作用。

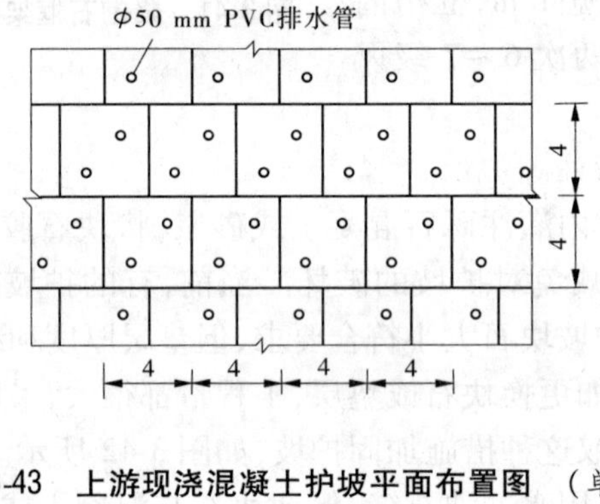

图 3-43 上游现浇混凝土护坡平面布置图 (单位:m)

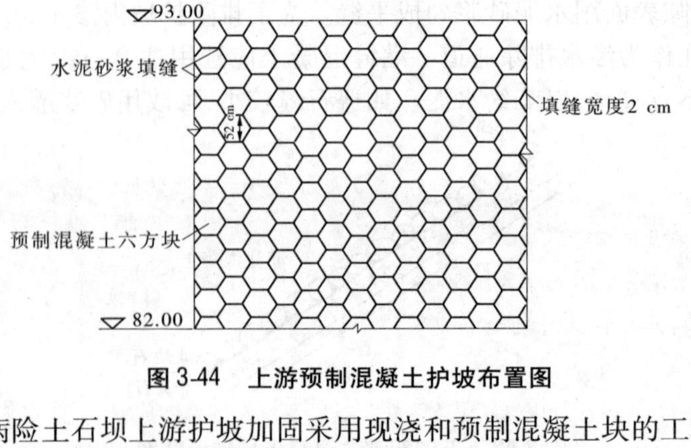

图 3-44 上游预制混凝土护坡布置图

目前,国内病险土石坝上游护坡加固采用现浇和预制混凝土块的工程较多,如安徽的卢村水库、钓鱼台水库,江西的油罗口水库、芦围水库,湖北的陆水水库、青山水库等。

任务二 掌握混凝土坝的养护维修

学习混凝土坝和浆砌石坝巡视检查与日常维护的内容、方法，混凝土坝变形、基础扬压力、应力、应变和温度观测的仪器设施、方法，混凝土坝和浆砌石观测资料整理与分析的内容、方法，混凝土坝和浆砌石抗滑稳定性不够、裂缝、渗漏处理的原则、方法。

一、检查与养护混凝土坝和浆砌石坝

（一）混凝土坝及浆砌石坝巡视检查的项目与内容

混凝土坝和浆砌石坝巡视检查的内容应根据各大坝的具体情况经充分分析后确定。根据《混凝土坝安全监测技术规范》（SL 601—2013），混凝土坝巡视检查一般应包括以下内容。

1. 坝体主要检查内容

（1）坝顶：坝面及防浪墙有无裂缝、错动、沉陷；相邻坝段之间的错动；伸缩缝开合情况和止水的工作状况；排水设施工作状况。

（2）上游面：上游面有无裂缝、错动、沉陷、剥蚀、冻融破坏；伸缩缝开合情况和止水的工作状况。

（3）下游面：下游面有无裂缝、错动、沉陷、剥蚀、冻融破坏、钙质离析、渗水；伸缩缝开合状况。

（4）廊道：廊道有无裂缝、位移、漏水、溶蚀、剥落；伸缩缝的开合状况、止水工作状况；照明通风状况。

（5）排水系统：排水孔工作状况；排水量、水体颜色及浑浊度。

2. 坝基和坝肩主要检查内容

（1）基础岩体有无挤压、错动、松动和鼓出。

（2）坝体与基岩（或岸坡）结合处有无错动、开裂、脱离及渗水等情况；两岸坝肩区有无裂缝、滑坡、溶蚀及绕渗等情况。

（3）坝趾：下游坝趾有无冲刷、淘刷、管涌、塌陷；渗漏水量、颜色、浑浊度及其变化状况。

（4）廊道：廊道有无裂缝、位移、漏水、溶蚀、剥落；伸缩缝的开合状况、止水工作状况；照明通风状况。

（5）排水系统：排水孔工作状况；排水量、水体颜色及浑浊度。

3. 输、泄水设施主要检查内容

（1）进水口和引水渠道有无堵淤、裂缝及损伤；进水口边坡有无裂缝及滑移。

（2）进水塔（竖井）有无裂缝、渗水、空蚀或其他损坏现象；塔体有无倾斜或不均匀沉陷。

（3）洞（管）身有无裂缝、坍塌、鼓起、渗水、空蚀等现象；放水时洞内声音是否正常。

（4）放水期出口水流形态、流量是否正常，有无冲刷、磨损、淘刷；停水期是否有水渗漏；出口有无淤堵、裂缝及损坏；出水口边坡有无裂缝及滑移。

(5)下游渠道及岸坡有无异常冲刷、淤积和波浪冲击破坏等情况。

(6)工作桥有无不均匀沉降、裂缝、断裂等现象。

4. 溢洪道主要检查内容

(1)进水段有无堵塞,上游拦污设施是否正常,两侧有无滑坡或坍塌迹象;护坡有无裂缝、沉陷、渗水;流态是否正常。

(2)堰顶或闸室、闸墩、边墙、胸墙、溢流面(洞身)、底板等处有无裂缝、渗水、剥落、冲刷、磨损和损伤;排水孔及伸缩缝是否完好。

(3)泄水槽有无气蚀、冲蚀、裂缝和损伤。

(4)消能设施有无磨损、冲蚀、裂缝、变形和淤积情况。

(5)下游河床及岸坡有无冲刷和淤积情况。

(6)工作桥有无不均匀沉陷、裂缝、断裂等现象。

5. 闸门及金属结构主要检查内容

(1)闸门有无变形、裂纹、螺(铆)钉松动、焊缝开裂;门槽有无卡堵、气蚀等;钢丝绳有无锈蚀、磨损、断裂;止水设施有无损坏、老化、漏水;闸门是否发生振动、气蚀现象。

(2)启闭机是否正常工作;制动、限位设备是否准确有效;电源、传动、润滑等系统是否正常;启闭是否灵活;备用电源及手动启闭是否可靠。

(3)金属结构防腐及锈蚀情况。

(4)电气控制设备、正常动力和备用电源工作情况。

(5)闸门顶是否溢流。

6. 近坝区岸坡主要检查内容

(1)库区水面有无漩涡、冒泡现象,严冬是否封冻。

(2)岸坡有无冲刷、塌陷、裂缝及滑移迹象;是否存在高边坡和滑坡体;岸坡地下水出露及渗漏情况;表面排水设施或排水孔是否正常。

7. 监测设施主要检查内容

(1)边角网及视准线各观测墩。

(2)引张线的线体、测点装置及加力端。

(3)垂线的线体、浮体及浮液。

(4)激光准直的管道、测点箱及波带板。

(5)水准点。

(6)测压管。

(7)量水堰。

(8)各测点的保护装置、防潮装置及接地防雷装置。

(9)埋设仪器电缆、监测自动化系统网络及电源。

(10)其他监测设施。

8. 管理与保障设施主要检查内容

(1)与大坝安全有关的电站、供电系统、预警设施、备用电源、照明、通信、交通与应急设施是否损坏,工作是否正常。

(2)对浆砌石坝还应检查块石是否松动,勾缝是否脱落等。

（二）混凝土坝及浆砌石坝的日常养护

1. 混凝土坝与浆砌石坝的常见病害

（1）坝体本身和地基抗滑稳定性不够。混凝土坝和浆砌石坝主要靠重力维持稳定，其抗滑稳定往往是坝体安全的关键。当地基存在软弱夹层或缺陷，在设计和施工中又未及时发现和妥善处理时，往往使坝体及地基抗滑稳定性不够，而成为危险的病害。

（2）裂缝及渗漏。由于温度变化、应力过大或不均匀沉陷，都可能使坝体产生裂缝，并沿裂缝产生渗漏。坝基的缺陷和防渗排水措施的不完善，也可能形成基础渗漏并导致渗流破坏。

（3）剥蚀破坏。剥蚀破坏是混凝土结构表面发生麻面、露石、起皮、松软和剥落等老化病害的统称。根据不同的破坏机制，可将剥蚀分为冻融剥蚀、冲磨和空蚀、钢筋锈蚀、水质侵蚀和风化剥蚀等。

2. 混凝土坝及浆砌石坝的日常养护

混凝土坝和浆砌石坝的日常养护主要包括以下内容：

（1）经常保持坝体清洁完整，无杂草、无积水。在坝顶、防浪墙、坝坡等处，都不应随意堆放杂物，以免影响管理工作。

（2）坝本身的排水孔及其周围的排水沟、排水管等排水设施，均应保持通畅，如有堵塞、淤积，应加以修复或增开新的排水孔。修复时，可以人工掏挖，也可用压缩空气或高压水冲洗，但须注意压力不能过大，以免建筑物局部受到破坏。有的排水沟、集水井要加保护盖板。

（3）预留伸缩缝要定期检查观测，注意防止杂物进入缝内；填料有流失的，要进行补充；止水破坏应及时修复。

（4）严禁坝体及上部结构承受超设计允许的荷载。交通桥、工作桥不准超过设计标准的车辆通行；坝顶、人行桥、工作桥等处禁止堆放重物，以保证建筑物的正常运用。

（5）坝体表面有冲刷、磨损、风化、剥蚀或裂缝等缺陷时，应加强检查观测，分析原因，尽量设法防止。如继续发展，应立即修理。

（6）严禁在大坝附近爆破。

（7）坝在运用中发现基础渗漏或绕坝渗漏时，应仔细摸清渗水来源，加强检查观测，必要时进行处理。

（8）坝上游的漂浮物应经常清理，防止漂浮物、船只和流冰对坝体的撞击。

（9）对于溢流坝，应经常保持表面光滑完整，对溢流表面被泥沙磨损或水流冲毁的部分，应及时用混凝土修补。

（10）浆砌石坝常见的病害是坝体裂缝，当发现裂缝时，应查明原因并及时进行维修。一般表面裂缝可用水泥砂浆填塞，如发现严重裂缝，应做专门研究处理。

（11）在南方地区，有些坝体混凝土上附生着蚧贝类生物，对建筑物的表面有强烈的腐蚀破坏作用，应及时清除。

（12）在北方地区，针对建筑物可能遭受冰凌破坏的情况制订防冻措施，并准备冬季管理所需的设备、材料及破冰工具。要及时清除建筑物上的积水和重要部位的积雪。对易受冻害的部位，应做好保温防冻措施，在解冻后，应检查建筑物有无冻融剥蚀及冰胀开裂等缺陷,必要时应进行处理。

(13)应保护好各种观测设备,如有损坏或失效,应及时处理。

二、混凝土坝和浆砌石坝裂缝的处理

(一)混凝土坝裂缝的类型及特征

混凝土坝产生坝体裂缝是较为普遍的现象,根据产生的原因,裂缝的主要类型及特征如下:

(1)沉陷裂缝。这类裂缝属于贯穿性的,其走向一般与沉陷走向一致,裂缝宽度受温度变化影响较小,对于大体积混凝土与砌石建筑物,较小的不均匀沉陷引起的裂缝常会有一定的错距,对于轻薄壁的结构,这类裂缝往往有较大的错距。

(2)干缩裂缝,这类裂缝属于表面性的,其走向纵横交错,没有一定的规律性,形似龟纹;缝宽及长度都很小,如发丝一般。

(3)温度裂缝。有表层、深层和贯穿性裂缝三种,表层裂缝的走向一般没有一定的规律性,钢筋混凝土建筑物的深层或贯穿性裂缝,方向一般与主钢筋方向平行或接近于平行,与架立钢筋(构造或温度钢筋)方向垂直或接近于垂直,裂缝宽度大小不一,但每一条裂缝沿长度方向没有大的变化,缝宽受温度变化而产生的热胀冷缩影响明显。

(4)应力裂缝。这类裂缝属于深层或贯穿性的,走向基本上与主拉应力方向垂直,钢筋混凝土建筑物的裂缝方向与主钢筋方向垂直或接近于垂直,裂缝宽度一般较大,且沿长度或深度方向有显著的变化,裂缝受温度变化的影响较小。

(二)混凝土坝和浆砌石坝裂缝的处理方式

1.混凝土裂缝的原因

1)设计方面的原因

(1)设计考虑不周,如断面过于单薄、孔洞面积所占比例过大,或配筋不够以及钢筋布置不当等,致使结构强度不足,建筑物抗裂性能降低。

(2)分缝分块不当,块长或分缝间距过大、错缝分块时搭接长度不够。

(3)温度控制不当,造成温差过大,使温度应力超过允许值。

(4)基础处理不善,引起基础不均匀沉陷或扬压力增大而使建筑物发生裂缝。

(5)设计不当或模型试验不符合实际情况,泄水时水流引起建筑物振动开裂。

2)施工方面的原因

(1)混凝土养护不当,使混凝土水分消失过快引起干缩。

(2)基础处理、分缝分块、温度控制或配筋等未按设计要求施工。

(3)在浇筑混凝土时,施工质量控制不严,使混凝土的均匀性、密实性和抗裂性差。

(4)模板强度不够,或振捣不慎,使模板发生变形或位移。

(5)施工安排不当,如上下层混凝土施工间歇期不够或过长,以及拆除模板过早等。

(6)施工缝处理不当,或出现冷缝时未按工作缝要求进行处理。

(7)混凝土凝结过程中,外界温度骤降时,没有做好保温措施,使混凝土表面剧烈收缩。

(8)使用了收缩性较大的水泥,或含碱量大于0.6%的水泥并掺有碱性反应的骨料;

或者含有大量碳酸氢根离子的水，使混凝土过度收缩或膨胀。

3）运用管理方面的原因

（1）建筑物的运用没有按规定执行，在超设计荷载下使用，使建筑物承受的应力大于容许应力。

（2）维护不善，或者冰冻期间未做好防护措施等引起裂缝。

4）其他方面的原因

（1）由于地震、爆破、冰凌、台风和超标准洪水等引起建筑物的振动，或超设计荷载作用而发生裂缝。

（2）含有碳酸气（或亚硫酸气）的空气，或含有大量碳酸氢根离子的水，均对混凝土有腐蚀作用，产生的碳酸氢盐，因收缩而产生裂缝。

2. 混凝土裂缝的检查和观测

混凝土坝出现裂缝，应加强检查与观测。表面裂缝检查一般以人工目测进行现场普查为主，裂缝检查观测的方法内容及所用工器具等在项目二中有所描述。

3. 裂缝处理的方法

混凝土及浆砌石坝裂缝的处理，目的是恢复其整体性，保持其强度、耐久性和抗渗性，以延长建筑物的使用寿命。裂缝处理的措施与裂缝产生的原因、裂缝的类型、裂缝的部位及开裂程度有关。沉陷裂缝、应力裂缝，一般应在裂缝已经稳定的情况下再进行处理；温度裂缝，应在低温季节进行处理；影响结构强度的裂缝，应与结构加固补强措施结合考虑；处理沉陷裂缝前，应先加固地基。

1）裂缝的表面处理

当裂缝不稳定，随着气温或结构变形而变化，而又不影响建筑物整体受力时，可对裂缝进行表面处理。常用的裂缝表面处理的方法有表面涂抹、表面贴补、凿槽嵌补和喷浆修补等。裂缝表面处理的方法也可用来处理混凝土表层的其他损坏，如蜂窝、麻面、骨料架空外露以及表层混凝土松软、脱壳和剥落等。

A. 表面涂抹

表面涂抹是用水泥砂浆、防水快凝砂浆、环氧砂浆等涂抹在裂缝部位的表面。这是建筑物水上部分或背水面裂缝的一种处理方法。

a. 水泥砂浆涂抹

涂抹前先将裂缝附近的表面凿毛，并清洗干净，保持湿润，然后用1∶1～1∶2的水泥砂浆在其上涂抹。涂抹的总厚度一般以控制在1～2 cm为宜，最后压实抹光。温度高时，涂抹3～4 h后即需洒水养护，冬季要注意保温，切不可受冻，否则强度容易降低。应注意，水泥砂浆所用砂子一般为中细砂，水泥可用不低于32.5（R）的普通硅酸盐水泥。

b. 环氧砂浆涂抹

环氧砂浆是由环氧树脂与固化剂、增韧剂、稀释剂配制而成的液体材料再加入适量的细填料拌和而成的，具有强度高、抗冲耐磨的性能。

涂抹前沿裂缝凿槽，槽深0.5～1.0 cm，用钢丝刷洗刷干净，保证槽内无油污、灰尘。经预热后再涂抹一层环氧基液，厚0.5～1.0 mm，再在环氧基液上涂抹环氧砂浆，使其与原建筑物表面齐平，然后覆盖塑料布并压实。

c. 防水快凝砂浆(或灰浆)涂抹

防水快凝砂浆(或灰浆)是在水泥砂浆内加入防水剂(速凝剂),以达到速凝且能提高防水性能的效果,这对涂抹有渗漏的裂缝是非常有效的。防水剂的配合比见表3-1。

表3-1 防水剂配合比(重量比)

材料名称	配比	材料颜色	材料分子式
硫酸铜(胆矾)	1	水蓝色	$CuSO_4 \cdot 5H_2O$
重铬酸钾(红矾)	1	橙红色	$K_2Cr_2O_7$
硫酸亚铁(黑矾)	1	绿色	$FeSO_4 \cdot 7H_2O$
硫酸铝钾(明矾)	1	白色	$KAl(SO_4)_2 \cdot 12H_2O$
硫酸铬钾(蓝矾)	1	紫色	$KCr(SO_4)_2 \cdot 12H_2O$
硅酸钠(水玻璃)	400	无色	Na_2SiO_3
水	40		H_2O

涂抹时,先将裂缝凿成深约2 cm、宽约20 cm的V形或矩形槽并清洗干净,然后按每层0.5~1 cm分层涂抹砂浆(或灰浆),抹平为止。

B. 表面贴补

表面贴补是用黏结剂把橡皮或其他材料粘贴在裂缝的表面,以防止沿裂缝渗漏,达到封闭裂缝并适应裂缝的伸缩变化的目的。一般用来处理建筑物水上部分或背水面裂缝的处理。

a. 橡皮贴补

橡皮贴补所用材料主要有环氧基液、环氧砂浆、水泥砂浆、橡皮、木板条或石棉线等。环氧基液、环氧砂浆的配制同涂抹用环氧砂浆。水泥砂浆的配比:一般水泥:砂为1:(0.8~1),水灰比不超过0.55,橡皮厚度一般以采用3~5 mm为宜,板条厚度以5 mm为宜。施工工艺如下(见图3-45):

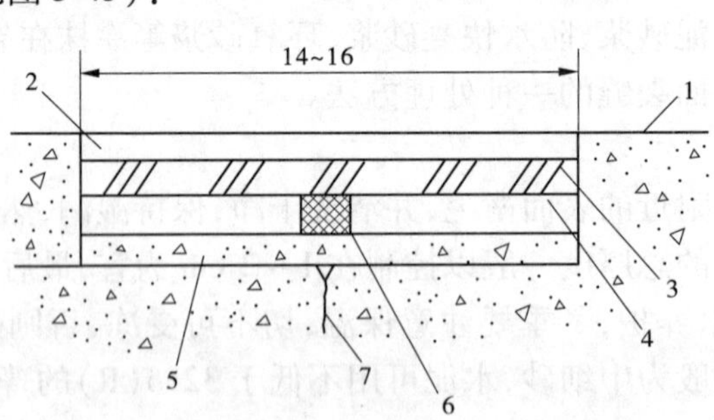

1—原混凝土面;2—环氧砂浆;3—橡皮;4—环氧砂浆;5—水泥砂浆;6—板条;7—裂缝

图3-45 橡皮贴补裂缝 (单位:cm)

(1)沿缝凿深2 cm、宽14~16 cm的槽并洗净。

(2)在槽内涂一层环氧基液,随即用水泥砂浆抹平并养护2~3天。

(3)将准备好的橡皮进行表面处理,一般放浓硫酸中浸5~10 min,取出冲洗晾干。

(4)在水泥砂浆表面刷一层环氧基液,然后沿裂缝方向放一根木板条,按板条厚度涂抹一层环氧砂浆,然后将粘贴面刷有一层环氧基液的橡片铺贴到环氧砂浆上,注意铺贴时要用力均匀压紧,直至环氧砂浆从橡皮边缘挤出。

侧面施工时,为防止橡皮滑动或环氧砂浆脱落,需设木支撑加压。待环氧砂浆固化后,可将支撑拆除。为防止橡皮老化,可在橡皮表面刷一层环氧基液,再抹一层环氧砂浆保护。用橡皮贴补,也可在缝内嵌入石棉线,以代替夹入木板条,施工工艺基本相同,只是取消了水泥砂浆层。在实际工程中,也有用氯丁胶片、塑料片代替橡皮的,施工方法一样。

b. 玻璃布贴补

玻璃布的种类很多,一般采用无碱玻璃纤维织成,它具有耐水性能好、强度高的特点。

玻璃布在使用前,必须除去油脂和蜡,以便在粘贴时有效地与环氧树脂结合。玻璃布除油蜡的方法有两种:一种是加热蒸煮,即将玻璃布放置在碱水中煮0.5~1 h。然后用清水洗净;另一种是先加热烘烤再蒸煮,即将玻璃布放在烘烤炉上加温到190~250 ℃,使油蜡燃烧,然后将玻璃布放在浓度为2%~3%的碱水中煮沸约30 min,之后取出洗净晾干。

玻璃布粘贴前,需先将混凝土表面凿毛,并冲洗干净,若表面不平,可用环氧砂浆抹平。粘贴时,先在粘贴面上均匀地刷一层环氧基液,然后将玻璃布展开放置并使之紧贴在混凝土面上,再用刷子在玻璃布面上刷一遍,使环氧基液浸透玻璃布,接着在玻璃布上刷环氧基液,按同样方法粘贴第二层玻璃布,但上层应比下层玻璃布稍宽1~2 cm,以便压边。一般粘贴2~3层即可。玻璃布粘贴示意图如图3-46所示。

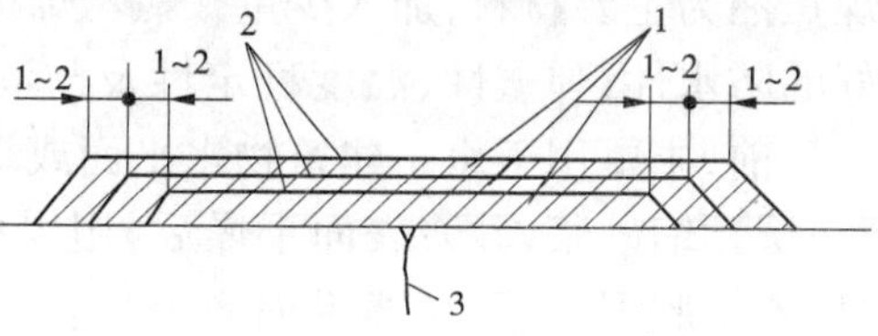

1—玻璃布;2—环氧基液;3—裂缝

图3-46　玻璃布粘贴示意图　(单位:cm)

C. 凿槽嵌补

凿槽嵌补是沿裂缝凿一条深槽,槽内嵌填各种防水材料,以堵塞裂缝和防止渗水。这种方法主要用于对结构强度没有影响的裂缝处理。沿裂缝凿槽,槽的形状可根据裂缝位置和填补材料而定,一般有如图3-47所示的几种形状。"V"形槽多用于竖直裂缝;"_/"形槽多用于水平裂缝;"⊿⊾"形槽多用于顶面裂缝及有渗水的裂缝;"⊔"形槽则均能适用于以上三种情况。槽的两边必须修理平整,槽内要清洗干净。

嵌补材料的种类很多,有聚氯乙烯胶泥、沥青材料、环氧砂浆、预缩砂浆和普通砂浆等。嵌补材料的选用与裂缝性质、受力情况及供货条件等因素有关。因此,材料的选用需经全面分析后再确定。对于已稳定的裂缝,可采用预缩砂浆、普通砂浆等脆性材料嵌补;对缝宽随温度变化的裂缝,应采用弹性材料嵌补,如聚乙烯胶泥或沥青材料等;对受高速水流冲刷或需结构补强的裂缝,则可采用环氧砂浆嵌补。

a. 沥青材料嵌补

沥青材料嵌补分为用沥青油膏、沥青砂浆和沥青麻丝三种。

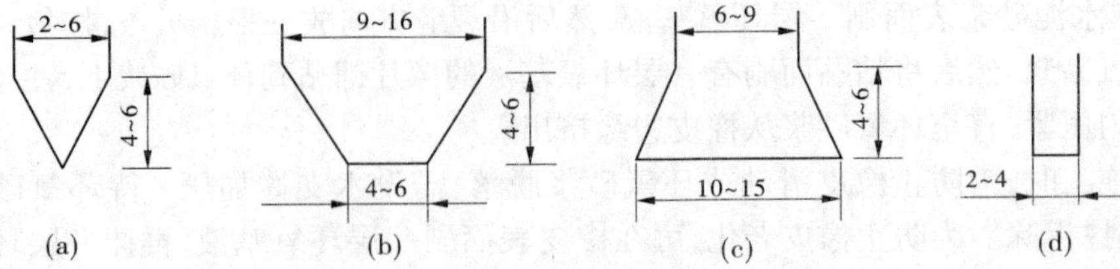

图 3-47　缝槽形状及尺寸图　(单位:cm)

(1)沥青油膏是以石油沥青为主要材料,掺入适量其他油料和填料配制而成。施工时,先在槽内刷一层沥青漆,然后用专用工具将油膏嵌入槽内压实,使油膏面比槽口低1~2 cm,再用水泥砂浆抹平保护,注意在嵌补前要保持槽内干燥。

(2)沥青砂浆由沥青、砂子及填充材料制成。施工时,先在槽内刷一层沥青,然后将沥青砂浆倒入槽内,立即用专用工具摊平压实。要逐层填补,随倒料随压紧,当沥青砂浆面比槽口低 1~1.5 cm 时,用水泥砂浆抹平保护。注意沥青砂浆一定要在温度较高的情况下施工,否则温度降低变硬,不易操作。

(3)沥青麻丝嵌补的操作方法是,将沥青加热熔化,然后将麻丝或石棉绳放入沥青浸煮,待麻丝或石棉绳浸透后,用铁钳夹放入缝内,并用凿子插紧,嵌填时,要逐层将其嵌入缝内,填好后,用水泥砂浆封面保护。

b. 聚氯乙烯胶泥嵌补

聚氯乙烯胶泥是以煤焦油为主要材料,加入少量聚氯乙烯树脂及增韧剂、稳定剂和填料配制而成。它具有良好的防水性、弹塑性、温度稳定性及与混凝土的黏结性,而且价格低、原料易得、施工方便。目前,主要用于水工建筑物水平面或缓坡上裂缝的修补。

施工时,在槽内先填一层预缩砂浆,砂浆表面干燥后,用煤焦油:二甲苯为1:4的混合料刷一层,干燥后即嵌填聚乙烯胶泥,填至与凿毛面齐平。胶泥完全冷却后,先用纯水泥浆在凿毛面上涂抹一层,厚 1~2 mm,然后用 1:1水泥砂浆填至与混凝土面齐平并抹光。

c. 预缩砂浆嵌补

预缩砂浆是经拌和好之后再归堆放置 30~90 min 才使用的干硬性砂浆。拌制良好的预缩砂浆,具有较高的抗压、抗拉强度,其抗压强度可达 29.4~34.3 MPa,抗拉强度可达 2.45~2.74 MPa,与混凝土的黏结强度可达 1.67~2.16 MPa。因此,采用预缩砂浆修补处于高流速区混凝土的表面裂缝,不仅强度和平整度可以得到保证,而且收缩性小、成本低廉、施工简便,可获得较好效果。当修补面积较小或工程量较小时,如无特殊要求,可优先选用预缩砂浆嵌补。预缩砂浆一般采用水灰比 0.3~0.34,灰砂比 1:2~1:2.5,并掺入水泥质量 1/10 000 左右的加气剂,以提高砂浆拌和时的流动性。

施工时,先在槽内涂一层 1 mm 厚的水泥浆,其水灰比为 0.45~0.50,然后填入预缩砂浆,分层用木锤捣实,直至表面出现少量浆液。每层铺料厚 4~5 cm,捣实后为 2~3 cm,最后一层的表面必须反复压实抹光,并与原混凝土表面齐平。

D. 喷浆修补

喷浆修补是将水泥砂浆通过喷头高压喷射至修补部位,达到封闭裂缝和提高建筑物表面耐磨抗冲能力的目的。根据裂缝的部位、性质和修理要求,可以分别采用挂网喷浆或挂网喷浆与凿槽嵌补相结合的方法。

a. 挂网喷浆

挂网喷浆所采用的材料主要有水泥、砂、钢筋、钢丝网、锚筋等。通常采用32.5(R)~42.5(R)的普通硅酸盐水泥，砂料以粒径0.35~0.5 mm为宜，钢筋网由直径4~6 mm钢筋做成，网格尺寸为100 mm×100 mm~150 mm×150 mm，结点焊接或者采用直径1~3 mm钢丝做钢丝网，尺寸为50 mm×50 mm~60 mm×60 mm及10 mm×10 mm~20 mm×20 mm，结点可编结或扎结，锚筋通常采用10~16 mm钢筋。灰砂比根据不同部位喷射方向和使用材料，通过试验决定。水灰比一般采用0.3~0.5。

喷浆设备主要包括喷浆机、干料拌和机、皮带运输机、喷头、水箱、空气压缩机、软管、空气滤清器等。喷浆系统布置如图3-48所示。

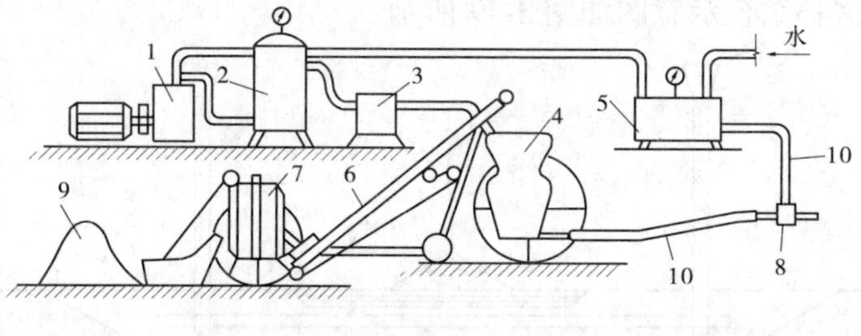

1—空气压缩机；2—储气罐；3—空气滤清器；4—喷浆机；5—水箱；
6—皮带运输机；7—干料拌合机；8—喷头；9—堆料处；10—输料、输气和输水软管

图3-48　喷浆系统布置示意图

喷浆工艺如下所述：

(1)喷浆前，对被喷面凿毛冲洗干净，并进行钢筋网的制作和安装，钢筋网应加设锚筋，一般5~10个网格应有一锚筋，锚筋埋设孔深一般15~25 cm。为使喷浆层和被喷面结合良好，钢筋网应离开受喷面15~25 mm。

(2)喷浆还应对受喷面洒水处理，保持湿润状态。

(3)喷浆前还应准备充足的砂子和水泥，并均匀拌和好。

(4)喷浆应控制好气压和水压并保持稳定。喷浆压力应控制在0.25~0.40 MPa范围内。

(5)喷头操作。喷头与受喷面要保持适宜的距离，一般要求80~120 cm。过近会吹掉砂浆，过远会使气压损失，黏着力降低，影响喷浆强度。喷头一般应与受喷面垂直，这样可以使喷射物集中，减少损失，增强黏结力。若有特殊情况则可以和喷射物成一角度，但要大于70°。

(6)喷层厚度控制。当喷浆层较厚时，为防止砂浆流淌或因自重坠落等现象，可分层喷射。一次喷射厚度一般不宜超过下列数值：仰喷时，20~30 mm；侧喷时，30~40 mm；俯喷时，50~60 mm。

(7)喷浆工作结束后2 h即应进行无压洒水养护，养护时间一般需14~21天。

喷浆用于混凝土修补工程具有以下特点：喷浆修补采用较小的水灰比、较多的水泥，从而可达到较高的强度和密实性，具有较高的耐久性。可省去较复杂的运输、浇筑及骨料

加工等设备,简化施工工艺,提高施工工效,可用于不同规模的修补工程。但是,喷浆修补因存在水泥消耗较多、层薄、不均匀等问题,易产生裂缝,影响喷浆层寿命,从而限制了其使用范围,因此须严格控制砂浆的质量和施工工艺。

b. 挂网喷浆与凿槽嵌补相结合

挂网喷浆与凿槽嵌补相结合施工流程为:凿槽→打锚筋孔→凿毛冲洗→固定锚筋→填预缩砂浆→涂抹冷沥青胶泥,焊接架立钢筋→挂网→被喷面冲洗湿润→喷浆→养护。

施工工艺:先沿缝凿槽,然后填入预缩砂浆使之与混凝土面齐平并养护,待预缩砂浆达到设计强度时,涂一层薄沥青漆。涂沥青漆 30 min 后,再涂冷沥青胶泥。冷沥青胶泥是由 40:10:50 的 60 号沥青、生石灰、水,再掺入 15% 的砂(粒径小于 1 mm)配制而成。冷沥青胶泥总厚度为 1.5 ~ 2.0 cm,分 3 ~ 4 层涂抹。待冷沥青胶泥凝固后,挂网喷浆。挂网喷浆与凿槽嵌补结合示意图如图 3-49 所示。

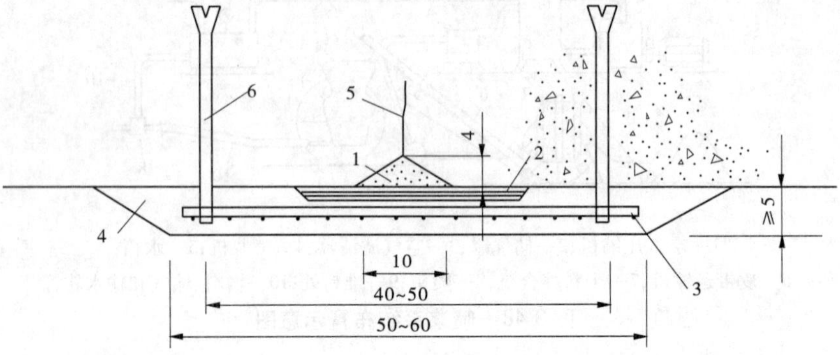

1—预缩砂浆;2—冷沥青胶泥;3—钢丝网;4—水泥砂浆喷层;5—裂缝;6—锚筋

图 3-49 挂网喷浆与凿槽嵌补结合示意图 (单位:cm)

2)裂缝的内部处理

裂缝的内部处理,系指贯穿性裂缝或内部裂缝常用灌浆方法处理。其施工方法通常为钻孔灌浆,灌浆材料一般采用水泥和化学材料,可根据裂缝的性质、开度以及施工条件等具体情况选定。对于开度大于 0.3 mm 的裂缝,一般可采用水泥灌浆;对开度小于 0.3 mm 的裂缝,宜采用化学灌浆;对于渗透流速大于 600 m/d 或受温度变化影响的裂缝,则不论其开度如何,均宜采用化学灌浆处理。

A. 水泥灌浆

水泥灌浆具体施工程序为:钻孔→冲洗→止浆或堵漏处理→安装管路→压水试验→灌浆→封孔→质量检查。

水泥灌浆施工具体技术要求如下。

a. 钻孔

一般用风钻钻孔,孔径 36 ~ 56 mm,孔距 1.0 ~ 1.5 m,除骑缝浅孔外,不得顺裂缝钻孔,钻孔轴线与裂缝面的交角一般应大于 30°,孔深应穿过裂缝面 0.5 m 以上,如果钻孔为两排或两排以上,应尽量交错或呈梅花形布置。钻进过程中,若发现有集中漏水或其他异常现象,应立即停钻,查明漏水高程,并进行灌浆处理后,再行钻进。钻进过程中,对孔内各种情况，如岩层及混凝土的厚度、涌水、漏水、洞穴等均应详细记录。钻孔结束后，孔口应用木塞塞紧，以防污物进入。

b. 冲洗

每条裂缝钻孔结束后，需进行冲洗，其顺序是按竖向排列孔自上而下逐孔进行。其目的主要是将钻孔及裂隙中的岩粉、铁砂等冲洗出来，冲洗方法有高压水冲洗、水气轮换冲洗等。一般冲洗水压相当于70% ~80%的灌浆压力，冲洗气压则相当于30% ~40%的灌浆压力。

c. 止浆或堵漏处理

在缝面冲洗干净后，即可进行止浆或堵漏处理。可在裂缝表面用灰砂比1:1 ~1:2的水泥砂浆涂抹，也可用环氧砂浆涂抹；或者沿裂缝凿成上口宽3 ~4 cm、深约2 cm的槽子，洗刷干净后，在槽内嵌填旧棉絮，并在表面用纯水泥浆涂抹密实；或者将水泥或环氧砂浆等做成团状，粘贴在渗水裂缝的迎水面。

d. 安装管路

灌浆管一般用19 ~38 mm的钢管，上部加工丝扣。安装时，先在钢管外壁裹上旧棉絮，并用麻丝捆紧，然后将管子旋于孔中，埋入深度根据孔深和灌浆压力的大小而定。孔口、管壁周围的空隙可用旧棉絮或其他材料塞紧，并用水泥砂浆封堵，以防止冒浆或灌浆管从孔口脱出。

e. 压水试验

压水试验的主要目的是判断裂缝有无阻塞，检查管路及止浆效果。压水试验采用从灌浆孔压水、排气孔排水的方式，以检查其畅通情况，然后关闭排气孔以检查止浆效果。

f. 灌浆

裂缝灌浆所用水泥一般为42.5(R)或52.5(R)普通硅酸盐水泥。在灌较细裂缝时，为了提高浆液的可灌性，可尽量采用52.5(R)普通硅酸盐水泥，并加工磨细，使其细度达到通过6 400孔/cm^2筛的筛余量为2%以下。由于磨细水泥易风化，应注意保管，并尽快使用，防止失效。灌浆压力的确定，以保证一定的可灌性、提高浆体结石质量，而又不致引起建筑物发生有害变形为原则。一般进浆管压力采用300 ~500 kPa。

g. 封孔

凡经认真检查认为合格的灌浆孔，必须及时进行封孔。封孔材料为水泥砂浆，以灰砂比1:2、水灰比0.5 ~0.6、砂子粒径0.5 ~1.0 mm为宜。封孔方法有人工封孔法和机械封孔法。人工封孔法是将一根内径38 ~50 mm的钢管放入孔中，距离孔底约50 cm，然后把砂浆倒入管内，随着砂浆在孔内的浆面逐渐升高，将钢管徐徐上提，上提时应使管的下端经常保持埋在砂浆中。机械封孔法是利用砂泵或灌浆机进行全孔回填灌浆，浆液由稀变浓，灌浆压力采用500 ~600 kPa。

B. 化学灌浆

a. 化学灌浆的灌浆材料

化学灌浆材料一般具有良好的可灌性，可以灌入0.3 mm或更小的裂缝，同时化学灌浆材料可调节凝结时间，适应各种情况下的堵漏防渗处理，此外化学灌浆材料具有较高的黏结强度，或者具有一定的弹性，对于恢复建筑物的整体性及对伸缩缝的处理，效果较好。

因此,凡是不能用水泥灌浆进行内部处理的裂缝,均可考虑采用化学灌浆。

化学灌浆的灌浆材料可根据裂缝的性质、开度和干燥情况选用。常用的有以下几种:

(1)甲凝:以甲基丙烯酸甲酯为主要成分,加入引发剂等组成的一种低黏度的灌浆材料。甲基丙烯酸甲酯是无色透明液体,黏度很低,渗透力很强,可灌入 0.05 ~0.1 mm 的细微裂缝,在一定的压力下,还可渗入无缝混凝土中一定距离,并可以在低温下进行灌浆。聚合后的强度和黏结力很高,并具有较好的稳定性。但甲凝浆液黏度的增长和聚合速度较快。此材料适用于干燥裂缝或经处理后无渗水裂缝的补强。

(2)环氧树脂:以环氧树脂为主体,加入一定比例的固化剂、稀释剂、增韧剂等混合而成,一般能灌入宽 0.2 mm 的裂隙。硬化后,黏结力强、收缩性小、强度高、稳定性好。环氧树脂浆液多用于较干燥裂缝或经处理后已无渗水裂缝的补强。

(3)聚氨酯:由多异氰酸酯和含羟基的化合物合成后,加入催化剂、溶剂、增塑剂、乳化剂以及表面活性剂配合而成。这种浆液遇水反应后,便生成不溶于水的固结强度高的凝胶体。此种浆液防渗堵漏能力强,黏结强度高。此浆液适用于渗水缝隙的堵水补强。

(4)水玻璃:由水泥浆和硅酸钠溶液配合而成。二者体积比通常为 1:0.8 ~1:0.6,水玻璃具有较高的防渗能力和黏结强度,此材料适用于渗水裂缝的堵水补强。

(5)丙凝:以丙烯酰胺为主剂,配以其他材料,发生聚合反应,形成具有弹性的、不溶于水的聚合体。可填充堵塞岩层裂隙或砂层中空隙,并可把砂粒胶结起来,起到堵水防渗和加固地基的作用。但因其强度较低,不宜用作补强灌浆,仅用于地基帷幕和混凝土裂缝的快速止水。

化学灌浆的施工程序为:钻孔→压气(或压水)试验→止浆→试漏→灌浆→封孔→检查质量。

b. 化学灌浆具体施工技术要求

(1)钻孔。

化学灌浆布孔方式通常有骑缝孔和斜孔两种。骑缝孔的钻孔工作量小,孔内占浆少,且缝面不宜被钻孔灰粉堵塞。但封面止浆要求高,灌浆压力受限制,扩散范围较小。斜孔的优缺点和骑缝孔相反,但斜孔可根据裂缝对深度和结构物的厚度,分别布置成单排孔或多排孔。骑缝孔仅适用于浅缝或仅需防渗堵漏的裂缝。斜孔适用于裂缝较深和结构厚度较大的情况。化学灌浆钻孔一般采用风钻,为了减少孔内占浆量,孔径不宜过大,一般采用 30 ~36 mm,孔距一般采用 1.5 ~2.0 m。

(2)压气(或压水)试验。

对于甲凝及环氧树脂等憎水性材料,最好采用压气试验,压气时可在缝外涂上肥皂水,以检查钻孔与缝面畅通情况,并用耗气量来检查结构物内部是否有大缺陷,以推估吸浆量等,气压一般稍大于灌浆压力。对于丙凝、聚氨酯等亲水性材料,可用压水试验,压水时可在水中加入颜料,以便观察。

(3)止浆。

化学灌浆材料的渗透性能较好,造价高,为保证灌浆质量,节省浆液,要求对缝面进行严格止浆。止浆方法一般是沿缝凿槽,洗刷干净后再嵌填环氧砂浆或其他速凝早强的砂浆,并将表面压实抹光。

(4)试漏。

试漏的目的是检查止浆效果。根据不同的灌浆材料,可采用压气或压水试漏,试漏压力应大于灌浆压力。当发现止浆有缺陷时,应在灌浆前进行修补。

(5)灌浆。

化学灌浆有单液法和双液法两种。单液法是将浆液按配合比一次性配好,然后用一般泥浆泵或水泥灌浆泵灌浆,也可采用手摇泵或特制的压浆桶灌浆。双液法是将浆液按配比中的引发剂与促进剂分成两组分别配好,用比例灌浆泵灌注时在混合室相遇后才组成浆液送入孔内。单液法配比较精确,但浆液配好后要在胶凝时间内灌完,否则容易堵塞设备与管路。双液法不易堵塞设备,但灌注浆液的配比较难掌握准确。

随着各种大型工程和地下工程的不断兴建,化学灌浆材料得到了越来越广泛的应用。但化学灌浆费用较高,一般情况下应首先采用水泥灌浆,在达不到设计要求时,再用化学灌浆予以辅助,以获得良好的技术经济指标。此外,化学浆材都有一定的毒性,对人体健康不利,还会污染水源,在运用过程中要十分注意。

3)加厚坝体

浆砌石坝由于坝体单薄、强度不够而产生应力裂缝和贯穿整个坝体的沉陷缝时,可采取加厚坝体的措施,以增强坝体的整体性和改善坝体应力状态。坝体加厚的尺寸应由应力核算确定。在具体处理时,应保证新老坝体结合良好。

三、处理混凝土坝和浆砌石坝的渗漏

(一)混凝土坝和浆砌石坝渗漏的类型

(1)坝基渗漏。坝基渗漏会增加坝底扬压力,从而影响坝身稳定,而且会损失水库水量,降低水库效应。

(2)坝体渗漏。坝体渗漏将使建筑物内部产生较大的渗透压力,甚至影响建筑物的稳定性;如果水具有侵蚀性,还会产生侵蚀破坏,降低混凝土强度;在寒冷地区,渗漏水在出水处冻结成冰,也会使建筑物受到冻融破坏。

(二)混凝土坝和浆砌石坝渗漏的原因

混凝土建筑物产生渗漏的原因是多方面的,即使最密实的混凝土,其本身仍存在有气孔和小孔隙,在水压力作用下也具有一定的渗透性。一般水工混凝土由于设计或施工上的缺陷,或在运用中遭受意外破坏,都容易导致建筑物发生渗漏。一般有以下几种情况:

(1)由于勘探工作不到位,地基留有隐患,水库蓄水后引起渗漏。

(2)由于设计考虑不周,在某种应力作用下,混凝土产生裂缝,引起渗漏。

(3)因施工、温差或本身干缩等,产生裂缝而引起渗漏。

(4)设计、施工中采取的防漏措施不良,或运用期间由于物理、化学因素的作用,原来的防渗措施失效或遭受破坏而引起渗漏,如帷幕破坏、伸缩缝止水结构破坏或沥青老化、混凝土受侵蚀后抗渗性能降低、预制混凝土涵管接头处理不好、混凝土与基岩接触不良等。

(5)遭受强烈地震及其他破坏作用,混凝土建筑物或基础产生裂缝,引起渗漏。

（三）混凝土坝和浆砌石坝渗漏的检查和观测

混凝土坝和浆砌石坝发生渗漏时，应着重进行下列几方面的检查和观测：

（1）查到帷幕后剩余水头是否超过设计允许值以及扬压力与水位的变化关系。

（2）基础渗漏量的变化情况。

（3）分析水质，根据离子、矿化度及 pH 的变化情况，判断渗水有无侵蚀性。

（4）上游冲淤情况。

（5）混凝土裂缝的长度、宽度、分布范围、开度变化及其水位、气温的关系。

（6）止水结构如发生损坏，渗漏量较大，影响建筑物安全，需要进行处理时，应结合设计、施工和管理等有关资料进行分析，为确定处理方案提供依据。

（四）混凝土坝和浆砌石坝渗漏处理的原则

渗漏处理的基本原则是“上截下排，以截为主，以排为辅”，根据渗漏的部位、危害程度以及修补条件等实际情况制订处理措施。

（1）对于建筑物本身渗漏的处理，以上游面封堵为主。

（2）对于基础渗漏的处理，以截为主，辅之以排。

（3）对于接触渗漏或绕坝渗漏的处理，应先封堵，以排补救。

（五）混凝土坝和浆砌石坝渗漏处理的措施

1. 坝体裂缝渗漏处理

对于坝体裂缝渗漏，可根据裂缝发生的原因及对结构影响的程度、渗漏量的大小和集中分散等情况，分别采取不同的处理措施。

1）表面处理

坝体裂缝渗漏按裂缝所在部位可采取表面涂抹、表面贴补、凿槽嵌补等表面处理方法。对渗漏量较大，但渗透压力不直接影响建筑物正常运行的漏水裂缝，如在漏水出口进行处理，应先采取导渗措施，然后进行封堵。方法有埋管导渗和钻孔导渗两种。

2）内部处理

内部处理是通过灌浆充填漏水通道，达到堵漏的目的。根据裂缝的特征，可分别采用骑缝或斜缝钻孔灌浆的方式。根据裂缝的开度和可灌性，可分别采用水泥灌浆或化学灌浆。根据渗漏的情况，又可分别采取全缝灌浆或局部灌浆的方法。有时为了灌浆的顺利进行，还需先在裂缝上游面进行表面处理或在裂缝下游面采取导渗并封闭裂缝的措施。

3）结构处理结合表面处理

对于影响建筑物整体性或破坏结构强度的渗水裂缝，除灌浆处理外，有的还要采取结构处理结合表面处理的措施，以达到防渗、结构补强或恢复整体性的要求。图 3-50 是利用插筋结合止水塞处理大坝水平渗水裂缝的一个实例。其具体做法是：在上游面沿缝隙凿一宽 20～25 cm、深 8～10 cm 的槽，向槽的两侧各扩大约 40 cm 的凿毛面，共宽 100 cm。在槽的两侧钻孔埋设两排锚筋。槽底涂沥青漆，然后在槽内填塞沥青水泥和沥青麻布 2～3层，槽内填满后，再在上面铺设宽 50 cm 的沥青麻布两层，浇筑宽 100 cm、厚 25 cm 的钢筋混凝土盖板作为止水塞。从坝顶钻孔两排插筋锚固坝体。最后进行接缝灌浆。

2. 混凝土坝体散渗或集中渗漏的处理

混凝土坝由于蜂窝、空洞、不密实及抗渗等级不够等缺陷，引起坝体散渗或集中渗漏时,可根据渗漏的部位、程度和施工条件等情况,采用下列一种或几种方法结合进行处理。

1)灌浆处理

灌浆处理主要用于建筑物内部密实性差、裂缝孔隙比较集中的部位。可用水泥灌浆,也可用化学灌浆。

2)表面处理

对大面积的细微散渗及水头较小的部位,可采取表面涂抹处理;对面积较小的散渗,可采用表面贴补处理,具体处理方法详见上节内容。

3)筑防渗层

防渗层适用于大面积的散渗情况。防渗层一般做在坝体迎水面,一般有水泥喷浆、水泥浆及砂浆防渗层等形式。

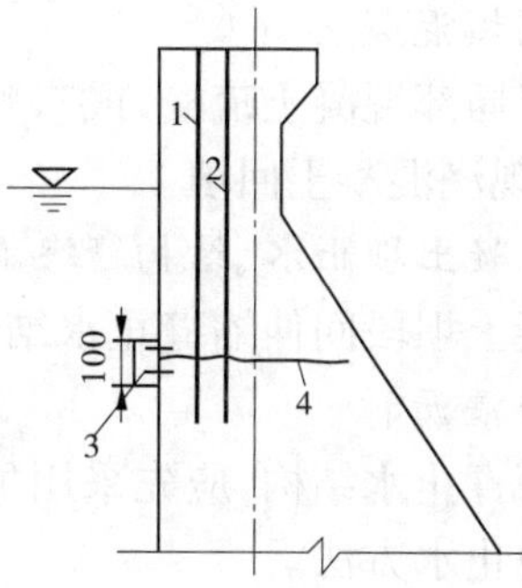

1—第一排插筋;2—第二排插筋;3—止水塞;4—裂缝

图3-50　插筋结合止水塞处理大坝水平渗水裂缝示意图　(单位:cm)

水泥浆及砂浆防渗层,一般在坝的迎水面采用5层,总厚度12~14 mm。水泥浆及砂浆防渗层施工前需用钢丝刷或竹刷将渗水面松散的表层、泥沙、苔藓、污垢等刷洗干净,如渗水面凹凸不平,则需把凸起的部分剔除,凹陷的用1:2.5水泥砂浆填平,并经常洒水,保持表面湿润。防渗层的施工,第一层为水灰比0.35~0.4的素灰浆,厚度2 mm,分二次涂抹。第一次涂抹用拌和的素灰浆抹1 mm厚,把混凝土表面的孔隙填平压实,再抹第二次素灰浆,若施工时仍有少量渗水,可在灰浆中加入适量促凝剂,以加速素灰浆的凝固。第二层为灰砂比1:2.5、水灰比0.55~0.60的水泥砂浆,厚度4~5 mm,应在初凝的素灰浆层上轻轻压抹,使砂粒能压入素灰浆层,以不压穿为度。这层表面应保持粗糙,待终凝后表面洒水湿润,再进行下一层施工。第三层、第四层分别为厚2 mm的素灰浆和厚4~5 mm的水泥砂浆,操作工艺分别同第一层和第二层。第五层素灰浆层厚2 mm,应在第四层初凝时进行,且表面需压实抹光。防渗层终凝后,应每隔4 h洒水一次,保持湿润,养护时间按混凝土施工规范规定进行。

4)增设防渗面板

当坝体本身质量差、抗渗等级低、大面积渗漏严重时,可在上游坝面增设防渗面板。

防渗面板一般用混凝土材料,施工时需先放空水库,然后在原坝体布置锚筋并将原坝体凿毛、刷洗干净,最后浇筑混凝土。锚筋一般采用直径12 mm的钢筋,每平方米一根,混凝土强度等级一般不低于C13。混凝土防渗面板的两端和底部都应深入基岩1~1.5 m,根据经验,一般混凝土防渗面板底部厚度为上游水深的1/15~1/60,顶部厚度不少于30 cm。为防止面板因温度产生裂缝,应设伸缩缝,分块进行浇筑,伸缩缝间距不宜过大,一般15~20 m,缝间设止水。

5)堵塞孔洞

当坝体存在集中渗流孔洞时,若渗流流速不大,可先将孔洞内稍微扩大并凿毛,然后将快凝胶泥塞入孔洞中堵漏,若一次不能堵截,可分几次进行,直到堵截成功。当渗流流速较大时,可先在洞中楔入棉絮或麻丝,以降低流速和漏水量,再行堵塞。

6)回填混凝土

对于局部混凝土疏松,或有蜂窝空洞而造成的渗漏,可先将质量差的混凝土全部凿除,再用现浇混凝土回填。

3.混凝土坝止水、结构缝渗漏的处理

混凝土坝段间伸缩缝止水结构因损坏而漏水,其修补措施有以下几种。

1)补灌沥青

对沥青止水结构,应先采用加热补灌沥青方法堵漏,恢复止水,若补灌有困难或无效,再用其他止水方法。

2)化学灌浆

伸缩缝漏水也可用聚氨酯、丙凝等具有一定弹性的化学材料进行灌浆处理,根据渗漏的情况,可进行全缝灌浆或局部灌浆。

3)补做止水

坝上游面补做止水,应在降低水位情况下进行,补做止水时可在坝面加镶紫铜片或镀锌片,如图3-51~图3-53所示。

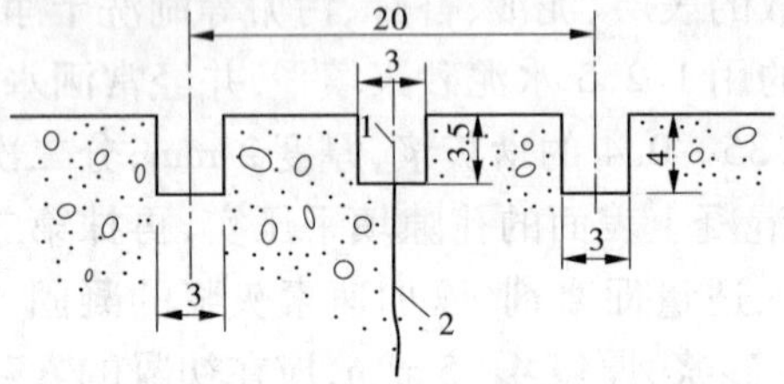

1—中心线;2—伸缩缝

图3-51　坝面加镶紫铜片凿槽示意图

(单位:cm)

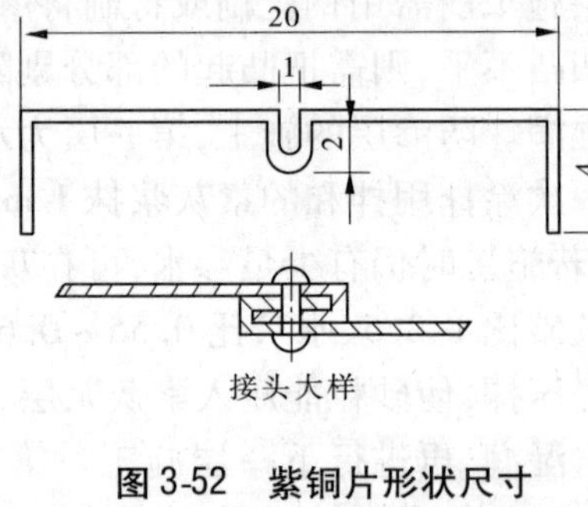

图3-52　紫铜片形状尺寸

(单位:cm)

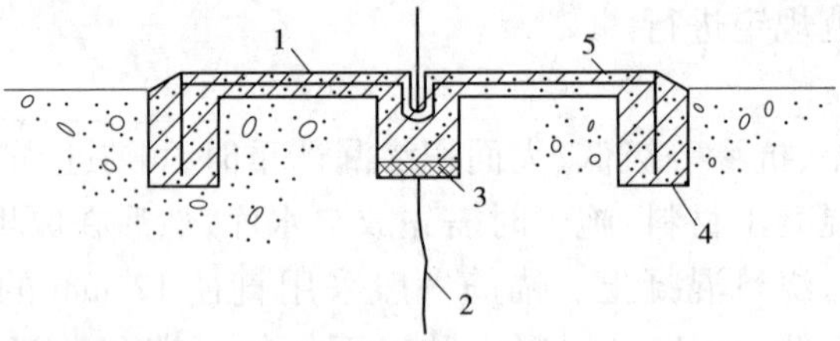

1—环氧基液与沥青漆;2—裂缝;3—沥青石棉绳;4—环氧砂浆;5—紫铜片

图3-53　坝面加镶紫铜片

4.浆砌石坝体渗漏的处理

浆砌石坝的上游防渗部分由于施工质量不好,砌筑时砌缝中砂浆存在较多孔隙,或者砌坝石料本身抗渗等级较低等均容易造成坝体渗漏。浆砌石坝体渗漏可根据渗漏产生的原因,用以下方法进行处理:

(1)重新勾缝。当坝体石料质量较好,仅局部地方由于施工质量差,砌缝中砂浆不够饱满,有孔隙,或者砂浆干缩产生裂缝而造成渗漏时,均可采用水泥砂浆重新勾缝处理。

一般浆砌石坝，当石料质量较好时，渗漏多沿灰缝发生，因此认真进行勾缝处理后，渗漏途径可全部堵塞。

(2)灌浆处理。当坝体砌筑质量普遍较差，大范围内出现严重渗漏、勾缝无效时，可采用从坝顶钻孔灌浆，在坝体上游形成防渗帷幕的方法处理。灌浆的具体工艺见上节内容。

(3)加厚坝体。当坝体砌筑质量普遍较差、渗漏严重、勾缝无效，但无灌浆处理条件时，可在上游面加厚坝体，加厚坝体时需放空水库进行。若原坝体较单薄，则结合加固工作，采取加厚坝体防渗处理措施将更合理。

(4)上游面增设防渗层或防渗面板。当坝体石料本身质量差、抗渗等级较低，加上砌筑质量不符合要求、渗漏严重时，可在坝上游面增设防渗层或混凝土防渗面板，具体做法同混凝土坝。

5.基础渗漏的处理

因地质因素的作用，坝基岩石均存在不同程度的裂隙现象。如果坝基在施工中未经妥善处理，水库多在蓄水时产生坝基渗漏。这样不仅影响水库蓄水，增加坝基的扬压力，降低坝体稳定性，而且可能使坝基在长期渗漏过程中产生过大的渗透变形，引起坝体失事。

对于已建成的水库，由于坝体已成，无法再做截水墙；或无法全部放空水库采取其他处理措施；或裂隙渗漏位置过深，其他方法处理困难，往往对基岩渗漏问题采取帷幕灌浆处理，可获得良好的效果。

在进行帷幕灌浆时，需首先确定帷幕位置、深度、厚度、孔距、排距等。帷幕通常布置在平行于坝轴线方向，靠近坝体上游面附近，向坝基岩层中深入一定深度，形成一道纵向的阻水帷幕，以截断坝基的渗水通道。在垂直于坝轴线方向，坝基处帷幕中线应距上游坝面约1/10水头。帷幕的孔深应达到该坝段的相对不透水层，一般以基岩的吸水率 ω 值来确定。不同坝高 H 的帷幕孔深，要求达到 ω 值小于表3-2中数值的深度。当无详细资料时，帷幕深度可取(0.3～1.0)H(H 为水头)。

表3-2 不同坝高 H 的 ω 值

H(m)	ω[L/(min·m·m)]
<30	0.03～0.05
30～70	0.01～0.03
>70	<0.01

帷幕的厚度应根据帷幕抗渗稳定的要求决定，保证帷幕在最大水力坡降的渗流作用下，不至因稳定性不够而逐渐遭到破坏，可用下式表示：

$$J_{max} = \frac{\beta H}{l} < [J] \tag{3-1}$$

式中：J_{max} 为帷幕上下游面最大水力坡降；H 为帷幕上下游面水头差；l 为帷幕厚度；β 为水头折减系数，当帷幕后有排水时，$\beta=0.65\sim0.95$；$[J]$ 为帷幕的允许水力坡降，可根据基岩灌浆后吸水率 ω 确定，$\omega=0.01$ L/(min·m·m)时 $[J]=20$，$\omega=0.03$ L/(min·m·m)

时$[J]=15$，$\omega=0.05$ L/(min·m·m)时$[J]=10$。

灌浆孔距主要根据灌浆孔的水泥浆扩散范围确定，应使所选孔距能获得 $l=(0.6\sim0.7)n$ 的帷幕厚度（n 为孔距）。排距 l_0 一般为孔距的80%~85%。

当布置两排灌浆孔时，帷幕的厚度 l 为

$$l=l_0+(0.6\sim0.7)n \tag{3-2}$$

帷幕灌浆的施工程序为：钻孔→洗孔→压水试验→灌浆→封孔→检查质量。

6. 绕坝渗漏的处理

绕过混凝土或浆砌石坝的渗漏，应根据两岸的地质情况，摸清渗漏的原因及渗漏的来源与部位，采取相应措施进行处理。处理的方法可在上游面封堵，也可进行灌浆处理，对土质岸端的绕坝渗漏，还可采用开挖回填或加深刺墙的方法处理。

四、混凝土坝表面破坏处理

（一）混凝土表面破坏的形式与成因

混凝土表层破坏往往是由于设计考虑不周、施工质量差、管理不善或其他因素造成的，表层裂缝已做介绍，表层其他破坏现象、原因和发生部位见表3-3。

表3-3 表层其他破坏的现象、原因和发生部位

现象	原因	发生部位
拆模后混凝土表面有蜂窝、麻面、骨料架空和外露，模板走样，接缝不平	施工质量不好	各部位均可发生
高速水流冲刷、淘刷、磨损、气蚀等，使混凝土表面变形、骨料外露、疏松脱壳等	①流速大于混凝土表面允许流速； ②水流边界条件不好，在高速流水作用下，引起气蚀破坏； ③水流中挟有大量砂石等推移质或冰凌等漂浮物； ④消力池护坦上及其附近堆积有砂石、混凝土块或钢筋等杂物	①与水流接触的表面，特别是地板表面； ②过水建筑物急弯部分、断面突变部位及不平部位
冻融、风化剥蚀使混凝土表面疏松脱壳或成块脱落	①严寒地区冰冻及干湿交替循环作用； ②有侵蚀性水的化学侵蚀作用	水位变化区及与水经常接触部位
撞击破坏使混凝土表面成块脱落、凹凸不平	机械、船舶或其他坚硬物的撞击	各部位均可发生

（二）混凝土表面破坏的修补要求

1. 表层损坏混凝土的清除方法

在表层损坏混凝土时，应根据损坏的部位与程度，分别选用下述方法处理：

(1)人工清除。对于浅层或面积较小的损坏混凝土可以采用。

(2)风镐凿除。对于损坏较深(5~50 cm)、面积较大的损坏混凝土，可以结合人工

进行。

(3)以小型爆破为主的爆除。对于损坏深度大于 50 cm,且面积较大的损坏混凝土,可以采用爆除方法。对于某些不宜进行爆破作业的特殊部位,可钻排孔,用人工打楔凿除,或用机械切割凿除。

(4)膨胀剂静力剥除。这种方法是沿混凝土清除边缘用机械切割边缘,深度不超过清除厚度,然后顺着清除界面钻孔并装膨胀剂。膨胀剂一般为石灰加掺和剂形成。这是一种安全、简便、高效的新型实用技术方法,在一些改造工程中使用可获得良好效果。

2. *清除表层损坏混凝土的技术要求*

在清除表层损坏混凝土时,既要保证表层以下或周围完好的混凝土、钢筋、管道、观测设备及埋设件等不受破坏,又要保证损坏区域附近的机械设备和建筑物的安全。当采用以小型爆破为主的方法清除时,对有钢筋部位的表层损坏混凝土,可参照以下技术要求制订具体措施:

(1)爆破程序。爆破作业一般应分层分区进行,以保证爆破效果。爆破程序为:切断贯穿性钢筋和钻防振孔→拆除钢筋层→混凝土松动爆破→混凝土龟裂爆破及浅孔爆破→凿除保护层。

(2)布设防振孔。设防振孔一排,布置在凿除区内,与清除边线相距约 30 cm,孔深约为爆破孔的 2 倍,如图 3-54 所示。

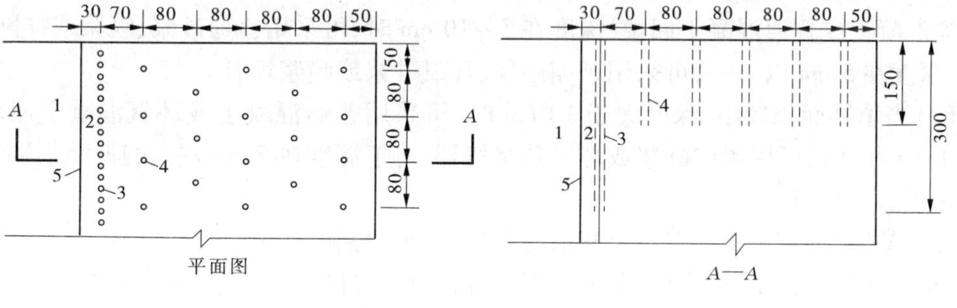

1—保留区;2—保护层;3—防振孔;4—爆破装药孔;5—清除边界线

图 3-54　松动爆破布孔示意图　(单位:cm)

(3)钢筋的处理。凡贯穿在凿除区和保留区之间的钢筋,必须在爆破前切断,在切断时,要注意随后焊接用的钢筋应保留有足够的搭接长度。

(4)爆破的控制。为了防止爆破时对相邻部位混凝土及建筑物造成不良影响,对各爆破区的孔深、孔距、最小抵抗线、装药量和一次起爆总装药量等参数,要严加控制,并通过试验验证。

(5)爆破和凿除。参考图 3-55,按下列要求进行:

①距清除边线 1 m 以外的混凝土,采用松动爆破。

②距竖直面清除边线 30 ~ 100 cm 范围内的混凝土,采用龟裂爆破切割。

③在底面清除边线以上 50 ~ 100 cm 范围内的混凝土,采用浅孔松动爆破,并用火雷管起爆。

④距竖直清除边线 30 cm 和距底面清除边线 50 cm 以内的混凝土,采用人工或风镐

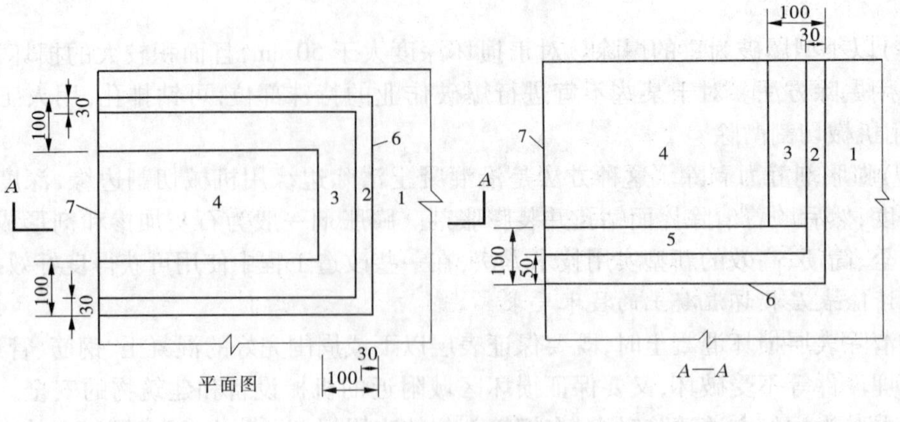

1—保留区;2—人工或风镐凿除区;3—龟裂爆破区;4—松动爆破区;
5—潜孔爆破区;6—清除边界线;7—临空面

图3-55 混凝土清除分区示意图 (单位:cm)

凿除。

3. 修补方法的选择和对修补材料的要求

(1)当修补面积较大,深度大于20 cm时,可采用普通混凝土(包括膨胀水泥混凝土和干硬性混凝土)、喷混凝土、压浆混凝土或真空作业混凝土回填;深度在5~20 cm时,可采用喷混凝土或普通混凝土回填;深度在5~10 cm时,可采用普通砂浆、喷浆或挂网喷浆填补;深度在5 cm以下时,可采用预缩砂浆、环氧砂浆或喷浆填补。

(2)当填补面积较小、深度大于10 cm时,可采用普通混凝土或环氧混凝土回填,深度小于10 cm时,可用预缩砂浆或环氧砂浆填补,对于深度在5 cm左右的低凹小缺陷,也可用环氧石英膏填补。

(3)对修补面积不大并有特定要求的部位,可采用钢板衬护或其他材料(如铸铁、铸石等)镶护的办法,但要保证衬护或镶护材料与原混凝土连接可靠,并注意表面结合平顺。

(4)除根据损坏的部位和原因分别提出抗冻、抗渗、抗侵蚀、抗风化等要求外,一般要求砂浆和混凝土应具有高强度、耐磨和一定的韧性。混凝土的技术指标不得低于原混凝土,所用水泥强度不得低于原混凝土水泥的强度,一般采用C40以上的普通硅酸盐水泥为宜;水灰比应尽量选用较小值,并通过试验确定。

(5)对由湿度变化而引起的风化剥蚀的部位,进行修补时,宜在砂浆或混凝土中掺入水泥质量1/10 000左右的加气剂,以提高砂浆或混凝土的抗冻性和抗渗性,但同时会使强度稍有降低,因此应控制含气量不超过5%。

4. 混凝土表层修补的常用方法

对混凝土表层修补中所采用的水泥砂浆修补、预缩砂浆修补、喷浆修补、环氧砂浆修补等方法与裂缝处理的方法是相同的。除此,这里再介绍几种方法。

1)喷混凝土修补

喷混凝土的密度及抗渗性能力比一般混凝土大,而且具有快速、高效、不用模板以及把运输、浇筑、捣固结合在一起的特点。

A. 材料与配比

根据强度、防渗、抗冻等要求进行试验确定。一般水泥: 砂子: 石子 =1:2:2,水灰比为0.4 ~0.45,速凝剂掺量为水泥量的2% ~4%。

B. 修补工艺

(1)喷混凝土前的准备工作。基本上与喷浆相同。

(2)混凝土作业。喷混凝土的喷射方法与养护方法可参照前述喷浆修补有关内容进行。一次喷射层厚度一般以小于最大骨料粒径的1.5倍为宜。喷射层的间隔时间与水泥品种、施工温度和速凝剂掺量有关,一般不超过前一层终凝时间。当修补面积较大时,可考虑分区自上而下喷射。

2)混凝土真空作业补修

真空作业是采用真空系统将浇筑的混凝土中多余的水量提早吸出,以增加混凝土的早期强度、提高混凝土的质量、缩短拆模期限的一种修补方法。

A. 真空作业的设备装置

混凝土真空作业的装置有移动式和固定式两种。移动式装置可装在汽车或拖车上,固定式装置可参看图3-56,其主要设备包括真空泵、真空槽、连接器等。

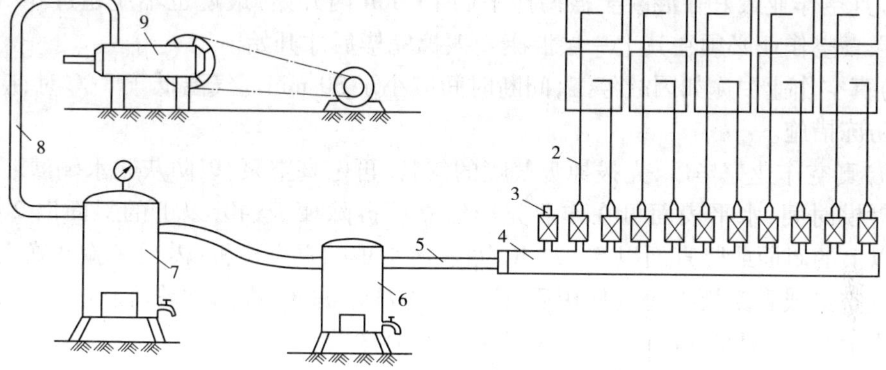

1—真空盘或真空模板;2—吸气压力胶管;3—连接器分嘴;4—连接器;5—吸气总管;6—集水槽;7—真空槽;8—连接管;9—真空泵

图3-56　真空系统布置示意图

B. 真空作业的技术要求

(1)施工程序:洗刷模板→涂抹肥皂水或石灰浆→支设模板→浇筑混凝土或预填骨料混凝土→真空作业→拆模→养护。

(2)真空系统各项设备应严密不漏气,并保持清洁,防止杂物及水被吸入真空泵内。

(3)真空盘与混凝土表面接触要严密,各真空盘应尽量靠紧。在最初抹平混凝土表面时,应比设计高度高出5 ~10 mm(一般应经试验确定),使真空作业后混凝土表面高度与设计高度相符,真空作业后不得在混凝土表面加水泥砂浆面层。

(4)真空模板必须安装牢固,防止变形,漏气。每次作业时,混凝土必须浇筑至高出该层真空腔的上缘,并填满真空腔。

(5)真空作业的吸水量,要根据所要求的真空作业层厚度及水灰比降低值确定,可按下式确定:

$$\omega = W_c h \Delta_{\frac{w}{c}} \tag{3-3}$$

式中　ω——吸水量,kg/m^2;

W_c——每立方米混凝土中的水泥用量,kg/m^3;

h——要求的真空作业层厚度,m;

$\Delta_{\frac{w}{c}}$——要求的水灰比降低值,如拌和混凝土的水灰比为0.65,要求真空作业后水灰比降低至0.62,则$\Delta_{\frac{w}{c}} = 0.65 - 0.62 = 0.03$,混凝土真空作业时,一般水灰比控制在0.55~0.65,经真空作业后,水灰比降低值约为0.05。

(6)真空度一般为350~550 mmHg,真空槽和连接器可控制在较高范围,真空腔可控制在较低范围。

(7)真空作业时间随着混凝土的密度和作业层的厚度按吸水量而定,当作业层厚度不超过25 cm时,一般采用15~45 min;当超过25 cm时,可延长至50 min。真空作业修补可采用一次吸真空法,也可用二次吸真空法,如第一次作业后,吸水量仍未达到要求指标,隔10 min,第二次吸真空10~15 min。

(8)真空作业最好在混凝土振捣抹平后15 min内开始,最迟也不应超过30 min。模板各层吸真空作业必须在其上一层混凝土振捣完毕后才开始。

(9)真空作业中途如因故停工,间断时间应小于30 min。气温低于8 ℃时,应做好真空系统防冻措施。

(10)真空作业完毕后,先拔掉吸气嘴的气管,再停真空泵,以防灰浆水倒灌。

①拆模时间:水平表面可在作业完毕后立即拆除模板;40°以下的斜面以2~3 h为宜;40°以上的斜面或竖直面以5~24 h为宜,对承重的真空模板,需通过验算确定。

②真空盘或真空模板每次使用后,应立即冲洗过滤布;在每次作业前,可在过滤布上涂一层肥皂水、石灰浆,或其他能防止黏结的廉价材料。

③在真空作业后,混凝土的养护与普通混凝土相同。

C. 真空作业的效果

混凝土经真空作业后,其强度提高值见表3-4。但当混凝土的水泥用量大于400 kg/m^3,水灰比在0.4以下时,吸真空的效果就大大降低,不宜再用真空作业。

表3-4　混凝土真空作业后的强度提高值

龄期	3天	7天	28天	1年	说明
强度提高值(%)	40~60	30~40	20~25	15~20	真空作业混凝土的配合比、养护条件同普通混凝土

3)压浆混凝土(预填粗骨料混凝土)修补

压浆混凝土是将有一定级配的洁净粗骨料预先填入模板中,并埋入灌浆管,然后通过灌浆管用泵把水泥砂浆压入粗骨料间的空隙中胶结而成为密实的混凝土。

A. 材料与配比

(1)砂。砂宜采用细砂,超过2.5 mm 的颗粒应预先筛出,细度模数最好在1.2~2.4。

(2)粗骨料。粗骨料应为洁净的卵石或碎石,宜采用间断级配,最小粒径不得小于2 cm,最大粒径尽可能大些,使孔隙率降低。在一般情况下,孔隙率为35%~40%。

(3)掺和料。掺入一定数量的掺和料可以节约水泥,改善砂浆的和易性,提高抗渗和抗蚀能力。最常用的掺和料有火山灰质混合材料和粒状高炉矿渣等,其中以粉煤灰应用最广。粉煤灰的质量应符合混凝土施工规范的规定,掺入量可通过试验确定。

(4)外加剂。为了改善砂浆的性能,常掺用加气剂、塑化剂和铝粉等外加剂,最佳掺入量应由试验来确定。铝粉掺入量为水泥与掺和料总质量的4/100 000~1/10 000。用铝粉时,应先将铝粉与干的掺和料拌匀。

(5)配合比。压浆混凝土的配合比设计,应根据试验求得压浆混凝土强度与砂浆强度的关系,再按要求的砂浆强度确定砂浆配合比。但砂浆与胶结料的质量比不超过1.6。为了满足施工的需要,用压浆法浇筑混凝土的砂浆,应具有下列分层度和流动度指标:

①分层度(砂浆的离析程度)不大于2 cm。

②流动度(砂浆的稠度):当石子粒径为20 mm 时为17~22 s;当石子粒径大于20 mm 时为22~25 s。

选择适当的分层度和流动度,是为了砂浆在压力作用下,通过管道输送时处于悬浮状态,以利于提高输送效率。

B. 压浆系统的布置

压浆系统的布置,除应使压浆作业顺利进行外,还应使其移动次数最少,且输浆管线路最短。压浆系统布置方式如图3-57所示。

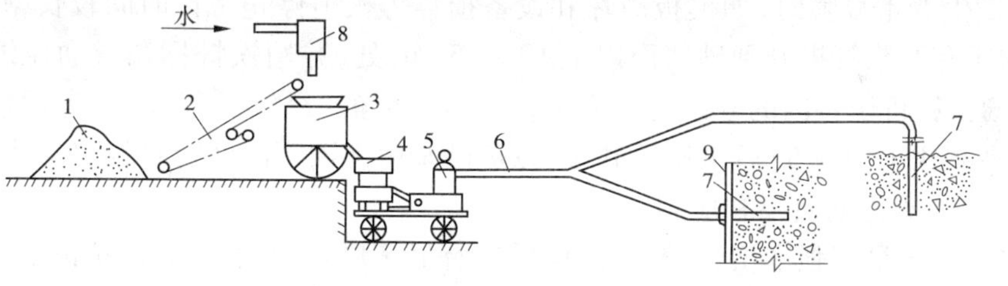

1—水泥、砂材料;2—带式输送机;3—强制式砂浆搅拌机;4—带有搅拌装置的砂浆储备器;
5—砂浆泵;6—输浆泵;7—灌浆泵;8—称水装置;9—模板

图3-57　压浆系统布置方式

C. 压浆混凝土作业

a. 准备工作

具体内容包括:

(1)立好模板,筛选洗净粗骨料,分层填筑,每层厚度不宜超过20 cm,并加以捣实,以降低填石的孔隙率。

(2)在预填粗骨料过程中,应按设计要求埋入灌浆管和观测管,并保证不被填石破坏。

(3)压浆前应对管路做压水试验,检查有无漏水。

b. 压浆作业注意事项

具体内容包括：

(1)砂浆拌和时间应不少于3 min，压浆开始时，先压送水泥浆较多的砂浆，以润滑管路，然后压送按规定配合比拌和的砂浆。

(2)初次拌和好的砂浆必须测定流动度，如数值超过规定，应加以改正。在压浆过程中，也应经常检查流动度。

(3)压浆管的布置方式，应根据修补部位的形状及大小确定，可以穿过侧面模板水平放置，也可以竖直放置。竖放时，压浆管距离模板不宜小于50 cm，以免对模板产生过大压力。压浆管间距与位置，应根据浇筑范围、压浆管的作用半径及管径、砂浆流动度与灌浆压力等事先试验确定，一般间距为1.5～2.0 m。

(4)当施工部位厚度不大，而面积较大、埋设的灌浆管较多时，应对灌浆顺序进行安排。一般采用双线循环法，即从一端向另一端推进，如图3-58所示。开始灌浆时第一线和第二线同时进行，当第一线灌完后，第二线仍继续灌浆，而将第一线的输浆管接到第三线，同样第二线灌完后，再把输浆管接到第四线，如此连续向前推进。

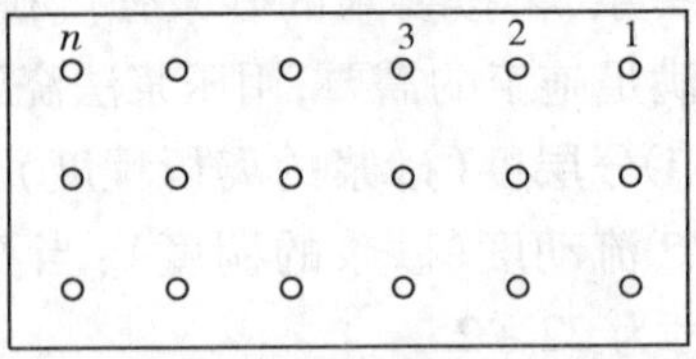

1,2,3,…,n—第一、二、三、…、n线

图3-58　灌浆顺序示意图

(5)当结构物的标高由四周向中心逐渐增高或者是斜面，而布置的灌浆管不能同时灌浆时，应先从最下部开始，逐渐上升，不得间断。

(6)压浆过程中，必须测定砂浆的上升情况，观测结果要做详细记录。

(7)发生严重故障时，如模板破坏和设备损坏等被迫停止工作时间较长，则应将埋入砂浆中的所有灌浆管提升到砂浆面以上10～15 cm处，并用铁钎捅捣或通压缩空气等方法使管路通畅，将设备内的砂浆全部弃掉，且冲洗洁净。继续压浆前，应先适量地压送纯水泥浆(水灰比采用0.5)后再压送砂浆，以免砂浆由上而下灌注时在接缝形成蜂窝麻面。

D. 压浆混凝土的效果和应用

压浆混凝土早期强度增长较缓慢，但后期有显著增长，并有较高的抗渗能力，如90天龄期的抗渗能力可达1.5 MPa以上，其强度可以达到普通混凝土的强度。它不仅适用于一般抗渗要求较高部位的修补，也适用于钢筋稠密、埋设件复杂、结构尺寸要求精确度较高以及水下不宜浇筑捣固的部位的修补。有抗冻要求的压浆混凝土，应通过试验合格后，才能使用。

五、混凝土坝及浆砌石坝的抗滑稳定性

重力坝是用混凝土或浆砌石修筑的大体积挡水建筑物，它的主要特点是依靠自重来维持坝身的稳定。重力坝必须保证在各种外力组合的作用下，有足够的抗滑稳定性，抗滑稳定性不足是重力坝最危险的病害。当发现坝体存在抗滑稳定性不足，或已产生初步滑动迹象时，必须详细查找和分析坝体抗滑稳定性不足的原因，提出有效措施，及时处理。

(一)重力坝抗滑稳定性不足的原因

根据对重力坝病害和失事情况的调查分析，坝体抗滑稳定性不足，主要是由于重力坝

在勘测、设计、施工和运用管理中存在如下问题造成的：

（1）在勘测工作中，由于对坝基地质条件缺乏全面了解，特别是忽略了地基中存在的软弱夹层，计算时采用过高的摩擦系数而造成实际抗滑稳定性不足。

（2）设计的坝体断面过于单薄，自重不够，或坝基扬压力加大，上游面产生了拉应力，使坝体稳定性不足。

（3）施工质量较差，基础处理不彻底，使实际的摩擦系数值达不到设计要求，而坝底渗透压力又超过设计计算值，导致不稳定。

（4）由于管理运用不善，造成水库水位超过设计最高水位较多，增大了坝体所受的水平推力，或排水设施失效，增加了渗透压力，使坝体的抗滑稳定性降低。

（二）增加重力坝抗滑稳定性的主要措施

重力坝承受强大的上游水压力和泥沙压力等水平荷载，如果某一截面的抗剪能力不足以抵抗该截面以上坝体承受的水平荷载，便可能产生沿此截面的滑动。由于一般情况下坝体与地基接触面的结合较差，因此滑动往往是沿坝体与地基的接触面发生的。所以，重力坝抗滑稳定性分析，主要是核算坝底面的抗滑稳定性，坝底面的抗滑稳定性与坝体的受力有关，重力坝所受的主要外力有垂直向下的坝体重力、垂直向上的坝基扬压力、水平推力和坝体沿地基接触面的抗滑力等，如图3-59所示。

坝体的抗滑稳定安全系数K用下式表示：

$$K = \frac{F}{\sum P} = \frac{f(\sum G - u)}{\sum P} \tag{3-4}$$

式中　$\sum P$——水平推力，包括水压力、风浪压力、泥沙压力等；

$\sum G$——垂直向下的坝体、水、泥沙的重力；

u——垂直向上的坝基扬压力；

f——抗剪摩擦系数；

F——抗滑力。

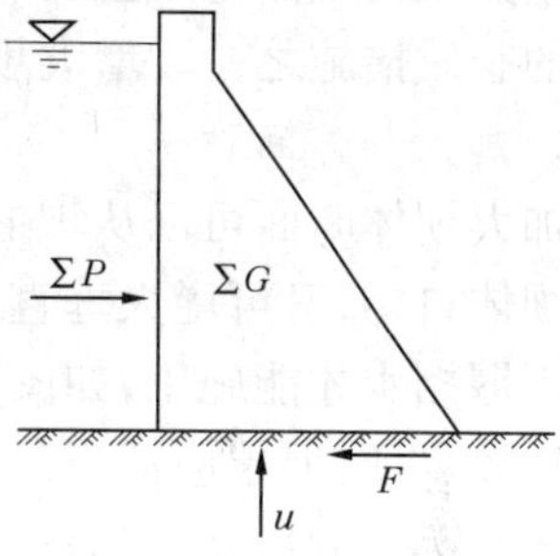

图3-59　重力坝受力图

由式（3-4）可知，增加坝体抗滑稳定性的途径有减小扬压力、增大坝体重力、增大摩擦系数和减小水平推力等。

1.减小扬压力

扬压力对坝体的抗滑稳定性有极大的影响，减小扬压力是增加坝体抗滑稳定性的主要方法之一。通常减小扬压力的方法有两种：一是加强防渗，二是加强排水。

1）加强防渗

采用补强帷幕灌浆，加强坝基防渗，对减小扬压力的效果非常显著，灌浆可在坝体灌浆廊道中进行，如图3-60（a）所示。当没有灌浆廊道时，可从坝顶上游侧钻孔，穿过坝身，深入基岩进行灌浆，如图3-60（b）所示。当既无灌浆廊道，从坝顶钻孔灌浆又有困难，而且不能放空水库时，可采用深水钻孔灌浆，如图3-60（c）所示。灌浆材料以水泥为主。

2）加强排水

为减小扬压力，除在坝基上游部分进行补强帷幕灌浆外，还应在帷幕下游部分设置排

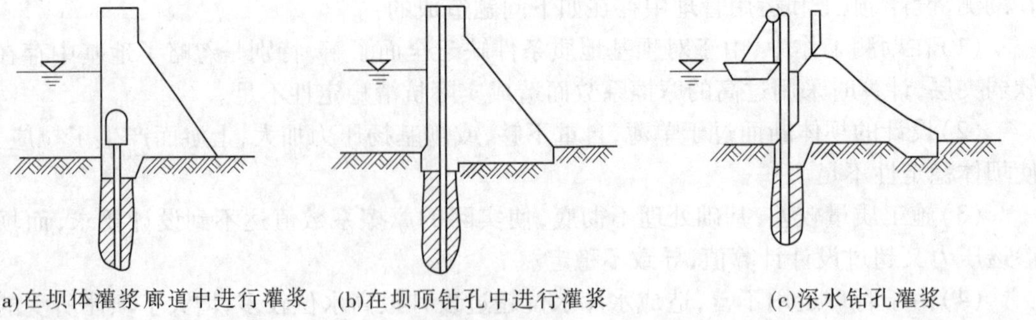

图 3-60　补强帷幕灌浆进行方式

水系统，增加排水能力。两者配合使用，更能保证坝体的抗滑稳定。

排水系统的主要形式是排水孔，排水孔的排水效果与孔距、孔径和孔深有关，常用的孔距为 2 ~ 3 m，孔径为 15 ~ 20 cm，孔深为帷幕深度的 40% ~ 60%。原排水孔过浅或孔距过大的，应进行加深或加密补孔，以增加导渗能力。若原有的排水孔受泥沙等物堵塞，可采用高压气(或水)冲孔或用钻机清扫排水孔，以恢复其排水能力。

2. 增大坝体重力

重力坝的坝体稳定主要靠坝体的重力平衡水压力，因此增大坝体的重力是增加抗滑稳定的有效措施之一。增大坝体重力可采用加大坝体断面或预应力锚固等方法。

1) 加大坝体断面

加大坝体断面可以从坝的上游面或从坝的下游面进行。从上游面增加断面时，既可增大坝体自重，又可增大垂直水重，同时还可改善防渗条件，但须放空水库或降低库水位修筑围堰挡水才能施工，如图 3-61(a) 所示。从坝的下游面增大断面，如图 3-61(b) 所示，施工比较方便，但也应适当降低库水位进行施工，这样有利于减小上游坝面拉应力。坝体断面增加部分的尺寸，应通过稳定计算确定，施工时还应注意新旧坝体之间的结合紧密。

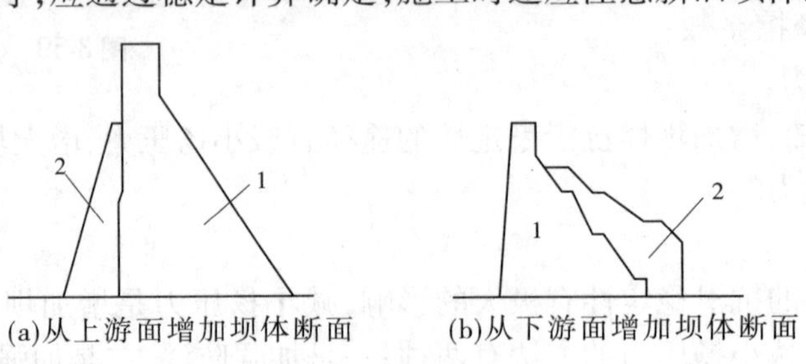

1—原坝体；2—加固坝体

图 3-61　增加坝体断面的方式

2) 预应力锚固

预应力锚固，是从坝顶钻孔到坝基一定深度，在孔内穿入钢锚索，锚索一端锚入基岩中，另一端锚入坝体内，通过对锚索施加预应力，使坝体内及坝体与坝基之间压力增大，从而可以增加坝体的抗滑稳定性，如图 3-62 所示。用预应力锚固来提高坝体抗滑稳定性效果良好，但施工工艺复杂，而且预应力会因锚索松弛而发生损失。

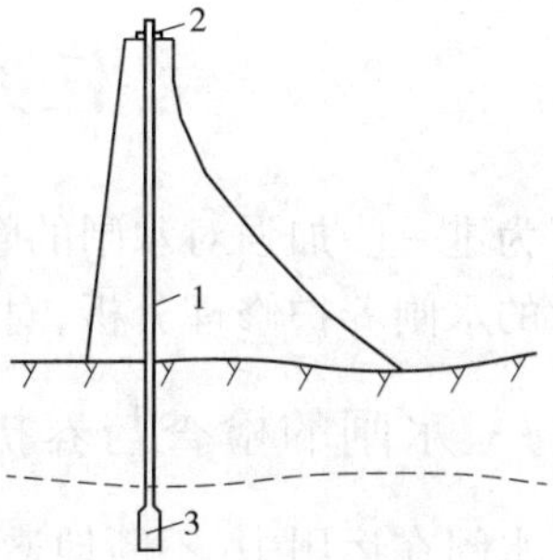

1—锚索孔;2—锚头;3—扩孔段

图 3-62 预应力锚固示意图

对于空腹重力坝或大头坝等坝型,也可采用腹内填石加重,不必加大坝体断面。

3. 增大摩擦系数

摩擦系数大小与坝体和地基的连接形式及清基深度有关。对于原坝体与地基地结合,只能通过固结灌浆的措施加以改善,从而提高坝体的抗滑稳定性。此外,通过固结灌浆还能增强基岩的整体性及弹性模量,增加地基的承载能力,减少不均匀沉陷。固结灌浆孔的深度:在上游部分坝基中,由于坝基可能产生拉应力,要求基岩有较高的整体性,故对钻孔要求较深(8 ~ 12 m);在坝基的下游部分,应力较为集中,也要求采用较深的固结灌浆孔,孔深也为 8 ~ 12 m,其余部分可采用 5 ~ 8 m 的浅孔。固结灌浆孔距一般为 3 ~ 4 m,呈梅花形或方格形布置。

4. 减小水平推力

减小水平推力可采用控制水库运用和坝体下游面加支撑等方法。

1) 控制水库运用

控制水库运用主要用于病险水库度汛或水库设计标准偏低等情况。对病险水库而言,通过降低汛前调洪起始水位,可减小库水对坝的水平推力。对设计标准偏低的水库,通过改建溢洪道,加大泄洪能力,控制水库水位,也可达到保持坝体稳定的目的。

2) 坝体下游面加支撑

坝体下游面加支撑,可使坝体上游的水平推力通过支撑传到地基上,从而减小坝体所受的水平推力,又可增大坝体重力。支撑的形式如图 3-63 所示,可根据建筑物的形式和地质地形条件加以选用。图 3-63(a)是在溢流坝下游护坦上钻孔设桩,通过桩将部分水平推力传到河床基岩上;图 3-63(b)是非溢流坝的重力墙支撑;图 3-63(c)是钢筋混凝土水平拱支撑。采用何种抗滑稳定的措施要因地制宜,补强灌浆和加大坝体断面是经常采取的两种有效措施,有些情况下也可采取综合性措施。

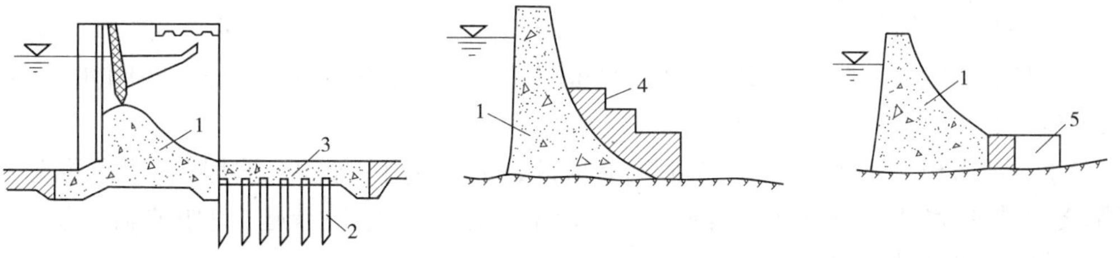

(a)溢流坝护坦上钻孔设桩 (b)非溢流坝设重力墙 (c)钢筋混凝土水平拱支撑

1—坝体;2—支撑桩;3—护坦;4—重力墙;5—水平拱

图 3-63 下游面加支撑的形式

任务三　掌握水闸的养护维修

为进一步加强对水闸的管理、保障水闸的正常化运行、延长使用年限,本任务通过对预设的水闸养护修理分析,对水闸的运行情况以及维修和养护工程做出详细的介绍。

一、水闸的检查与养护

水闸在运用中,不断地遭受各种内外不良因素的作用,产生冲刷、磨损、腐蚀等破坏,使材质日渐削弱、构件的承载能力降低,可能出现闸基变形、混凝土开裂、闸门振动及漏水、启闭设备老化失灵等问题,如不及时养护修理,则缺陷必将逐渐发展,影响建筑物的安全运用,严重的甚至会导致失事,因此必须经常做好养护修理工作。

(一)水闸混凝土结构物的养护

水闸中土工建筑物和石工建筑物的养护参考土石坝和混凝土坝的养护,水闸混凝土结构物的养护除可参照混凝土坝的日常养护外,还应做好以下工作:

(1)水闸上下游,特别是底板、闸门槽和消力池内的碎石等杂物应定期清除,以防对混凝土表面的磨损。

(2)混凝土及钢筋混凝土表面的污水、污物、垃圾或附着水生物,应随时清除干净,以防对混凝土的污染。

(3)混凝土建筑物上的排水管、进水孔和通气孔等应及时进行疏通保养,特别是桥面上的排水孔也应随时疏通,以防雨水沿板和梁漫流,加速其碳化、老化。空箱式挡土墙箱内的淤土也应适时清除。

(4)因施工质量导致的混凝土表面的蜂窝、麻面、骨料架空和外露、模板走样、接缝不齐等,要用水泥砂浆或喷浆修补。施工用的模板、排架拆除后,遗留在表面的螺栓及其他铁件,除个别因运行需要保留外,其余均应全部割除,如在泄流面上的,还应进行表面整修。要保留的铁件也应用油漆保养、防止锈蚀。

(5)伸缩缝要定期检查,注意防止杂物卡塞;填料如有流失的要补充。设有沥青井,并在井内预埋钢管或钢筋导体的,要按要求每隔一定时间用蒸汽或通电加热熔化,补充新的沥青等,使其充填物饱满。

(6)泄水期间,特别是汛期排洪时,河道上的漂浮物应经常清理,以防阻水、卡堵闸门,冲坏消能工。

(7)经常露出水面的底部钢筋混凝土构件,如进洪闸的底板、护坦等,夏季酷暑高温暴晒,冬季严寒冰冻,应根据情况因地制宜地采取适当的保护措施,例如覆盖一层0.2~0.3 m厚的土加以保护等。

(8)处于北方严寒地区的水闸,冬季还应随时清除混凝土结构上的积水和重要部位的积雪。

(二)闸门养护

由于闸门多安装于露天场所,长期或间歇地浸于水中,承受较大的水压力或水流、泥沙及污物的冲击磨损和周围介质的腐蚀作用,一般情况下,闸门的寿命总是小于建筑物的寿命，只有良好的维护工作，才能保证闸门安全正常的运行，延长闸门的使用年限，以充分发挥工程效益。

要经常清理闸门上附着的水生物和杂草污物等，避免钢材腐蚀，保持闸门清洁美观、运用灵活。要经常清理门槽处的碎石、杂物，以防卡阻闸门，造成闸门开度不足或关闭不严。

严禁水闸的超载运行。严禁在水闸上堆放重物，以防引起地基不均匀沉陷或闸身裂缝。

门叶是闸门的主体，要求门叶不锈不漏。要注意观察是否发生门叶变形、杆件弯曲或断裂及气蚀等病害。若发现问题应及时处理。

支承行走装置是闸门升降时的主要活动和支承部件，支承行走装置常因维护不善而引起不正常现象，如滚轮锈死，由滚动摩擦变为滑动摩擦，压合胶木滑块变形，增大摩擦系数等。对支承行走装置的养护工作，除防止压合胶木滑块劈裂变形及表面保持一定光滑度外，主要是加强润滑和防锈。

水封装置要保证不漏水，按一般使用要求，闸门全闭时，各种水封的漏水量不应超过下列标准：木水封，1.0 L/(s·m)；木加橡皮水封，0.3 L/(s·m)；橡皮水封，0.1 L/(s·m)；金属水封（阀门上用），0.1 L/(s·m)。

水封养护工作主要是及时清理缠绕在水封上的杂草、冰凌或其他障碍物，及时拧紧或更换松动锈蚀的螺栓，定期调整橡胶水封的预压缩量，使松紧适当；打磨或涂抹环氧树脂于水封座的粗糙表面，使之光滑平整；对橡皮水封要做好防老化措施，如涂防老化涂料；木水封要做好防腐处理，金属水封要做好防锈蚀工作等。

闸门工作时，往往由于水封漏水、开度不合理、波浪冲击、闸门底缘形式不好或门槽形式不适当等，均容易使闸门发生振动。振动过大，就容易使闸门结构遭受破坏。因此，在日常养护过程中，一旦发现闸门有异常振动现象，应及时检查，找出原因，采取相应处理措施。

（三）启闭机养护

养护是闸门启闭机运行管理的重要内容，须做到“经常维护，随时维修，养重于修，修重于抢”，保持设备始终处于良好的技术状况，以延长使用寿命，减少运行费用，确保安全可靠的运行。

启闭机的动力部分应保证有足够容量的电源、良好的供电质量；应保持电动机外壳上无灰尘污物，以利散热；应经常检查接线盒压线螺栓是否松动、烧伤，要保证润滑油脂填满轴承空腔的1/2～2/3，脏了要更换。

电动机的主要操作设备如闸刀、开关等，应保持清洁、干净，触点良好，接线头连接可靠，电机的稳压、过载保护装置必须可靠。

电动部分的各类指示仪表，应按有关规定进行检验，保证指示正确。

启闭机的传动装置，润滑油料要充足，应及时更换变质润滑油和清洗加油设施。启闭机的制动器是启闭机的重要部件之一，要求动作灵活、制动准确，若发现闸门自动沉降，应立即对制动器进行彻底检查及修理。

（四）其他日常养护

定期清理机房、机身、闸门井、操作室以及照明设施等，并要充分通风。

拦污栅必须定期进行清污,特别是水草和漂浮物多的河流上更应注意。在多泥沙河流上的闸门,为了防止门前大量淤积影响闸门启闭,要定期排沙,并防止表面磨损。

备用照明、通信、避雷设备等要经常保持完好状态。

二、处理水闸的病害

对于水闸工程中土工结构、混凝土结构和石工结构的常见问题(如裂缝、渗漏)处理方法,可分别参照土石坝、混凝土坝维修处理方法执行。以下将结合水闸工程自身特点,对其特有常见维修加固技术做一简介。

(一)水闸冲刷破坏及处理

1. 护坦和海漫的冲刷破坏及处理

护坦和海漫常因单宽流量大而发生冲刷破坏。对护坦因抗冲能力差而引起的冲刷破坏,可进行局部补强处理,必要时可增设一层钢筋混凝土防护层,以提高护坦的抗冲能力。为防止因海漫破坏引起护坦基础被淘空,可在护坦末端增设一道钢筋混凝土防冲齿墙,如图3-64所示。

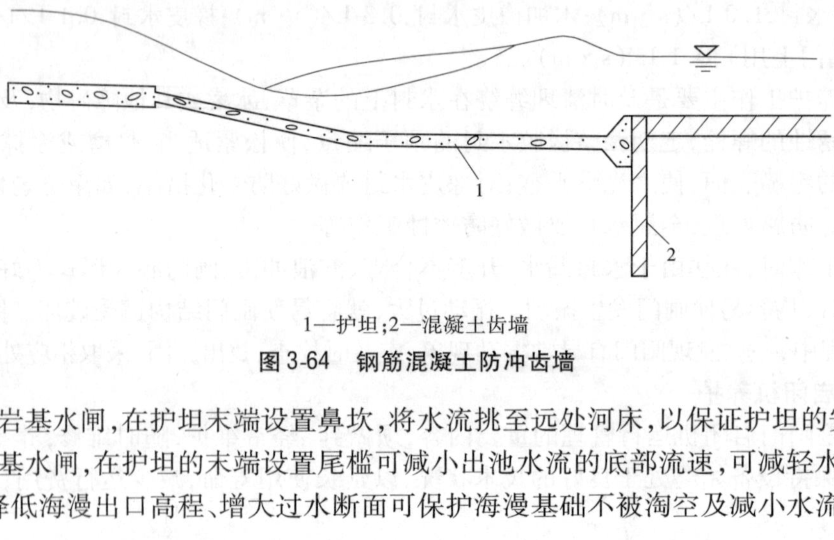

1—护坦;2—混凝土齿墙

图3-64　钢筋混凝土防冲齿墙

对于岩基水闸,在护坦末端设置鼻坎,将水流挑至远处河床,以保证护坦的安全。

对软基水闸,在护坦的末端设置尾槛可减小出池水流的底部流速,可减轻水流对海漫的冲刷;降低海漫出口高程、增大过水断面可保护海漫基础不被淘空及减小水流对海漫的冲刷。

近年来,土工织物作为防冲保护和排水反滤的一种新型材料,已在闸坝等水利工程中得到了越来越广泛的应用。它具有抗拉强度高,整体连续性好;质量轻、抗腐、不霉变、储运方便;质地柔软,具有排水、防冲、加筋土体等功能;施工简便、速度快、施工质量容易控制;工程抗老化、造价低等诸多优越性。土工织物是高分子材料经聚合加工而成的,目前应用较多的有涤纶、锦纶、丙纶等。

2. 下游河道及岸坡的破坏及修理

水闸下游河道及岸坡的冲刷原因较多,当下游水深不够,水跃不能发生在消力池内时,会引起河床的冲刷;上游河道的流态不良使过闸水流的主流偏向一边,引起岸坡冲刷;水闸下游翼墙扩散角设计不当产生折冲水流,也容易引起河道及岸坡的冲刷。河床的冲刷破坏的处理可采用与海漫冲刷破坏大致相同的处理方法。河岸冲刷的处理方法应根据冲刷产生的原因来确定，可在过闸水流的主流偏向的一边修导水墙或丁坝，亦可通过改善翼墙扩散角以及加强运用管理等来处理河岸冲刷问题。

近年来土工织物在护岸工程中也得到了较多应用。松花江哈尔滨老头湾河段，因修建江桥，江堤迎流顶冲，低水位以下护底柴排屡遭破坏，年年维修加固。1985 年采用 DS－450型土工织物作排体，沉放了 1 600 m 长的软体排。排体下面用Φ 8 的钢筋网作支托，将排体用尼龙绳固定在钢筋网上，排体上面用块石压重。由于排体具有一定柔软性，能适应水下地形变化而使护岸排体紧贴堤坡岸脚，因而形成了一层良好的保护层。

挡潮闸下游河道及出海口岸的岸坡、护坡的施工受到潮汛一天两次涨落的影响，潮汛来时流速往往较大，给护坡加固施工带来很大困难。近年来，土工织物模袋（见图 3-65）混凝土作为一种新的护坡技术，在沿海地区已得到较多的应用。它可以直接在水下施工，无须修筑围堰及施工排水；模袋混凝土灌注结束，就能经受较大流速的冲刷。机织模袋型用透水不透浆的高强度绵纶纤维织成，织物厚度大，强度高。流动混凝土或水泥砂浆依靠压力在模袋内充胀成型，固化后形成高强度抗侵蚀的护坡。土壤和模袋之间不需另设反滤层。

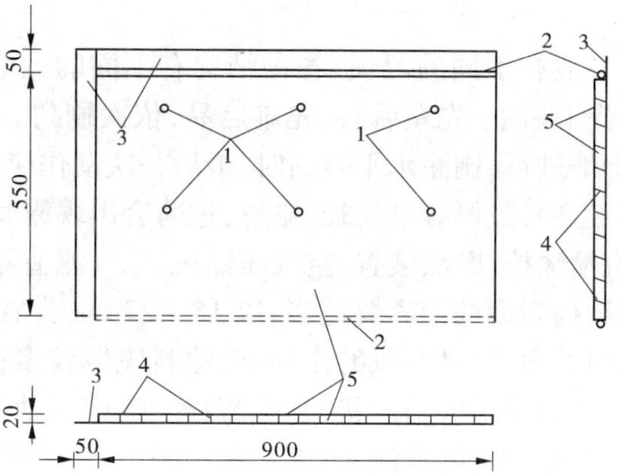

1—浇筑孔；2—穿管处；3—接缝反滤布；4—锦纶线拉索；5—土工织物模袋

图 3-65　土工织物模袋示意图　（单位：cm）

（二）钢闸门（及其钢构件）的防腐蚀

钢闸门常在水中或干湿交替的环境中工作，极易发生腐蚀，加速其破坏，引起事故。为了延长钢闸门的使用年限，保证安全运用，必须经常地予以保护。

目前，水工钢闸门常用的防腐蚀措施多属覆盖层保护，即涂料保护、金属喷镀与涂料联合保护。当采用覆盖层保护时，必须要对其进行表面处理。表面处理所要达到的要求通常用两项指标来衡量，一是表面清洁度，二是表面粗糙度。表面处理的方法常用的有人工敲铲、电动工具除锈和干喷砂除锈等。

人工处理是靠人工铲除锈和旧漆，此法工艺简单，无须大型设备，但劳动强度大、工效低、质量较差。

火焰处理是对旧漆和油脂有机物，借燃烧使之碳化而清除。对氧化皮是利用加热后金属母体与氧化皮及铁锈间的热膨胀系数不同而使氧化皮崩裂、铁锈脱落。此种方法，设备简单,清理费用较低,质量比人工处理好。

化学处理是利用碱液或有机溶剂与旧漆层发生反应来除漆,利用无机酸与钢铁的锈蚀产物进行化学反应来清理铁锈。除旧漆可利用纯碱石灰溶液(纯碱:生石灰:水 = 1:1.5:1.0)或其他有机脱漆剂。除锈可用无机酸与添加料配制的除锈药膏。化学处理,劳动强度低,工效较高,质量较好。

喷砂处理方法较多,常见的干喷砂除锈除漆法是用压缩空气驱动砂粒通过专用的喷嘴以较高的速度冲到金属表面,依靠砂粒的冲击和摩擦以除锈、除漆。此种方法工效高、质量好,但工艺较复杂,需专用设备。

1. 涂料保护

涂料可分为底漆和面漆两种,二者相辅相成。底漆主要起防锈作用,应有良好的附着力,漆膜封闭性强,使水和氧气不易渗入。面漆主要是保护底漆,并有一定的装饰作用,应具有良好的耐蚀、耐水、耐油、耐污等性能。同时还应考虑涂料与被覆材料的适应性,注意产品的配套性,包括涂料与被覆材料表面配套、涂料层间配套、涂料与施工方法配套、涂料与辅助材料(稀释剂、固化剂、催干剂等)配套。涂料保护一般施工方法有刷涂和喷涂两种。

刷涂的方法很多,各地有不同的习惯,各种结构有不同的顺序,应因地制宜地采用。其操作的一般要求是:先上后下,先左后右,先难后易,依次刷匀。当刷涂竖直表面时,最后一次动作应由上而下地进行,刷涂水平表面时,最后一次动作应按结构边界主要方向进行。涂漆时厚度应均匀适中,过厚容易流挂、皱皮,过薄会出现露底。

喷涂的主要设备有喷漆枪、贮漆装置、空气压缩机、空气滤清器、橡胶管和其他辅助工具等。喷涂时,喷枪与结构表面的距离要适当,以 15 ~ 25 cm 为宜。距离过大,漆雾喷射力量较小,会影响漆膜附着力,而且在风的作用下,漆料飞散较多;距离过小,易使漆液集中,在喷枪气流作用下,使漆膜形成桔皮状,直至流挂。喷枪移动速度视喷出的油漆的黏度和出漆量大小而定。黏度较大的油漆,出漆量较小时,一次喷涂厚度可以大一些,移动可慢一点;黏度小的油漆,出漆量较大,可以快一点,以防止流挂。同一结构上,前后移动速度要均匀一致,不能时快时慢,影响漆层均匀。喷到结构边缘部位时,应先喷边界处,再向内喷涂,防止流挂和造成浪费。结构的梁系与杆件的翼缘、角钢内侧的铆钉或螺母以及其他隐蔽部位应仔细喷涂,防止漏喷或漆膜过薄。必要时,喷后用人工刷涂予以整理,以保证质量。

对于水工钢闸门上比较复杂的部位,涂装应特别仔细,防止漏涂和涂刷不实。在铆钉、螺栓、型钢的边缘以及杆件结合交叉处,应少蘸漆,多搓揉,涂均匀,防止漏涂、流挂和皱皮,然后予以全面整理。在结构面上的锈坑、麻点处涂刷时,应先用漆刷蘸漆搓揉或竖起刷毛戳涂,使锈坑麻点全部与漆液接触而被封闭,防止漆膜下留有气泡或漆膜在表面张力作用下破裂露底。在涂刷夹缝,如双拼角钢、双拼槽钢杆件的夹缝时,可用小片刷蘸漆涂装。每当涂装一小块面积后,应仔细观察涂层有无弊病,要在涂层不干前及时发现,及时处理。

2. 喷镀保护

喷镀保护是在钢闸门上喷镀一层锌、铝等活泼金属,使钢铁与外界隔离从而得到保护。同时，还起到牺牲阳极（锌、铝），保护阴极（钢闸门）的作用。喷镀有电喷镀和气喷镀两种。水工上常采用气喷镀。气喷镀所需设备主要有压缩空气系统、乙炔系统、喷射系统等。常用的金属材料有锌丝和铝丝，一般采用锌丝。气喷镀的工作原理是，金属丝经过喷枪传动装置以适宜的速度通过喷嘴，由乙炔系统热熔后，借压缩空气的作用，把雾化成半熔融状态的微粒喷射到部件表面，形成一层金属保护层。

3. 外加电流阴极保护与涂料保护相结合

将钢闸门与另一辅助电极（如废旧钢铁等）作为电解池的两个极，以辅助电极为阳极、钢闸门为阴极，在两者之间接上一个直流电源，通过水形成回路，在电流作用下，阳极的辅助材料发生氧化反应而被消耗，阴极发生还原反应得到保护，如图 3-66 所示。当系统通电后，阴极表面就开始得到电源送来的电子，其中除一部分被水中还原物质吸收外，大部分将积聚在阴极表面上，使阴极表面电位越来越低。电位越低，保护效率就越高。当钢闸门在水中的表面电位达到 −850 mV 时，钢闸门基本能不锈，这个电位值被称为最小保护电位。在钢闸门上采用外加电流阴极保护时，需消耗大量保护电流。为了节约用电，可采用与涂料一并使用的联合保护措施。

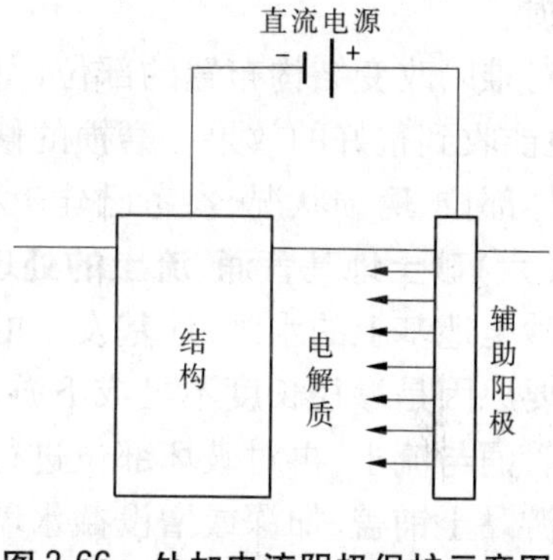

图 3-66　外加电流阴极保护示意图

（三）钢丝网水泥闸门的防腐处理

钢丝网水泥是一种新型水工结构材料，它由若干层重叠的钢丝网、浇筑高强度等级水泥砂浆而成。它具有质量轻、造价低、便于预制、弹性好、强度高、抗振性能好等优点。完好无损的钢丝网水泥结构，其钢丝网与钢筋被氢氧化钙等碱性物质包围着，钢丝与钢筋在氢氧化钙碱性作用下生成氢氧化铁保护膜保护钢网、钢筋，防止了钢网、钢筋的锈蚀。因此，对钢丝网水泥闸门，必须使砂浆保护层完整无损。要达到这个要求，一般采用涂料保护。

钢丝网水泥闸门在涂防腐涂料前也必须进行表面处理，一般可采用酸洗处理，使砂浆表面达到洁净、干燥、轻度毛糙。常用的防腐涂料有环氧材料、聚苯乙烯、氯丁橡胶沥青漆及生漆等。为保证涂抹质量，一般需涂 2～3 层。

（四）木闸门的防腐处理

在水利工程中，一些中小型闸门常用木闸门，木闸门在阴暗潮湿或干湿交替的环境中工作，易霉烂和虫蛀，因此也需进行防腐处理。

木闸门常用的防腐剂有氟化钠、硼铬合剂、硼酚合剂、铜铬合剂等。作用在于毒杀微生物与菌类，达到防止木材腐蚀的目的。施工方法有涂刷法、浸泡法、热浸法等。处理前应将木材烤干，使防腐剂容易吸附和渗入木材体内。

木闸门通过防腐剂处理以后，为了彻底封闭木材空隙，隔绝木材与外界的接触，常在木闸门表面涂上油性调合漆、生桐油、沥青等，以杜绝发生腐蚀的各种条件。

（五）气蚀及磨损的处理

水闸产生气蚀的部位一般在闸门周围、消力槛、翼墙突变等部位，这些部位往往由于水流脱离边界产生过低负压区而产生气蚀。对气蚀的处理可采取改善边界轮廓、对低压区通气、修补破坏部位等措施。

在多砂河流上的水闸，磨损现象较为普遍。水闸因设计不周而引起闸室底板、护坦的磨损，可对其结构布置进行改进。例如，有的水闸护坦上因设置了消力墩引起立轴漩涡，漩涡夹带砂石长时间在一定范围内旋转，使护坦磨损，严重时会磨穿护坦，在这种情况下可废弃消力墩，将尾槛改成斜面或流线形，使池内砂石随水流顺势带向下游，减轻对护坦的磨损。

对难以改变结构布置的部位（如闸室底板），可采用抗蚀性能好的材料进行护面或修补，也能收到很好的效果。磨损的修补材料较多，如环氧材料、高强度等级混凝土等，可根据具体部位、磨损状况，参考已建工程的运用经验确定。

（六）砂土地基管涌、流土的处理

砂土地基上的水闸，地基发生的管涌、流土会造成消能工的沉陷破坏。这种破坏产生的主要原因是渗径长度不足或下游反滤失效。因此，对沉陷破坏应先采取措施防止地基发生管涌与流土，再对破坏部位进行修复。防止地基发生管涌与流土的措施有加长或加厚上游黏土铺盖、加深或增设截水墙、下游设置透水滤层等。

任务四　掌握溢洪道的养护维修

掌握溢洪道的检查和养护方法以及如何处理溢洪道的病害，保证溢洪道的安全使用。

一、溢洪道的检查与养护

溢洪道的安全泄洪是确保水库安全的关键。对大多数水库的溢洪道，泄水机会并不多，宣泄大流量的机会则更少，有的几年或十几年才遇上一次。但由于大洪水出现的随机性，溢洪道得做好每年过大洪水的准备，这就要求我们把工作的重点放在日常养护上，保证溢洪道能正常工作。

（1）检查水库的集水面积、库容、地形地质条件和水、沙量等规划设计基本资料，按设计要求的防洪标准，验算溢洪道的过流尺寸。当过流尺寸不满足要求时，应采取各种措施予以解决。

（2）检查开挖断面尺寸，检查溢洪道的宽度和深度是否已经达到设计标准；观测汛期过水时是否达到设计的过水能力，每年汛后检查观测各组成部分有无淤积或坍塌堵塞现象；还应注意检查拦鱼栅和交通桥等建筑物对溢洪道过水能力的影响等。通过检查，发现问题应及时采取措施。

（3）应经常检查溢洪道建筑物结构完好情况，要检查溢洪道的闸墩、底板、胸墙、消力池等结构有无裂缝和渗水现象，陡坡段底板有无被冲刷、淘空、气蚀等现象，若发现问题应及时采取措施进行处理。

（4）应注意检查溢洪道消能效果。溢洪道消能效果好坏，关系到工程的安全。消力池消能应注意观察水跃产生情况。鼻坎挑流要注意观察水流是否冲刷坝脚，冲坑深度是否继续扩大。

(5)做好控制闸门的日常养护，确保闸门正常工作。

(6)严禁在溢洪道周围爆破、取土、修建无关建筑。注意清除溢洪道周围的漂浮物，禁止在溢洪道上堆放重物。

二、处理溢洪道的病害

(一)溢洪道尺寸不足的原因及处理

1. 主要原因

溢洪道泄洪能力不足，是导致许多水库垮坝的一个重要原因。造成其泄洪能力不足的主要原因有：

(1)原始资料不可靠。有的水库集雨面积的计算值远小于实际来水面积；有的水库降雨资料不准，与实际不符；有的水库容积关系曲线不对，实际的库容比设计的小等。

(2)水库的设计防洪标准偏低，设计洪水偏小。

(3)溢洪道开挖断面不足，未达到设计要求的宽度和高程等。

(4)溢洪道控制段前淤积及设置拦鱼设施等碍洪设施。

(5)在计算中未考虑溢洪道控制段前较长引水渠的水头损失。

2. 处理措施

溢洪道的泄洪能力主要取决于控制段。因溢洪道控制段的大多水流是堰流，因此可用堰流公式分析溢洪道的泄洪能力。公式为

$$Q = \varepsilon mB\sqrt{2g}H^{3/2} \tag{3-5}$$

式中　H——堰顶水头，m；

B——堰顶宽度，m；

m——流量系数；

ε——侧收缩系数；

g——重力加速度，$g = 9.8\ m/s^2$；

Q——泄洪流量，m^3/s。

由式(3-5)可知，溢洪道过水能力与堰上水深、堰型和过水净宽等有关，因此要经常检查控制段的断面、高程是否符合设计要求。要加大溢洪道泄洪能力，可采取以下措施。

1)加高大坝

通过加高大坝，抬高上游库水位，增大堰顶水头。这种措施应以满足大坝本身安全和经济合理为前提。

2)改建和增设溢洪道

通过改建溢洪道可提高溢洪道的泄洪能力，具体措施如下：

(1)降低溢洪道底板高程。这种方法会降低水库效益。但若降低溢洪道底板高程不大就能满足泄洪能力，在降低的高度上设置闸，在洪水来临前将闸门移走，保证泄洪，洪水后期关闭闸门，使库水回升，可避免或减小水库效益的降低。

(2)加宽溢洪道。当溢洪道岸坡不高，加宽溢洪道所需开挖量不很大时，可以采用。

(3)增大流量系数。不同堰型的流量系数不同,同种堰型的形状不同,流量系数也不一样。宽顶堰的流量系数一般为0.32~0.385,实用堰的流量系数一般为0.42~0.44。因此,当所需增加的泄洪能力的幅度不大、扩宽或增建溢洪道有困难时,可将宽顶堰改为流量系数较大的曲线形实用堰,以增大泄洪能力。

(4)提高侧收缩系数。通过改善闸墩和边墩的头部平面形状,可提高侧收缩系数,从而增大泄洪能力。在有条件的情况下,也可增设新的溢洪道。

3)加强溢洪道日常管理

减少闸前泥沙淤积,及时清除拦鱼等妨碍泄洪的设施,可提高溢洪道的泄洪能力。

(二)动水压力引起的底板掀起及修理

溢洪道的泄槽段的高速水流,不仅冲击泄槽段的边墙,造成边墙冲毁,威胁溢洪道本身的安全,而且由于泄槽段内流速大,流态混乱,再加上底板表面不平整,有缝隙,缝中进入动水,使底板下浮托力过大而掀起破坏。

在高速水流下保证底板结构安全的措施归结为四个方面,即封、排、压(拉)、光。"封"就是要求截断渗流,上游库水用于堰前的齿墙或防渗帷幕隔离;下游尾水用位于底板末端的齿墙隔离;底板间的分缝也最好用止水材料或其他措施与底板下的动水隔离,目的是尽量减少浮托水和动水压力对底板的破坏。"排"就是做好排水系统,布置要合理,将未被截住而已经渗来的水迅速妥善地予以排出。"压(拉)"就是利用底板自重压住浮托力和脉动压力,使其不致漂起掀动,在地基条件许可时,可用锚筋或锚桩拉住底板以减小底板的厚度。"光"就是要求底板表面光滑平整,彻底清除施工时残留的钢筋头和脚手架用混凝土柱头等,局部的错台必须磨成斜坡,因为底板不平往往是底板在高速水流作用下被掀翻或产生气蚀的重要原因。

(三)弯道水流的影响及处理

有些溢洪道因地形条件的限制,泄槽段陡坡建在弯道上,高速水流进入弯道,水流因受到惯性力和离心力的作用,互相折冲撞击,形成冲击波,使弯道外侧水位明显高于内侧,形成横向高差,弯道半径愈小、流速愈大,则横向水面坡降也愈大。有的工程由此产生水流漫过外侧翼墙顶,使墙背填料冲刷、翼墙向外倾倒,甚至出现更为严重的事故。减少弯道水流影响的措施一般有两种:一种是将弯道外侧的渠底抬高,造成一个横向坡度,使水体产生横向的重力分力,与弯道水流的离心力相平衡,从而减少边墙对水流的影响;另一种是在进弯道时设置分流隔墩,使集中的水面横比降由隔墩分散,如图3-67所示。

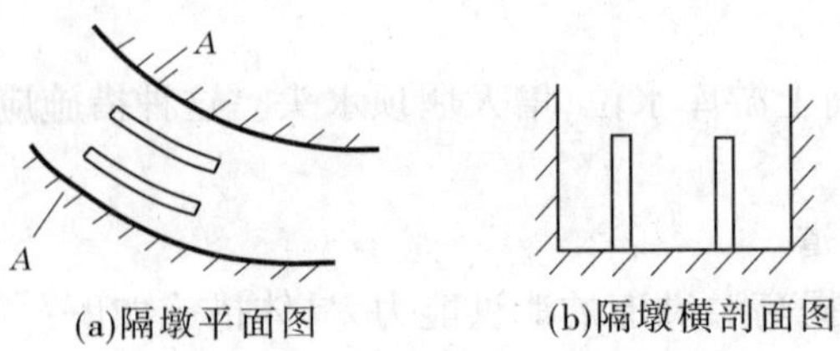

(a)隔墩平面图　(b)隔墩横剖面图

图3-67　弯道隔水墙布置示意图

(四)地基土掏空破坏及处理

当泄槽底板下为软基时,由于底板接缝处地基土被高速水流引起的负压吸空,或者板下排水管周围的反滤层失效,土壤颗粒随水流经排水管排出,均容易造成地基被掏空、底板开裂等破坏。前者处理是做好接缝处反滤,并增设止水;后者处理是对排水管周围的反滤层重新翻修。

为适应伸缩变形需要设置伸缩缝,通常缝的间距为 10 m 左右。土基上薄的钢筋混凝土底板对温度变形敏感,缝间距应略小些;岩基上的底板因受地基约束,不能自由变形,往往自发地产生发丝缝来调整内部的应力状态,所以只需预留施工缝即可。

缝内可不加任何填料,只要在相邻的先浇混凝土接触面上刷一层肥皂水或废机油即可;也有一些工程采用沥青油纸、沥青麻布作为填料。底板接缝间还需埋设橡胶、塑料止水或铝片止水。承受高速水流的底板,要注意表面平整度,切忌上块低于下块,因为这样会产生极大的动水压力,使水流潜入底板下边,掀起底板。有些资料建议上块高于下块 0 ~1 cm。

在底板与地基之间,除直接做在基岩上的外,一般需设置砂垫层以减小地下水渗透压力。但要注意闸室底板下不可设置垫层,以免缩短对防渗有利的渗径长度。砂垫层厚度一般取 10 ~20 cm。

(五)排水系统失效的处理

泄槽段底板下设置排水系统是消除浮托力、渗透压力的有效措施。排水系统能否正常工作,在很大程度上决定底板是否安全可靠。排水系统失效一般需翻修重做。

排水系统一般有板下排水和板面排水两种形式。板下排水由纵向排水支管、横向排水支管和排水干管组成;板面排水则由横向排水支管直接经竖向排水支管排至板面,适用于岩基上的底板或有较好反滤措施的土基上的底板。

(六)泄槽底板下滑的处理

泄槽底板可能因摩擦系数小、底板下扬压力大、底板自重轻等,在高速水流作用下向下滑动。为防止土基上的底板下滑、截断沿底板底面的渗水和被掀起,可在每块底板端部做一段横向齿墙,如图 3-68 所示,齿墙深 0.4 ~0.5 m。

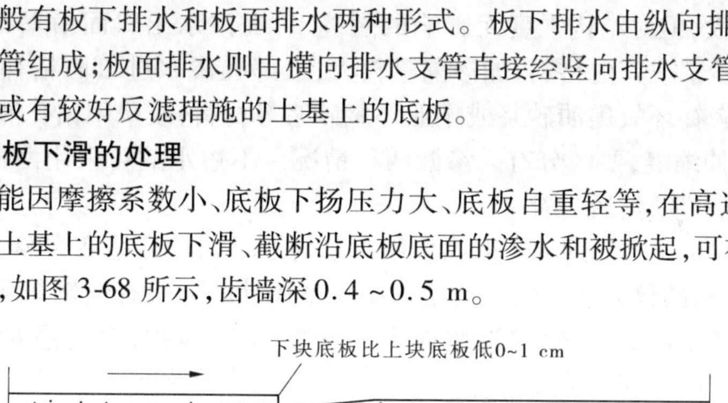

图 3-68 土基底板接缝布置图

岩基上的薄底板,因自重较轻,有时需用锚筋加固以增加抗浮性。锚筋可用直径 20 mm 以上的粗钢筋,埋入深度 1 ~2 m,间距 1 ~3 m,上端应很好地嵌固在底板内。土基上块底板如自重不够,可采用锚拉桩的办法,桩头采用爆扩桩效果更好。

(七)溢洪道的裂缝及其处理

溢洪道的闸墩、边墙、堰体、底板、消能工等,一般均由混凝土或浆砌块石建成,裂缝也是这些结构物上经常出现的现象。裂缝产生的原因主要还是温差过大、地基沉陷不均以及材料强度不够等。位于岩基上的结构物,裂缝多由温度应力引起;位于土基上的结构物,裂缝多因沉陷不均所致。

裂缝从方向上可分为垂直于溢洪道堰轴线的横缝;平行于堰轴线的水平缝或纵缝;与堰轴线斜交的斜缝和无一定方向的纵横交错的龟裂缝等。

裂缝产生后,可能造成两种后果:一种是建筑物的整体性和密实性受到一定程度的破坏,但不渗水;另一种是整体性破坏,而且渗水。前者修理时主要在于恢复其整体性,而后者则除要求恢复其整体性外,还应同时解决渗漏问题。因此,修理裂缝的方法基本上可分为恢复整体性、结构补强和防渗、堵漏几个方面。

(1)缝宽在0.1 mm以下表面无渗水的龟裂缝,不影响混凝土结构强度的,可不加修理。但对处于高流速下比较密集的龟裂缝,宜用环氧砂浆进行表面涂抹,以增强其抗冲耐蚀能力。

(2)缝宽在0.1 mm以上的无渗水裂缝,当不影响结构强度时,为防止钢筋锈蚀,可采用表面胶泥粘补的方法。

(3)有少量渗水,但不影响结构强度的少数裂缝,可采用凿槽嵌补和喷浆等方法。

(4)数量较多、分布面积较广的细微裂缝,当不影响结构强度时,可采用水泥砂浆抹面,浇筑混凝土隔水层、沥青混凝土防水层或表面喷浆等方法。

(5)渗漏较大,但对结构强度无影响的裂缝,可在渗水出口面凿槽,把漏水集中导流后,再嵌补水泥砂浆或其他材料;如渗漏量较大,最好在渗水进口面粘补胶泥或粘补其他材料;也可凿槽嵌补环氧焦油砂浆或酮亚环氧砂浆等材料,或采用钻孔灌浆堵漏的方法。

(6)开裂的伸缩缝,要区分有无渗漏两种情况。不渗水的可采用凿槽嵌补的方法;有渗水的则要加止水片,然后封补。

(7)沉陷缝应首先加固基础(例如采用灌浆的方法),然后堵塞裂缝,必要时可辅以其他措施以增强结构的整体性。恢复或增强结构整体性的方法有浇筑新混凝土或新钢筋混凝土、灌水泥浆或水泥砂浆、喷水泥浆或水泥砂浆、钢板衬护、钢筋锚固或预应力锚索加固等。

(八)气蚀的处理

泄槽段气蚀主要是由边界条件不良所致,如底板、翼墙表面不平整,弯道不符合流线形状,底板纵坡由缓变陡处处理不合理等均容易产生气蚀。对气蚀的处理,一方面可通过改善边界条件,尽量防止气蚀产生;另一方面需对产生气蚀的部位进行修补。

任务五　掌握输水隧洞及渠系建筑物的养护维修

学习坝下涵管、隧洞、渠道日常养护知识和各种病害处理的方法,熟悉渠系建筑物正常工作的条件和检查养护、管理维修方法,掌握渠道正常运用条件及渠道隐患的处理措施,了解渠道蚁穴、兽洞等隐患类型、成因及防治措施。

一、隧洞的养护与修理

（一）隧洞的日常养护

（1）隧洞在输水期间，要经常注意观察和倾听洞内有无异样响声，如听到洞内有咕咕咚咚阵发性的响声或轰隆隆的爆炸声，说明洞内有明流（无压流）、满流（有压流）交替现象，或者有的部位产生气蚀现象。隧洞应尽量避免在明满流交替情况下运行，每次充水或放空过程应缓慢进行，切忌流量猛增或突减，以免洞内产生超压、负压、水锤等现象而引起破坏。

（2）隧洞进口如有冲刷或气蚀损坏，应及时处理。

（3）隧洞运用期间，要经常观察出口流态是否正常、水跃的位置有无变化、主流流向有无偏移、两侧有无漩涡等，以判断消能设备有无损坏。

（4）放水结束后，要对隧洞进行全面检查，一旦发现有裂缝、漏水、气蚀等现象，要及时处理。

（5）隧洞顶上或岩层厚度小于3倍洞径的隧洞顶部，应禁止堆放重物或修建其他建筑物。

（6）隧洞上下游漂浮物应经常清理，以防阻水、卡堵门槽及冲坏消能设备。

（7）多泥沙输水的隧洞，输水结束后，应及时清理淤积在洞内的泥沙。

（8）北方地区，冬季要注意库面冰冻对隧洞和涵管进水部分造成破坏。

（二）隧洞常见病害及处理

1. 隧洞断裂破坏的原因

引起隧洞洞身衬砌断裂破坏的原因很多，主要有下列几个方面：

（1）洞周岩石变形或不均匀沉陷。如隧洞经过地区岩石质量较差，开挖隧洞后，由于岩石变形，衬砌将遭受过大的应力而破坏。

例如奥地利格尔乐斯压力隧洞，有一排水检查廊道，位于隧洞下部而与隧洞平行，隧洞与廊道之间只有一层较薄的混凝土隔开，基岩为石英千叶岩和页岩，部分裂成片状，间或有黏土夹层。运用后发生4起破坏，都在排水廊道右边。事后进行详细分析，认为破坏是由于洞周岩石变形引起的，并和衬砌钢板质量较差有关。

日本殿渊第三电站隧洞因通过石膏矿坑道，引起隧洞不均匀沉陷，因而混凝土衬砌发生多次裂缝破坏。

（2）衬砌质量差。隧洞衬砌质量不好也会引起隧洞破坏。

例如澳大利亚的悉尼压力隧洞，基岩为透水性较大的砂岩，节理发育，设计要求用高强度等级混凝土衬砌。但施工质量很差，混凝土抗压强度最高为1 580 N/cm^2，最低仅292 N/cm^2，隧洞的拱腹和拱顶所取试件的强度最低，衬砌和周围岩石间的空隙用灌浆方法堵塞，施工后发现洞顶衬砌与岩石间仍有成排的空穴存在。由于施工质量令人怀疑，因此采用了分段压水试验，试验结果在埋藏较浅的一段中，当压力还没有达到设计最大水头时，大量的水即被压出地面，停止试验进行检查，发现有300 m长一段混凝土衬砌已严重损毁。在按理论计算覆盖足够深的地段，虽然衬砌只发生一些小裂缝，但上部岩石都已有明显的变形迹象，位移方向与隧洞轴线方向一致，位移量为1.3～1.9 cm。

(3)由于水锤作用产生谐振波而引起衬砌裂缝。一些隧洞的破坏事故证明,即使在设有调压井的压力隧洞内,由于产生高次谐振波可以越过调压井而使隧洞内发生压力波破坏衬砌。

例如坎德斯提电站的压力隧洞,末端有一个容量为15 000 m^3的调压井。经过长期运用后,隧洞衬砌曾三次在同一地点发生裂缝。最后一次破坏,使渗水积聚在一层倾斜的不透水岩层上,使山脚下出现一股泉水,随之整个山坡发生了滑动,导致附近地区居民的生命财产遭受很大的损失。

(4)其他原因引起的隧洞衬砌断裂。当隧洞衬砌所受山岩压力大大超过设计计算数值,或由于隧洞原有截渗设备失效,致使隧洞周围地下水位大幅度升高,地下水压力远大于设计预料数值时,均将造成原有衬砌厚度不足,从而引起断裂;也有的隧洞由于衬砌层外残留的施工临时木支撑腐朽,使衬砌与洞壁间出现空隙,在内水压力等作用下,隧洞衬砌产生纵向或横向裂缝;也有的隧洞,由于运用管理不当而造成断裂漏水。例如,用闸门控制进水的无压隧洞,由于操作疏忽,工作闸门开度过大,造成洞门充满水流,形成有压状态,致使隧洞衬砌在内水压力作用下发生断裂。

2. 隧洞断裂和漏水的处理

隧洞断裂和漏水的处理方法有贴补、灌浆、喷锚支护、内衬等。灌浆、贴补、内衬在任务一已介绍,这里着重介绍喷锚支护。喷锚支护指喷射混凝土和锚杆支护的方法。它与现场浇筑的混凝土衬砌相比,具有与周围岩体黏结好、能提高围岩整体性和稳定性、承载能力强、抗振性能好、施工速度快、成本低等优点。可用于隧洞无衬砌段加固或衬砌损坏的补强。喷锚支护可分为喷纯混凝土支护、喷混凝土加锚杆联合支护喷混凝土、锚杆和钢筋网联合支护等类型。在坚硬或中等质量的岩层中,当隧洞跨度较小且总体是稳定的,仅有局部裂缝交割的危岩可能塌落时,可采用喷纯混凝土支护。有些隧洞即使周围的岩体比较破碎甚至是不稳定的,但只要能保证喷射的混凝土可保证岩体的稳定,也可采用喷纯混凝土支护。对裂隙发育的火成岩、变质岩等围岩,可选用喷混凝土和锚杆联合支护,这时主要靠锚杆抵抗大块危岩的塌落,混凝土仅承受锚杆间岩层的重量。对松软、破碎和断裂的岩层,可采用钢筋网喷混凝土与锚杆联合支护。

1)喷纯混凝土支护

喷纯混凝土是一种快速、高效、不用模板,把运输、浇筑、捣固联结在一起的一种新型混凝土施工工艺。喷混凝土的材料中,可用32.5(R)或42.5(R)号普通硅酸盐水泥,其细度模数为2.5~2.7、粒径为0.35~5 mm的纯净河砂,骨料用小于20 mm的一级配混凝土。常用的配合比水泥:砂:石子为1:2:2,喷顶拱时可用较高的砂率配合比为1:2.5:2,水灰比在0.4~0.45。施工时,先将干料经一般拌和机拌和后,送于双罐式混凝土喷射机,由压缩空气将干料压进直径为50 mm的高压橡胶管,在喷枪处与水混合后喷射出去。喷射时,喷枪口离喷射面0.8~1.0 m的距离,并尽量保持与被喷面垂直的角度。仰喷时,每层厚度为5~7 cm,平喷时为8~15 cm,若厚度较大,当用速凝剂时,间隔10~30 min再喷一层,直到规定层厚。

2)喷混凝土加锚杆联合支护

灌浆锚杆法是在洞顶有可能坍塌的岩块上钻孔,孔深入塌落拱以上一定深度,用水泥砂浆对插入至孔底的锚杆进行固结,从而对塌落拱以内的岩块起到悬吊作用。灌浆锚杆能将不稳定的松碎岩块团结成整体,在成层的岩层中,锚杆能把数层薄的岩层组合起来,因此在岩层中插入灌浆锚杆后再喷混凝土支护隧洞洞壁效果相当好。灌浆锚杆的承载能力与锚杆本身的强度、砂浆与锚杆的黏结强度、砂浆与钻孔岩石的黏结度以及锚固深度有关。锚杆常采用3号或5号螺纹钢筋,直径一般在16~20 mm。通常将锚杆尾部劈岔,塞上楔形块,插入钻孔,用锤打击,使楔形块插入劈岔部位嵌紧在钻孔中,如图3-69所示。锚杆长度取决于洞室的开挖尺寸,当岩石抗压强度在9.8~2.45 MPa,隧洞跨度平均在5 m时,锚杆长度为

$$L \geqslant B/3 \tag{3-6}$$

式中 L——锚杆长度,m;

B——隧洞开挖跨度,m。

锚杆的间距a按一般的经验公式确定,即

$$\frac{L}{a} \geqslant 2 \tag{3-7}$$

灌浆锚杆施工之前,应将锚杆布置区的松动危岩彻底清除掉,并根据岩石节理裂隙或断层情况选择孔位,砂浆锚杆的施工有以下两种方法:

(1)先灌后锚。其施工程序:选孔位→钻孔→杆体除锈、检查并洗孔→拌和砂浆→注浆→插杆。注意:钻孔时,钻孔方向应垂直岩石节理面,钻孔孔径应根据锚杆直径和施工方法而定,一般孔径为32~38 mm。拌和砂浆时,砂子的粒径最大不超过3 mm。砂浆配比要准确,拌和要均匀,当灰砂比为1:(1.0~1.2)时,水灰比最好为0.4~0.45。

先灌浆、后插杆的操作顺序:选择合适的灌浆管长度(一般大于孔深30~40 cm);用水泥稀浆试注润滑灌浆罐及管路,把拌和好的水泥砂浆装入罐内;将罐盖密封,把灌浆管插入锚孔底部;打开罐上的进风阀门,利用风压把砂浆压入锚孔内。砂浆注入孔中时,应缓慢地将灌浆管抽出,不要太快,否则将影响灌浆质量;灌完浆随即插上锚杆。灌浆系统如图3-70所示。

(2)先锚后灌。一般先把锚杆和排气管插入钻孔内,将孔口封闭,然后用灌浆罐灌浆。先锚后灌锚杆的孔径应稍大,一般为44~50 mm。当砂浆灰砂比为1:1.0~1:1.2时,水灰比最好为0.3~0.35。太大罐内砂浆难以全部吹出,太小易堵塞管路。先锚后灌有关灌浆顺序及操作方法与先灌后锚基本一致。

灌浆系统示意图如图3-69所示。

3)喷混凝土、锚杆和钢筋网联合支护

这种方法是在喷射混凝土层中设置钢筋网(或钢丝网),如图3-70所示。施工时,先钻孔埋设锚杆,然后在锚杆的露出部分绑扎钢筋网(或钢丝网),最后喷射混凝土。这种联合支护对防止收缩裂缝、增加喷射混凝土的整体性、提高支护承载能力具有良好的作用。

3. 隧洞的气蚀及处理

1)隧洞气蚀的原因

当隧洞内高速水流流经不平整的边界时,水把不平整处的空气带走,产生负压区。当压力降低至相应水温的汽化压力以下时,水分子发生汽化,形成气泡, 气泡随水流流向下

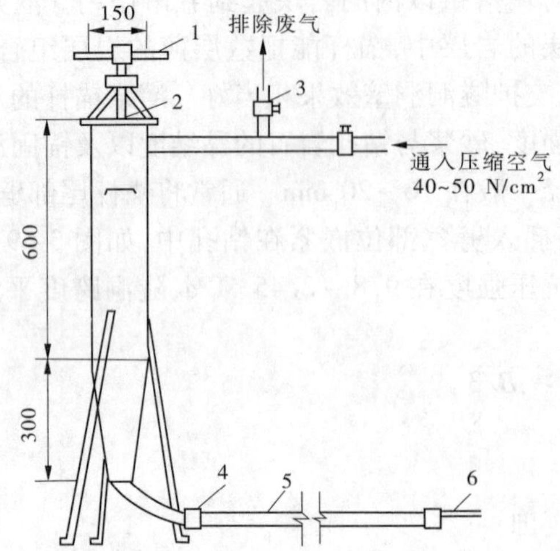

1—螺旋杆；2—罐盖；3—转心阀门；4—活接头；5—胶管；6—钢管

图 3-69　灌浆系统示意图　（单位：mm）

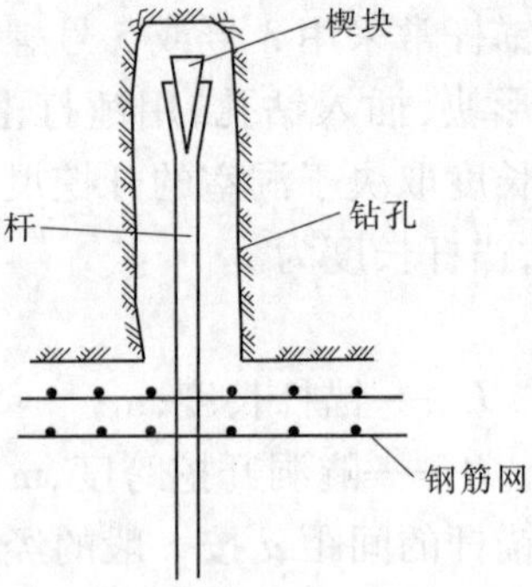

图 3-70　锚杆加钢筋网示意图

游正压区，气泡受压破裂，如果破裂过程发生在靠近洞体表面的地方，则洞体表面将受到气泡破裂的巨大冲击作用，表面就会遭到破坏，这就是气蚀现象。气蚀现象一般都发生在边界形状突变、水流流线与边界分离的部位。隧洞产生气蚀的主要原因如下：

（1）洞体局部体形不合流线。由于体形不合流线，水流流线与边界分离，产生气蚀。

（2）闸门后洞壁有突出棱角，表面不平整，易产生气蚀。

例如，广东省江河水库坝下输水管，进口处装有五孔转动闸门，水流进入洞身呈直角突变，再加上门后洞壁表面不平整，结果发生局部气蚀。1974 年检查发现大小蚀点 56 处，最深 39 cm。

（3）门槽形状不好和闸门底缘不平顺。当工作水头和流速很大时，水流通过闸门后，脉动加剧，易产生气蚀。

（4）管理运用不当。在放水过程中，闸门开启高度与气蚀的产生有非常密切的关系。试验表明，平板闸门，闸门相对开度在 0.1 ~ 0.2 时，闸门振动剧烈。对弧形闸门，当相对开度为 0.3 ~ 0.6 时，气蚀现象特别强烈。因此，在闸门操作程序中应避免这些开度。另外，若闸门开启不当，隧洞内容易出现明满流交替现象，造成门槽及底板的气蚀。经试验表明，在明满流交替时，脉动压力振幅为一般情况下的 4 ~ 6 倍。

例如，山东黄前水库输水洞在闸门后 1 m 为一降落陡坎，使闸门遭受周期性冲击，引起振动，并导致陡坎处水流脱壁，造成气蚀破坏。

2）隧洞的气蚀的处理

隧洞的气蚀，开始时往往不易被人们重视，认为剥蚀程度轻，不会影响安全。但如果不注意修复或改善水流条件，则会发展到很严重的程度。对于气蚀的产生，水流的流速和边界条件是两个重要的因素。国内外研究成果显示，气蚀强度与流速的 5 ~ 7 次方成正比。目前，常用的防治气蚀措施主要有以下几个方面：

（1）改善边界条件。当隧洞的进口形状不恰当时，极易产生气蚀现象。试验表明，渐变的进口形状最好做成椭圆曲线,如图3-71所示。

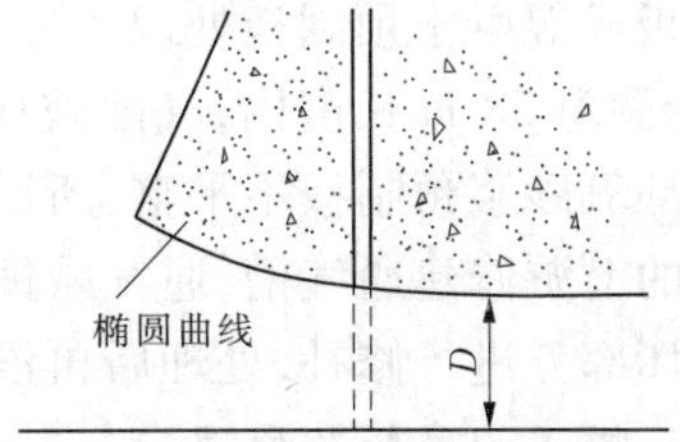

图3-71　进口段椭圆曲线示意图

(2)控制闸门开度和设置通气孔。闸门不同的开度,不仅使闸门底缘及底坎产生气蚀,而且对闸门振动的振幅和频率均有影响。据山东省的统计分析,当闸门相对开度为0.2或0.8～0.9时,大型输水闸门有50%发生过振动,重者会使拉杆断裂或焊缝开裂。同时还发现,当闸门开度小时,闸门振动为上下方向;开度大时,为水平方向。经分析,开度小时,闸门门底止水后易形成负压区,闸门底部易出现气蚀;开度大时,闸门后易产生明满流交替出现,同样易造成输水隧洞气蚀。

(3)采用抗气蚀材料修复破坏部位。隧洞表面粗糙及材料强度差是引起气蚀破坏的原因。对于已产生气蚀破坏的部分,可用环氧砂浆进行修补,环氧砂浆的抗磨能力高于普通混凝土30倍。研究资料表明,混凝土强度等级愈高,抗气蚀性能愈好。近年来,国内外都进行了在普通混凝土中掺入硅粉、钢纤维、玻璃纤维等以提高普通混凝土的抗气蚀强度的研究。研究表明,普通混凝土中掺入硅粉后,其抗气蚀强度可提高14倍。硅粉的主要成分为氧化硅,颗粒极小,比水泥颗粒小100倍,硅粉微粒的充填作用及火山灰活性反应可大大提高混凝土的各种性能。

对隧洞剥蚀严重的部位还可考虑采用钢板衬砌等方法修理。

例如,某水电站第二施工隧洞,泄洪时水头为110 m,隧洞退水段长1 km多,退水段上的水流流速高达40 m/s。施工前几年,隧洞运行水头不大,故仅在斜槽段和侧墙上出现了气蚀剥损现象。为了使隧洞高水头运行,在此隧洞段上采取了金属板护砌、喷浆等措施进行了修复加固,效果良好。

目前,钢纤维混凝土以其所具有的优越的吸收能量特性、抗冲击、抗爆破性能,在建筑物中抗气蚀材料也已广泛应用。通常情况下,在混凝土中掺入2%的钢纤维,其抗拉强度为素混凝土的1.5～1.7倍,抗弯强度为素混凝土的1.6～1.8倍。钢纤维混凝土的抗拉、抗弯强度与钢纤维的长径比(L/d)成正比,一般钢纤维长径比为60～100,直径为0.2～0.6 mm。

(4)采取通气减蚀措施。将空气直接输入可能产生气蚀的部位,可有效地防止建筑物气蚀破坏。国外研究成果指出:当水中掺气的气水比为1.5%～2.5%时,气蚀破坏大为减弱,当水中掺气的气水比达7%～8%时,可以消除气蚀。我国自20世纪70年代起,先后在冯家山水库溢洪洞、新安江水电站挑流鼻坎、石头河输水洞中使用,效果比较好。通气减蚀的主要原因是,通气能降低或消除负压区,增加空穴中气体空穴所占的比重,掺气后对孔穴溃灭起缓冲作用,减小了空穴破坏力。

(5)加强施工质量的控制。施工质量的控制一方面要控制混凝土材料的强度,使其达到设计要求,另一方面要保证混凝土表面具有较高的平整度。

例如,美国黄尾坝气蚀处理。黄尾坝是一座坝高160 m的混凝土拱坝。泄水建筑物是位于坝左岸岩体中的泄洪隧洞,泄洪隧洞的斜井和垂直弯段的混凝土衬砌表面均有凹凸不平,弯段处最大流速达49 m/s。为此,整个泄洪洞中较大的坑、槽,均采用环氧砂浆预制板或混凝土预制板处理。经过一个汛期后，发现自垂直弯段的切点下游约2.5 m开始，沿洞身38 m长度内，气蚀破坏严重，另外，在垂直弯段上有两处较小的破坏。由于这一段环氧砂浆预制板不平整，所以导致了气蚀的发展。采用的处理办法是在垂直弯段开始处的上游修建通气槽，通气减蚀。此外，通过涂抹环氧砂浆、回填环氧混凝土和混凝土对损坏部分进行修补，处理后再没有出现气蚀现象。

4. 隧洞的磨损及处理

1)隧洞磨损的原因

隧洞的磨损也是常见的问题。我国的多泥沙河流，高速含沙水流对隧洞的磨损是亟待解决的问题。水流中推移质泥沙和悬移质泥沙对隧洞均有磨损，但又有所不同。悬移质泥沙磨损破坏过程缓慢，高速含沙水流通过隧洞边壁摩擦，产生边壁剥离。推移质泥沙是以滑动、滚动的方式在建筑物表面运行，除摩擦作用外，还有冲击作用，故推移质主要是通过冲击、碰撞作用对隧洞表面进行破坏。

隧洞衬砌的磨损主要是由河水中泥沙引起的，而悬移质泥沙和推移质泥沙对建筑物表面磨损的方式不同。实践表明，悬移质泥沙，当 $v>20\sim35$ m/s时，平均含沙量大于30 kg/m^3；或 $v>15\sim20$ m/s时，平均含沙量大于80～100 kg/m^3，泄水建筑物经过几个汛期，混凝土表面会受到严重的冲磨破坏。三门峡工程2号底孔就属于这类破坏。推移质泥沙对建筑物表面撞击和摩擦，使建筑物表面磨损也比较严重。

例如，葛洲坝二江泄水闸，1981年7月泄洪72 000 m^3/s，由于上游围堰残渣及上游削坡块石进入河道，大量推移质泥沙在过闸时，造成对闸室及护坦的磨损。轻者磨深1 cm，重者磨深2 cm以上。磨损最严重的第27孔闸，闸底板中心最大磨深达10.2 cm。

2)隧洞磨损的处理

在高速水流的输、泄水建筑物中，对不同的流速及含沙量、含沙类型，应采用不同的抗冲耐磨材料。常用的抗冲耐磨材料主要有以下几种：

(1)铸石板。它比石英具有更高的抗磨损强度和抗悬移质微切削破坏性能。三门峡3号排沙底孔使用辉绿岩铸石板镶面，表现出较高的抗冲耐磨性能。

(2)铸石砂浆和铸石混凝土。高强度的铸石砂浆和铸石混凝土，在高速含沙水流中，具有很强的抗冲耐磨特性。葛洲坝二江泄水闸即使用了高强度等级的铸石砂浆，其抗冲磨强度不亚于环氧砂浆。

(3)耐磨骨料的高强度混凝土。除用铸石外，选用耐冲磨性能好的岩石，如石英石、铁矿石等为骨料，配制高强度等级的混凝土或砂浆，也具有良好的抗悬移质冲磨的性能。经验表明，在流速 $v<15$ m/s，平均含沙量 $s<40$ kg/m^{3}的情况下，用耐磨骨料配制成C30以上的混凝土，磨损甚微。

(4)聚合物砂浆及聚合物混凝土。聚合物黏结强度比水泥黏结强度高，在相同骨料情况下，聚合物混凝土抗悬移质和推移质冲磨强度都较高。但应注意，采用聚合物时，也应采用好的骨料，这样才能达到应有的效果。但因聚合物造价比较高，不太适合于大面积使用。

(5)钢材。钢材因其抗冲击韧性好，故抗推移质冲磨性能好。但因钢材价格高，施工工艺要求高，一般用于冲磨严重和难以维修的部位。

二、倒虹吸管及涵管的养护与修理

（一）倒虹吸管及涵管的检查与养护

1. 倒虹吸管及涵管的检查

（1）检查管壁有无裂缝。检查时使用红漆标明裂缝的位置、大小及其随温度升降变化的规律，并绘制成裂缝位置图，作为分析成因和确定处理措施时参考。

（2）检查管壁有无渗漏。渗漏按其严重程度可分为潮湿（看出水痕）、湿润（手摸有水）、渗出（形同冒汗）三种形式。对渗漏部位、发生时间、渗漏面积、渗漏量及其变化情况要做详细记录，并用红漆标明位置。

（3）定期检查管道变形情况。

（4）检查附属保护设施有无缺损。

（5）负压与振动的检查。巡回检查中，要注意用耳倾听管内的过水声，用眼观察进口管内的水流流态，有的倒虹吸管在越过小山包时，有向上凸起的弯管道，设计中在弯管道顶部常设有放气阀，放水时要把阀门打开，排除空气，然后通水。如果忽略了这项工作，就会在这个地方形成负压，使管壁气蚀脱落。检查中若听到阵发性的咚咚响声，应立即将放气阀缓缓打开，排除空气，当阀门开始喷水，即可关闭阀门。有的倒虹吸管开始放水过急，也易在管道进口下游产生负压，所以倒虹吸管进口下游应设通气口，并应经常检查，以免被杂物堵塞。有时在进口管内发生水跃时会引起管道产生振动。

2. 倒虹吸管及涵管的养护

（1）倒虹吸管上的保护设施，如有损坏或失效，应及时修复。

（2）进出口应设立水尺，标出最大和最小的极限水位，经常观测水位流量变化，保证通过的流量与流速符合设计规定。

（3）进出水流状态保持平稳，不冲刷淤塞，拦污栅要及时清理。

（4）对渠道衔接处有不均匀沉陷、裂缝、漏水、变形、进出口护坡不完整等现象，应立即停水修复。

（5）倒虹吸管停水后，应关闭进出口闸门，防止杂物进入管内或发生人身事故。

（6）管道、沉沙及排沙设施应经常清理。暴雨季节防止山洪淤积管身，倒虹吸管如有底孔排水设备，冬季放水后或管内淤积时，应立即开启闸阀，排水冲淤，保持管内畅通。

（7）直径较大的裸露式倒虹吸管，在高温或低温季节要妥善保护，以防发生温度裂缝、冻裂或冻胀破坏。

（8）倒虹吸管顶有冒水发生时，停水后在内部进行裂缝填塞处理，严重时可挖开填土进行内外彻底处理。

（二）倒虹吸管及涵管的病害与成因

1. 倒虹吸管常见病害与成因

（1）管身裂缝。管身裂缝有环向、纵向和龟纹状裂缝三种。环向裂缝主要是由于管身分节过长，当温度降低时引起纵向收缩变形造成管身脱节，当基础约束过大时会造成拉裂甚至断裂，在斜坡段也有因为镇墩基础沉陷、滑坡或雨水冲刷而失稳引起管身脱节或断裂；纵向裂缝是倒虹吸管最常见的病害，而现浇混凝土管出现纵向裂缝的居多，纵向裂缝常出现在管身顶部，主要原因是现浇管顶施工质量差，同时外露的管顶受到阳光的直射，管身顶部内外温差过大，管壁内外变形不一致；严寒地区，当冬季没有排完管内积水或没有采取保温措施时，也将发生冻害而造成管身纵向裂缝。管身出现裂缝后必然发生漏水，并且结构承载力降低，管道耐久性随之变差。

(2)接头漏水。接头正水材料老化或接头脱节将止水拉裂引起漏水。

(3)边墙失稳。进口处地基沉陷或顶部超载会导致进口处挡土墙或挡土墙失稳。

(4)混凝土表面剥落。冻融作用(北方地区)或钢筋锈蚀会使混凝土表面脱落。

(5)设备故障。管理不善、年久失修和设备老化会引起沉沙拦污设施、闸门、启闭设备等破坏失效。

(6)淤积堵塞。未及时清污，杂物堵塞进口或山洪入渠，挟带大量推移质沉积管中。

(7)气蚀、振动与冲刷。操作不当，在开始放水时排气阀未及时打开，或放水太急，管内产生负压引起气蚀，或通过小流量时，未及时调节阀门，进口管道内发生水跃，使管道振动或接头破坏。冲刷是因水流含沙石量大、管壁耐磨性差而引起的。

(8)钢筋锈蚀。主要原因是管身裂缝处或缺陷处，钢筋裸露失去混凝土的碱性保护，钢筋钝化膜被破坏而锈蚀。

2. 涵管常见病害与成因

1)管身断裂和漏水

(1)地基处理不当。涵管在上部荷载的作用下发生不均匀沉陷，引起管身断裂。

(2)结构处理有缺陷。在管身和竖井之间荷载突变处未设置沉降缝，会引起管身断裂。例如，安徽省三湾水库坝下涵管就是因为洞身和闸门竖井之间未设置沉降缝而引起了横向断裂。裂缝的位置，顶部距离闸门 1.3 ~ 1.5 m，底部距离闸门 2.0 ~ 2.2 m，如图3-72所示。

(3)设计考虑不周。结构尺寸偏小、钢筋配置率不足、混凝土强度等级偏低等，都会导致管身结构强度不够，以致断裂。

(4)管身分缝间距过大或位置不当。

(5)管内流态异变。无压涵管内出现有压流，也容易引起管身振动而断裂破坏。

(6)施工质量较差。因施工质量差造成坝下涵管断裂和漏水，主要是管节止水处理不当和管座基础处理不好造成不均匀沉陷引起的。例如河北省北庄河水库，坝高 25 m，坝下埋有内径 1.2 m 的钢筋混凝土无压圆管，管壁厚 12 cm，外包 40 cm 厚的浆砌块石防渗垫层，然后填土。在管子接头外壁设截水环并用麻绳沥青填塞，外抹 1∶9的水泥砂浆封闭。由于接头处理不当，同时浆砌块石防渗垫层与管壁接触不够紧密，运用期间管节发生渗漏引起坝体填土颗粒流失，进而导致坝体塌陷，如图 3-73 所示。

2)涵管出口消力池的破坏

由于设计不合理、基础处理不好或运用条件发生变化，消力池在运用时下游水位偏低，池内不能形成完整水跃，导致下游渠底冲刷、海漫基础淘刷，进而危及消力池，严重时会导致消力池本身结构的破坏。

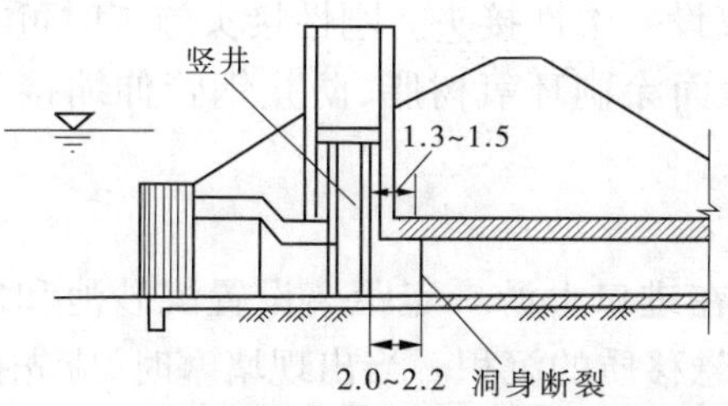

图 3-72 三湾水库涵管断裂位置示意图
（单位：m）

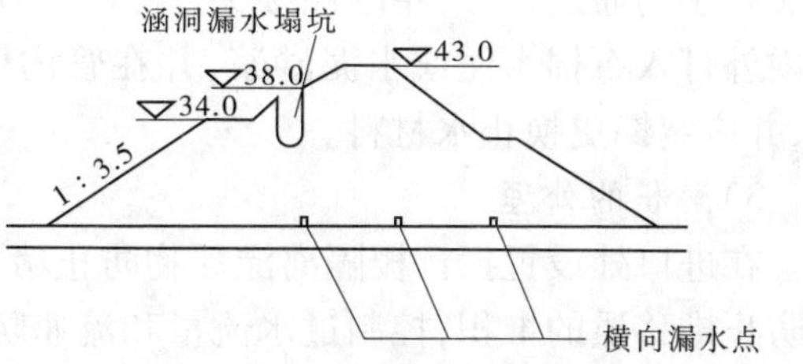

图 3-73 北庄河水库涵管漏水及坝坡塌坑示意图

（三）倒虹吸管及涵管病害处理

1. 倒虹吸管病害处理

1）裂缝的处理

裂缝处理的方案是：①对既未考虑运用期温度应力，又未采取隔热措施的管道，要采取填土等隔热措施；②对强度不足、施工质量差的管道所产生的裂缝，要采取全面加固措施；③对有足够强度的管道的裂缝，主要采取防渗措施。

（1）腹裹保护。这是防止纵向裂缝发生和扩展的有效措施。对裸露在外部的倒虹吸管两侧使用预制空心混凝土砌块进行砌筑外包，上部填土夯实，既能对倒虹吸管起到明显的隔热保温作用，又能减轻风霜雨雪等对管身混凝土的侵蚀。

（2）加固补强。对因沉陷引起的裂缝，首先应进行固基处理，如采用灌浆培厚等方法；对强度安全系数太低的通道，可采取内衬钢板加固措施进行处理，处理步骤是：在混凝土管内，衬砌一层厚4～6 mm的钢板，钢板事先在工厂加工成卷，其外壁与钢筋混凝土内壁之间留1 cm左右的间隙，钢板从进出口送入管内就位、撑开，再焊接成型，然后在两者之间进行回填灌浆。该法的优点是能有效地提高安全系数，加固后安全可靠耐久，缺点是造价高，钢材用量大，施工难度大。

（3）表面涂抹、贴补或嵌补封缝。对结构整体性影响不大的裂缝，一般只在表面采用涂抹、贴补或嵌补等方式进行封缝处理，有刚性处理和柔性处理两种类型：①刚性方案有钢丝水泥砂浆、钢丝网环氧砂浆和环氧砂浆粘钢板等方法，这类方法不仅能够防渗抗裂，而且还可分担裂缝处钢筋的一部分应力，提高建筑物的安全性；②柔性方案有环氧砂浆贴橡皮、环氧基液贴玻璃丝布、环氧基液贴纱布、聚氯乙烯油膏填缝及乳化沥青掺苯溶氯丁胶刷缝等方法，采用加大增塑性比例的环氧砂浆修补效果好，缝宽大于0.2 mm时采用环氧砂浆贴橡皮效果好。

2）渗漏的处理

（1）对因裂缝引起的渗漏可按裂缝处理方法进行。

（2）管壁渗漏的处理，一般可在管内壁刷2～3层环氧基液或橡胶液，涂刷时应力求薄而匀，每天刷一遍，总厚度约0.5 mm。若为局部漏水孔或气蚀破坏，可涂抹环氧砂浆封堵。

（3）接头漏水的处理。对于受温度变化影响大的，仍需保持柔性接头的管道，可在接缝处充填沥青麻丝，然后在内壁表面用环氧砂浆贴橡皮。对于已做腹裹处理、受温度影响显著减小的通道,可采用刚性接头,并隔一段距离设一柔性接头。刚性接头施工时可在接头内外打入石棉水泥或水泥砂浆,并在管内壁表面涂刷环氧树脂,防止钢管伸缩接头漏水,并应定期更换止水材料。

3)淤积的处理

在进口处设置拦污栅隔离漂浮物防止堵塞;在进口上游一定距离设置沉砂池和冲砂孔防止推移质的堆积;控制过水流量和流速防止悬移质的沉积。当出现堵塞时,应先排除管内积水,再用人工挖出。

4)冲磨的处理

设置拦砂槽拦截砂石,减轻对管壁的磨损。对已发生气蚀与冲磨的管壁可进行凿除并重新涂抹耐磨材料(见隧洞的冲磨处理)。

2. 涵管常见病害处理

涵管断裂漏水的加固及修复措施如下:

(1)管基加固。对因基础不均匀沉陷而引起断裂的涵管,一方面进行管身结构补强,另一方面需加固地基。①对坝身不是很高,断裂发生在管口附近的,可直接挖开坝身进行处理;②对软基,应先拆除被破坏部分涵管,然后挖除基础部分的软土至坚实土层,并均匀夯实,再用浆砌石或混凝土回填密实;③对岩石基础软弱带,可进行回填灌浆或固结灌浆处理;④对直径较大的涵管,当断裂发生在中部,开挖坝体处理有困难时,可在洞内钻孔进行灌浆处理。灌浆处理常采用水泥浆,断裂部位可用环氧砂浆封堵。如山东省日照水库,1959 年建成,最大坝高为 26.5 m,坝下为廊道式钢筋混凝土圆管,如图 3-74 所示,基础为风化片麻岩,裂缝严重,中间有一道冲沟,最初用低强度等级水泥砂浆块石处理。在运用一年之后漏水现象很严重,随后采用灌浆处理,并用环氧砂浆做了封堵处理,效果很好,至今运行正常。

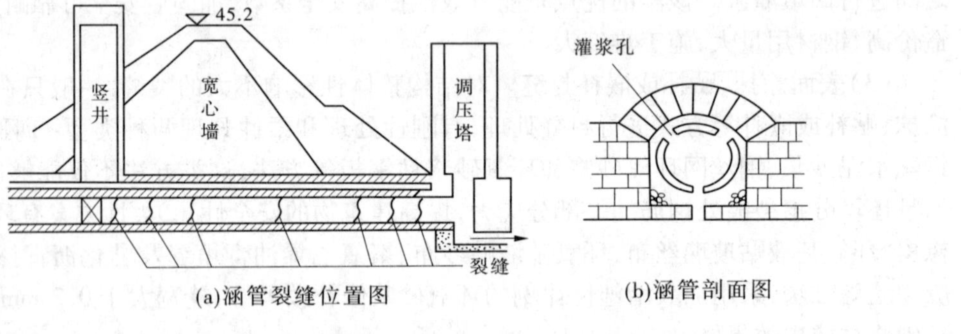

(a)涵管裂缝位置图　(b)涵管剖面图

图 3-74　日照水库涵洞裂缝位置及涵洞剖面图

(2)更换管道。当涵管直径较小、断裂严重、漏水点多、维修困难时,须更换管道。对埋深较大的管道,可采用顶管法完成。顶管法是采用大吨位油压千斤顶将预制好的涵管逐节顶进土体的施工方法。顶管施工程序:测量放线→工作坑布置→安装后座及辅导轨→布置及安装机械设备→下管顶进→管的接缝处理→截水环处理→管外灌水泥浆→试压。顶管法施工技术要求高,施工中定向定位困难。但它与开挖沟埋法比较,具有节约投资、施工安全、工期短、需用劳动力少、对工程运用干扰较少等优点。

(3)表面贴补。对过水界面出现的蜂窝麻面及细小漏洞,可采用表面贴补法处理。

(4)结构补强。因结构强度不够,涵管产生裂缝或断裂时,可采取结构补强措施:

①灌浆。灌浆是目前混凝土或砌石工程堵漏补强常用的方法。对坝下涵管存在的裂缝、漏水等,均可采用灌浆处理。例如,钓鱼台水库涵洞在运用期间产生明满流交替的半有压流态,在92 m长的洞壁上漏水点达59处,根据这种情况,进行了水泥灌浆处理。全洞共钻孔120个,浆孔布设在洞壁两侧,每侧两排,上下错开呈梅花形。上排离洞底0.7~0.8 m、孔深0.7~0.9 m,下排离洞底0.1 m、孔深1~1.2 m,如图3-75所示。灌浆处理,基本止住了漏水,效果很好。

②加套管或内衬。当坝下涵管管径不容许缩小很多时,套管可采用钢管或铸铁管内衬可采用钢板。当管径断面缩小不影响涵管运用时,套管可采用钢筋混凝土管,内衬采用浆砌石料、混凝土预制件或现浇混凝土。例如,广东省马踏石水库土坝下埋设高1.2 m、宽0.6 m的浆砌石涵洞,顶拱用砖砌筑。在运用期间断裂漏水,先后有13处被漏水淘空。后来采用内套钢丝网水泥管,管壁厚3 cm,在工地分段浇筑后进行安装,安装后在新老管间进行灌浆处理,效果很好,如图3-76所示。加套管或内衬时,需先对原管壁进行凿毛、清洗,并在套管或内衬与原管壁之间进行回填灌浆处理。加套管或内衬必须是人工能在管内操作的情况。

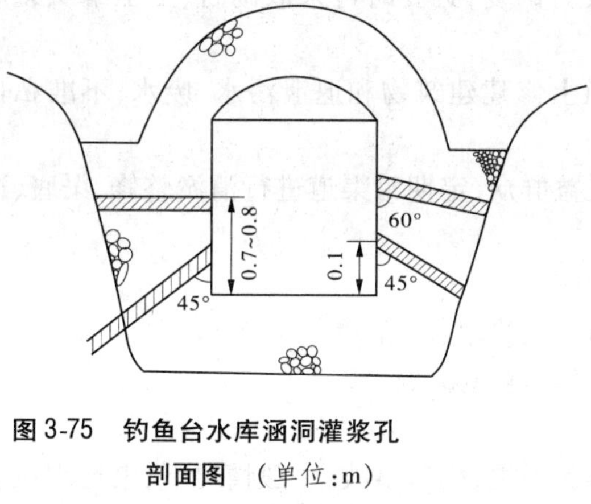

图3-75　钓鱼台水库涵洞灌浆孔剖面图　(单位:m)

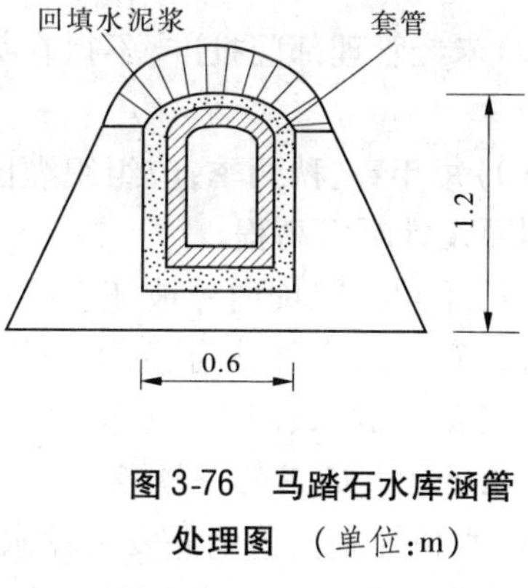

图3-76　马踏石水库涵管处理图　(单位:m)

③支撑或拉锚。石砌方涵的上部盖板如有断裂,可采用洞内支撑的方式加固,如图3-77所示。对于侧墙加固,还可采用横向支撑法。有条件的也可采用洞外拉锚的办法,这样处理可以避免缩小过水断面。

三、渠道的养护与修理

(一)渠道的运用

1. 渠道正常运用的要求

(1)经常清理渠道内的垃圾堆积物、清除杂草等,保证渠道正常行水。

(2)禁止在渠道上垦植、铲草及滥伐护渠林;禁止在保护范围内去土挖沙埋坟。

(3)渠道两旁山坡上的截流沟或泄水沟要经常清理,防止淤塞,尽量减少山洪或客水进渠,造成渠堤漫溢决口或冲刷淤积。

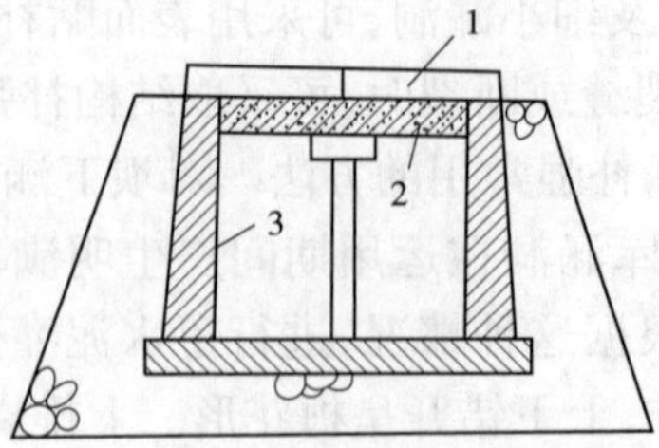

(a)中间支撑法

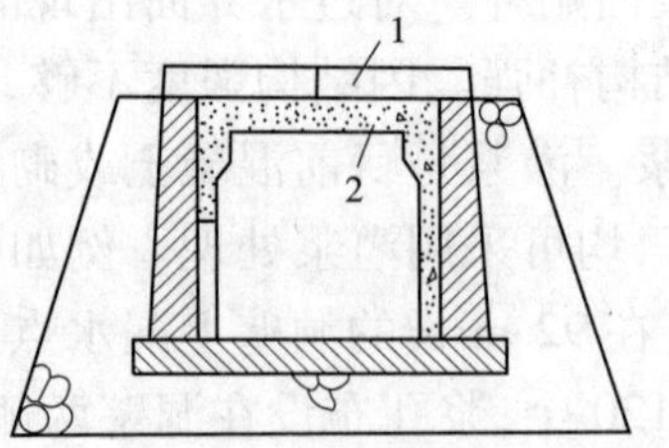

(b)两侧支撑法

1—断裂的盖板;2—支撑;3—方涵侧墙

图 3-77　方涵支撑示意图

(4)不得在排水沟内设障碍堵截影响排水。

(5)禁止向渠道倾倒垃圾、废渣及其他腐烂物,以保持渠水清洁,防止污染环境,并应定期进行水质检验,如发现污染则应及时报告有关部门并采取措施处理。

(6)禁止在渠道毒鱼、炸鱼。

(7)对有通航任务的渠道,机动船的行驶速度不应过大,不准使用尖头撑篙,渠道上不准抛锚。

(8)对渠道局部冲刷破坏之处,要及时修复,必要时可采取砌石、土工编织袋等防冲措施。

(9)未经管理部门批准,不得在渠道上修建建筑物和退泄污水、废水;不准私自抬高水位。

(10)每年春、秋两季,应组织灌区受益群众,定期对渠道进行清淤整修,渠底、边坡等应达到原设计断面高程。

(11)不得在渠堤内外坡随意种植庄稼。

(12)填方渠道外坡附近,不得任意打井、修塘、建筑。

(13)渠道放水、停水,应逐渐增减,尽量避免猛增猛减。

2. 渠道控制运用的一般原则

(1)水位控制。为确保安全输水,避免漫堤、决口事故,一般情况下,渠道水位应控制在设计水位以下。特殊情况下,水位也不应超过加大水位。

(2)流量控制。渠道流量应以设计流量为准,当有特殊用水要求时,可加大流量,但过水时间不宜太长,以免造成威胁。

(3)流速控制。渠道中的水流流速过大或过小,将会发生冲刷或淤积,影响正常输水。所以运用中,必须控制流速。渠道流速应控制在以下范围:$v_{不淤} < v < v_{不冲}$。其中:$v_{不淤}$为不淤流速,m/s;$v_{不冲}$为不冲流速,m/s。

(二)渠道的检查与养护

1. 渠道检查的内容

1)经常性检查

经常性检查是指经常对渠道及其渠系建筑物进行细致的查勘,如发现问题,应及时处置,以防后患。

2）临时性检查

临时性检查主要包括在大雨中、台风后和地震后的检查。检查有无沉陷、裂缝、崩塌及渗漏等。在暴雨期间，应组织人员外出检查山水入渠情况、排洪建筑物泄水情况、渠堤挡水及各种建筑物过水情况，以便及时处理因暴雨山洪引起渠系发生的问题。暴雨后，及时做好清淤和整修工作。

3）定期检查

定期检查指在汛前、汛后、封冻前、解冻后进行全面细致的检查，如发现问题，应及时采取措施，消除隐患。对北方地区有冬灌任务的渠道，应注意冰凌冻害对渠道的损坏情况。

4）放水前检查

渠道放水前即停水时期，主要检查是否有冲刷、淤积、沉陷、滑坡、裂缝、洞穴、缺口、防渗层损坏或影响过水的堆积物和杂草等。

5）渠道过水期间检查

渠道过水期间应检查观测各渠段流态，有无漏水、冲刷、阻水、塌坡、乱扒放水口，有无漂浮物冲击渠边及风浪影响，堤顶超高是否足够等。

2. 渠道的日常养护内容

（1）常清理渠道内的垃圾、淤积物和杂草等，保持渠道正常行水。

（2）渠道两旁山坡上的截流沟或引水沟，要经常清理，避免淤塞，损害部分要及时修理，尽量减少山洪或客水入渠，以免造成渠堤漫溢决口或冲刷。

（3）不得任意在渠道内或岸边放牧、挖土或开口。

（4）禁止向渠道内倾倒垃圾、工业废渣及其他腐烂杂物，以保持渠水清洁，防止污染。有条件的，可定期进行水质检查，如发现污染应及时采取措施。

（5）禁止在渠道内毒鱼、炸鱼。

（6）不得在渠堤内外坡随意种植庄稼，填方渠道外坡附近不得任意打井、修塘、建房。

（7）渠道放水、停水，应逐渐增减，尽量避免猛增猛减。

（8）对渠道局部冲刷破坏、防渗设施损害等情况，应及时修复，防止继续扩大恶化。

（9）通航渠道内，机动船只行速不应过大，不准使用尖头撑篙，渠道上不准抛锚。

3. 渠道常见病害及防治

1）渠道冲刷及处理

A. 冲刷产生的原因

渠道冲刷主要发生在狭窄处、转弯段以及陡坡段，这些渠段水流不平顺且流速较大，往往造成渠道的冲刷。具体原因主要是设计不合理、施工质量差和管理运用不善等。

B. 冲刷的处理

渠道冲刷问题应根据冲刷产生的原因，采取相应措施进行处理：

（1）因渠道设计问题，造成渠道流速超过渠道不冲流速，导致渠道冲刷时，可采用建跌水、陡坡、砌石护坡护底等办法，调整渠道纵坡，减缓流速，达到不冲的目的。

（2）渠道土质不好，施工质量差，引起大范围的冲刷时，可采取夯实渠床或渠道衬砌措施，以防止冲刷。

（3）渠道弯曲过急、水流不顺，造成凹岸冲刷时，根治办法是：如地形条件许可，可裁弯取直,加大弯曲半径,使水流平缓顺直,或在冲刷段用浆砌石或混凝土衬砌。

(4)渠道管理运用不善,流量猛增猛减,水流淘刷或其他漂浮物撞击渠坡时,可从加强管理入手,避免流量猛增猛减,消除漂浮物。

2)渠道淤积及处理

A. 淤积产生的原因

渠道淤积主要是由于坡水入渠挟带大量泥沙所致。此外,有些灌区水源含沙量大,取水口防沙效果不好也会带来泥沙淤积。

B. 淤积的处理

a. 防淤

(1)在渠道设置防沙、排沙设施,减少进入渠中的泥沙。

(2)改变引水时间,即在河水含沙量小时,加大引水量,在河水含沙量大时,把引水量减到最低限度,甚至停止引水。

(3)防止客水挟沙入渠。如遇大雨、发生山洪,应严防洪水进入渠道,淤积渠床。

(4)用石料或混凝土衬砌渠道。通过衬砌渠道,减小渠床糙率,加大渠道流速,从而增大挟沙能力,减少淤积。

b. 清淤

渠道产生淤积后,渠道过水断面减小,输水能力降低。因此,为了保证渠道能按计划进行输水,必须进行清淤。渠道清淤的方法有水力清淤、人工清淤、机械清淤等。

(1)水力清淤。在水源比较充足的地区,可在每年秋冬非用水季节,利用河流、水库或泉源含沙量很低的清水,按设计流量引入渠道,有计划、有步骤地分段用现有排沙闸、泄水闸等工程泄水拉沙,先上游、后下游,逐段进行,最后一段泥沙从渠尾排入河道中。在淤积严重的渠段,可辅以人工用铁锨、铁把等工具搅动,加强水流挟沙能力。有的渠道也常利用防洪、岁修断流时机,泄水拉沙,效果也较好。

(2)人工清淤。人工清淤是我国目前运用最普遍的清淤方法。在渠道停水后组织人力用铁锨等工具挖除渠道淤沙。一般一年进行1~2次,北方地区在秋收后至土地冻结前进行一次,春季解冻后再进行一次;南方地区多与岁修结合起来进行清淤。人工清淤时应注意不要损坏渠道边坡。

(3)机械清淤。使用机械清淤能节省大量的劳力,提高清淤效率。主要应具备以下条件:①沿渠要有通行机械的道路;②渠道植树应考虑机械清淤的要求;③泥沙堆积段比较集中,要具备处理措施。机械清淤,主要是用吸泥船、挖土机、开挖机、推土机、塔式铲运装置等机械来清除渠道中的淤沙。

3)渠道滑坡及处理

渠道滑坡多在深挖方地段发生,其主要原因有设计边坡过陡、地质条件较差、雨水入渗等。滑坡一旦发生,清理工作量很大,严重影响渠道的正常输水,因此需做好滑坡地段的处理工作。生产实际中处理滑坡措施较多,一般有排水、削载、反压、支挡、换填、改暗涵(或埋管)、渡槽,还可加对撑、倒虹吸、渡槽和改线等。

A. 排水导渗

排去地表水、疏干地下水是整治滑坡的首要措施,应根据不同情况采用不同的排水方法:

(1)拦截地表水。对滑坡体以外的地表水以拦截旁引为主,即在滑边界 5 m 以外修筑环形截水沟,力求做到滑坡体外的水不再渗入滑坡体内。对滑坡范围以内的地表水,应以防止下渗和引出为准。首先要把滑坡体内的多种裂缝回填夯实,防止地表水继续下渗,然后利用滑坡范围内的自然排水沟或新建的排水沟,把地表水迅速汇集排出滑坡体外。

(2)排水导渗、防止入渗。为了防止滑坡范围以外的地下水渗入滑坡体内,常设置排水盲沟,将地下水导出滑坡体外。对滑坡外的排水,可以在坡面砌筑多种形式的导渗沟,或采用干砌石护坡,水泥砂浆勾缝,底层设反滤层或排水管。

B. 削坡减载

减小滑动力,是最基本的也是最有效的办法。对于浅层滑坡,可采用“削坡减载”的方法。一般采用削缓边坡,还可将上部削下土体反压在坡脚,从而达到稳定滑坡的目的。当削坡减压后仍不能达到稳定滑坡的目的时,常采取减压与支挡相结合的处理措施。

C. 支挡

在渠道已经塌方或将要塌方的地段,如受地形限制,单纯采用削坡方量很大时,则可根据具体条件,因地制宜地采取多种支挡护坡措施,如加固坡脚砌挡墙、干砌护坡等。如渠道经过小溪岸坡,坡脚受洪水冲刷,可采用加固坡脚、浆砌石挡土墙,防止冲刷淘空;对渠道上侧滑坡可采用削坡减载重力式挡墙支挡的办法处理。另外,当渠床为基岩时,可采用拱式或连拱式挡墙处理滑坡等。

D. 暗涵(或埋管)

当过陡的边坡改为缓坡有困难时,可根据具体情况,分别采用暗涵、钢筋混凝土板加对撑或反拱底板加预制箱格挡土墙等办法处理。

E. 渡槽

山区渠道常在陡峻的山坡上开渠,往往容易产生山岩崩塌。因限于地形条件,要维护渠道稳定十分困难,可改建为渡槽输水。

4)渠道防洪

A. 洪毁产生的原因

山丘区、洼地灌区,由于所规划的渠道通过的地段,打乱了原有的天然水系,截断了许多沟谷,沿渠线路将形成许多的小块积雨面积,遇有汛期,这些小块的集雨范围内会形成暴雨洪水,如果不及时处理,将造成山洪灾害,影响渠道的正常运用,甚至造成渠系工程的破坏。

B. 防洪措施

要做好渠道防洪,应着重解决以下问题:

(1)复核渠道的防洪标准,对超标准洪水应严格控制入渠。

(2)在渠道与河沟相交时,应设置排洪建筑物。傍山渠道应设拦洪、排洪沟槽,将坡面的雨水、洪水就近引入天然河沟。

(3)加强渠道上的排洪、泄洪工程管理,保持排泄畅通。当渠道被洪水冲毁后,应及时进行修复。

5)渠道防风沙

在气候干旱、风沙很大的地区,渠道常会遭到风沙埋没,影响渠道正常工作。风沙的移动强度取决于风力、风向和植被对固沙的作用等，一般 3 ~ 4 m/s 的风速就可使 0.25 mm 的沙粒移动。防止风沙埋渠的根本措施是营造防风固沙林带进行固沙。陕西榆林地区一般在渠旁 50 m 宽范围内，垂直主风向，营造林带，交叉种植乔木与灌木，起到了较好的防风固沙作用。此外，如当地有充足的水源条件，可引水冲沙拉沙，用水拉平渠道两旁的沙丘，也可减少风沙危害。

4. 渠道的隐患及破坏的处理

渠道的主要特点是线路长，往往地处偏僻，受地形、地质、人为、自然因素等方面影响，使其存在隐患，影响渠道正常工作，甚至造成损失或灾害。因此，要查明隐患的存在及其原因，以便及时采取有效措施，防止事故的发生。

1）隐患的类型和原因

渠道中隐患的种类较多，常见的有以下几种情况。

A. 动物洞穴

对渠道易造成危害的动物主要有狐、獾、鼠和蛇等，它们往往在渠堤身的内部营巢作穴，造成隐患。这类洞穴的直径一般为 0.1 ~ 0.5 m，洞道纵横分布、互相连通，有的甚至横穿渠堤，形成漏水通道，特别是汛期高水位时，造成的穿堤漏水，危害性极大。

B. 蚁穴

蚁穴往往存在于渠堤身内部，其特点是四通八达，横穿渠堤，特别是白蚁穴的主巢直径可达 0.8 ~ 1.5 m，水位上涨时水将沿蚁路侵入堤内，形成漏洞，引起坍塌，严重时会因此导致渠堤决口，正所谓“千里之堤，溃于蚁穴”，所以应引起高度的重视。

C. 腐木空穴

当渠道的堤内埋有腐烂树干、树根等腐木时，随着时间的增加，必将形成洞穴，尤其是盘根错节的蔓延更广。这种隐患的危害也是相当大的，必须在施工时，严格把关，予以彻底清除。

D. 人为洞穴

人为洞穴主要是指渠道内部的排水沟、防空洞、藏物窑洞、废窑、废井、旧宅基、坟墓等。这些洞穴往往埋藏在渠堤的深处，不易被发现，一旦渠内水位高时，很容易产生漏洞、跌窝等险情，导致渠道堤身的破坏。

E. 暗沟

在渠道的堤防施工时，由于局部夯压不实，或者存在施工缝，或用泥块进行填筑使渠堤内部存在着薄弱环节等，雨水或渠道内部水流渗入后，将会逐渐使其形成暗沟，当水位较高时，易产生塌坑或脱坡等破坏现象。

此外，隐患还有穿堤工程（如涵闸）回填部位接触渗漏、堤基渗漏以及内部裂缝等。

2）隐患的处理

隐患的存在对渠道危害极大，实际工作中，一般处理措施有灌浆法和翻修法两种方法。有时也可根据具体情况，采取上部翻修而下部灌浆的综合措施。当渠道出现沉陷或深坑时，应在停水后进行锥探，查清隐患深度及范围，及时灌浆堵塞或重新翻修夯实。

A. 灌浆法

对于渠堤内部的蝼蚁穴、兽洞、裂缝、暗沟等隐患，当翻修难度较大时，均可采用灌浆的方法进行处理,可结合锥探进行。灌浆材料一般选用黏性土,灌浆时稠度和压力均要适当。常用的灌浆方式有两类,即重力式和压力式灌浆。前者可借助于钻头、木架等使浆液与孔间造成一定高差,依靠浆柱自身重力进行灌注;后者则是利用专门的灌浆机械施压进行灌注。

此外,白蚁对渠堤的危害性很大,应注意防治。消灭白蚁可选用下列措施:①找出蚁穴外露特征,做好标记,使用灭蚁灵毒饵灭杀。②用1% ~2%的五氯酚钠水溶液或80%敌敌畏乳剂稀释3万倍拌匀的泥浆灌注蚁巢。③在堤坝表层设置一定间隔的小洞,用六六六粉或乙基1605农药与干粗砂拌匀灌洞,注水饱和,然后用粗砂封口。④利用白蚁天敌灭蚁,进行生物防治。⑤在堤坝表面铺设一层厚10 cm左右的炉渣,改变堤坝表土的化学性质和物理结构。

B. 翻修法

这种方法是当隐患查清后,即进行挖开并重新回填夯实。翻修法处理隐患是比较彻底的。但对于埋深较大的隐患,是否可以开挖,应进行分析论证。翻修法的开挖回填要求,除参考土坝裂缝的开挖处理方法外,还要注意以下几点:

(1)根据查明的隐患情况,决定开挖范围。开挖中如发现新的问题,必须继续开挖,直到开挖完,但不允许掏挖。

(2)当开挖深度较大时,应根据土质类别预留一定的边坡和台阶,以免造成渠道的崩塌。

(3)当渠道水位较高,特别是有防汛任务时,一般不得开挖,如遇特殊情况开挖,应进行分析论证,采取一定的安全措施并报请上级主管部门批准。

(4)回填前,如开挖坑槽内有积木、树根等其他杂物,要进行彻底清除。

(5)新旧土料接合处应刨毛压实,必要时可做接合槽,以保证结合紧密,防止产生集中渗流。

(6)填土要求。回填时,一般不要使用挖出来的土料,但如果挖出的土料经试验符合设计要求,则可以采用。

四、渡槽的养护与修理

(一)渡槽的检查与养护

(1)槽内水流应均匀平顺,发现裂缝沉陷、变形应及时处理。

(2)渡槽原设计未考虑交通时,应禁止人、畜通行,防止发生意外。

(3)要经常清理槽内淤积和漂浮物,保证正常输水,防止上淤下冲。

(4)跨越沟溪的渡槽,基础埋深要在最大冲刷线下,防止基础遭受淘刷。

(5)寒冷地区的渡槽,基础埋深要在最大冰冻深度下,防止基础冻胀破坏。

(6)跨越多泥沙河流的渡槽,应防止河道淤积、洪水位抬高危及渡槽安全。

(二)渡槽的病害及成因

渡槽常见病害有接缝漏水、冻胀与冻融破坏、混凝土碳化、剥蚀、裂缝及钢筋锈蚀,支承结构发生不均匀沉陷和断裂,止水老化破坏,进口泥沙淤积和出口发生冲刷等。此外有些渡槽因设计因素,在槽中出现涌波现象,造成槽内水流外溢。

(三)渡槽的病害处理

1. 冻融剥蚀的修补

1)修补材料

修补材料首先应该满足工程所要求的抗冻性指标,《水工混凝土结构设计规范》(DL/T 5057—2009)规定,混凝土的抗冻等级在严寒地区不小于F300,寒冷地区不小于F200,温和地区不小于F100。常用的修补材料有高抗冻性混凝土、聚合物水泥砂浆、预缩水泥砂浆等。

2)修补方法

与项目三混凝土坝表面破坏处理方法类似。

(1)当剥蚀深度大于5 cm时,即可采用高抗冻性混凝土进行填塞修补,根据工程的具体情况,可采用常规浇筑和滑模浇筑、真空模板浇筑、泵送浇筑、预填骨料压浆浇筑、喷射浇筑等多种工艺。

(2)当剥蚀厚度为1~2 cm且面积比较大时,可选用聚合物水泥砂浆修补;当剥蚀厚度大于3~4 cm时,则可考虑选用聚合物混凝土修补。由于聚合物乳液比较昂贵,因此从经济角度出发,当剥蚀深度完全能采用高抗冻性混凝土修补(大于5 cm)时,应优先选用高抗冻性混凝土修复。

(3)小面积的薄层剥蚀,可采用预缩水泥砂浆修补。

2. 混凝土碳化及钢筋锈蚀的修复处理

1)混凝土碳化的处理

一般情况下,不主张对混凝土的碳化进行大面积处理,因为施工质量较好的水工建筑物,在其设计使用年限内,平均碳化层深度基本上不会超过平均保护层厚度。一旦建筑物的保护层厚度全部被碳化,说明该建筑物剩余的使用寿命已不长,对其进行全面防碳化处理,不仅投资大而且没有太多实际意义。若建筑物的使用年限不长,绝大部分碳化不严重,只是少数构建或小部分碳化严重,对其进行防碳化处理十分必要。当混凝土内钢筋尚未锈蚀时,宜对其做封闭防护处理。处理过程是:①采用高压水清洗机(最大水压力可达6 MPa)清洗建筑物表面;②用无气高压喷涂机喷涂,涂料内不夹空气,能有效保证涂层的密封性和防护效果;分两次喷涂,两层总厚度达150 μm即可。一般喷涂材料用乙烯－醋酸乙烯共聚乳液(EVA)作为防碳化涂料,其表干时间为10~30 min,黏结强度大于0.2 MPa,抗－25~85 ℃冷热温度循环大于20次,气密性好,颜色为浅灰色。

2)钢筋锈蚀的处理

钢筋锈蚀对建筑物的危害极大,其锈蚀发展到加速期和破坏期会明显降低结构的承载力,严重威胁结构的安全性,而且修复技术复杂、耗资大,修复效果不能得到完全保证,故一旦发现钢筋混凝土中有钢筋锈蚀迹象,就应立即采取合适的措施进行修复。常用的措施有三个方面:①恢复钢筋周围的碱性环境,使锈蚀钢筋重新钝化,将锈蚀钢筋周围已碳化或遭氯盐污染的混凝土剥除,重新浇筑新的砂浆(混凝土)或聚合物水泥砂浆(混凝土);②限制混凝土中的水分含量,延缓或抑制混凝土中钢筋的锈蚀,采用涂刷防护涂层,限制或降低混凝土中氧和水分的含量,提高混凝土的电阻,减小锈蚀电流,延缓和抑制锈蚀的发展;③采取外加电流阴极保护技术,向被保护的锈蚀钢筋通入微小直流电,使锈蚀钢筋变成阴极，受到保护，免遭锈蚀破坏，另设耐腐材料作为阳极。目前这种技术在海岸工程的重要结构中采用较多。

3. 渡槽接缝漏水的处理

渡槽接缝漏水主要是止水老化失效等原因造成的，处理的方法很多，如橡皮压板式止水、套环填料式止水机粘贴式（粘贴橡皮或玻璃丝布）止水等。

1）聚氯乙烯胶泥止水

施工方法步骤如下：

（1）配料。胶泥配合比（质量比）为煤焦油∶聚氯乙烯∶邻苯二甲酸二丁酯∶硬脂酸钙∶滑石粉 = 100∶12.5∶10∶0.5∶25。

（2）试验。做黏结强度试验，黏结面先涂一层冷底子油（煤焦油∶甲苯 = 1∶4），黏结强度可达 140 kPa。不涂冷底子油可达 120 kPa。将试件作弯曲 90°和扭曲 180°试验未遭破坏，即可满足使用要求。

（3）做内外模。槽身接缝间隙在 3～8 cm 的情况下，可先用水泥纸袋卷成圆柱状塞入缝内，在缝的外壁涂抹 2～3 cm 厚的 M10 水泥砂浆，作为浇灌胶泥的外模，3～5 d 后取出纸卷，将缝内清扫干净，并在缝的内壁嵌入 1 cm 厚的木条，用胶泥抹好缝隙作为内模。

（4）灌缝。将配制好的胶泥慢慢加温，温度控制在 110～140 ℃，待胶泥充分塑化后即可浇灌。对于 U 形槽身的接缝，可一次浇灌完成；对尺寸较大的矩形槽身，可采用两次浇灌完成。第二次浇灌的孔口稍大，要慢慢浇灌才能排出缝隙内的空气，如图 3-78 所示。

2）塑料油膏止水

塑料油膏止水费用低，效果好，如图 3-79 所示。施工步骤如下：

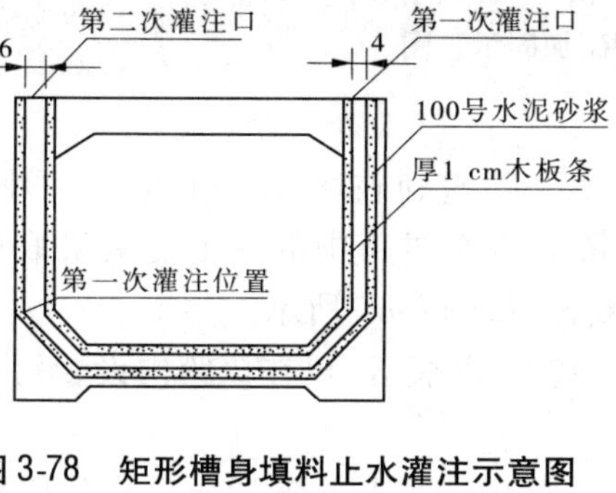

图 3-78　矩形槽身填料止水灌注示意图
（单位：cm）

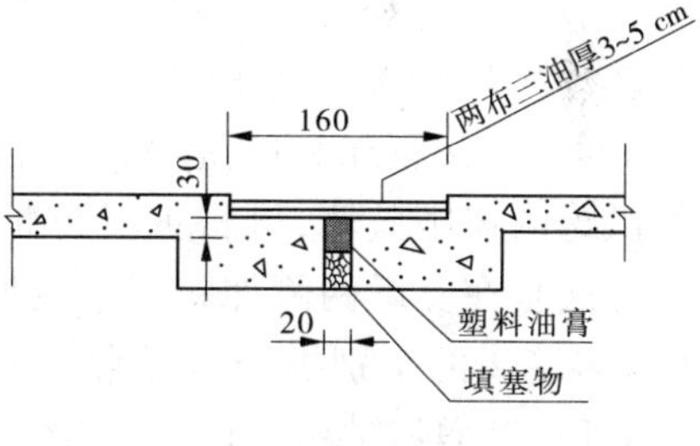

图 3-79　塑料油膏接缝止水示意图
（单位：cm）

（1）接缝处理。将接缝清理干净，保持干燥。

（2）油膏预热熔化。最好是间接加温，温度保持在 120 ℃左右。

（3）灌注方法。先用水泥纸袋塞缝并预留灌注深度约 3 cm，然后灌入预热熔化的油膏，边灌边用竹片将油膏同混凝土反复揉擦，使其紧密粘贴。待油膏灌至缝口，再用皮刷刷齐。

（4）粘贴玻璃丝布。先在粘贴的混凝土表面刷一层热油膏，将预先剪好的玻璃丝布粘贴上去，再刷一层油膏和粘贴一层玻璃丝布，然后刷一层油膏，务必粘贴牢固。

4. 渡槽支墩的加固

1)支墩基础的加固

(1)基础承载力不足的加固。当运行中发现渡槽支墩基底承载力不够时,可采用扩大基础的方法加固,以减小基底的单位承载力,如图 3-80(a)所示。

(2)基础沉陷处理。渡槽支墩由于基础沉陷过大,影响正常使用,需将基础恢复原位,在不影响结构整体稳定的前提下,可采用扩大基础、顶回原位的办法处理,如图 3-80(b)所示,先将基础周围的填土挖出,再浇筑混凝土,将沉陷的基础加宽。加宽部分可分为上下两部分:上部为混凝土支持体,与原混凝土基础连成整体;下部为混凝土底盘,与原混凝土基础间留有空隙。施工时先浇底盘及支持体,待混凝土达到设计强度后,在两者之间布置若干个油压千斤顶,将原渡槽支墩顶起恢复到原位,再用混凝土填实千斤顶两侧的空间,待填实的混凝土达到设计强度后,取出千斤顶,并将千斤顶留下的空间用混凝土填实,最后回填灌浆填实原基地空隙。

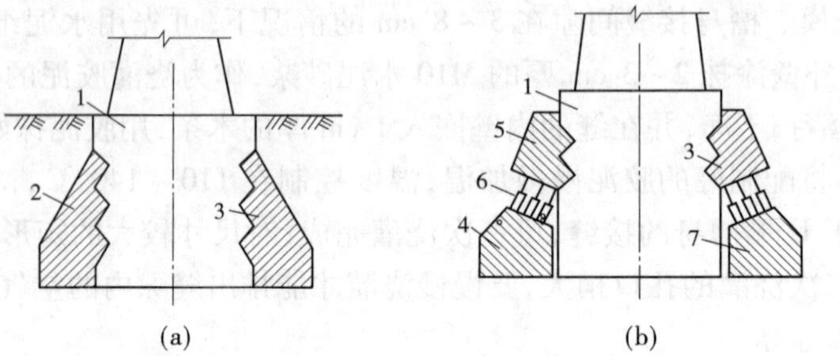

1—原混凝土基础;2—基础加固部分;3—斜形凹槽;

4—混凝土底盘;5—上部混凝土支持体;6—油压千斤顶;7—空隙

图 3-80　渡槽支墩基础加固示意图

2)渡槽支墩墩身的加固

(1)对多跨拱形结构的加固,为预防因其中某一跨遭到破坏,使整体失去平衡,而引起其他拱跨的连锁破坏,可根据具体情况,对每隔若干个拱跨中的一个支墩采取加固措施。其方法是在支墩两侧加斜支撑或加大支墩断面,如图 3-81 所示。

(2)多跨拱的个别拱跨有异常现象时,如拱圈发生断裂等,可在该跨内设置污工支顶或排架支顶,以增强拱跨的稳定,如图 3-82 所示。

(3)当渡槽支墩发生沉陷而使槽身曲折时,可先在支墩上放置油压千斤顶将渡槽槽身顶起,待其恢复原有的平整位置后,再用混凝土块填充空隙,支撑渡槽槽身。如原支墩顶面是齐平的可先凿坑,再放置千斤顶支撑渡槽槽身进行修理,对千斤顶支撑点必须进行压力核算。

5. 钢筋混凝土梁式渡槽的加固

(1)当梁件产生裂缝负担不了实际荷载时,可加设支墩,在梁架下面加设拉筋(见图 3-83)或加设桁架(见图 3-84)。

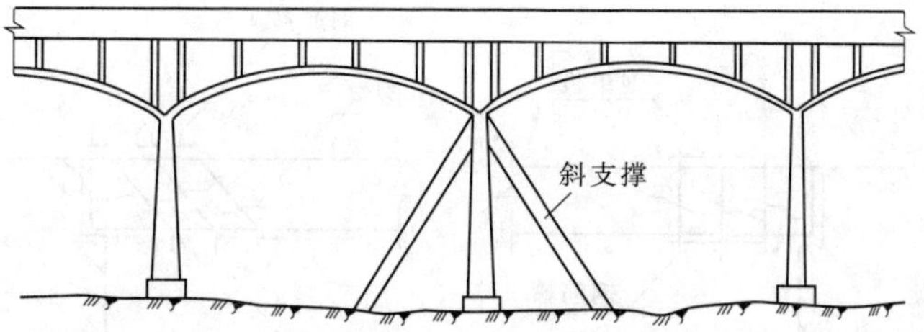

(a)加斜支撑

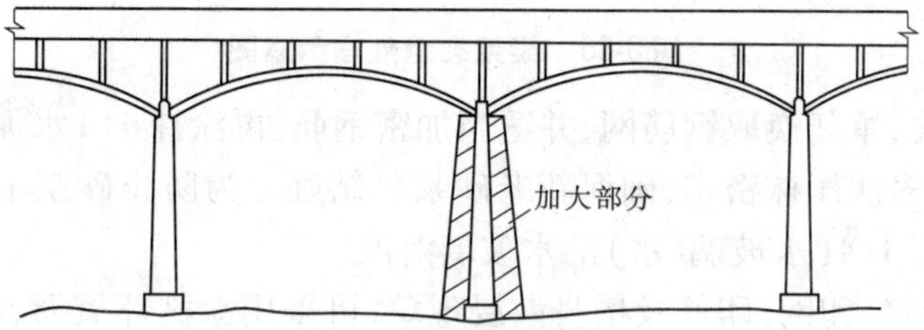

(b)加大支墩断面

图 3-81　拱跨支墩预防破坏措施示意图

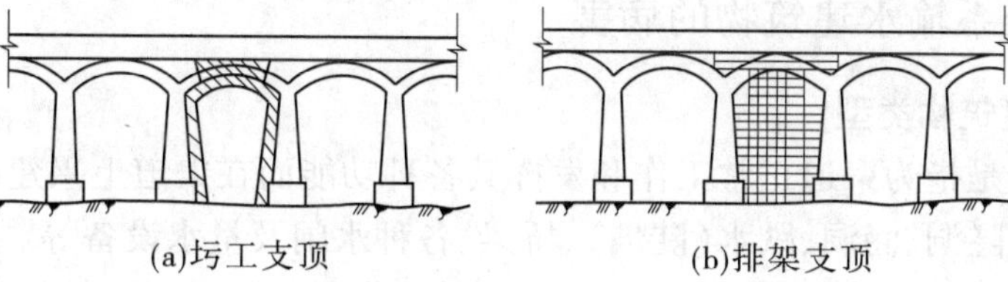

(a)圬工支顶　(b)排架支顶

图 3-82　拱跨支墩加固示意图

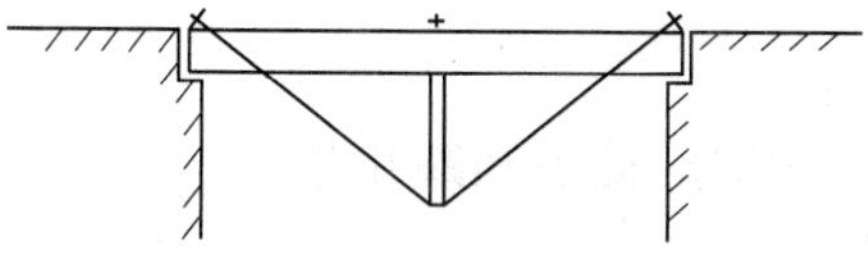

图 3-83　梁架下设拉筋示意图

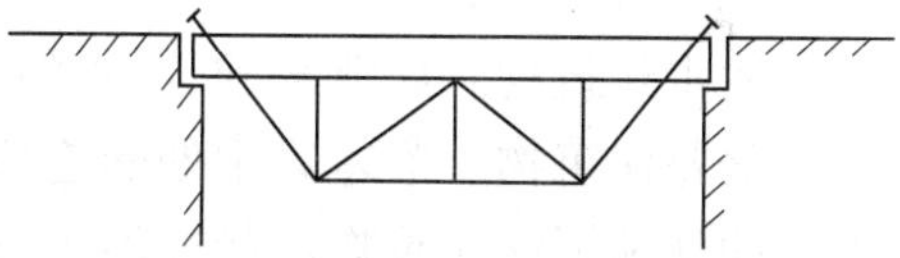

图 3-84　梁架下设桁架示意图

(2)当梁件由于拉力或剪力产生裂缝时,可用侧面帮宽、底面帮厚或同时加宽帮厚梁件的方法处理。加固时可适当凿开原结构以便焊接钢筋,并注意加固部分的主钢筋与原有梁上主钢筋的连接,如图 3-85(a)所示。当梁件产生主应力裂缝时,也可采用在裂缝处加钢箍的方法加固,如图 3-85(b)所示。

6. 钢丝网水泥渡槽的维修

钢丝网水泥渡槽,常因施工质量差和养护不当而造成裂缝、露网、印网及孔洞等情况,修补的方法如下:

(1)对漏网、印网或印筋部位,先用尖凿打毛,清水洗净并保持湿润;再刷一层水泥浆打底,最后用 M40 以上砂浆修补。注意新老砂浆结合处必须抹平、光滑。

(2)对较大的裂缝应凿槽嵌补,如损坏严重,钢筋已有锈蚀或断裂成孔洞,则应把锈

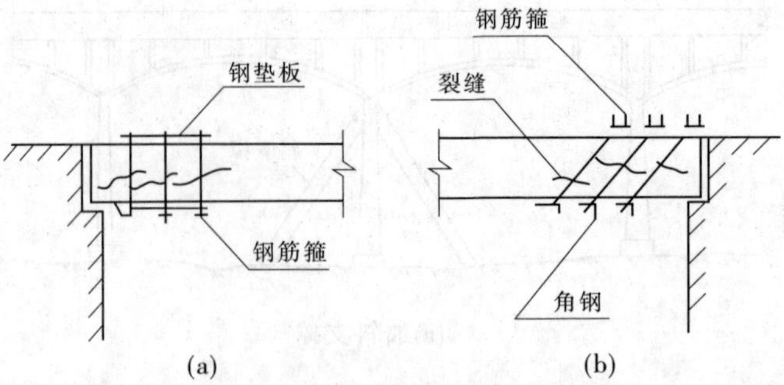

图 3-85　梁架裂缝处理示意图

蚀严重的钢筋切去，重新换取钢筋网，并适当加密钢筋，再涂抹 1:1 水泥砂浆修补。注意。在砂浆初凝后，要多次压抹密实，确保新老砂浆黏结好。为防止砂浆干缩裂缝，可在砂浆表面涂抹或喷一层 1:4（水玻璃:水）的水玻璃溶液。

(3) 对细微裂缝、印网、印筋及槽身散浸现象，可采用涂刷环氧沥青漆、聚苯乙烯及氯丁橡胶沥青漆等防腐涂料处理。

(4) 对受力构件裂缝或损坏的修补，采用涂抹环氧基液、环氧砂浆的方法，效果较好。

五、处理渠系输水建筑物的病害

（一）渠系建筑物类型

渠系建筑物是指为渠道正常工作和发挥其各种功能而在渠道上兴建的建筑物。主要有渡槽、倒虹吸、隧洞、涵洞、跌水（陡坡）、桥梁、各种水闸及量水设备等。按功能可分为：

(1) 控制、调节和配水建筑物。用于调节水位、分配流量，如节制闸、分水闸、斗门等。

(2) 交叉建筑物。用以穿越河渠、洼谷、道路及障碍物，如渡槽、倒虹吸管、涵洞、隧洞等。

(3) 泄水建筑物。如泄水闸、退水闸、溢流堰等。

(4) 落差建筑物。落差集中处的连接建筑物，如跌水、陡坡和跌井等。

(5) 冲沙和沉沙建筑物。如冲沙闸、沉沙池等。

(6) 量水建筑物。如量水堰、量水槽等，也可利用其他水工建筑物量水。

(7) 专门建筑物和安全设备。如利用渠道落差发电的水电站，通航渠道上的码头、船闸和为人、畜免于落水而设的安全护栏。

渠系建筑物数量多、总体工程量大、造价高，故应向定型化、标准化、装配化和机械化施工等方面发展。它与其他水工建筑物一样，由于自然界物理、化学作用的影响和设计、施工方面存在的缺陷，管理不当等而需要经常维修。为保证渠道系统的正常输水和工程效益的充分发挥，必须搞好渠道及渠系建筑物的维修工作。

（二）渠系建筑物的日常养护

(1) 渠道与渠系建筑物的连接部位常因夯填不实而容易发生漏水，导致塌坡溃决事故的产生，要经常检查，必要时应停水修理。

(2) 要经常清理渡槽的进出口和槽身内的淤积及漂浮物，以保证渡槽的输水能力。

当发现槽身有过大变形或伸缩止水破坏时,应停水修理。对原设计未考虑交通的渡槽,应禁止人、畜通行,防止意外事故的发生。

(3)倒虹吸管的进口应设拦污栅,输水期间应经常打捞栅前污物,出口亦应设置保护栅,防止块石滚入,特别要防止倒虹吸管口的淤积和堵塞。严寒地区在冰冻前,应将倒虹吸管内积水抽干,若抽干有困难,也可将进出口封闭,使管内温度保持0 ℃以上,以免冻裂管道。

(4)无压涵洞要防止下游壅水过高而造成流态不稳和带压运用的不正常现象。

(5)跌水要防止跌坎倒塌,陡坡要防止底板冲刷和滑塌。侧墙和底板的漏水要及时修理。消力池内的砂石等淤积物应经常清除。

(6)对渠系建筑物出现的一些缺陷,如裂缝、沉陷、兽洞蚁穴、灰浆脱落等应采取措施及时修复。对可能产生滑坡的堤段应及时处理,防止滑坡的产生。

(三)渠系输水建筑物的病害处理

渠系输水建筑物的病害处理主要包括隧洞、倒虹吸、渠道、渡槽的病害处理办法。这部分内容前面已经详细介绍,在此不再赘述,下面主要介绍渠系建筑物冻胀破坏的防治。

我国季节性冻土分布相当广泛,遍布于长江以北十多个省、自治区、直辖市。其厚度变化的总趋势是服从纬度分布规律,从北向南逐渐减薄。从表3-5可看出,我国一些主要地区最大的季节冻结深度大致以渭河、黄河下游为界,以北地区的水工建筑物都受到不同程度的冻害。

表3-5　我国一些地区土层最大冻结深度　(单位:cm)

地点	最大冻结深度	地点	最大冻结深度	地点	最大冻结深度	地点	最大冻结深度
伊春	290	通辽	179	天水	61	运城	43
哈尔滨	198	呼和浩特	143	银川	103	北京	85
长春	169	乌鲁木齐	141	松潘	50	天津	69
延吉	200	吐鲁番	83	甘孜	95	张家口	136
沈阳	148	西宁	134	昌都	81	石家庄	54
营口	111	玉树	94	拉萨	126	济南	44
丹东	88	张掖	123	大同	179		
满洲里	389	兰州	103	太原	77		

注:最大冻结深度小于50 cm的省份未列。

1.冻土地区建筑物冻胀破坏

冬季土层冻结,产生膨胀,而春季融化,又产生沉陷,与土壤接触的水工建筑物因此造成破坏。

1)桩柱基础桥和渡槽等建筑物的冻胀破坏

寒冷地区桩柱基础桥和渡槽等建筑物的破坏很普遍,其特征为:

(1)沿纵向在立面上呈罗锅形。在地基冻胀作用下渡槽或桥的桩柱基础,常被不均匀地拔起,通常沟(河)较深,夏季过水部分桩柱上拔量大,而往沟(河)两侧上拔量越小,边桩柱一般不产生上拔现象,呈现罗锅形,如图3-86所示。

(2)沿纵向在平面上呈折曲形。同一排桩、柱有时冻胀上拔量不等,一般阳面小、阴面大，这样一方面使桥面或槽身产生倾斜，另一方面则使渡槽或桥面呈曲折变位。

(3)上抬量逐年积累和加剧。桩基产生冻拔后，不易制止，冻拔后也不能恢复原位，冻拔量也逐渐积累，直到由于上拔量过大使建筑物失去运用条件，甚至大部分拔出后导致桥面或渡槽槽身落架破坏。

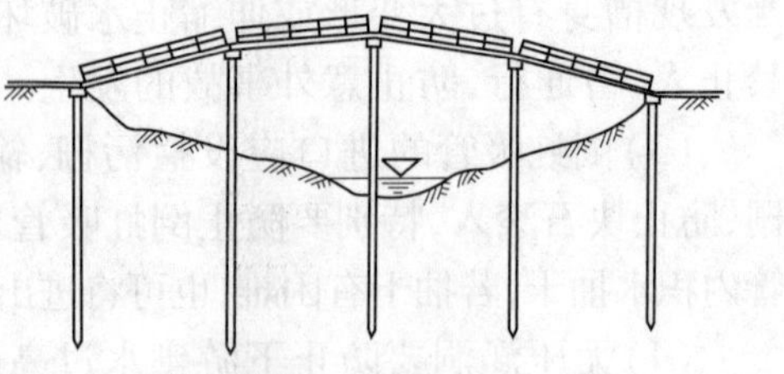

图 3-86　罗锅形

(4)斜坡桩柱向沟(渠)内倾斜。当桥、渡槽等通过软深沟(渠)时，位于斜坡上的桩柱在斜坡上方冻胀力的作用下，产生向沟(渠)内方向倾斜，常使桩柱断裂。当顶部变位过大时，可能使边跨桥面或槽身落架破坏。在季节性冻土地区，墩式基础桥、渡槽的破坏，其特征主要表现为各墩在各种胀力作用下不均匀上抬或倾斜，形成上层结构变形或破坏。

2)板形结构的冻胀破坏

渠道衬砌板体、闸底板、闸前铺盖及闸后护坦等板形结构往往置于冻层之内，即板下还有一定厚度的冻土层。这样板体将受底部和周边冻胀力作用，又受到上部结构的不同约束条件作用，因此板体受到变、扭、剪等复杂的外力作用，从而冻胀破坏。其特征为：

(1)大面积薄板冻胀裂缝。当板形基础面积较大，四周约束力较小时，其裂缝分布无一定的规律，随着逐渐冻胀和融沉的反复作用，裂缝增多，宽度加大，严重的可使大片板形基础呈破碎状，也有在约束条件下呈规则冻胀裂缝。

(2)板形基础上抬及上部结构产生裂缝。当板形基础较大时，在底部冻胀力作用下，遂产生整体不均匀的上抬，而板形基础不一定产生破坏，当不均匀变形超过一定限度时，就会产生裂缝或某一部分过大的变形而破坏。

2. 渠系建筑物冻胀破坏的防治

冻胀发生要素是土质、水分及土中的负温值。不论缺少哪一个要素都不会发生冻胀现象。如能消除或削弱上述三个要素中的一个，则可消除或削弱土体的冻胀。防止冻害一般采取以下措施。

1)换填法

换填法是指用粗砂、砾石等非(弱)冻胀性材料置换天然地基冻胀性土，以削弱或基本消除基土的冻胀，这是广泛采用的一种方法，采用换填法时，应根据建筑物运用条件、结构特点、地基土质及地下水位等情况，确定合理的换填深度和控制黏粒含量，并应注意排水。

采用换填法消除地基冻胀，需在全部冻结深度或部分冻结深度内进行。其深度直接影响工程造价和防冻害的效果，一般应根据建筑类型、允许变形程度、冻结深度、土质及地下水位等条件确定。我国东北正规路面换填厚度为 20～30 cm，一般不超过 50 cm，渠道衬砌的换填率(换填深度与冻结深度之比)为 50%～90%，板形基础一般采用板厚加换填厚度等于当地冻深的办法确定换填深度。

换填料细颗粒含量的控制，粗颗粒土中粉黏粒含量控制在 12% 左右为宜，因为超过界限后，粗颗粒土的冻胀性就开始明显增大。板形结构、条形结构、挡土墙及斜坡桩等经过换填后，只要采取一定的措施让砂砾石换填料的水分排出，则能起到很好的防冻效果。

在地下水位低、砂砾石料较丰富、单价较低的地方，宜采用换填法。

2)人工盐渍化法改良基土

人工盐渍化法是向土体中加入一定量的可溶性无机盐类,如氯化钠、氯化钙、氯化钾等,使之成为人工盐渍土,土基中加入可溶性盐后,可使电解质增加,增大土粒表面水膜厚度。由于粒子间的凝固,土粒的表面能和毛细管作用降低。根据不同交换性阳离子对土冻胀性的影响,加入钾、钠离子后就可大大抑制土体的冻胀性。一般多采用氯化钠掺入土体中,其掺量应以土壤种类和施工方法等条件而定,在砂质亚黏土中,可按质量比加入2% ~4%的氯化钠、氯化钙,对含少量粉土和黏土的砂质土,可加入 1% ~2%的氯化钠或氯化钾。这种方法简单易行、材料广泛,也比较经济,但缺点是有效期短,一般五六年即会失效。

3)保温法

保温法是指在建筑物基底部后四周设隔热层,增大热阻,以推迟基土的冻结,提高土中温度,减小冻结深度,起到防止冻胀的作用。

可用于隔热的材料很多,如草皮、树皮、炉渣、砖块、泡沫混凝土、玻璃纤维、聚苯乙烯泡沫等。水工建筑物属于"非保温"性的工程,目前我国北方广泛采用铺土、冰盖、苇草等作为隔热层,现在有些工程采用聚苯乙烯泡沫塑料作为渠道衬砌或挡土墙的隔热层,效果良好。为防止热量从填土表面和墙壁体表面散失,用聚乙烯泡沫塑料做隔热材料应顺板底和散热表面方向铺设,其优点是自重轻、强度高、隔热性能好、运输施工方便,缺点是造价较高。因此,这种材料多在缺少砂砾石的地区使用。

4)排水隔水法

排水隔水法是为了控制水分条件,达到削减或消除地基冻胀的目的。排水的根本目的是防止地基过湿,其措施有降低地下水位及季节冻层范围内土体含水量,隔断客水补给来源和排除地表水。

5)结构增强

渠道衬砌可采用带肋板,增强结构的抗弯力,提高抵抗抗冻胀能力。

6)加大基础埋深

一般将基础底面深埋于冰层以下 25 cm,减小冻胀作用受力面。

思考题

1. 简述土石坝坝坡养护的内容。
2. 简述土石坝渗漏的途径主要有哪些?
3. 简述土石坝坝基渗漏的主要原因。
4. 什么是帷幕灌浆?
5. 如何预防土石坝的裂缝?
6. 简述土石坝滑坡前都有哪些征兆?
7. 混凝土坝与浆砌石坝的常见病害有哪些?
8. 简述水工钢闸门常用的防腐蚀措施。
9. 简述溢洪道的裂缝处理方法。
10. 输水隧洞磨损的处理中常用的抗冲耐磨材料主要有哪些?

项目四 水库管理工作

水库的控制运用与库岸管理是保证水利水电枢纽工程安全与维持和提高水库使用效能的关键,库岸防护的工程措施、水库环境保护、水质污染防治及水土保持措施是必须熟知的知识,水库兴利运用控制的几种调度调节计算方法、水库防洪运用控制的方式是水库管理重要的技术内容,应知其机制,对水库泥沙淤积的形成机制与防淤排沙措施也应熟悉。通过本项目内容的学习,能初步进行水库管理与库岸防护的一般工作。

任务一 认识水库管理工作

一、水库的类型及作用

水库是指在河道、山谷、低洼地及地下透水层修建的挡水坝、堤堰或隔水墙,形成蓄集水量的人工湖,是调蓄洪水的主要工程措施之一。

(一)水库的组成

水库一般由挡水建筑物、泄水建筑物、输水建筑物三部分组成,这三部分通常称为水库的"三大件"。挡水建筑物用以拦截江河,形成水库或壅高水位,简单说就是挡水坝。泄水建筑物用以宣泄多余水量、排放泥沙和冰凌,或为人防、检修而放空水库等,以保证坝体和其他建筑物的安全。输水建筑物是为灌溉、发电和供水的需要,从上游向下游输水用的建筑物,有隧洞、渠道、渡槽、倒虹吸等。

(二)水库的分类

(1)按其所在位置和形成条件,通常分为山谷水库、平原水库和地下水库三种类型。山谷水库多是用拦河坝截断河谷,拦截河川径流,抬高水位形成。平原水库是在平原地区,利用天然湖泊、洼淀、河道,通过修筑围堤和控制闸等建筑物形成的水库。地下水库是由地下贮水层中的孔隙和天然的溶洞或通过修建地下隔水墙拦截地下水形成的水库。

(2)根据工程规模、保护范围和重要程度,按照《防洪标准》(GB 50201—2014),水库工程分为五个等级,见表4-1。

水库工程的防洪标准分设计(正常运用)和校核(非常运用)两级。防洪标准的选用应按照设计规范确定。

总库容:校核洪水位以下的水库库容。

防洪库容:防洪高水位至防洪限制水位之间的水库库容,用以满足水库下游防护对象的防洪要求。

调洪库容:设计洪水位或校核洪水位至汛限水位之间的水库库容。

正常库容:正常高水位以下的水库库容,即兴利库容加死库容。

表 4-1 水库工程等级

工程等级	水库		防洪		治涝	灌溉	供水	水电站
	工程规模	总库容（亿 m^3）	城镇及工矿企业的重要性	保护农田（万亩）	治涝面积（万亩）	灌溉面积（万亩）	城镇及工矿企业的重要性	装机容量（万 kW）
Ⅰ	大(1)型	≥10	特别重要	≥500	≥200	≥150	特别重要	≥75
Ⅱ	大(2)型	10~1.0	重要	500~100	200~60	150~50	重要	75~25
Ⅲ	中型	1.0~0.10	中等	100~30	60~15	50~5	中等	25~2.5
Ⅳ	小(1)型	0.10~0.01	一般	30~5	15~3	5~0.5	一般	2.5~0.05
Ⅴ	小(2)型	0.01~0.001		≤5	≤3	≤0.5	次一般	≤0.05

(3)根据水库对径流的调节能力，水库可分为日调节水库、周调节水库、季调节水库或年调节水库、多年调节水库。

(4)水库工程根据建造目标，可分为灌溉水库、防洪水库、供水水库、发电水库等，但其往往是综合利用的。

(三)水库的作用

水库的主要作用是防洪、发电、灌溉、供水、蓄能等，水库在防洪中的主要作用是调蓄洪水、削减洪峰，特别是江河干流上的水库汛期拦蓄洪水，调节径流的作用很大，防洪效益很显著。我国对主要江河的干支流进行了不同程度的规划治理，修建了 8 万多座各类水库。病险水库是我国当前已建成水库中存在安全问题带病运行的水库，主要是原设计防洪标准不够、施工质量差以及管理薄弱等造成的。因此，在管理养护和防洪调度方面都要给予特殊考虑。水库的主要作用是防洪、发电、灌溉、供水、养殖、旅游等。

1.水库的防洪作用

水库是我国防洪广泛采取的工程措施之一。在防洪区上游河道适当位置兴建能调蓄洪水的综合利用水库，利用水库库容拦蓄洪水，削减进入下游河道的洪峰流量，达到减免洪水灾害的目的。水库对洪水的调节作用有两种不同方式：一种起滞洪作用，另一种起蓄洪作用。

1)滞洪作用

滞洪就是使洪水在水库中暂时停留。当水库溢洪道上无闸门控制，水库蓄水位与溢洪道堰顶高程平齐时，水库只能起到暂时滞留洪水的作用。

2)蓄洪作用

在溢洪道未设闸门情况下，在水库管理运用阶段，如果能在汛期前用水，将水库水位降到水库限制水位，且水库限制水位低于溢洪道堰顶高程，则限制水位至溢洪道堰顶高程之间的库容就能起到蓄洪作用。蓄在水库的一部分洪水可在枯水期有计划地用于兴利需要。

当溢洪道设有闸门时，水库就能在更大程度上起到蓄洪作用，水库可以通过改变闸门开启度来调节下泄流量的大小。由于有闸门控制，所以这类水库防洪限制水位可以高出溢洪道堰顶，并在泄洪过程中随时调节闸门开启度来控制下泄流量，具有滞洪和蓄洪双重作用。

2.水库的兴利作用

水库的兴利作用就是进行径流调节，蓄洪补枯，使天然来水能在时间上和空间上较好地满足用水部门的要求，水库蓄水抬高水位，取得水头，进行发电；并可改善河道航运和浮运条件；发展养殖业和旅游业。

二、水库管理的任务与工作内容

水库管理是指采取技术、经济、行政和法律的措施，合理组织水库的运行、维修和经营，以保证水库安全和充分发挥效益的工作。

（一）水库管理的主要任务

（1）安全监测。按照有关技术标准对水库进行安全监测和检查，并对监测资料及时进行整理分析，随时掌握水库运行状况。发现异常现象和不安全因素时，应立即报告主管部门及时采取防范和保护措施。

（2）维修养护。对工程进行维修养护，防止和延缓工程老化、库区淤积、自然和人为破坏，延长水库使用年限。

（3）调度运用。根据批准的水库控制运用计划和水库主管部门的指令进行水库的调度运用。充分发挥规划设计等规定的防洪、灌溉、发电、供水、航运以及发展水产、改善环境等各种效益。

（4）物资储备。按有关要求和规定，储备防汛物资。

（5）水情预报预警。做好水情监测、预报工作，并保证水情传递、报警以及管理单位与上级主管部门、上级防汛指挥机构之间的联系通畅。

（6）应急处置。按照有关要求制订水库安全应急预案。

（7）其他与水库安全有关的事项。

（二）水库管理的工作内容

水库管理工作可分为水库控制运用、工程设施管理和经营管理等方面。

1.水库控制运用

水库控制运用又称水库调度，是合理运用现有水库工程改变江河天然径流在时间和空间上的分布状况及水位的高低，以适应生产、生活和改善环境的需要，达到除害兴利、综合利用水资源的目的，是水库管理的主要生产活动。其内容包括：①掌握各种建筑物和设备的技术状况，了解水库实际蓄泄能力和有关河道的过水能力。②收集水文气象资料的情报、预报以及防汛部门和各用水户的要求。③编制水库调度规程，确定调度原则和调度方式，绘制水库调度图；④编制和审批水库年度调度计划，确定分期运用指标和供水指标，作为年度水库调节的依据。⑤确定每个时段（月、旬或周）的调度计划，发布和执行水库实时调度指令。⑥在改变泄量前，通知有关单位并发出警报。⑦随时了解调度过程中的问题和用水户的意见，据以调整调度工作。⑧搜集、整理、分析有关调度的原始资料。

2.工程设施管理

工程设施管理包括：①建立检查观测制度，进行定期或不定期的工程检查和原型观测，并及时整编分析资料，掌握工程设施的工作状态。②建立养护修理制度，进行日常的养护修理。③按照年度计划进行工程岁修、大修和设备更新改造。④出现险情时及时组织抢护。⑤依靠政策、法令保护工程设施和所管辖的水域,防止人为破坏工程和降低水库蓄泄能力。⑥进行水库水质监测,防止水污染。⑦建立水库技术档案。⑧建立防汛预报、预警方案。

经营管理本书不做介绍,对于工程设施管理涉及的主体建筑物的维护、修理、检查、观测、险情抢护等管理问题将在以后的项目内容中介绍,本项目对控制运用和水环境及库岸设施防护等问题进行简单探讨。

三、库岸失稳防治

水库蓄水之后,常常给库岸带来一系列的危害,例如库岸淹没、浸没、库岸坍塌以及水库岸区环境的恶化等问题,这些问题严重时会使水库丧失功能而“夭折”。所以,在水库运行管理中应经常对库岸进行检查,对出现的危害应及时进行治理,并采取有效的防护措施以减少和避免危害的发生。

库区常用的防护措施一般有修建防护堤、防洪墙、抽水排站、排水沟渠、减压沟井、防浪墙堤、护岸、护坡加固、副坝等工程,以及针对库岸水环境的保护所采取的水体水质保护、水土流失治理等。本任务就水库运用管理中通常涉及的库岸失稳的防治及水库水环境保护等问题进行简单讨论。

(一)水库库岸失稳发展过程

库水改变了库岸土质的含水量,使容重加大、抗剪强度降低,引起土体软化、崩解以致坍滑;又因水面展宽后,风浪增大,库岸在波浪的侵蚀、冲击和淘刷作用下,下部土体被淘空,上部土体失去支撑而塌落,岸线随之后移。塌滑物经水流搬运、分选后形成浅滩。在水和波浪的不断作用下,库岸破坏继续发生,岸线不断后移,浅滩逐渐增大,直到水上岸壁与水下浅滩达到相对平衡时,库岸才趋于稳定。

(二)库岸失稳影响因素及危害

1.影响因素

(1)库岸形态:指岸高和坡度、水下岸形、岸线的曲率及库岸的切割程度。一般岸高坡陡、水下岸形陡直、凸岸或被冲沟切割成半岛形的库岸坍塌较为严重。

(2)库岸的地质结构:指构成库岸的土层产状、层序、土层性质、层厚及浸湿后的变化、有无滑塌体等。黄土的孔隙率高,常有垂直节理,浸水后土的胶体连接被破坏,以致崩解快,易发生强烈、快速的坍塌。粉细砂的抗冲刷性弱,易形成大量坍塌和宽而缓的浅滩。砂砾石的抗剪强度大、抗冲刷性较强,只有少量坍塌,形成窄而陡的浅滩。滑塌体下部浸水后易再次活动。

(3)水的作用:一是原来的水上岸坡一部分成为水下岸坡,改变了土体的物理、水理、力学性质和岸坡原来的自然平衡状态;二是在库水位反复变化下,地下水位也随之升降,尤其是骤降产生的动水压力降低了岸坡土体的稳定性。

(4)波浪作用:指波高、波速和波向,而波高又与风速、风的吹程和水深有关。波越高,作用时间越长,波浪的侵蚀与淘刷作用就越强,当能被搬运的塌落物粒径大、速度快且距离远时,形成的浅滩也就宽而缓。

(5)其他:如冰的冻胀,浮冰撞击岸坡,大气湿热变化引起的风化作用,泥沙淤积等。

2.危害

危害主要有:①大量土体坍塌入库产生淤积,减少库容,对库容较小的山区水库影响很大。②塌落物可淤塞、填堵引水建筑物的进水口。③岸线后移,使库边农田、建筑物、道路遭受毁坏。④如预测塌岸严重,将影响开发方案、坝址或设计蓄水位的选择等。⑤坝前库岸如发生塌岸,将影响大坝安全。

(三)水库库岸失稳的防治

水库蓄水后,库岸在自重和水的作用下常常会发生失稳,形成崩塌和滑坡。

影响库岸稳定的因素很多,如库岸的坡度和高度、库岸线的形状、库岸的地质构造和岩性、水流的淘刷、水的浸湿和渗透作用、水位的变化、风浪作用、冻融作用、浮冰的撞击、地震作用以及人为的开挖、爆破等,均会造成库岸的失稳。

1.岩质库岸失稳的防治

岩质库岸失稳的形态一般有崩塌、滑坡和蠕动3种类型。崩塌是指岸坡下部的外层岩体因其结构遭受破坏后脱落,使库岸上部岩体失去支撑,在重力或其他因素作用下而坠落的现象。滑坡是指库岸岩体在重力或其他力的作用下,沿一个或一组软弱面或软弱带做整体滑动的现象。蠕动现象可分为2种:对于脆性岩层,是指在重力或卸荷力作用下沿已有的滑动面或绕某点做长期而缓慢的滑动或转动;对于塑性岩层(如夹层),是指岩层或岩块在荷载作用下沿滑动面或层面做长期缓慢的塑性变形或流动。最常见的岸坡失稳形态是滑坡,防治滑坡的方法有削坡、防漏排水、支护、改变土体性质、采取抗滑桩和锚固等措施。

1)削坡

当滑坡体范围较小时,可将不稳定岩体挖除;如果滑坡体范围较大,则可将滑坡体顶部挖除,并将开挖的石渣堆放在滑坡体下部及坡脚处,以增加其稳定性。

2)防漏排水

防漏排水是岸坡整治的一项有效措施,被广泛用于工程实践中。具体措施:在环绕滑坡体的四周设置水平和垂直排水管网,并在滑坡体边界的上方开挖排水沟,拦截沿岸坡流向滑坡体的地表水和地下水;对滑坡体表面进行勾缝、水泥喷浆或种植草皮,阻止地表水漏入滑坡体内。

3)支护

支护措施通常有挡墙支护和支撑支护两种。当滑坡体是由松散土层或坡积层组成的,或者是裂隙发育的岩层时,可在坡脚处修建浆砌石或混凝土或钢筋混凝土挡墙进行支护;如果滑坡体是整体性较好的不稳定岩层,也可采用钢筋混凝土框架进行支护。

4)抗滑桩法

当滑动体具有明确的滑动面时,可沿滑动面方向用钻机或人工开挖的方法造孔,在孔内设钢管,管中灌注混凝土,形成一排抗滑桩,利用桩体的强度增加滑动面的抗剪强度,达到增强稳定性的目的。抗滑桩的截面有方形和圆形两种,其直径对于钻孔桩30~50 cm,对于挖孔桩一般为1.5~2.0 m,桩长可达20 m。当滑动面上、下岩体完整时,也可采用平洞开挖的方法沿滑动面设置混凝土抗滑短桩或抗滑键槽,以增强滑动体的稳定性,也可取得良好的效果。

5)锚固措施

锚固措施是用钻机钻孔穿过滑坡体岩层,直达下部稳定岩体一定深度,然后在孔中埋设预应力钢索或锚杆,以加强滑坡体稳定的方法。在许多情况下,滑坡的防治常常需要同时采取上述几种措施,进行综合整治。

例如:黄坛口水库的左坝肩为一古滑坡体,岩石极为破碎,其范围自坝线下游伸入水库约300 m,面积2 000 m^2,厚度60~70 m。采取的整治措施(见图4-1)为:

(1)削坡。将滑坡体的上部岩体挖除一部分,回填至坡脚。

(2)防渗措施。为防止库水渗入滑坡体内,在滑坡体的下部,沿边坡面修建了一道长300 m、顶部高程超过水库正常高水位的黏土心墙(铺盖),心墙底部与基础岩石连接,墙脚与坝头混凝土重力式翼墙相接,将整个滑坡体包裹封闭。

(3)排水措施。沿滑坡体边界上方开挖排水沟,将顺坡流向滑坡体的地表水拦截排走;同时在滑坡体坡脚处设置一排排水管,将通过黏土心墙渗入的库水排至水库下游。

(4)防漏措施。对滑裂体表面裂隙用黏土进行勾缝,防止雨水渗入滑坡体。

(5)监测工作。为掌握滑坡体的动态,沿滑坡体的滑动方向布置了观测断面,监测滑坡体的位移及其水文地质情况。

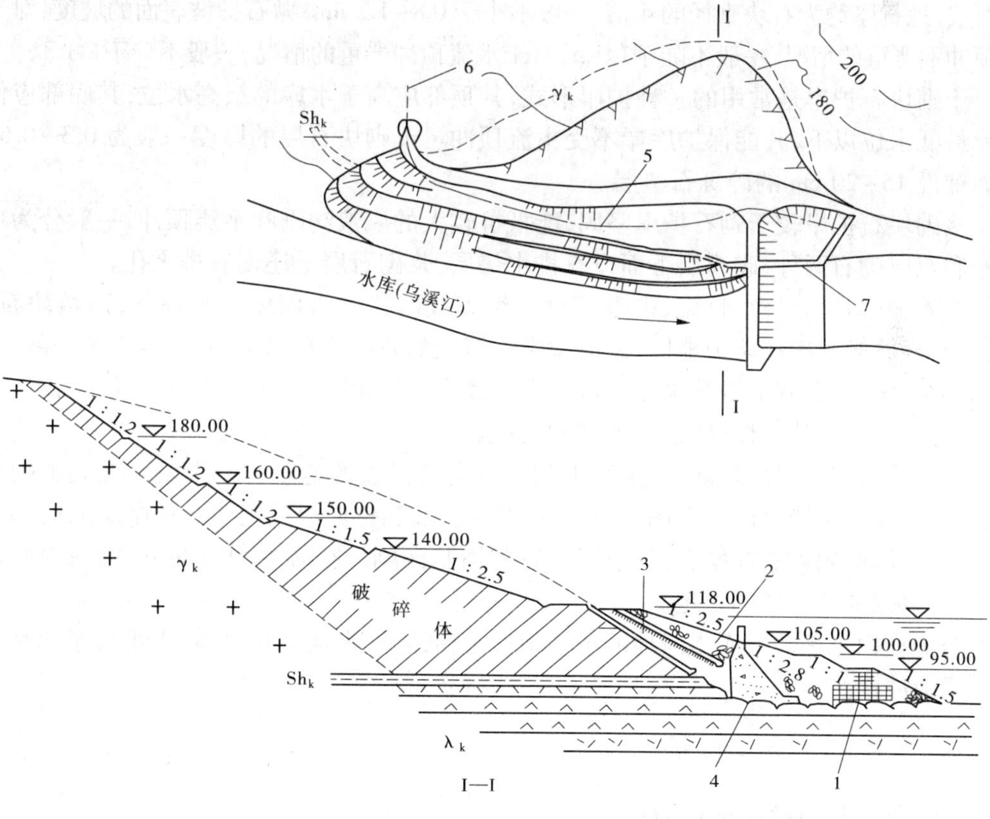

1—围堰;2—堆石;3—黏土心墙;4—反滤层;5—排水管;6—阻水隧道;

7—翼墙;γ_k—花岗斑岩;Sh_k—紫色页岩;λ_k—凝灰石

图4-1 黄坛口水库西山滑坡整治图

2.非岩质库岸失稳的防治

防治非岩质库岸破坏和失稳的措施有：护坡、护脚、护岸墙和防波浪墙等。对于受主流顶冲淘刷而引起的塌岸，常采用抛石护岸；如果水下部分冲刷强烈，则可采用石笼或柳石枕护脚；对于受风浪淘刷而引起的塌岸，可采用干砌石、浆砌石、混凝土、水泥等材料进行护坡；当库岸较高，上部受风浪冲刷，下部受主流顶冲时，可做成阶梯式的防护结构，上部采用护坡，下部采用抛石、石笼固脚，如图4-2所示；对于水库水位变化较大，风浪冲刷强烈的库岸，可采用护岸墙的防护方式；对于库岸较陡，在水的浸湿和风浪作用下有塌岸的危险，则可采用削坡的方法进行防护，当库岸较高时，也可采取上部削坡、下部回填，然后进行护坡的防护方法。

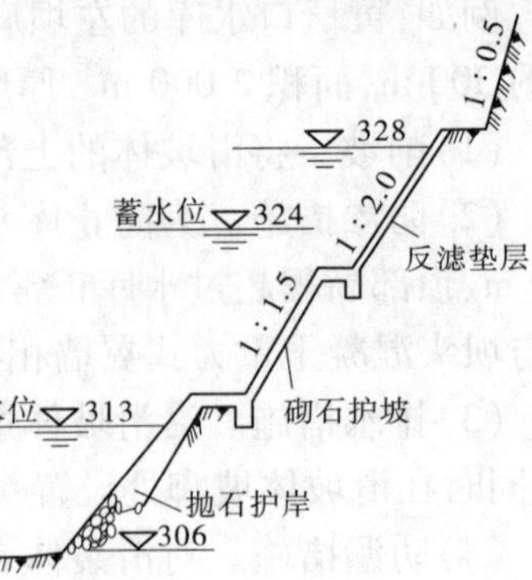

图4-2 阶梯式护岸

抛石护岸具有一定的抗冲能力，能适应地基的变形，适用于有石料来源和运输方便的情况。石料一般宜采用质地坚硬、直径20~40 cm、质量在30~120 kg的石块，抛石厚约为石块直径的4倍，一般不小于0.8~1.2 m。抛石护坡表面的坡度，对于水流顶冲不严重的情况，一般不陡于1∶1.5；对于水流顶冲严重的情况，一般不陡于1∶1.8。

干砌块石护岸是常用的一种护岸形式，其顶部应高于水库的最高水位，其底部应伸入水库最低水位以下，并能保护库岸不受主流顶冲。干砌块石层的厚度一般为0.3~0.6 m，下面铺设15~20 cm的碎砾石垫层。

浆砌块石护岸较干砌石护岸坚固，能抵抗较大的风浪淘刷和水流顶冲，一般分为单层砌石和双层砌石两种，砌石层下面设有排水垫层，浆砌石层上还设有排水孔。

石笼护岸是用铅丝、竹篾、荆条等材料编织成网状的六面体或圆柱状，内填块石、卵石，将其叠放或抛投在防护地段，做成护岸。石笼的直径0.6~1.0 m、长度2.5~3.0 m，体积1.0~2.0 m^3。石笼护岸的优点是可以利用较小的石块，抛入水中后位移较小，抗冲能力较强，且具有一定的柔性，能适应地基的变形。

护岸墙适用在岸坡较陡、风浪冲击和水流淘刷强烈的地段。护岸墙可做成干砌石墙（见图4-3(a)）、浆砌石墙（见图4-3(b)）、混凝土墙和钢筋混凝土墙。护岸墙的底部应伸入基土内，墙前用砌石或抛石做成护脚，以防墙基淘刷。在必要的情况下，可在墙底设置桩承台，以保证护岸墙的稳定。

防护林护岸是选择库岸滩地的适当地段植树造林，做成防护林带，以抵御水库高水位时的风浪冲刷。

四、水库的水环境保护

（一）对水库水环境保护的认识

水库水环境保护是现代经济社会赋予水库管理工作的一项全新内容，是现代水库管理的基本要求，是工程效益形成的基础保障，自然也是水利工程管理中一项不可忽视的重要工作。

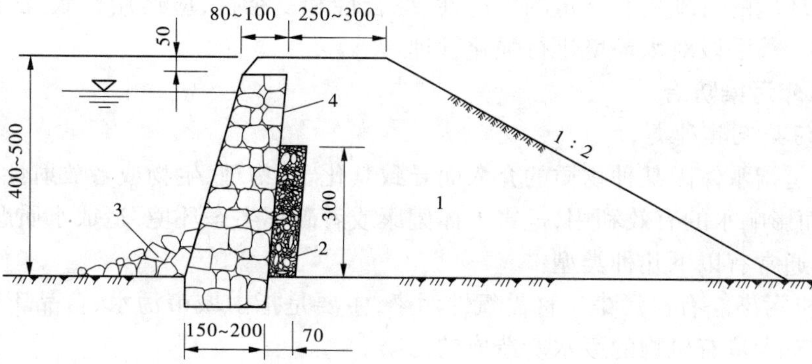

1—土;2—砾石层;3—堆石护脚;4—干砌石护岸墙

(a)干砌石护岸墙

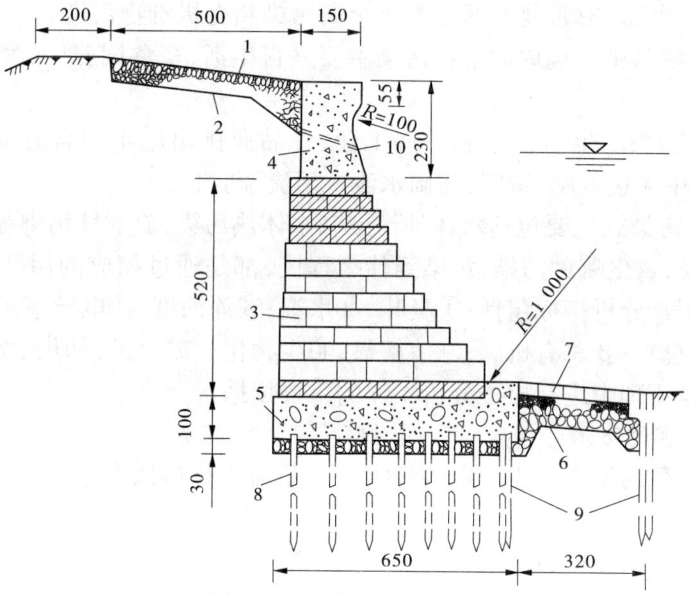

1—砌石护面;2—砾石垫层;3—浆砌石墙体;4—混凝土墙顶;5—混凝土墙基;
6—抛石;7—砌石护脚;8—桩基;9—防冲板桩;10—排水孔

(b)浆砌石护岸墙

图4-3　护岸墙　(单位:cm)

水库水资源是指水库中蓄存的可满足水库兴利目标,即满足设计用途所需的所有水资源。水库水资源的兴利能力不仅取决于水库的建设任务和规模、水库所在河川径流在时间、空间上分布水量的变化,还取决于水质状况。然而,水库水资源却承受着库区工农业生产及旅游等产业带来的污染和水土流失引发的淤积的威胁,并且这些威胁在日趋加重,这类危害若继续并扩大,水库将会面临功能丧失的危机。因此,为维护水库的安全,水库管理者应超脱狭隘的管理范围,“走上库岸”,加强防治污染和水土保持工作,做好库岸的水环境管理。

水库水环境的管理具有一定的广泛性、综合性和复杂性,应运用行政、法律、经济、教育和科学技术等手段对水环境进行强化管理。

(二)水库污染防治

1.水库污染及其种类

水污染是指水体因某种物质的介入而导致其化学、物理、生物或者放射性等方面特性的改变,从而影响水的有效利用,危害人体健康或者破坏生态环境,造成水质恶化的现象。

水污染通常有以下几种类型:

(1)有机污染。有机污染又称需氧性污染,主要是指由城市污水、食品工业和造纸工业等排放含有大量有机物的废水所造成的污染。

(2)无机污染。无机污染又称酸碱盐污染,主要来自矿山、粘胶纤维、钢铁厂、染料工业、造纸、炼油制革等废水。

(3)有毒物质污染。有毒物质污染为重金属污染和有机毒物污染。

(4)病原微生物污染。病原微生物污染主要来自生活、畜禽饲养厂、医院以及屠宰肉类加工等污水。

(5)富营养化污染。生活污水和一些工业、食品业排出废水中含有氮、磷等营养物质,农业生产过程中大量氮肥、磷肥,随雨水流入河流、湖泊。

(6)其他水体污染。主要包括水体油污染和水体热污染,放射性污染等。

水是否被污染,发生哪种污染、污染到什么程度,都是通过相应的污染分析指标判定衡量的。水污染正常分析指标包括:①臭味;②水温;③浑浊度;④电导率;⑤溶解性固体;⑥悬浮性固体;⑦总氧;⑧总有机碳;⑨溶解氧;⑩生物化学需氧量;⑪化学需氧量;⑫细菌总数。这些指标是管理中进行检查分析工作的重要依据。

2.水库污染危害的防治

水库中水体受到污染会产生一定的危害。一是对人体健康产生危害;二是对农业造成危害。

水库水环境污染防治应将工程措施和非工程措施相结合。

(1)工程措施。包括三个方面:一是流域污染源治理工程,主要是对工业污染,镇区污水、村落粪便等进行处理;二是流域水环境整治与水质净化工程,主要是对河道淤泥和垃圾进行清理,对下游河道进行生态修复;三是流域水土保持与生态建设工程,主要是对一些废弃的矿区和采石场进行修复处理,栽种水源涵养林。

(2)非工程措施。就是让各种有害物质和使水环境恶化的一切行为远离库区。为此可以采取:①法律手段:可依据国家有关水环境法律法规制定库区环境管理条例,通过法律强制措施对库区的不法行为进行制止;②经济手段:通过奖征办法对积极采取防治库区污染措施的企业予以奖励,对污染严重的企业予以惩罚;③宣传教育手段:采取多种形式在库区进行宣传教育,提高库区群众的防治意识并发挥社会公众监督作用;④科技手段:应用科学技术知识,加强库区农业生产的指导工作,改善产业结构,减少和避免有害环境的生产方式。科学地制定水资源的检测、评价、标准,推广先进的生产技术和管理技术,制定综合防治规划,使环境建设和防治工作持久不懈。

（三）水库水土保持

1.水土保持及其作用

水库水土保持是一项综合治理性质的生态环境建设工程，是指在水库水土流失区，为防止水土流失，保护改良与合理利用水土资源而进行的一系列工作。

水土保持工作以保水土为中心，以水蚀为主要防治对象，必然对水库水资源生态环境产生更为全面的、显著的作用和影响。主要体现在以下几个方面：①增加蓄水能力，提高降水资源的有效利用。②削减洪水，增加枯水期流量，提高河川水资源的有效利用率。③控制土壤侵蚀，减少河流泥沙。④改善水环境，促进区域社会经济可持续发展。

2.水土保持的措施

水土流失的原因有水力侵蚀、重力侵蚀、风力侵蚀三种形式。水力侵蚀概括地说是地表径流对地面土壤的侵蚀和搬移。重力侵蚀是斜坡上的土体因地下水渗透力或因雨后土壤饱和引起抗剪强度减小，或因地震等使土体因重力失去平衡而产生位移或块体运动并堆积在坡麓的土壤侵蚀现象，主要形态有崩塌、滑坡、泻流等。风力侵蚀是由风力磨蚀、吹扬作用，使地表物质发生搬运及沉积的现象，其表现有滚动、跃移和悬浮三种方式。

水土流失对水库水资源有极大的影响，包括：①加剧洪涝灾害；②降低水源涵养能力；③造成水库淤积，降低综合能力；④制约地方经济发展。

搞好水土保持应采取三个主要方面的措施：

（1）水土保持的工程措施。在合适的地方修筑梯田、山边沟等坡面工程，合理配置蓄水、引水工程和提水工程，主要作用是改变小地形，蓄水保土，建设旱涝保坡、稳定高产的基本农田。

（2）水土保持的林草措施。在荒山、荒坡、荒沟、沙荒地、荒滩和退耕的陡坡农地上，采用造林、种草或封山育草的办法增加地面植被，保护土壤免受暴雨侵蚀冲刷。

（3）水土保持的农业措施。通过采取合理的耕作措施，在提高农业产量的同时达到保水保土的目的。

任务二 水库兴利调度

一、水库兴利调度的基本资料

水库调度所需要的基本资料，主要包括：水库运用调度的政策法规及标准，如水利水电工程设计及运行管理方面的现行规程、规范等技术标准，《中华人民共和国水法》《中华人民共和国电力法》《中华人民共和国防洪法》等有关法律规定及有关政策文件；水库调度运用的主要参数及水利动能指标，例如设计洪水位、校核洪水位、防洪高水位、防洪限制水位、正常蓄水位、综合利用部门要求的运用下限水位和死水位等参数，市政及工业供水量、农业供水量，水电站保证出力及相应的保证率等指标及保证出力图，其他综合利用要求；其他基本资料，如流域及河川径流特性，水库特性资料和下游水位—流量关系资料，水电站水轮机运行综合特性曲线和有压引水系统水头损失特性资料等。

(一)流域特性资料

流域特性资料主要包括流域几何特征和自然地理特征。

河流某一断面以上的集水区域称为河流在该断面的流域。当不指明断面时,流域是对河口断面而言的。流域的边界为分水线,即实际分水岭山脊的连线。流域是河流的供水源地,因此河川径流的情势取决于流域特征。流域特征包括几何特征和自然地理特征。

1.流域的几何特征

(1)流域面积(F)。流域面积的确定,一般可在五万分之一的地形图上勾绘出分水线所包围的面积,然后用求积仪或数方格的办法量出。流域面积是衡量河流大小的重要指标。在其他条件相同的情况下,流域面积的大小决定河川径流的多少,所以一般河流的水量,总是从河源到河口越往下游水量就越丰富。

(2)流域长度(L)。一般是指流域轴线长度。从河口到河源画若干条大致垂直于干流的直线与分水线相割,连各割线的中点就得到流域长度。常用干流长度代替。

(3)流域平均宽度(B)。它是流域面积 F 与流域长度 L 的比值,即 $B=\frac{F}{L}$。

(4)流域形状系数(K)。它是流域平均宽度与流域长度的比值,即 $K=\frac{B}{L}$,K 值愈小,反映流域愈狭长。

2.流域的自然地理特征

流域的自然地理特征包括流域的地理位置、气候条件、地形特征、地质构造与土壤特性、植被覆盖、湖泊、沼泽、塘库等。

(1)地理位置。主要指流域所处的经纬度以及距离海洋的远近。一般是低纬度和近海地区雨水多,高纬度地区和内陆地区降水少。如我国的东南沿海一带雨水较多,而华北、西北地区降水较少,尤其是新疆的沙漠地区更少。

(2)气候条件。主要包括降水、蒸发、温度、风等。其中,对径流作用最大的是降水和蒸发。

(3)地形特征。流域的地形可分为高山、高原、丘陵、盆地和平原等,其特征可用流域平均高度和流域平均坡度来反映。同一地理区,不同的地形特征将对降雨径流产生不同的影响。

(4)地质构造与土壤特性。流域地质构造、岩石和土壤的类型以及水理性质等都将对降水形成的河川径流产生影响,同时也影响到流域的水土流失和河流泥沙。

(5)植被覆盖。流域内植被可以增大地面糙率,延长地面径流的汇流时间,同时加大下渗量,从而使地下径流增多,洪水过程变得平缓。另外,植被能减少水土流失,降低河流泥沙含量,涵养水源;大面积的植被还可以调节流域小气候、改善生态环境等。植被的覆盖程度一般用植被面积与流域面积之比的植被率表示。

(6)湖泊、沼泽、塘库。流域内的大面积水体对河川径流起调节作用,使其在时间上的变化趋于均匀;还能增大水面蒸发量,增强局部小循环,改善流域小气候。通常用湖沼塘库的水面面积与流域面积之比的湖沼率来表示。

(二)河川径流特性资料

为了编制合理的水库运行调度方案,必须掌握水库所在河流以往和未来的径流变化规律,即河川径流特性。

1.水库的防洪设计标准

在河流上修建水库,通过其对洪水的拦洪削峰,可防止或减轻甚至消除水库下游地区的洪水灾害。但是,若遇特大洪水或调度运用不当,大坝失事也会形成远远超过天然洪水的溃坝洪水,如板桥水库1975年8月入库洪峰13 100 m^3/s,溃坝流量竟达79 000 m^3/s,造成了下游极大的损失。因此,防洪设计中除考虑下游防护对象的防洪要求外,更应确保大坝安全。下游防洪要求和大坝等水工建筑物本身防洪安全要求,一般通过防洪设计标准(常用洪水发生频率或重现期表示)来体现。关于水利水电工程本身的防洪标准,是先根据工程规模、效益和在国民经济中的重要性,将水利水电枢纽工程分为五个等别,见表4-2。而枢纽工程中的各种水工建筑物,如工程运行期间使用的永久性水工建筑物(主要建筑物、次要建筑物)又按照其所属的枢纽工程的等别、该水工建筑物本身的作用和重要性分为五个级别,见表4-3。

表4-2　水利水电工程分等指标

工程等别	工程规模	水库总库容（亿 m^3）	防洪		治涝	灌溉	供水	发电
			保护城镇及工矿企业的重要性	保护农田（万亩）	治涝面积（万亩）	灌溉面积（万亩）	供水对象重要性	装机容量（万 kW）
Ⅰ	大(1)型	≥10	特别重要	≥500	≥200	≥150	特别重要	≥120
Ⅱ	大(2)型	10~1.0	重要	500~100	200~60	150~50	重要	120~30
Ⅲ	中型	1.0~0.10	中等	100~30	60~15	50~5	中等	30~5
Ⅳ	小(1)型	0.10~0.01	一般	30~5	15~3	5~0.5	一般	5~1
Ⅴ	小(2)型	0.01~0.001		<5	<3	<0.5		<1

注:水库总库容指水库最高水位以下的静库容,治涝面积和灌溉面积均指设计面积。

表4-3　永久性水工建筑物级别

工程等别	主要建筑物	次要建筑物
Ⅰ	1	3
Ⅱ	2	3
Ⅲ	3	4
Ⅳ	4	5
Ⅴ	5	5

永久性水工建筑物所采用的洪水标准，分为正常运用（设计标准）和非常运用（校核标准）两种。通常用正常运用的洪水来确定水利水电枢纽工程的设计洪水位、设计泄洪流量等水工建筑物设计参数，这个标准的洪水称为设计洪水。设计洪水发生时，工程应保证能正常运用，一旦出现超过设计标准的洪水，则水利工程一般就不能保证正常运用了。由于水利工程的主要建筑物一旦破坏，即将造成灾难性的严重损失，因此规范规定洪水在短时期内超过设计标准时，主要水利工程建筑仍不允许破坏，仅允许一些次要建筑物损毁或失效，这种情况就称为非常运用条件或标准，按照非常运用标准确定的洪水称为校核洪水。按照满足在设计标准的洪水条件下进行正常运用的要求而设计的水工结构，有时也可以满足在校核洪水条件下进行非常运用的要求，不过有时不能满足。因此，一般都要求同时提供两种标准的洪水情况，分别进行设计与校核，保证在两种运用条件下主要建筑物都不破坏。山区、丘陵区水利水电工程永久性水工建筑物的正常运用和非常运用的洪水标准见表4-4。

表4-4　山区、丘陵区水利水电工程永久性水工建筑物洪水标准（重现期（年））

项目		永久性水工建筑物级别				
		1	2	3	4	5
设计		1 000～500	500～100	100～50	50～30	30～20
校核	土石坝	可能最大洪水（PMF）或10 000～5 000	5 000～2 000	2 000～1 000	1 000～300	300～200
	混凝土坝、浆砌石坝	5 000～2 000	2 000～1 000	1 000～500	500～200	200～100

防洪保护对象的防洪标准，应根据防护对象的重要性、历次洪水灾害及其对政治经济的影响。如防洪保护对象是城市或乡村，其防洪标准分别按表4-5、表4-6确定。

表4-5　城市等级和防洪标准

工程等级	重要性	非农业人口（万人）	防洪标准（重现期（年））
Ⅰ	特别重要的城市	≥150	≥200
Ⅱ	重要城市	150～50	200～100
Ⅲ	中等城市	50～20	100～50
Ⅳ	一般城镇	≤20	50～20

表4-6 乡村防护区的等级和防洪标准

工程等级	防护区人口（万人）	防护区耕地面积（万亩）	防洪标准（重现期(年)）
Ⅰ	≥150	≥300	100~50
Ⅱ	150~50	300~100	50~30
Ⅲ	50~20	100~30	30~20
Ⅳ	≤20	≤30	20~10

2.水库的设计保证率

由于河川径流具有多变性，年际、年内水量均不相同，如果在稀遇的特殊枯水年份也要保证各兴利部门的正常用水需要，势必要加大水库的调节库容和其他水利设施。这样做在技术上可能有困难，在经济上需要消耗更多的人力、物力和财力，显然不经济也不合理。为此，一般不要求在将来水库使用期间能绝对保证正常供水，而允许水库可适当减少供水量。因此，必须研究各用水部门允许减少供水的可能性和合理范围，定出多年工作期间用水部门正常工作得到保证的程度，即正常供水保证率，或简称设计保证率。由此可见，设计保证率是指工程投入运用后的多年期间用水部门的正常用水得到保证的程度，常以百分数表示。设计保证率通常有年保证率和历时保证率两种形式。

1）年保证率$P_{设}$

年保证率是指多年期间正常工作年数（运行总年数与允许破坏年数之差）占运行总年数的百分比，即

$$P_{设}=\frac{正常工作年数}{运行总年数}\times 100\%=\frac{运行总年数-破坏年数}{运行总年数}\times 100\% \tag{4-1}$$

所谓破坏年数，包括不能维持正常工作的任何年份，不论该年内缺水时间的长短和缺水数量的多少。

2）历时保证率$P'_{设}$

历时保证率是指多年期间正常工作的历时（日、旬或月）占运行总历时的百分比，即

$$P'_{设}=\frac{正常工作历时（日、旬或月）}{运行总历时（日、旬或月）}\times 100\% \tag{4-2}$$

年保证率$P_{设}$和历时保证率$P'_{设}$之间的换算式为

$$P_{设}=\left[1-\frac{(1-P'_{设})}{m}\right]\times 100\% \tag{4-3}$$

式中 m——破坏年份的破坏历时与运行总历时之比，可近似按枯水年份供水期持续时间与全年时间的比值来确定。

采取什么形式的保证率，可视用水特性、水库调节性能及设计要求等因素而定。如灌溉水库的供水保证率常采取年保证率；航运和径流式水电站，由于它们的正常工作是以日数表示的，故一般采取历时保证率。

设计保证率是水利水电工程设计的重要依据，其选择是一个复杂的技术经济问题。

若选得过低，则正常工作遭破坏的概率将会增加，破坏所引起的国民经济损失及其不良影响也就会加重；相反，如选得过高，用水部门的破坏损失虽可减轻，但工程的效能指标就会减小（如库容一定，保证流量就减小），或工程投资和其他费用就要增加（如用水要求一定，库容要加大）。所以，应通过技术经济比较分析，并考虑其他影响，合理选定设计保证率。由于破坏损失及其他后果涉及许多因素，情况复杂，难以确定，所以目前在设计中主要根据生产实践积累的经验，并参照规范选用设计保证率。

选择水电站设计保证率时，要分析水电站所在电力系统的用户组成和负荷特性、系统中水电容量比例、水电站的规模及其在系统中的作用、河川径流特性及水库调节性能，以及保证系统用电可能采取的其他备用措施等。一般来说，水电站的装机容量越大，系统中水电所占比例越大，系统重要用户越多，河川径流变化越剧烈，水库调节性能越高，水电站的设计保证率就应该取大一些。可参照表4-7提供的范围，经分析选定水电站的设计保证率。

表4-7　水电站设计保证率

电力系统中水电容量比例（%）	<25	25~50	>50
水电站发电设计保证率（%）	80~90	90~95	95~98

注：当系统内有多座水电站时，应按水电站群统一选择设计保证率。

选择灌溉设计保证率，应根据灌区土地和水利资源情况、农作物种类、气象和水文条件、水库调节性能、国家对该灌区农业生产的要求以及工程建设和经济条件等因素进行综合分析。一般地说，灌溉设计保证率在南方水源较丰富地区比北方地区高，大型灌区比中小型灌区高，自流灌溉比提水灌溉高，远景规划工程比近期工程高。可参照表4-8，适当选定灌溉设计保证率。

表4-8　灌溉设计保证率

地区特点	农作物种类	年设计保证率（%）
缺水地区	以旱作物为主	50~75
	以水稻为主	70~80
水源丰富地区	以旱作物为主	70~80
	以水稻为主	75~95

由于工业及城市居民给水遭到破坏，将会直接造成生产上的严重损失，并对人民生活有极大影响，因此给水保证率要求较高，一般在95%~99%（年保证率），其中大城市及重要的工矿区可选取较高值。即使在正常给水遭受破坏的情况下，也必须满足消防用水、生产紧急用水及一定数量的生活用水。

航运设计保证率是指最低通航水位的保证程度，用历时（日）保证率表示。航运设计保证率一般按航道等级结合其他因素由航运部门提供。一般一、二级航道保证率为97%~99%，三、四级航道保证率为95%~97%，五、六级航道保证率为90%~95%。

(三)水库特性资料

1.水库地形特性

水库是指在河道、山谷等处修建水坝等挡水建筑物形成蓄集水的人工湖泊。水库的作用是拦蓄洪水,调节河川天然径流和集中落差。水库特征是指水库地形特征。如库区地形开阔,河道纵坡缓,水库的蓄水容量大;反之,河道纵坡陡,即使坝高,其蓄水量也不一定大。一般把用来反映水库地形特征的曲线称为水库特性曲线。它包括水库水位—面积关系曲线和水库水位—容积关系曲线,简称为水库面积曲线和水库容积曲线,是最主要的水库特性资料。

1)静库容曲线

静库容曲线是假设水库内水流流速为零,水面呈静止的水平状态而绘制的不同坝前水位下的水位—面积、水位—容积曲线。

A.水位—面积曲线

水位—面积曲线是指水库蓄水位与相应水面面积的关系曲线。水库的水面面积随水位的变化而变化。库区形状与河道坡度不同,水库水位与水面面积的关系也不尽相同。面积曲线反映了水库地形的特性。

绘制水库面积曲线时,一般可根据 1/10 000~1/5 000 比例尺的库区地形图,用求积仪(或按比例尺数方格)计算不同等高线与坝轴线所围成的水库的面积(高程的间隔可用 1~2 m 或 5 m),然后以水位为纵坐标、以水库面积为横坐标,点绘出水位—面积关系曲线,如图 4-4 所示。

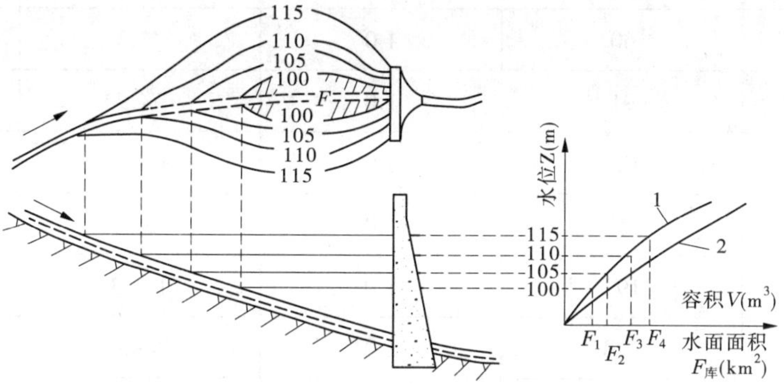

1—水库面积特性;2—水库容积特性

图 4-4　水库特性曲线示意图

B.水位—容积曲线

水位—容积曲线也称为水库库容曲线。它是水库面积曲线的积分曲线,即库水位 Z 与累积容积 V 的关系曲线。其绘制方法是:首先将水库面积曲线中的水位分层,其次自河底向上逐层计算各相邻高程之间的容积 ΔV。

假设水库形状为梯形台,则各分层间容积计算公式为

$$\Delta V = (F_i + F_{i+1})\Delta Z/2 \tag{4-4}$$

式中　ΔV——相邻高程间库容,m^3;

F_i、F_{i+1}——相邻两高程的水库水面面积，m^2；

ΔZ——高程间距，m。

或用较精确公式，即

$$\Delta V = (F_i + \sqrt{F_i F_{i+1}} + F_{i+1})\Delta Z/3 \tag{4-5}$$

然后自下而上按

$$V = \sum_{i=1}^{n} \Delta V_i \tag{4-6}$$

依次叠加，即可求出各水库水位对应的库容，从而绘出水库库容曲线。

【例 4-1】 某水库库区地形图上分别量得 50.5～65 m 高程的逐层水面积列于表 4-9 第①、②列。用式(4-5)计算分层容积列于④栏，将分层累积值列于⑤。以①栏为纵坐标、⑤栏为横坐标点绘曲线即库容曲线，如图 4-5 所示。

表 4-9　某水库库容曲线计算表

水位 Z(m)	水面面积 F(万 m^2)	水位差 ΔZ(m)	分层容积 ΔV(万 m^3)	库容 V(万 m^3)
①	②	③	④	⑤
50.5	0			0
51.0	8	0.5	1.33	1.33
52.0	32	1.0	18.7	20.03
53.0	60	1.0	45.3	65.33
54.0	91	1.0	74.9	140.23
55.0	123	1.0	106.5	246.73
56.0	157	1.0	139.7	386.43
57.0	192	1.0	174.3	560.73
58.0	228	1.0	209.7	770.43
59.0	265	1.0	246.3	1 016.73
60.0	302	1.0	283.3	1 300.03
61.0	340	1.0	320.7	1 620.73
62.0	379	1.0	359.3	1 980.03
63.0	418	1.0	398.3	2 378.33
64.0	460	1.0	438.7	2 817.03
65.0	500	1.0	480.0	3 297.03

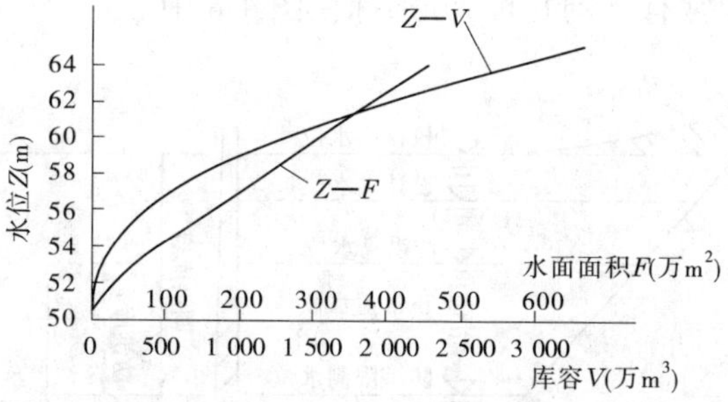

图 4-5 水库库容曲线

2)动库容曲线

由于水库随时都有流量汇入(汛期尤为如此),因此水库沿程各过水断面都具有一定的流速,即有一定的水力坡向上的壅水曲线,直至与库尾的天然水面相切,此即回水曲线。当入库流量为零时,静止的自由水面以下的库容称为静库容。当入库流量不为零时,静库容相应的坝前水位水平线以上与回水曲线之间包含的部分称为楔形库容。回水曲线与坝前水位水面下的静库容之和,总称为动库容。以入库流量为参数的坝前水位与计入动库容的水库容积之间的关系曲线,称为动库容曲线,如图 4-6、图 4-7 所示。

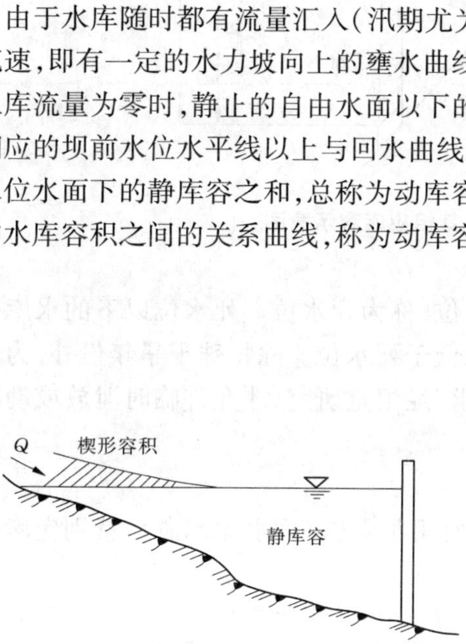

图 4-6 动库容示意图

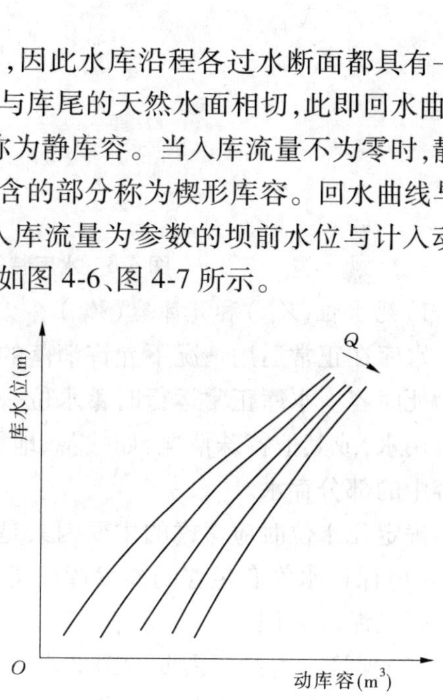

图 4-7 动库容曲线

实践证明,在调洪计算中采用动库容比采用静库容更接近实际,尤其库区尾部比较开阔,楔形容积所占比例较大的水库更应采用动库容进行调洪计算。楔形容积的大小与坝前水位、库区地形、入库流量和出库流量有关。坝前水位高,入库流量大,库区地形开阔,楔形容积就大。一般出库流量对楔形容积影响较小,故在动库容曲线绘制中可以忽略不计。

2.水库的特征水位及其相应库容

表示水库工程规模及运用要求的各种库水位,称为水库特征水位。它们是根据河流的水文条件、坝址的地形地质条件和各用水部门的需水要求,通过调节计算,并从政治、技术、经济等因素进行全面综合分析论证来确定的。这些特征水位和库容各有其特定的任务和作用,体现着水库运用和正常工作的各种特定要求。它们也是在规划设计阶段,确定主要水工建筑物尺寸(如坝高和溢洪道大小),估算工程投资、效益的基本依据。这些特征水位和相应的库容通常有下列几种，分别标在图 4-8 中。

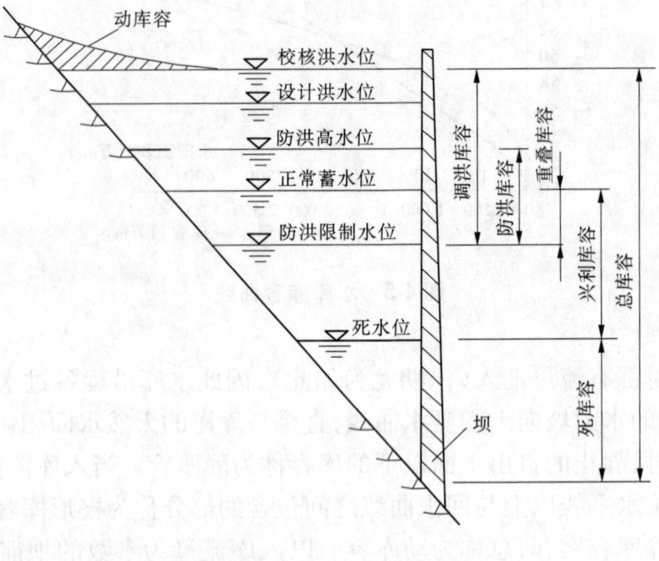

图 4-8　水库特征水位及其相应库容示意图

1) 死水位($Z_{死}$)和死库容($V_{死}$)

水库在正常运用情况下允许消落的最低水位，称为死水位。死水位以下的水库容积称为死库容。水库正常运行时蓄水位一般不能低于死水位。除特殊干旱年份外，为保证紧要用水，或其他特殊情况，如战备、地震等要求，经慎重研究，才允许临时泄放或动用死库容中的部分存水。

确定死水位时应考虑的主要因素是：

(1) 保证水库有足够的能发挥正常效用的使用年限(俗称水库寿命)，特别应考虑部分库容供泥沙淤积。

(2) 保证水电站所需要的最低水头和自流灌溉必要的引水高程。

(3) 库区航运和渔业的要求。

2) 正常蓄水位($Z_{蓄}$)和兴利库容($V_{兴}$)

在正常运用条件下，水库为了满足设计的兴利要求，在开始供水时应蓄到的水位，称为正常蓄水位，又称为正常高水位。正常蓄水位到死水位之间的库容，是水库可用于兴利径流调节的库容，称为兴利库容，又称为调节库容或有效库容。正常蓄水位与死水位之间的深度称为消落深度或工作深度。溢洪道无闸门时，正常蓄水位就是溢洪道堰顶的高程；当溢洪道有操作闸门时，多数情况下正常蓄水位也就是闸门关闭时的门顶高程。

正常蓄水位是水库最重要的特征水位之一，是一个重要的设计数据。因为它直接关系到一些主要水工建筑物的尺寸、投资、淹没、综合利用效益及其他工作指标，而且大坝的结构设计、强度和稳定性计算也主要以它为依据，因此大中型水库正常蓄水位的选择是一个重要问题，往往涉及技术、经济、政治、社会、环境等方面的影响，需要全面考虑，综合分析确定。

3）防洪特征水位及相应库容

兴建水库后，为了汛期安全泄洪，要求有一部分库容作为削减洪峰之用，称为调洪库容。这部分库容在汛期应该经常留空，以备洪水到来时能及时拦蓄洪量和削减洪峰，洪水过后又再放空，以便迎接下一次洪水。

A.防洪限制水位（$Z_{限}$）和结合库容（$V_{结}$）

水库在汛期为兴利蓄水允许达到的上限水位称为防洪限制水位，又称为汛期限制水位，或简称为汛限水位。它是在设计条件下水库防洪的起调水位。该水位以上的库容可作为滞蓄洪水的容积。当出现洪水时，才允许水库水位超过该水位。一旦洪水消退，应尽快使水库水位回落到防洪限制水位。兴建水库后，为了汛期安全泄洪和减少泄洪设备，常要求有一部分库容作为拦蓄洪水和削减洪峰之用。防洪限制水位或是低于正常蓄水位，或是与正常蓄水位齐平。若防洪限制水位低于正常蓄水位，则将这两个水位之间的水库容积称为结合库容，也称为共用库容或重叠库容。汛期它是防洪库容的一部分，汛后又可用来兴利蓄水，成为兴利库容的组成部分。

若汛期洪水有明显的季节性变化规律，经论证，对主汛期和非主汛期可分别采用不同的防洪限制水位。

B.防洪高水位（$Z_{防}$）和防洪库容（$V_{防}$）

水库遇到下游防护对象的设计标准洪水时，经水库调节后坝前达到的最高水位称为防洪高水位。该水位至防洪限制水位间的水库容积称为防洪库容。

C.设计洪水位（$Z_{设}$）和拦洪库容（$V_{拦}$）

当遇到大坝设计标准洪水时，水库坝前达到的最高水位称为设计洪水位。它至防洪限制水位间的水库容积称为拦洪库容或设计调洪库容。

设计洪水位是水库的重要参数之一，它决定了设计洪水情况下的上游洪水淹没范围，同时又与泄洪建筑物尺寸、类型有关；而泄洪设备类型（包括溢流堰、泄洪孔、泄洪隧洞）则应根据地形、地质条件和坝型、枢纽布置等特点拟定。

D.校核洪水位（$Z_{校}$）和调洪库容（$V_{调}$）

当遇到大坝校核标准洪水时，水库坝前达到的最高水位称为校核洪水位。它至防洪限制水位间的水库容积称为调洪库容或校核调洪库容。

4）总库容和坝顶高程

校核洪水位以下的全部水库容积就是水库的总库容。设计洪水位或校核洪水位加上一定数量的风浪高值和安全超高值，就得到坝顶高程，即

$$Z_{坝} = Z_{校} + a + \delta \tag{4-7}$$

式中 $Z_{坝}$——坝顶高程，m；

a——波浪爬高，m，一般用经验公式计算；

δ——安全超高，m，一般取0.2~0.7。

3.水库的水量损失

水库建成蓄水后，因改变河流天然状况及库内外水力条件而引起额外的水量损失，主要包括蒸发损失和渗透损失，在寒冷地区还可能有结冰损失。

1）水库的蒸发损失

水库蓄水后使库区形成广阔水面，原有的陆面蒸发变为水面蒸发。由于流入水库的径流资料是根据建库前坝址附近观测资料整编得出的，其中已计入陆面蒸发部分，因此计算时段 Δt（年、月）水库的蒸发损失是指由陆面面积变为水面面积所增加的额外蒸发量（以 m^3 计），即

$$\Delta W_{蒸} = 1\ 000(E_{水} - E_{陆})(F_{库} - f) \tag{4-8}$$

式中 $E_{水}$——计算时段 Δt 内库区水面蒸发强度，以水层深度（mm）计；

$E_{陆}$——计算时段 Δt 内库区陆面蒸发强度，以水层深度（mm）计；

$F_{库}$——计算时段 Δt 内水库平均水面面积，km^2；

f——建库以前库区原有天然河道水面及湖泊水面面积，km^2。

水库水面蒸发可根据水库附近蒸发站或气象站蒸发资料折算成自然水面蒸发，即

$$E_{水} = \alpha E_{器} \tag{4-9}$$

式中 $E_{器}$——水面蒸发皿实测水面蒸发，mm；

α——水面蒸发皿折算系数，一般为 0.65～0.80。

陆面蒸发，尚无较成熟的计算方法，在水库设计中常采用多年平均降雨量和多年平均径流深之差，作为陆面蒸发的估算值，即

$$E_{陆} = P_0 - R_0 \tag{4-10}$$

2）渗漏损失

建库之后，由于水库蓄水，水位抬高，水压力的增大改变了库区周围地下水的流动状态，因而产生了水库的渗漏损失。水库的渗漏损失主要包括以下几个方面：

（1）通过能透水的坝身（如土坝、堆石坝等）的渗漏，以及闸门、水轮机等的漏水。

（2）通过坝基及绕坝两翼的渗漏。

（3）通过库底、库周流向较低的透水层的渗漏。

一般可按渗漏理论的达西公式估算渗漏的损失量。计算时所需的数据（如渗漏系数、渗径长度等）必须根据库区及坝址的水文地质、地形、水工建筑物的形式等条件来决定，而这些地质条件及渗流运动均较复杂，往往难以用理论计算的方法获得较好的成果。因此，在生产实际中，常根据水文地质情况，确定出一些经验性的数据，作为初步估算渗漏损失的依据。

若以一年或一月的渗漏损失相当于水库蓄水容积的一定百分数来估算，则采用如下数值：

（1）水文地质条件优良（指库床为不渗水层，地下水面与库面接近），（0～10%）/年或（0～1%）/月。

（2）透水性条件中等，（10%～20%）/年或（1%～1.5%）/月。

（3）水文地质条件较差，（20%～40%）/年或（1.5%～3%）/月。

在水库运行的最初几年，渗漏损失往往较大（大于上述经验数据），因为初蓄时，为了湿润土壤及抬高地下水位需要额外损失水量。水库运行多年之后，因为库床泥沙颗粒间的空隙逐渐被水内细泥或黏土淤塞，渗漏系数变小，同时库岸四周地下水位逐渐抬高，渗

漏量减少。

3)结冰损失

结冰损失是指严寒地区冬季水库水面形成冰盖,随着供水期水库水位的消落,一部分库周的冰层将暂时滞留于库周边岸,而引起水库蓄水量的临时损失。这项损失一般不大,可根据结冰期库水位变动范围的面积及冰层厚度估算。

4.库区淹没、浸没和水库的淤积

1)库区淹没、浸没

在河流上建造水库将带来库区的淹没和库区附近土地的浸没,使库区原有耕地及建筑物被废弃,居民、工厂和交通线路被迫迁移改建,会造成一定的损失。在规划设计水库时,要十分重视水库淹没问题。我国地少人多,筑坝建库所引起的淹没问题往往比较突出,对淹没问题的考虑和处理就更需周密慎重。

淹没通常分为经常性淹没和临时性淹没两类。经常性淹没区域,一般指正常蓄水位以下的库区,由于经常被淹,且持续时间长,因此在此范围内的居民、城镇、工矿企业、通信及输电线路、交通设施等大多需搬迁、改线,土地也很少能被利用;临时性淹没区域,一般指正常蓄水位以上至校核洪水位之间的区域,被淹没机会较小,受淹时间也短暂,可根据具体情况确定哪些迁移、哪些进行防护,区内的土地资源大多可以合理利用。所有迁移对象或防护措施都将按规定标准给予补偿。此补偿费用和水库淹没范围内的各种资源的损失统称为水库淹没损失,计入水库总投资内。水库淹没范围的确定,应根据淹没对象的重要性,按不同频率的入库洪水求得不同的库水位,并由回水计算结果从库区地形图上查得相应的淹没范围。淹没范围内淹没对象的种类和数量,应通过细致的实地调查取得。在多沙河流上,水库淹没范围还应计及水库尾部因泥沙淤积水位壅高及回水曲线向上游延伸等的影响。

浸没是指库水位抬高后引起库区周围地区地下水位上升所带来的危害,如可能使农田发生次生盐碱化,不利于农作物生长;可能形成局部的沼泽地,使环境卫生条件恶化;还可能使土壤失去稳定,引起建筑物地基的不均匀沉陷,以致发生裂缝或倒塌。水库周围的浸没范围一般可采用正常蓄水位或一年内持续两个月以上的运行水位为测算依据。

淹没和浸没损失不仅是经济问题,而且是具有一定社会和政治影响的问题,是规划工作中的一个重要课题。

2)水库的淤积

在天然河流上筑坝建库后,随着库区水位的抬高,水面加宽,水深增大,过水断面扩大,水力坡降变缓,水流速度减小。原河道水力特性的这种变化,降低了水流挟沙能力,也改变了原河道的泥沙运动规律,导致大量泥沙在库区逐渐沉淀淤积。泥沙淤积对水库运用和上下游河流产生的不良影响是多方面的。淤积使水库调节库容减小,降低水库调节水量的能力和综合利用的效益。坝前淤积,使电站进水口水流含沙浓度增大,泥沙粒径变粗,引起对过水建筑物和水轮机的磨损,影响建筑物和设备的安全和寿命。库尾淤积体向库区推进的同时,也向上游延伸,即所谓“翘尾巴”,因而抬高库尾水位,扩大库区的淹没和浸没损失。水库下游则由于泄放清水,水流挟沙能力增大,引起对下游河床的冲刷,水位降低,甚至河槽变形。

影响水库淤积的因素很多，主要有水库的入库水流的含沙量及其年内分配、库区地形、地质特性以及水库的运用方式等。水库淤积年限或淤积库容的计算，严格地说，应根据水库泥沙运动规律及淤积过程进行。但目前由于水库泥沙资料不全，计算方法欠完善，故难以得出精确的计算结果，一般情况下多采用简算法来初步确定。

在多沙河流上规划设计水库时，除对淤积库容需做慎重考虑外，还必须针对设计水库的具体情况，提出减轻水库淤积的措施。最根本的措施是做好流域的水土保持工作，但是不能把远景治理效果作为近期规划的依据；其次在坝底或坝身的不同高程上设置泄水孔，以便把较细的沙粒在未来得及沉淀于库底前就随水流排往下游。此外，结合水库运行调度，可采用蓄清排浑的运行方式，即在汛期主要来沙季节，选择一段时间作为排沙期，排沙期后蓄水兴利；或抓住洪峰前后出现高含沙量的特点，采取洪峰前后排沙，洪峰过后蓄水，以避开拦截沙峰入库，减轻淤积数量。这些都是多沙河流水库调度的专门问题。

（四）各用水部门的用水特性资料

一个综合利用水库的供水范围是很广泛的，如城市给水、灌溉、发电、航运、渔业、环境卫生等。但是每一个用水部门的要求都不一样，有的是需要消耗一定的水量，如农业灌溉、城市生活用水；有的是利用落差，如水力发电；有的是要求提供一定的深度、面积，如航运、渔业等。同时各部门在用水时间上的要求也各不相同，都有各自的周期变化。因此，在统计各部门用水数量的同时，还要了解各部门的用水特性，研究它们之间的联系，分清主次，以最充分地发挥水资源的综合效益。下面分别介绍一下各部门的用水情况。

1.城市给水

城市给水，在满足市民生活用水的前提下主要是工业用水。工业用水需按产品生产的用水定额来统计，如生产 1 t 钢用水定额为 100～165 m^3；生产 1 t 纺织物需水 100～600 m^3等，可查阅有关的资料确定，但统计中要考虑到循环水的利用。生活用水标准常按每一居民每天用水量表示。我国城市居民平均的日用水量为 90～200 L(人 · d)。

居民用水与工业用水的主要特点是：

(1)对水质的要求高。居民用水和以水为原料的工业用水，对水的气味、溶解质的组成和含量，以及微生物的数量，均有一定的要求，不能超过规定的数值。

(2)对供水的保证率要求较高。因为任何供水中断，都会引起生产上的很大损失和生活上的很大困难。

(3)给水有日与年的周期变化。民用供水及工业用水有日周期变化，一般是白天用水多，晚上用水少，它是靠水厂的蓄水池调节来适应的；而年际变化较小，年内一般夏天较多，冬天较少。

(4)生活用水是耗水部门。工业用水中，作为生产原料的用水，其比例通常不大，多数是作为工艺用水，这些用水的特点是不消耗水量。因此，应考虑工业排放水的循环利用。

2.环境用水

环境用水是指为维持生态与环境功能和进行生态环境建设所需要的最小需水量。随着工业的发展，河流沿岸排入的废污水量也相应增加，使水质污染加重。因此，在设计水库时必须考虑到，为了维护河流水质、环境生态的平衡，水库要为下游河道提供一个稳定的流量,提高水体的稀释自净能力。

3.灌溉用水

农业要求水利部门能够按照农作物的需水情况,适时适量地进行供水,以保证农业的丰收。因此,要科学地确定农业在不同时期所需供给的水量,就应了解灌区作物的种类、种植面积、土壤气候条件、耕作技术等,以确定各种作物的灌水次数、灌水定额(每亩每次灌溉所需的水量)、灌溉定额(每亩作物全部生长期灌溉需水量),统计计算全灌区的用水过程,如图 4-9 所示。

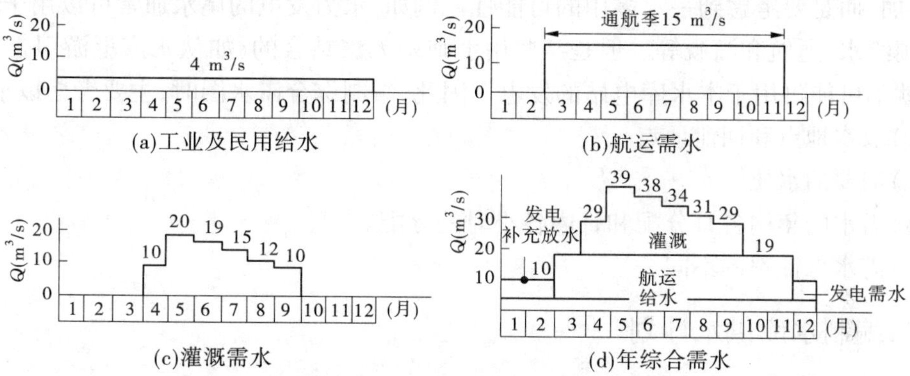

图 4-9 各用水部门需水及综合需水

灌溉用水的特点是:

(1)具有明显的季节性。作物生长的季节性,要求浇灌供水有季节性的变化,一般是夏季多、冬季少。

(2)浇灌用水量具有多变性。由于降水量年内年际变化不同,所需浇灌用水量亦随之而变化。

(3)浇灌对缺水的适应性比其他用水部门大。作物的收获量不仅与水量充足与否有关,也与其他农业措施有关。当水量不足时,可采取其他耕作措施以补不足,减少产量损失。因此,浇灌用水的保证率可较其他用水部门低。

4.发电用水

水力发电是利用水库集中河道的天然落差(也可根据地形利用渠道引水形成落差),使水的位能通过水轮发电机转化为电能。水库供水量的变化,取决于用电户对电量的要求。当水电站参加电力系统运转与其他电源配合供电时,水电站可根据河川径流的丰枯情况决定发电量的多少,即供水量的多少。水力发电用水基本不耗水,通常水力发电的尾水可用于下游的给水、灌溉及航运。

5.航运

一般情况下,内河航运成本低、运输量大。在大河航道上,水运成本仅是铁路运输成本的 1/2~1/3,是公路成本的 1/20~1/25。在有条件的地方,开发航运事业具有重要的经济意义。由于天然径流具有年内分配不均匀的特性,往往在枯水季节河道的水深不足,满足不了通航的要求,利用水库调节水量,保证河道具有一定的水深以改善航运的条件。由于通航只是利用水深而不消耗水量,因此航运的用水量可与灌溉、发电同时考虑,不足部分另由水库补充。

除上述用水部门外，其他尚有渔业用水和旅游用水等，但一般对水量的要求不多。对于渔业，除确定水库死水位时要考虑养鱼水深外，有时也要考虑到例如操作鱼道和鱼塘灌水时的用水情况。为了发展旅游事业和文体活动，一般要求夏季及其前后几个月，水库水位应尽量蓄高，并不要有过大的水位变动。

确定了各种用水部门的年和逐月的用水要求后，就可绘制综合需水图。它就是水库进行综合利用所应满足的总需水图。综合需水图的编制，并不是简单地把各部门需水量同步累加，而是要考虑到一水多用的可能性。例如，水力发电的尾水通常可以用于下游工业、民用给水、通航和灌溉等。但是某些用水则是无法结合的，如从水库上游引走的灌溉用水，就不可能再用于本水库电站的发电。因此，编制综合需水图时，主要考虑以下方面：

(1)取水地点和回泄地点。

(2)需要的水质。

(3)需水的年内各月分配和日内各小时的分配。

(4)需水保证率的不同。

二、编制水库供水计划

编制年度供水计划是算好来水量、蓄水量、用水量，通过水量平衡计算，拟订好水库供水方案，以达到兴利的目的。由于各水库预报条件不同，现对编制年度供水计划的方法做一介绍。

(一)水库来水量估算

水库来水量一般根据降雨资料以及水库开始运行后的实际来水量资料进行推测。所使用的资料最好是近20年的平均资料。以浙江省为例，根据《浙江省大中型水库控制运用计划编制导则》，实测水文资料系列在30年以上的，可直接利用；实测水文资料系列在30年以下、10年以上的，除利用实测水文资料外，还需要利用邻近站插补延长；实测水文资料系列少于10年的，采用邻近站的资料。

1.由预报的月降水量计算月径流量

此法是根据长期气象预报所给出的逐月降水量数据，再计算各月的径流量。

(1)降雨径流相关法。根据预报的各月降水量 P，由月降雨径流相关图查得月径流深，即可求得各月来水量 W。

(2)月径流系数法。此法是由各月径流系数计算各月来水量。

(3)年、月降雨量相似法。按长期预报的当年年降雨量和各月降雨量，与过去历年的年、月降雨量相比较，选择年降雨量和逐月降雨量都接近的一年，即以该年实测径流过程作为本年预报的径流过程。

2.直接预报各月径流量

具有长期预报资料的水库，可直接采用各月径流量的预报值。

(二)水库供水量估算

从水库近年来的供水过程中，选取满足各用水部门需求的供水过程，根据用水增长趋势适当扩大后,作为计划年度各部门的需水过程。若因水库功能调整导致供水情况变化较大的,应采用功能调整后或供水情况变化后的供水资料。若用水部门情况发生变化,则采用变化后的需水量。

新建水库可根据水库设计的需水量及配套设施建设情况等综合确定。

对于以灌溉为主的水库,主要是确定灌溉用水量。灌溉用水量加上渠系输水损失,即得水库供水量。灌溉用水量一般用确定农作物灌溉制度的办法推求。在编制年度供水计划时,其特点是要根据当年预报的气象资料确定当年各月的降雨量,不能预报逐旬逐日的降雨量,这样,根据田间水量平衡逐旬逐日地推算当年的灌溉用水就有困难。因此,逐月灌溉用水量的推求只能根据具体条件采用其他方法。

1.年、月降雨相似法

以降雨相似年份的灌溉用水过程,考虑灌区当年的灌溉面积等情况,做一定的修正,即作为预报的本年灌溉用水过程,并根据当年灌区渠系的防渗条件确定预报的水库供水过程。

2.逐月耗水定额法

根据灌区试验结果及多年实践,推得本灌区逐月总耗水定额(m^3/亩),并认为此耗水应由田间有效降雨量及水库供水量两方面供给。利用本年的逐月降雨预报,考虑降雨的田间有效利用系数及渠系输水损失后,便可推得本年度的水库供水过程。

(三)拟定各时段水库控制运用指标

水库管理单位需制定各时段兴利调度的运用指标,主要指标包括:

(1)兴利上限水位。指水库兴利的最高水位,设定正常蓄水位或汛期限制水位的水库,把其作为汛期兴利上限水位。兴利上限水位应根据水库工程的安全状况、库区土地征用及居民迁移安置的实际情况,并充分考虑防洪库容的重复利用综合确定。

(2)兴利下限水位。指水库兴利的最低水位,一般为死水位。兴利下限水位应根据水库工程的安全状况和各用水部门的需水要求,结合输水建筑物的进口高程、通航水深、泥沙淤积、水电站最低工作水头、水库工程保护、旅游和渔业及环境保护等因素,经综合平衡后确定。在严重枯水年不得已在兴利下限水位以下运行时,必须满足重要用水单位的最低要求、水电站引水建筑物和机械设备的安全及水库渔业生产和卫生上的最低要求。

(3)汛末蓄水位。应根据设计正常蓄水位,结合建筑物安全情况和兴利用水要求,以及库区淹没、土地利用和预报来水等情况,经过效益论证和经济比较后选定。比如,由于汛末洪水造成蓄水位上升时,如果能够确定直到非汛期不会有台风来袭,从洪水资源化的角度出发,就可以做出判断,不用把水位降低到汛期限制水位而继续运行。

(4)其他各种开发任务的相应指标。

(四)编制兴利运用计划

承担多个兴利任务的水库,编制兴利运用计划时应注意以下几点:

(1)以城市工业及生活供水为主的水库,应在保证供水前提下,合理安排其他用水。对特别重要供水任务的水库,应预留一部分备用水量,以备连续特枯年份使用。

(2)以灌溉为主,兼有发电、航运等任务的水库,在编制兴利调度计划时,应注意以下

问题:

①合理的调整灌溉用水方式,减低供水高峰。

②充分利用灌区内的蓄水工程,在非灌溉期或非用水高峰期时由水库提前放水充蓄;在用水高峰时,灌区内的蓄水工程可与水库共同供给灌区用水。

③结合灌溉供水,尽量兼顾发电、航运的要求。

(3)以发电为主,兼有灌溉、航运等任务的水库,在编制兴利计划时,应按设计中的规定,协调好发电与其他用水部门间的关系。单一发电水库,一般不要求编制兴利调度计划。

(4)有竹木流放和过鱼要求的水库,其运用方式应尽量满足竹木流放和过鱼的合理要求。

三、水库兴利调度图

为了进行水库调度,必须利用径流的历时特性资料和统计特性资料,根据对以往水文资料的分析,求得一些具有控制意义的水位(或蓄水量)运行过程线,即调度线,作为水库调度的控制线。这些调度线将水库的年运行图划分为若干运行区,这种由调度线及相应的运行区所共同组成的水库年运行图称为水库调度图,是检验工程特征值和运行方式是否符合设计要求的依据,同时也是指导水库调度运行的主要依据。

(一)水库兴利水位过程线的计算和绘制

根据当年预报的水库逐月来水量和供水量,考虑水量损失,按水量平衡原理逐月顺时序进行调节计算,即可推算出当年的兴利水位过程线,就是当年的兴利调度线,也称为当年计划调度线或当年预报调度线。调节计算方法与规划设计时水库兴利调节计算的方法基本相同,但必须注意以下两点:

(1)遇到供水不足月份时,要尽量设法减少因供水不足而造成的损失。

(2)因预报常按日历年做出,故调节计算也可采用日历年,即以一月一日的实际库水位作为调节计算的起始水位。

(二)水库兴利水位过程线的应用

根据预报资料所推求的兴利水位过程线,实质上就是当年各月库水位的预报值,如预报较准,可用作全年指导水库的水库调度运行;如预报不准,再根据中短期预报及当年的库水位,随时调整年初所做的库水位预报值。在兴利水位过程线的计算中,已可做到预先估计当年可能出现的缺水或弃水情况,以便及早研究对策。缺水时,应尽量减少损失,节约用水;弃水时,应尽量设法利用。在运用过程中,应根据实际库水位落在兴利水位过程线以上或以下,来决定是正常供水、加大供水还是减少供水。

【例 4-2】 某水库集水面积 $F=13.4\ \mathrm{km}^2$,灌溉面积 10 km^2。正常蓄水位 67.3 m,相应库容 1 220 万 m^3;死水位为 55 m,相应库容为 331 万 m^3。根据气象预报的逐月降水量求得各月来水量、供水量,见表 4-10 中的第(2)、(5)栏。年初蓄水位为 58.8 m,根据预报的当年水量、供水量及由简算法求得的各月水量损失,逐月进行水量平衡计算,求得当年各月末水库水位,列于表中第(9)栏,由此绘出兴利水位过程线,如图 4-10 所示。

表 4-10 某水库某年预报的兴利水位过程线计算表

月份	来水量（万 m^3）	损失量（万 m^3）	净来水量（万 m^3）	供水量（万 m^3）	净来水量-用水量（万 m^3） +	净来水量-用水量（万 m^3） −	月末蓄水量（万 m^3）	月末水位（m）	弃水量（万 m^3）	缺水量（万 m^3）
(1)	(2)	(3)	(4)	(5)	(6)	(7)	(8)	(9)	(10)	(11)
1	69	5	64	0	64		503 567	58.8 59.4		
2	171	8	163	0	163		730	61.4		
3	111	10	101	0	101		831	62.9		
4	153	14	139	293		154	677	60.8		
5	119	15	104	519		415	331	55		69
6	723	7	716	323	393		724	61.3		
7	630	8	622	481	141		865	68.1		
8	208	16	192	160	32		897	68.2		
9	353	10	343	98	245		1 142	66.5		
10	148	10	138	83	55		1 197	67		
11	81	7	74	0	74		1 220	67.3	51	
12	112	4	108	0	108		1 220	67.3	108	
合计	2 878	114	2 764	1 957						

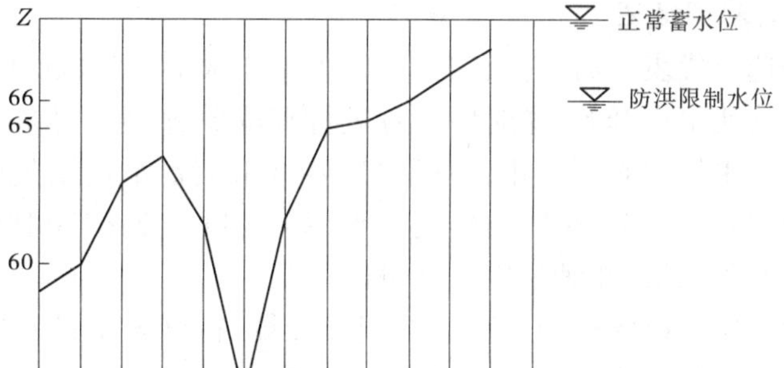

图 4-10 某水库某年预报的水位过程线

（三）年调节水库灌溉调度图的绘制

为满足农作物生长需要，合理安排水库灌溉供水过程，称为水库灌溉调度。每年河流的天然来水有丰有枯，农作物的缺水量也不一样，灌溉期开始时水库的蓄水量有多有少。所以，需要在保证水库工程安全的前提下，通过水库灌溉调度，适当地处理来水、用水、蓄水三者之间的关系,以达到合理、充分、科学地利用水资源的目的。

灌溉用水涉及面广,如天然来水、农作物种类及其耕作方式、水库可能提供的水量以及管理水平等。因此,要结合水库灌区的具体情况,认真调查研究,于灌溉用水前,根据长期气象预报,估算当年来水量,拟订用水方案,在水库已蓄水量的情况下,通过调节计算编制水库预报调度线,作为水库当年灌溉调度的依据之一。

水库灌溉调度,就是为了合理解决河流天然来水与灌溉用水之间的矛盾。同时,也只有在水库安全的条件下,才能发挥其兴利效益,而解决这些问题,是通过编制调度图来具体实施的。

在水库灌溉调度过程中,调度图起着重要的指导作用。关于绘制调度图的方法叙述如下。

1.选择代表年

绘制年调节水库的灌溉调度图,通常采用实际代表年法或设计代表年法。

1)实际代表年法

从实测的年来水量和年用水量系列中,选择年来水量和年用水量都接近灌溉设计保证率的年份3~5年。其中应包括不同年内分配的来水和用水典型,如灌溉期来水量较少、偏前、偏后等各种情况。

兴利调节计算,若原设计用长系列法求得兴利库容$V_{兴设}$,与现在求得的$V_{兴}$可能不同,则编制调度图时,如果调度线的最高蓄水位低于正常蓄水位,可选取所需最大蓄水量略高于$V_{兴设}$的某一个年份,作为代表年之一。

2)设计代表年法

将上述所选择的实际代表年来水量、用水量分别缩放,转换为与设计保证率相应的设计年来水量、用水量。所求得的各种设计代表年的来水量、用水量都是相等的,只是其年内分布各不相同而已。

2.计算与绘制兴利调度图

上述两种方法选出代表年后,对所选择的代表年来水量、用水量,作年调节计算,方法与兴利计算相同。从死水位开始,逆时序逐月进行水量平衡,遇亏水相加,遇余水相减,一直计算到水库开始蓄水位的时刻为止,即可得出各月末应蓄水量及其相应的库水位。之所以从死水位开始逆时序调节,是因为年调节水库每年供水期末都可降至死水位,只要求供水期开始时水库所蓄水量,能满足用水就可以了。

分别对每个代表年都以同样的方法进行调节计算,得到若干条水库水位与时间的关系线(即调度线),绘于同一图上(见图4-11)。连接各月水位的最高点得外(上)包线;连接各月水位的最低点得内(下)包线。外包线与内包线之间,作为正常供水区。外包线以上为加大供水区,因为按保证率供水,水库蓄水量不必再多于外包线。如果外包线以上再有多余的水,就可加大供水,故外包线称为加大供水线;否则,在外包线以下加大供水,就可能引起正常灌溉供水的破坏,故外包线又称为防破坏线。内包线以下为减少供水区,因为水库蓄水若低于内包线水位,按保证率供水就没有保证,故应限制供水,尽可能使库水位保持在正常供水区内,因此内包线称为限制供水线。

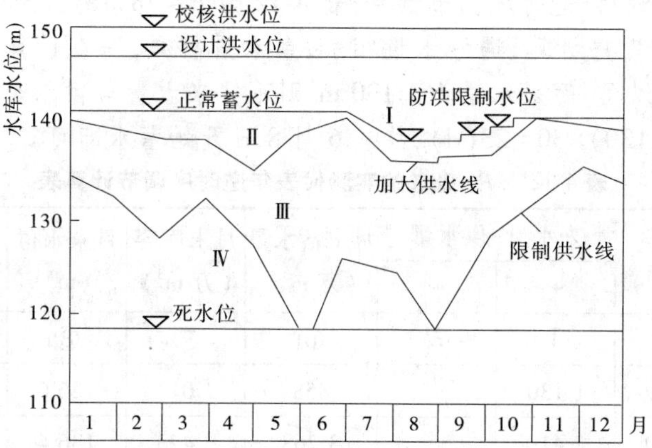

Ⅰ—调洪区；Ⅱ—加大供水区；Ⅲ—正常供水区；Ⅳ—减少供水区

图 4-11 某水库年调节调度图

【例 4-3】 已知某水库工程以灌溉为主，兼有防洪、发电、养殖、航运等综合利用效益。灌溉设计保证率 $P=80\%$，若采用年调节，试编制水库调度图。

解：(1) 整理有关水库设计资料：

①设计年径流特征值：多年平均年径流量 $\overline{W}=3.59$ 亿 m^3，$C_V=0.38$，$C_S=2C_V$，$W_{80\%}=2.41$ 亿 m^3。

②库正常蓄水位 141.2 m。

③设计洪水位、校核洪水位、防洪限制水位，如图 4-11 所示。

④死库容 155 万 m^3，死水位 118.0 m。

(2) 选择代表年：在水库实测年来水量、供水量系列中，分别选择几个接近设计保证率的代表年，其逐月来水量、供水量统计于表 4-11 中。

表 4-11 代表年逐月来水、供水量统计表 （单位：万 m^3）

分类	实测代表年	经验频率(%)	月份												全年
			1	2	3	4	5	6	7	8	9	10	11	12	
来水量	1977	72	354	34	771	4 728	5 933	443	8 965	2 014	1 536	2 481	1 495	597	29 660
	1978	78	474	423	1 360	1 074	2 516	5 369	5 950	1 603	619	787	972	456	21 603
	1972	83	540	480	2 815	1 788	3 950	3 016	1 008	302	2 061	2 153	2 818	549	21 480
	1976	89	859	940	1 446	1 050	3 651	1 881	2 798	1 054	1 169	2 116	1 163	653	18 780
供水量	1977	72	208	185	515	954	2 731	3 747	2 558	3 445	1 938	1 980	1 580	337	20 178
	1972	78	1 177	1 138	1 340	3 216	3 486	4 238	3 540	1 638	621	520	111	305	21 331
	1989	83	1 276	1 457	1 670	1 328	2 184	2 270	3 190	3 136	1 368	999	1 440	1 432	21 750
	1976	89	1 330	1 347	1 591	2 076	3 301	4 117	2 947	1 785	1 008	519	1 385	712	22 118

注：来水量为水库净水量，已扣除蒸发、渗漏及上游用水；供水量为水库灌溉毛供水量，系按年调节估算。

(3)各代表年分别作逆时序调节计算：表4-12为$P=78\%$的调节计算，由供水期末死水位开始起调，作逆时序计算，遇亏水量相加，余水量相减，一直计算到下年6月，6月只需蓄水858 m^3就可以了，而来水量为1 130 m^3则可按来水量与供水量的比例，求出6月蓄水的天数为(858/1 130)×30=23(d)，故从6月8日开始蓄水即可。

表4-12　$P=78\%$的实测代表年逆时序调节计算表

月份	来水量（万 m^3）	供水量（万 m^3）	来水量-供水量		月末蓄水量（万 m^3）	月末库容（万 m^3）	月末水位（m）	弃水量（万 m^3）	缺水量（万 m^3）
			+	-					
①	②	③	④	⑤	⑥	⑦	⑧	⑨	
6	5 369	4 239	1 130		858	1 013	126.6	272	
7	5 950	3 540	2 410		3 268	3 423	136.4		
8	1 603	1 638		35	3 233	3 388	136.3		
9	619	621		2	3 231	3 386	136.2		
10	787	520	267		3 498	3 653	136.8		
11	972	111	861		4 359	4 514	139.3		
12	456	305	151		4 510	4 665	139.6		
1	474	1 177		703	3 807	3 962	137.6		
2	423	1 138		715	3 092	3 247	135.4		
3	1 360	1 340	20		3 112	3 267	135.6		
4	1 074	3 216		2 142	970	1 125	127.3		
5	2 516	3 486		970	0	155	118.0		
Σ	21 603	21 331	4 839	4 567					

注：以Σ②-Σ③=Σ④-Σ⑤=272 m^3(弃水量)作校核。

各代表年逆时序调节计算成果汇总于表4-13。

表4-13　各种频率实测代表年逆时序调节计算成果汇总表

频率	各月末蓄水位(m)												弃水量（万 m^3）	缺水量（万 m^3）
	1	2	3	4	5	6	7	8	9	10	11	12		
72	118.0	118.0	118.0	119.6	136.4	118.0	131.2	123.6	118.0	119.4	118.0	118.0	9 482	
78	137.6	135.4	135.6	127.3	118.0	126.6	136.4	136.3	136.2	136.8	139.3	139.6	272	
83	131.4	127.1	132.1	133.8	139.0	140.8	134.8	118.0	127.4	132.4	136.8	134.2		270
89	139.2	138.1	137.9	134.6	135.4	126.9	125.8	118.0	137.0	141.1	140.6	140.1		3 338
上包线	139.2	138.1	137.9	134.6	139.0	140.8	136.4	136.3	137.0	141.1	140.6	140.1		
下包线	131.4	127.1	132.1	127.3	118.0	126.6	125.8	118.0	127.4	132.4	136.8	134.2		

注：为了灌溉洪水的安全，以频率78%、83%、89%三个代表年的月末蓄水位绘制上、下包线。

(4)绘制年调节水库调度图:根据表4-13中频率78%、83%、89%三个代表年中各月蓄水位最大值为上包线(加大供水线)的月末水位,各月蓄水位最小值为下包线(限制供水位)的月末水位,点绘在图中(见图4-11),并在图中绘出死水位、正常蓄水位、防洪限制水位、设计洪水位和校核洪水位,即得年调节水库调度图。

还需说明:当水库水位超过灌溉调度图中的加大供水线时,并不是加大单位面积上的灌溉水量,而是指可以扩大灌溉面积或增加发电、工业、航运等部门的供水量。

(四)年调节水库发电调度图的绘制

1.发电调度的意义

电力系统对运行水电站提出了两个基本要求:系统工作的可靠性和经济性。这两个要求之间是有矛盾的。水电站在运行过程中如何解决这一矛盾呢?对无调节和日调节水电站来说可通过可靠的短期水文预报获得未来一日的来水,合理安排水电站在系统负荷图上的工作位置,即可较好地解决两者之间的矛盾。但对于长期调节的水电站而言,情况就较复杂,由于目前水文和气象预报还不能对未来较长时期内的天然来水做出准确的预报,这就给水电站的运行管理带来不少困难。例如,年调节水电站,在供水期为了多发电,既不顾及水库现存水量,又不考虑未来天然来水的情况如何而盲目加大出力,结果可能在供水期结束之前水库就提前放空,这样就使汛前一段时间在天然来水很枯的情况下运行。不能满足保证出力的要求,造成正常供电的破坏。相反,如果为避免发生上述情况,在供水期不敢放水,结果后期来水较丰,以致在洪水到来时水库还未放空,而很快被蓄满,被迫造成大量弃水,使水利资源未能充分利用,同样的问题也可发生在蓄水期。

为了避免或减少上述问题的发生,在水库入流无长期预报的情况下,可利用历史的径流统计资料,拟定出年内各时刻的库水位(或蓄水量)来决策水库的蓄泄过程,以确保设计范围内的正常供电(水)和减少丰水期的无益弃水。同时拟定出不同情况下的调度规则,使其较好地满足各方面的要求,获得较大的综合效益。

如果水库调度同时结合预报进行,则称为水库预报调度,这样会获得更大的综合效益。

水电站水库调度图的绘制一般要研究下列几方面的问题,并达到相应的要求:

(1)水电站的保证运行方式,以保证遇到设计枯水年份能按照保证出力工作,不使正常工作遭受破坏。

(2)利用多余水量的运行方式,合理利用丰、平水年多余水量,争取多发电、少弃水,节约火电的煤耗。

(3)特枯水年的运行方式,当遇到设计保证率以外的特殊枯水年时,尽量减轻正常工作的破坏程度。

(4)其他方面的要求,要兼顾防洪、供水、灌溉、养殖、排沙放淤、环保等方面的要求,使获得最大的综合利用效益。

2.水库调度图的绘制

1)调度图的组成

水力发电调度图是由基本调度线及附加调度线组成的。

基本调度线包括上基本调度线(又称防破坏线)、下基本调度线(又称限制出力线)。

它体现了水电站保证运行方式。

附加调度线包括一组加大出力线、降低出力线和防弃水线。它体现了水电站在丰水年对多余水量的利用方式及在枯水年的利用方式。

上述调度线将全图划分为保证出力区、降低出力区、防洪区,如图 4-12 所示。

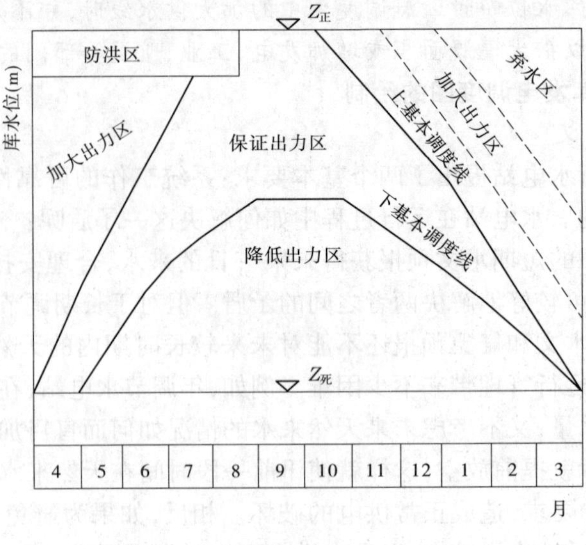

图 4-12　年调节水电站调度图

2)年调节水电站基本调度线的绘制

基本调度线的作用是在设计保证率范围内,能保证正常供水而不遭受破坏,也就是说,来水大于或等于设计枯水年的情况下能够保证正常供水,直到供水期末水量正好用完。因此,基本调度线的绘制,只须选择年水量大于或等于设计枯水年的那些年份,自供水期末,根据保证出力的要求,由死水位开始进行逆时序水能计算,求出各时刻的水库蓄水量,便可绘出库水位过程线。

在研究基本调度线绘制时,要先将供水期与蓄水期分开,分别绘制供水期与蓄水期的基本调度线。

A.供水期基本调度线的绘制

(1)选择符合设计保证率的若干典型年,并修正其流量过程,选择典型年的条件是:供水期的平均出力应等于设计保证出力,供水期的终止月份与大多数年份的终止月份相同。

(2)对修正后的各年供水期的来水过程,按保证出力,自供水期末死水位开始逐时段(月)进行逆时序计算,至供水起初,求得各典型年份保证出力时的水库蓄水指示线。

(3)将各年的水库蓄水指示线点绘在同一张图上,取各年蓄水指示线的上下包线,如图 4-13(a)所示,即得上、下基本调度线。

考虑到运行中可能遇到这样的枯水年份,即从供水期开始时,水库就不得不沿着下基本调度线 dc 按保证出力工作,结果至 t_c 时刻,水库就被放空,如图 4-13(a)所示。若该年 t_c 以后来水仍较少,水库就无法补充供水,那样就只能以很枯的天然来水工作,致使正常

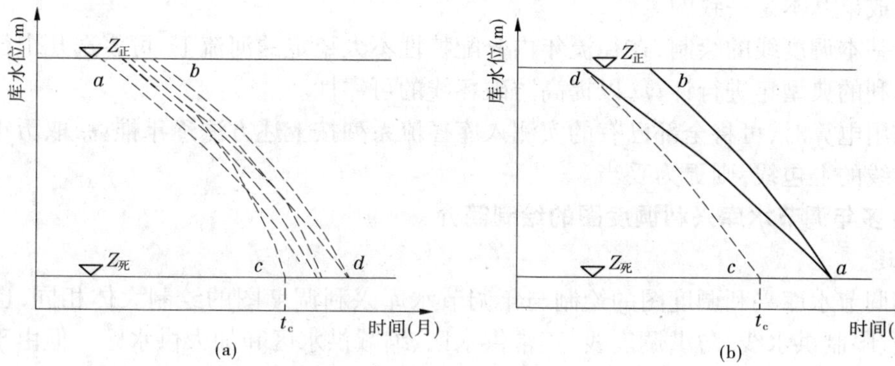

图 4-13　供水期基本调度线的绘制

供水遭受较大的破坏。为避免这种情况发生，对下基本调度线可作以下修正，即令供水期的结束点与上基本调度线重合于 a 点，以 da 线作为下基本调度线，如图 4-13(b)所示。

B.蓄水期基本调度线的绘制

蓄水期水库发电调度图的任务是：在保证水电站正常工作和水库蓄满的前提下，应尽量利用多余水量加大出力，以增加水电站的发电量。蓄水期基本调度线的绘制方法与供水期基本调度线的绘制方法一样，也是根据各典型年的设计来水过程，从各年的蓄水期末，自正常蓄水位开始，按保证出力进行逆算，求得各年相应的水库蓄水指示线，同样取上下包线为上、下基本调度线，如图 4-14(a)所示。关于下基本调度线的起点 h，为了防止由于汛期来得较迟，而过早地降低出力可能引起正常工作的破坏，常将 h 点向后移至汛期出现最迟的时刻 h' 点，如图 4-14(b)所示。

将供、蓄水期基本调度线合并绘于一张图上，便得到水电站水库的基本调度图(见图 4-14)。

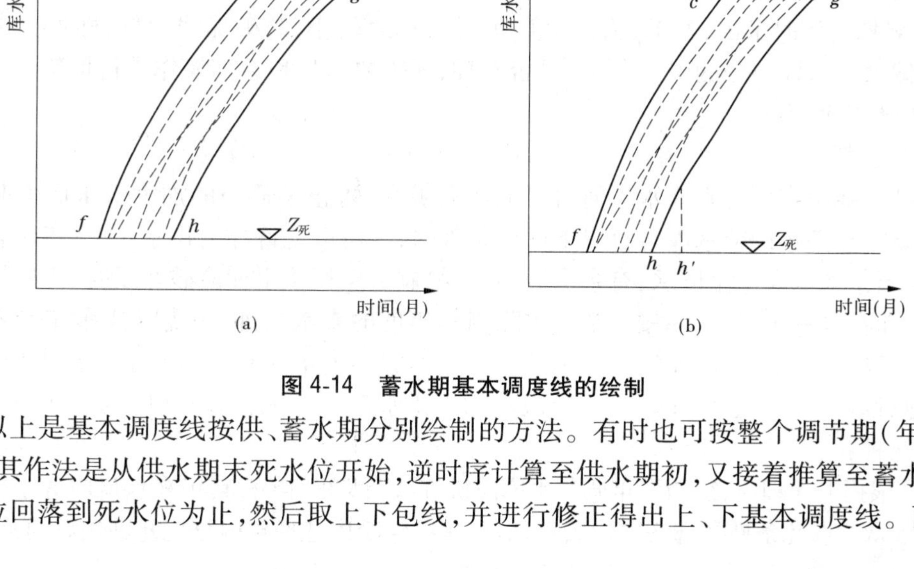

图 4-14　蓄水期基本调度线的绘制

以上是基本调度线按供、蓄水期分别绘制的方法。有时也可按整个调节期(年)连续绘制，其作法是从供水期末死水位开始，逆时序计算至供水期初，又接着推算至蓄水期初。库水位回落到死水位为止，然后取上下包线，并进行修正得出上、下基本调度线。两种绘制方法的成果基本是一致的。

对于基本调度线的绘制,在径流年内分配特性不大稳定的河流上,可多选几个径流年内分配不利的典型年进行计算,以提高防破坏线的可靠性。

当采用电算时,可将全部已有的实测入库径流系列按上述方法逐年推算,取历年水库蓄水指示线的上包线,则更为妥当。

(五)多年调节水库兴利调度图的绘制简介

1.概述

多年调节水库兴利调度图的绘制与年调节水库兴利调度图的绘制大体相同,也包括防破坏线、限制供水线、防洪调度线、正常供水区、缩减供水区和加大供水区。但由于多年调节工作的特点,调节期并非一年,而是长达几年,故在计算方法上,与年调节水库略有不同。其防破坏线计算的起讫,年末、年初都是死库容。因此,多年调节水库兴利调度图上的正常供水区较年调节水库大,扩大的范围正好等于调节来水、用水年际变化所需要的多年库容 $V_{多年}$。

2.多年库容 $V_{多年}$ 和年库容 $V_{年}$ 的确定

(1)规划设计阶段用数理统计法进行多年调节计算求 $V_{兴}$ 时,$V_{多年}$ 和 $V_{年}$ 是分开计算的,$V_{多年}$ 用数理统计法求得,$V_{年}$ 用实际代表年法求得。在编制水库兴利调度图时,这些都是已知值。

(2)规划设计阶段用长系列历时法进行多年调节计算求 $V_{兴}$ 时,不划分 $V_{多年}$ 与 $V_{年}$,在编制调度图时,须自行确定。其方法是:先确定 $V_{年}$,则 $V_{多年}=V_{兴}-V_{年}$。选择几个年来水量等于用水量的年份,分别计算出 $V_{年}$,这样的年份不需动用多年库容。但实际资料中,很少遇到年来水量恰好等于年用水量的年份,这时就应选择年来水量稍大于年用水量的年份。由于来水,用水年内分配的差异,不同年份所求的 $V_{年}$ 变化幅度可能很大,造成 $V_{年}$ 的选定遇到一定的困难。如当 $V_{年}$ 定得较小时,出现需要较大 $V_{年}$ 的年份,虽然其年来水量不小于年用水量,但却要动用多年库容的现象,这是不够合理的。为使所选年份中不致有过多年份需要动用库容,初选 $V_{年}$ 时可取较大值。根据初步选定的 $V_{年}$,计算 $V_{多年}$。因多年调节 $V_{兴}$ 已在规划设计时求出,若 $V_{年}$ 选较大值,$V_{多年}$ 就相对较小,防破坏线偏低,即加大供水区的范围偏大。这样划分的 $V_{多年}$ 与 $V_{年}$ 是否合理,还需要通过长系列操作进行检验。

3.代表年的选择

1)防破坏线

防破坏线的作用是判断水库何时可以加大供水,防止不适当的加大供水而引起正常供水被破坏。多年调节水库符合以下两个条件时,才可以允许加大供水:①多年库容已经蓄满;②当年来水大于年供水,有余水。因此,绘制多年调节水库防破坏线时,应选择这样的年份,即在这一年中,水库按正常供水除用本年度的来水量外,不需动用多年库容中的蓄水量,且年初、年末多年库容是蓄满的。以这样的代表年计算求出的水库蓄水量(或库水位)过程线,可作为正常供水区的上限和加大供水区的下限,即防破坏线。其绘制方法可分为两种:

(1)根据上述理由,绘制多年调节水库防破坏线所需的年份,其年来水量应等于或稍大于年供水量。按此条件初选一些代表年,再在这些年份中选择年内分配差别较大的几年。

必须注意，所选代表年中包括原来确定 $V_{年}$ 的那一天，其他代表年所需库容一般都小于此值。如规划设计时，多年调节计算采用数理统计法，但当时确定 $V_{年}$ 所用的资料已发生变化，现在没有哪一年的库容等于原计算的 $V_{年}$，则可选择一个年库容稍大于原计算的代表年，但逆时序调节计算时，库水位仍以达到正常蓄水位为限。

(2)有的水库管理单位认为很难找到来水量等于年供水量的代表年，则采用“虚拟代表年法”确定代表年的来水、用水过程。

先根据历年净水量 $W_{净}$ 和毛供水量 $M_{毛}$ 资料，分别进行频率计算，求得两条频率曲线 $W_{净}—P$ 与 $M_{毛}—P$，如图 4-15 所示。取两频率曲线交点的纵坐标值，有 $W_{净}=M_{毛}$。再按此值将所选各年的来水、供水过程进行缩放，按年内分配最不利情况，即需要年库容最大的条件，选定某一“虚拟代表年”，则与此年相应的年库容 $V_{年}$ 即为所确定的值。

根据允许加大供水的第一个条件，从供水期末多年库容蓄满开始，逆时序进行调节计算，将各年各月末的蓄水量(或库水位)绘在同一图上，取外包线即为防破坏线。在绘制防破坏线时，若所取年初外包值不等于 $V_{多年}$，为使年初、年末蓄水量衔接，年初应取为 $V_{多年}$。

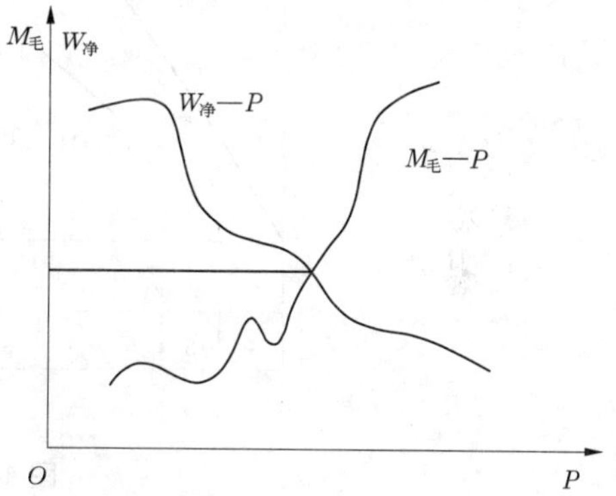

图 4-15　$W_{净}$、$M_{毛}$经验频率曲线

2)限制供水线

多年调节水库在年末水库已经放空的条件下，必须限制供水。限制供水线的绘制方法有以下两种：

(1)选择几个代表年，从供水期末库空开始，顺时序调节计算，求得各月末蓄水量(或库水位)，将各年逐月蓄水量过程绘在一起，取下包线，即得限制供水线。

必须注意，应更多地选择年来水量与年供水量相等的代表年。实际工作中应尽可能选取年来水量稍大于或稍小于毛供水量的年份。如所选年份来水偏枯，则顺时序计算所求得的蓄水量过程线偏低，这将不恰当地扩大正常供水的范围，使应当减小供水的月份更容易遭到破坏，供水保证率降低。此时，所选的代表年中应包括原来确定 $V_{年}$ 的那一年。

(2)将用设计枯水段法求得的防破坏线的蓄水量纵坐标，在调度图上从上向下移，使其最低点的蓄水量值与死库容相重合，作为限制供水线。

(六)发电调度图的应用

1.辅助调度线的绘制

水电站基本调度图上只是原则上分了三个工作区域，即保证出力区、加大出力区、降低出力区。至于加大出力加大多少，降低出力减少多少，还没有一个具体的规定。这样，当水库水位落在加大出力区时，如果放水过大，就会使余水在很短时间内用完；如果放水太小，可能会出现弃水，损失电能。同样，当遇到特别枯水年时，如果出力降低过多，会引起系统用电过分紧张；如果出力降低太小，可能加剧后一段时间内出力和综合利用用水的破坏程度。因此，为了缓和出力突变和破坏程度，避免由此引起的不利影响，在加大出力区及降低出力区划分出一些过渡区域，以更加经济合理地运用水库。

1)防弃水线的绘制

在水库发电调度图上加大出力区中,最主要的划分线是防弃水线。防弃水线将加大出力区划分为两部分,即加大出力区和全部装机区,如图4-16所示。当水库水位落在防弃水线以上时,意味着该年来水极丰,水电站若不以全部装机容量工作,将会引起弃水,从而造成电能损失。

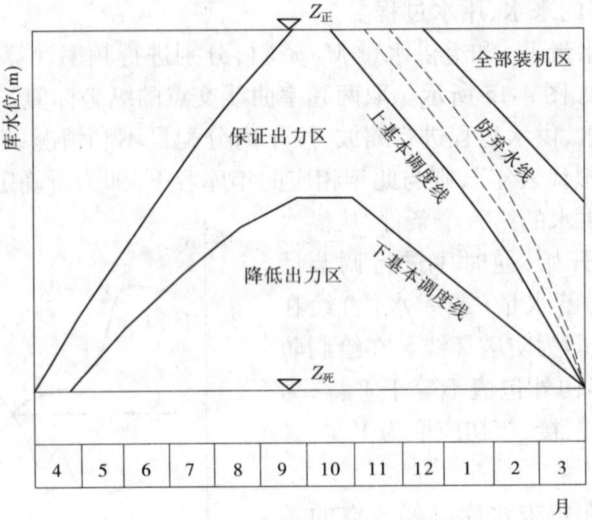

图4-16 防弃水线

防弃水线的绘制方法,与基本调度线大致相同,所不同处只有两个:一个是所选典型年不同,另一个是绘制包线不同。防弃水线是采用各丰水代表年水库水位的下包线为基础的。

绘制防弃水线时,计算采用的年份一般有以下三种:

(1)实测资料中最丰水的年份。

(2)选年水量的保证率为(1-$P\%$)的典型年为入库流量过程。其中,P为设计保证率。

(3)选调节水量等于或接近于全部装机过水量的年份。

当采用的年份选好之后,同样要选出若干年内分配不同的丰水年作为典型年(必要时也要进行修正),分别对各年供水期和蓄水期进行逆时序水能计算,求得各年水电站按最大过水能力放水时水库的蓄水指示线,取各年指示线的下包线即得防弃水线。

2)加大出力线的绘制

水电站在运行过程中,如不考虑水文预报,面临时期的天然来水的变化情况是不知道的,为满足电力系统的供电要求,往往供水期总是先按保证出力图工作,若遇到多水年份,因天然来水量较大,实际蓄水经常会超出上基本调度线,如图4-17中的ΔZ_1,即水库产生了多余蓄水量,如何利用这部分多余蓄水量加大出力,使水电站获得的效益最大,这是值得研究的,一般加大出力的方式有以下三种:

(1)立即加大。当发现有多余水量,立即加大出力,尽快用掉,使水库蓄水很快落回到上基本调度线,如图4-17的①线。这种方式多利用在水电站水库的调节性能差、相对

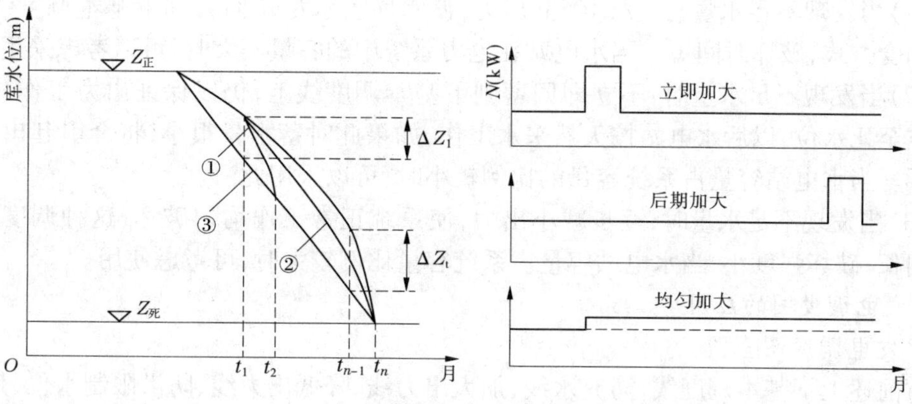

图 4-17　水库多余水量加大出力方式示意图

库容较小的情况下,争取利用多余水量发电,尽量减少弃水。

(2)后期加大。将多余水量蓄存到供水期的后期再加大出力,如图 4-17 的②线。这种方式多利用在水库调节性能较好,多余的水利维持到供水期的后期,可使水电站维持较长时间的高水头,可增加发电量。

(3)均匀加大。将多余水量从出现时刻起到供水期末均匀地用完,如图 4-17 的③线。这种方式介于上述两者之间。

水电站在实际运行中利用多余水量加大出力的方式,在采用时历分析法进行水库调度时,要预先绘制一组加大出力调度线来指导水电站的加大出力,加大出力调度线的绘制方法很多,下面介绍一种图解分析法。

对于蓄水期,一般情况下来水量较丰,为充分利用水能减少弃水,对该时期上基本调度线以上余水量的利用,取立即加大出力的方式,蓄水期相应的加大出力为

$$N_{蓄} = N_{保} + \Delta N \tag{4-11}$$

对于供水期,一般来水较枯,为充分利用水头增发电量,使出力均匀,采用均匀加大的方式,加大出力为

$$N_{供} = N_{保} + \Delta N/n \tag{4-12}$$

式中　$N_{蓄}$、$N_{供}$——蓄水期、供水期各月大于保证出力的加大出力;

$N_{保}$——各月相应的保证出力;

ΔN——各月多余水量的附加出力;

n——自供水期出现余水的月份至供水期末的月数。

附加出力 ΔN 由两部分组成:一部分是由多余水量增加的水头,使原发保证出力引用的流量 Q_p 增加的出力 ΔN_H,称为水头附加出力。另一部分是由调度余水量 $\Delta W(\Delta Q)$ 本身引起的附加出力 ΔN_Q,称为水量附加出力。

3)降低出力线的绘制

如果水电站按保证出力图工作,遇到特别枯水年,由于实际天然来水小,经过一定的时段时,库水位落在下基本调度线以下,出现不足水量,这时电力系统的正常工作遭受到破坏是不可避免的,在这种情况下,水库调度有以下几种方式:

(1)当发现不足水量时,立即降低出力,使水库蓄水尽快回蓄到下基本调度线以上,这种调度方式,破坏时间短。当水电站在电力系统中的容量不大时,可以考虑采用。

(2)当发现不足水量时,不立即回蓄到下基本调度线上,仍以保证出力工作,直到水库放空至死水位,以后水电站按天然来水工作,如果此时蓄水量很小,将会引起出力的剧烈降低。当水电站容量占系统容量的比例较小时,可以采用此法。

(3)当发现不足水量时,逐步减小出力,使系统正常工作均匀破坏,这种调度方式破坏时间长,破坏强度小,当水电站容量占系统容量比例较大时,可考虑使用。

2.发电调度图的应用

1)发电调度图全图

将前述上下基本调度线、防弃水线、加大出力线、降低出力线、防洪限制水位、死水位、正常蓄水位、防洪高水位,以及设计、校核洪水位绘于同一张图上,便得到发电调度全图,如图 4-18 所示。这些调度线和水库的各种特征水位,将整个图划分为 A、B、C、D、E、F、G 7 个区,这些调度区表明不同水文条件下水库的调度运用规则,如图 4-18 中的注释。水电站可按预定的操作规则进行运用。

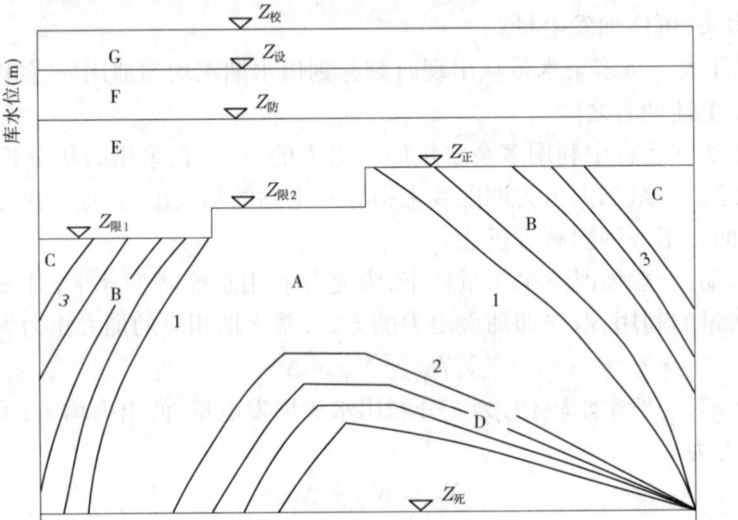

1—上基本调度线;2—下基本调度线;3—防弃水线;A—保证出力区;B—加大出力区;
C—装机出力区;D—降低出力区;E—调洪区;F—正常泄洪区;G—非常泄洪区

图 4-18　水库发电调度全图

2)绘制年计划调度线

要充分发挥水电站的动能效益和水库的综合效益,有了发电调度图,还必须制订合理的年度运用计划。

针对年度运用计划的编制,应了解国家有关的方针政策,上级指示文件;了解原设计意图、掌握工程设施运用的现状及有关技术鉴定文件;各部门的用水要求,以及水文气象、水库特性、库区情况等资料,制订出年计划调度线及实际操作调度线。

年计划调度线，是根据面临年份预估或预报的全年天然来水过程，按调度图操作计算得出的。它体现了水电站年计划运用方式。

实际操作调度线，是根据当年面临时刻水库的蓄水情况，考虑长、中、短预报，按调度图操作运行，而且是对年计划调度线不断修正的实际操作线。

具体的计算是以调度图的一般操作规则为基础，并根据实际情况，拟定若干操作计算规则，然后按已知出力的水能方法进行运算。

任务三 水库防洪调度

水库的防洪调度，也称为水库汛期控制运用，是指水库度汛过程中，有计划地对洪水进行的控制、调节的蓄泄安排。其主要任务：一是在确保水库安全的前提下，避免或减轻下游洪水灾害；二是在满足防洪要求的前提下，尽量多蓄水，最大限度地发挥水库的综合效益。由于洪水的随机性以及防洪和兴利要求的矛盾性，调度不好，则会出现只顾防洪，而蓄不上水，或者只顾多蓄水，而忽视防洪，造成不应有的洪水损失。我国有水库防洪调度成功的实例，也有调度不科学导致不良后果的教训。由于水库的防洪调度涉及水库上下游的安全和综合效益的发挥，对国民经济产生很大的影响，因此这项工作受到各级政府的重视。

水库防洪调度方案，在设计阶段就已拟订，但那是为了检验水库主要参数的合理性，估算防洪效益。由于当时的资料相对较少，对水库实际调度中的影响因素考虑不够，所以在设计阶段拟订的防洪调度方案，一般难以完全实施。水库投入运行以后，水库的规模及设备的主要参数已定，随着运行年限的增长、各种资料的增加、水库特性及下游防洪要求的变化，每年都要结合现时的具体要求和来水情况，对防洪标准、调度方式、防洪限制水位进行重新确定，并重新绘制防洪调度图、制订防洪调度的方案和措施，以满足国民经济建设的要求。

一、防洪标准的确定

防洪标准：防洪保护对象或工程本身要求达到的防御洪水的标准。通常以某一重现期的设计洪水为防洪标准，或以某一实际洪水（或将其放大）作为防洪标准。在一般情况下，当实际发生的洪水不大于防洪标准的洪水时，通过防洪系统的正确运用，能保证防护对象及工程本身的安全，具体体现为防洪控制点的最高水位不高于防汛保证水位，或流量不大于河道安全泄量。

（一）频率与重现期

洪水标准常用重现期和频率表示。所谓重现期是指不小于某一随机变量在长时期内出现的平均时间间隔，用 N 表示。在防洪、排涝研究暴雨或洪水时，频率 $P(\%)$ 和重现期 N（年）存在下列关系，即 $N=\dfrac{1}{P}$（年）。

例如，某水库大坝校核标准洪水的频率 $P=0.1\%$，由上式得 $N=1\ 000$ 年，称千年一遇洪水。出现不小于 $P=0.1\%$ 的洪水，在长时期内平均一千年遇到一次，若遇到大于该标准的洪水,则不能保证大坝安全。

(二)洪水等级

洪水等级按洪峰流量重现期划分为以下4级:

一般洪水　5~10年一遇

较大洪水　10~20年一遇

大洪水　20~50年一遇

特大洪水　大于50年一遇

(三)水库洪水标准

水库大坝设计洪水标准和校核洪水标准,依据现行中华人民共和国住房和城乡建设部于2015-05-01起实施的GB 50201—2014(防洪标准);依据现行水利水电工程等级划分及洪水标准SL 252—2017(中华人民共和国水利行业标准),水库工程水工建筑物防洪标准应根据其级别和坝型按表4-14确定。

表4-14　水库工程水工建筑物防洪标准

水工建筑物级别	防洪标准(重现期(年))				
	山区、丘陵区			平原区、滨海区	
	设计	校核		设计	校核
		混凝土坝、浆砌石坝	土坝、堆石坝		
1	1 000~500	5 000~2 000	可能最大洪水(PMF)或10 000~5 000	300~100	2 000~1 000
2	500~100	2 000~1 000	5 000~2 000	100~50	1 000~300
3	100~50	1 000~500	2 000~1 000	50~20	300~100
4	50~30	500~200	1 000~300	20~10	100~50
5	30~20	200~100	300~200	10	50~20

(1)当山区、丘陵区的水库枢纽工程挡水建筑物的挡水高度低于15 m,且上下游最大水头差小于10 m时,其防洪标准宜按平原区、滨海区的规定确定;当平原区、滨海区的水库枢纽工程挡水建筑物的挡水高度高于15 m,且上下游最大水头差大于10 m时,其防洪标准宜按山区、丘陵区的规定确定。

(2)土石坝一旦失事将对下游造成特别重大的灾害时,1级建筑物的校核洪水标准应采用可能最大洪水或10 000年一遇。

(3)土石坝一旦失事将对下游造成特别重大的灾害时,2~4级建筑物的校核洪水标准可提高一级。

(4)混凝土坝和浆砌石坝,洪水浸顶可能造成极其严重的损失时,一级挡水和泄水建筑物的校核洪水标准,经过专门论证并报主管部门批准后可采用可能最大洪水或10 000年一遇。

(5)低水头或失事后损失不大的水库工程的1~4级挡水和泄水建筑物,经过专门论证并报主管部门批准后，其校核洪水标准可降低一级。

(6)规划拟定的梯级水库，其上下游水库的防洪标准应相互协调、统筹规划、合理确定。

(7)对实际工程状况符合原规划设计要求的，应执行原规划设计时的防洪标准。对由于受工程质量、泄洪能力和其他条件的限制，不能按原规划设计标准运行时，就应根据当年的具体情况拟定本年度的防洪标准和相应的允许最高水位，在拟定时应考虑以下因素：

①当年工程的具体情况和鉴定意见，水库建筑物出现异常现象时的最高洪水位应予以降低。

②当年上、下游地区与河道堤防的防洪能力及防汛要求。

③新建水库在高水位考验时，汛期最高洪水位需加以限制。

二、防洪调度方式的拟订及调度规则的制定

水库汛期的防洪调度是水库管理中一项十分重要的工作。它不但直接关系水库安全和下游防洪效益的发挥，而且也影响汛末蓄水和兴利效益的发挥。要做好防汛调度，必须重视并拟定合理可行的防洪调度方式，包括泄流方式、泄流量、泄流时间、闸门启闭规则等。

水库汛期的防洪调度，直接关系到水库安全及下游防洪效益的发挥，并影响汛末蓄水，因此是水库管理中一项十分重要的工作。要做好水库防洪调度，首先必须制定合理而又切实可行的防洪调度方式。拟定防洪调度方式时，需要考虑上下游的防洪要求、水文预报的可靠程度、洪水特性、泄洪设备使用情况等因素，拟定出合适的调度方式和调度规则。

(一)防洪调度方式的拟定

所谓防洪调度方式，是指控制和调节洪水的蓄泄规则，包括泄流方式、下泄流量的规定和泄洪闸门的启闭规则等。它是根据水库防洪要求(包括大坝安全和下游防洪要求)，对一场洪水进行防洪调度时，利用泄洪设施泄放流量的时程变化的基本形式，也常称为水库泄洪方式或水库调洪方式。其中，泄流方式、泄流量的规定是调节计算的基础。所采用的水库调洪方式应根据泄洪建筑物的形式、是否担负下游防洪任务，以及下游防护地点洪水组成情况等方面因素来考虑和区分。按所承担的防洪任务要求分为：①以满足下游防洪要求的防洪调度方式；②以保证水库工程安全而无下游防汛任务要求的防洪调度方式。基本上可分为自由泄流、固定下泄、补偿调节三种类型，以下按下游无防洪任务和有防洪任务两种情况分别予以介绍。

1.下游无防洪任务的水库调度方式

对于下游无防洪任务的水库，水库调洪的出发点是确保水工建筑物安全。对于这种水库一般采用自由泄流或泄洪建筑物敞泄的方式，即在调度时，只需考虑水库工程本身的防洪安全，下泄流量不受限制。现以下游溢洪道无闸门与有闸门两种情况的泄流方式予以介绍。

1)溢洪道上无闸门控制的泄流方式

对于水库不设闸门控制的溢洪道，水库的泄流方式为自由泄流，防洪调度方式比较简

单。当库水位超过溢洪道堰顶高程后,溢洪道开始自由溢洪,下泄流量仅取决于库水位的高低,随入库洪水大小而变化。

2)溢洪道上有闸门控制的泄流方式

对于无下游防洪任务的有闸溢洪道水库,下游对水库泄量无具体限制,其防洪调度的目的就是保证大坝的防洪安全。这种水库为了做到防洪与兴利库容相结合,往往将防洪限制水位设置得高于溢洪道堰顶高程,抬高兴利蓄水位和增加泄洪时的初始泄量。因闸门的调节性能不同,泄流方式又可分为以下两种:

A.闸门不能调节流量的泄洪方式

有些水库溢洪道闸门不能逐步开启调节流量,要么全开,要么全关,遇到洪水起涨,就全开闸门泄流,但是此时开始入库的洪水流量较小,而下泄流量较大,故引起水库水位下降,泄空了一部分库容。随着库水位的降低,下泄流量相应逐渐减小。当出现入库流量超过水库的下泄流量时,水库水位又开始回升,先前泄空的一部分库容得到充蓄,泄流量也随之增加,直到出现最大泄流量。

采用这种泄流方式,可以及早腾空部分防洪库容,对水库防洪安全有利,而且闸门的操作方式简便。但是由于开闸后下泄流量较大,水位下降较快,可能会影响后期蓄水,所以宜在有洪水预报的情况下采用。

B.闸门能够调节流量的泄流方式

主要是考虑水库本身的安全和兴利蓄水的要求,可以采用控制泄流与自由泄流相结合的方式,如图4-19所示。当洪水来临时,库水位为防洪限制水位$Z_{限}$,闸前已具有一定的水头(有闸门控制时,一般防洪限制水位高于溢洪道堰顶高程)。如果打开闸门,则具有较大的泄洪能力,在没有洪水预报的情况下,当洪水开始入库时,为了保证兴利要求,若入库流量Q不大于水库防洪限制水位$Z_{限}$的溢洪道泄流能力$q_{限}$,在$t_0 \sim t_1$时段内应将闸门逐渐打开,控制闸门开度,使水库泄量q等于入库流量Q,并保持库水位维持在水库防洪限制水位不变,如图4-19中的t_1之前的ab段所示。当闸门开启到与防洪限制水位齐平时,如果洪水继续增大,说明此时入库流量将要大于防洪限制水位所对应的溢洪道泄流量,这时,要维持水位在防洪限制水位,使库水位不上涨已不可能,则自t_1时刻应立即全开闸门,洪水自由泄流,使库水位上升的高度尽可能小,至t_2时刻,下泄量最大,库水位达最高,此后泄流量逐渐减小。其泄流过程如图4-19中的bcd段所示。

采用这种泄流方式,在水库整个兴利过程中,水库蓄水位不会低于防洪限制水位,因此它不会因后期洪水量变小而影响蓄水。在无洪水预报或预报精度不高的情况下,采用这种方式比较稳妥可靠。但闸门操作比较频繁,因此要求闸门的启闭必须灵活。

某些水库的闸门不能调节流量,但闸门的孔数较多,可采用逐个开启闸门的方式,也可在洪水刚开始入库时,先开一孔闸门,随着入库流量的增加,再逐个开启,用这种方式同样也可达到上述效果。

2.下游有防洪任务的水库调度方式

对于有下游防洪任务的水库,既要考虑下游的防洪要求,又要保证大坝安全。根据水库距下游防洪控制点的远近不同,可分为考虑区间来水及不考虑区间来水两种情况。若水库距防洪控制点很近,坝址至规划控制点区间洪水很小,洪水不超过下游防洪标准的洪

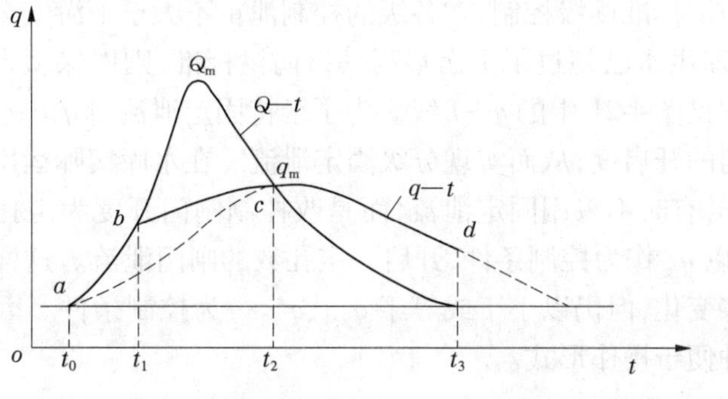

图 4-19 控制泄流与自由泄流相结合防洪调度方式示意图

水,水库可按下游河道安全泄量下泄,这种泄洪方式常称为固定泄量调洪方式。若水库距防洪控制点有一定距离,二者之间的未控区间洪水较大,出现洪水不超过下游防洪标准的洪水,为保证下游防洪安全,应控制水库下泄流量,使水库下泄流量与区间汇入流量之和不超过防洪控制点的河道安全泄量,这种泄洪方式常称为补偿调洪方式。

1)固定泄量调洪方式

固定泄量调洪是指当洪水不超过下游防洪标准洪水时,水库控制下泄流量,使下游河道不超过安全泄量。固定泄量防洪调度方式主要适用于水库下游有防洪任务,但水库坝址距防洪控制点很近,区间面积较小,区间洪水可以忽略的情况。

A.一级固定泄量方式

对于图 4-20 中所示的不超过下游防洪标准入库洪水过程,图中 abc 线即为按固定泄量方式调洪的水库下泄流量过程线。ab 段是当入库流量小于下游河道安全泄量 $q_{安}$ 时,水库按入库流量下泄;bc 段表示当入库流量大于或等于 $q_{安}$ 时,水库按下游河道安全泄量 $q_{安}$ 下泄,这时水库拦蓄部分洪水,至 c 点入库流量退至等于 $q_{安}$,水库达到该次洪水的调洪最高水位;t_2 时刻以后水位逐渐下降,直到水库水位消落到防洪限制水位,停止泄洪。

B.多级固定泄量方式

当下游有不同重要性的多个防护对象时,为了合理解决水库本身防洪与下游防护区防洪之间的矛盾,可采用分级控制固定泄流的防洪调度方式,如图4-21所示。水库由下游的

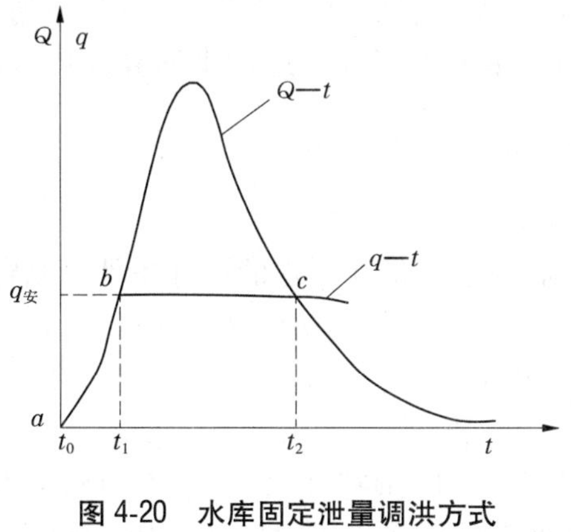

图 4-20 水库固定泄量调洪方式

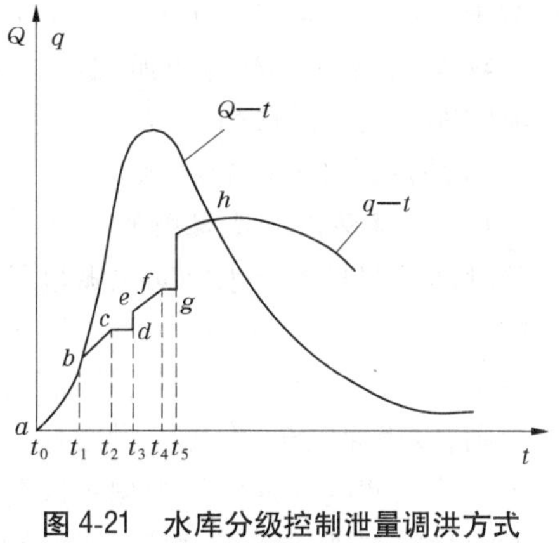

图 4-21 水库分级控制泄量调洪方式

低防洪标准到高防洪标准逐级控制，在各级的控制泄量不大于下游安全泄量 $q_{安1}$、$q_{安2}$…。直到 t_5时刻，判定入库洪水已超过了下游最高一级防洪标准，则以保坝为主，加大泄量直至敞泄。整个泄流过程见图 4-21 中的 $q—t$ 线。为了维持固定泄流量 $q_{安1}$、$q_{安2}$…就要随着库水位的变化来改变闸门的开启度，从而实现分级固定泄流。在水库实际运用中，为了减少泄洪闸门的频繁启闭操作，有时不采用固定泄流，而是改控制闸门开度为定孔泄流的方式，即遇一定标准的洪水时，以 $q_{安}$ 作为控制条件，开启一定孔数的闸门泄流。这样，下泄流量随着库水位的涨落会有一些变化，但仍以小于或等于 $q_{安1}$、$q_{安2}$…为控制条件。因此，定孔泄流实为固定泄流调度的一种便于操作形式。

2）防洪补偿调度方式

当水库距防洪控制点有一定距离，区间面积较大时，水库与下游防护地区之间的区间洪水不可忽略。当发生洪水时，水库仅能控制的是入库洪水。因此，为了能比较经济地利用防洪库容及满足防护地区的防洪要求，水库要考虑区间来水大小进行补偿放水，这种视区间流量大小控泄的调洪方式称为防洪补偿调节。这种调度方式的基本点为：当发生小于或等于下游防洪标准的洪水时，水库放水与区间洪水有机配合，当区间洪水大时，水库少泄洪，区间洪水小时，水库多泄洪，使两者之和不超过防洪控制点的允许泄量。实现防洪补偿调节的前提条件是，水库泄流到达防洪控制点的传播时间小于（至多等于）区间洪水的集流时间，否则无法获得确定水库下泄流量大小所需的相对区间流量信息；或者是具有精度较高的区间水文预报方案（包括产汇流预报相应水位或相应流量等），其预见期不短于水库泄流量至防洪控制点的传播时间。

3）防洪预报调度方式

防洪预报调度方式是利用准确预报资料进行调度工作的一种方式。对已建成的水库，考虑预报进行预泄，可以腾空部分防洪库容，增加水库的抗洪能力，或更大地削减洪峰，保证下游的安全。对具有洪水预报技术和设备条件，洪水预报精度和准确性高，且蓄泄运用较灵活的水库可以采用防洪预报调度。短期水文预报一般指降雨径流预报或上下站水位流量关系的预报，其预见期不长，但精度较高，合格率较高，一般考虑短期水文预报进行防洪调度比较可靠。

根据防洪标准的洪水过程，按照采用的洪水预报预见期及精度，进行调洪演算。调洪演算所用的预泄流量是在水库泄流能力范围内且不大于下游允许泄流量。如果下游区间流量比较大，应该是不超过下游允许泄量与区间流量的差值。通过调洪演算即可求出能够预泄的库容及调洪最高水位。

（二）防洪调度规则的制定

1.编制水库防洪调度规则的依据

防洪调度图是指导水库防洪调度的基本依据，由于它是在一定的设计条件下制定的，因此它反映不了防洪调度中的许多细节和措施。为了使水库的防洪调度在任何情况下均有所遵循，需要在防洪调度图的基础上，附加文字说明，制定出各种可能出现回升情况的调度规则，以确保安全，发挥防洪效益。

水库防洪调度规则就是根据水库防洪调度的任务、防洪特征水位、水库的调洪方式、水库泄流量的判别条件等，编制的指导水库防洪调度的操作指示，是水库调度规程的重要组成部分。水库调洪方式的拟定是编制水库防洪调度规则的基础。制定防洪调度规则时必须体现在各种条件下调洪方式的相互联系及规则的连贯性。另外,不同条件下调洪方式的调整和转换必须选择可作为操作指示的判别指标。

2.入库洪水的判别

拟定合理的防洪调度方式,是实现水库对洪水进行合理的调节与适时的蓄泄,确保水库安全,提高水库综合效益的重要环节。而合理的防洪调度方式的实现,取决于对入库洪水判别的正确与否。

当水库承担有下游防洪任务时,在防洪调度中,在来水不超过下游防洪标准时,应保证下游防洪安全。当洪水超过下游防洪标准后,且在大坝设计标准,校核标准范围内,应确保大坝安全。因此,在防洪调度中,十分重要的是要判别在什么情况下应确保下游防洪安全,什么情况下应转为保大坝安全,又在什么情况下需要启用非常泄洪设施。在洪水起涨初期,因不能预知将继续出现的洪水全过程,而不能直接知道这次洪水是否超过某种标准。通常必须利用某一水情信息作为判别条件,借助于其指标值来判断当前洪水的量级。

判别方式的优劣在于能否正确判别洪水,使各级防洪安全能得到可靠保证,合理考虑决策时间,便于控制运行,而且在确保各级防洪安全的前提下,使防洪库容及调洪库容较小,以提高发电、灌溉等兴利效益。

判别方式一般有"库水位判别""入库流量判别"以及库水位与入库流量相合的"峰前蓄水量判别",分别简介如下:

(1)用库水位进行判别。用各种频率洪水进行调洪求得最高库水位来判别洪水达到什么标准。调度时,根据实际库水位来判别出现洪水的大小,由此来决定泄流量的大小。这种方法比较可靠,一般不会出现未达标准而加大泄量或敞泄的情况,但由于加大泄量较迟,在泄洪时机的掌控上,就显得滞后一些。因此,这种方法多适用于防洪库容较大,且调洪结果主要取决于洪水总量的情况。

例如,某水库为百年一遇设计,千年一遇校核,下游的防洪标准分为三级,采用库水位作为判别条件,泄量方式如表4-15所示。

表4-15　某水库泄流方式

设计频率(%)	20	10	5	1	0.1
库水位(m)	≤123	123~124	124~126	126~129	>129
泄量(m^3/s)	0	50	≤100	≤200	全力泄洪

(2)以入库流量作为判别条件。以各种频率的洪峰流量来判别洪水是否超过标准。在设计和复核阶段,曾对各种频率的洪水进行分析,求出了各种频率洪峰流量。在实际工作中,要求根据预报的洪峰流量,来判别入库洪水的标准,因此要求水文预报不仅要及时而且精度要高。或者按水量平衡原理,根据库水位的涨率反推入库洪水流量。这种方法比起用库水位作为判别条件来说,泄水要早,因而所需防洪库容相对较小。但当判别失误时,将造成较大损失。因此,该法一般适用于调洪库容很小,以及调洪最高水位主要由入

库洪峰流量决定的水库,或者洪水峰量关系较好的水库。

(3)以峰前蓄水量作为判别条件。由以上两种方法可知,采用库水位作为判别条件较稳妥,但加大泄水相对较迟,所需防洪库容较大;以入库流量作为判别条件,可以早一些判别洪水频率,但可靠性差。因此,提出了"峰前量法"作为判别条件,系指上述两判别条件相结合的方法。将防洪库容 V 分为 V_1 与 V_2 两部分,V_1 为峰前蓄水量,V_2 为峰后蓄水量。当入库流量出现洪峰 Q,前段系按 q 泄水,水库蓄水 V_1 后,相继有退水部分的一部分水量入库,并需要水库继续蓄水 V_2。因此,如果选择具有足够可靠性的洪水典型,在已知峰前蓄水 V_1 的情况下,就可以判断洪水是否超过标准。于是在实际运用时,若某次洪水峰前蓄水量超过了 V_1,即可认为洪水已超过标准,可以改按下一级标准调度。这样,较单纯以全部防洪库容相应的库水位作为判别条件更为有利。只要慎重分析、考虑各有关因素,此法比较可靠,且所需防洪库容也较小。

至于各水库采用什么判别条件,应结合具体情况分析确定。

3.非常泄洪设施的标准与启用条件

前面介绍的是满足下游防洪要求的防洪调度方式。当水库不承担下游防洪任务时,防洪调度的主要任务是确保枢纽工程的安全,使水库在遭遇设计洪水时,库水位不超过设计洪水位;在遭遇校核洪水时,库水位不超过校核洪水位。前者称为水库正常运用,后者称为水库非常运用。

当水库的校核洪水比设计洪水大很多时,尤其是当校核洪水采用可能最大洪水时,两者的差异更大。对于这种情况,设计时往往应考虑在库区适当位置修建工程比较简易的非常泄洪设施,如非常溢洪道或可破副坝等,在遇非常洪水时启用,以帮助正常泄洪设施宣泄洪水。

正常运用(设计)标准与非常运用(校核)标准相差较大。据部分水库统计,校核标准洪峰比设计标准洪峰大 1.5~4.6 倍,故非常运用泄洪设施一般采用非常溢洪道和破副坝泄洪等,对泄洪通道和下游可能发生的情况,要预先做出安排,确保泄洪设施启用生效;规模大或具有两个以上的非常泄洪设施,一般应考虑能分别先后启用,以控制下泄流量。由于启用非常泄洪设施将使下游产生严重的淹没损失,启用后还必须进行修复,影响水库效益的发挥,后果是严重的,故应根据水库的规模、重要性、地形地质条件、启用非常措施后对下游影响程度等方面慎重拟定标准。选择的原则为:失事后对下游将造成较大灾害的大型水库、重要的中型水库以及特别重要的小型水库,当采用土石坝时,应以可能最大洪水(PMP)作为非常运用洪水标准;当采用混凝土坝、浆砌石坝时,根据工程特性、结构形式、地质条件等,其非常运用洪水标准较土石坝可适当降低。一般来说,对下游有密集居民点、重要城镇、大型工矿企业及铁路,且启用后修复困难、严重影响效益发挥的水库,应采用较高的标准;反之,可采用稍低的标准。

但应注意的是,非常泄洪设施一旦启用,其后果往往十分严重,或使下游产生严重的淹没损失,或可能冲毁部分水工建筑物,严重影响效益的发挥,因此应慎重拟定合理的启用标准。通常以库水位略高于设计洪水位,或以入库流量略超过设计洪峰流量且有上涨的趋势作为非常泄洪设施的启用标准。在一般情况下,当水库具有一定的调洪能力时,以水库水位高于相应标准的库水位作为启用非常措施的判别条件比较安全,也比较明确。

对于调洪能力不大，洪峰与洪量有一定相关关系的水库，也可以考虑按入库流量及库水位相结合来作为判别条件，即：①在基本按防洪调度原则运用情况下，虽入库流量未达启用非常设施标准，但水库位达到了标准，就应启用非常设施；②库水位虽未达到标准，但入库流量达到了标准，且根据水文预报及洪水特性判别，如不运用非常泄洪设施，库水位将明显超过标准，也应及时启用非常设施。

考虑到未来实际发生特大洪水的过程与设计时所采用的不会完全相似，加之启用非常泄洪设施还需要一定的决策时间、准备时间、生效时间等，故在保坝洪水的调洪计算中最好在超过启用设施标准后再推迟1~2个计算时段才计入非常溢洪道的泄量；或在库水位高于启用设施标准水位一定数值后才计入非常溢洪道的泄量，以留有余地。

在具有几个非常溢洪道能分段使用情况下，要充分利用水库调洪库容，研究不同的启用标准采用分级分段的非常运用方式，但分段不宜太多，一般以2~3段为限。

非常措施有几处时，宜采用先远后近的启用顺序，当各处对下游影响有较大差别时，宜先用对下游影响较小者；当各处地质条件及修复难易程度不同时，应先启用地质条件较好、修复较易的溢洪道。

4.防洪调度规则的编制

防洪调度规则一般包括下列内容：

(1)前、后汛期水库遭遇一般较小洪水，且库水位未超过防洪限制水位时的兴利蓄水与防洪调度的规定。

(2)水库发生常遇洪水(5年、10年一遇洪水)、防洪标准洪水、大坝设计标准洪水及特大稀遇洪水的判别条件，控制泄量、调度方式和采取相应措施的规定。

(3)水库遭遇不同频率洪水时，泄洪设备闸门启闭的决策程序和闸门操作的有关规定。

(4)汛中和汛末水库拦洪的消落和回蓄的有关规定。

(5)整个汛期利用洪水预报采取预泄、预蓄和回充的有关措施和规定。

各水库的防洪调度规则，应视其具体情况而定。其条款可增可减，但需要抓住主要问题，不宜过于烦琐。在编制水库防洪调度规则的过程中，为了使拟定的调度方式切实可行，需综合考虑如下因素：

(1)水库调洪方式的选择是编制水库防洪调度规则的基础。对于承担下游防洪任务的水库，若下游有不同重要性的防护对象，应采用分级控制方式，体现“小水少放，大水多放，常遇洪水适当调蓄”的原则。当出现超下游防洪标准洪水时，应结合泄洪建筑物的具体情况采用加大下泄，甚至于敞泄的调洪方式。

(2)控制不同泄量的依据是洪水的量级(用重现期表示)。应根据水库及其下游区间洪水的规律寻求某种水文要素的指标量作为判别条件。良好的判别条件，应使判断的失误率减小，而且可较早做出判别。要考虑各种可能影响泄洪的因素。当判别来水超过某种标准需加大泄量，但是往往又有一系列因素影响及时泄出应泄的流量，由于管理不够现代化、自动化，编制调洪计划时需要适当给予考虑。

(3)为编制水库防洪调度规则而进行水库调洪计算时，必须从常规至校核洪水有序地、彼此衔接逐级进行。每次进行较大洪水的调洪计算时，必须从小到大逐级控制泄量，即必须结合判别条件，根据已出现的洪水情况，逐级加大泄量。尽可能使泄量逐步增大或减小，避免突变。除水库泄流量大小对下游堤防有影响外，泄量变化太剧烈也将对堤防产生不利的影响。因此，在编制水库防洪调度规则时要尽可能避免泄量的突变。

(4)水库防洪调度规则具有整体性和连贯性。连贯性体现在不管出现哪一个量级(或重现期)的洪水，总是应该按规则逐条连续操作，直到出现洪水量级与规则条款规定的洪水一致。整体性体现在水库防洪调度规则是防洪特征参数(防洪限制水位、防洪高水位、设计洪水位、校核洪水位)、泄洪建筑物形式、尺寸、运用条件(如泄洪设施及闸孔的启用次序、闸门的开启方式等)、水库调洪方式(包括为下游防洪分级控泄及为保坝安全加大泄量或敞泄)、洪水判别条件等元素的共同产物。上述任何一个要素的变动，原则上讲都应该对水库防洪调度规则进行全面复核和修订。

三、确定防洪限制水位

水库在汛期除防洪外，还要蓄水抗旱。防洪要求水库的水位要降得低一些，以便腾空库容来拦洪，而抗旱又希望抬高水库的水位，多蓄一些水。为了解决这个矛盾，就要定一个恰当的蓄水位，既可保证防洪的安全，又可以蓄到一定水量用来灌溉，这个水位就称为防洪限制水位。防洪限制水位是水库在汛期洪水来临前允许兴利蓄水时上限水位，是一个协调兴利与防洪矛盾的特征水位。从防洪安全角度出发，这一水位定得越低越有利；而从蓄水兴利角度出发，这一水位定得高一些更利于汛后能蓄满兴利库容。

(一)防洪限制水位的推求

规划设计阶段已确定了水库的防洪限制水位。而运行阶段中，由于以下原因需要重新确定防洪限制水位：一是水库当年的防洪标准或当年允许的最高水位，或下游允许的安全泄量与设计条件的不同；二是进行分期洪水调度，需要确定分期的防洪限制水位。

对某一水库而言，只要泄流方式已定，便可推算出各种不同允许最高洪水位条件下，遇到各种频率洪水时的防洪限制水位。防洪限制水位一般取决于设计与校核洪水的调洪需要，根据技术设计阶段选定的设计与校核洪水过程线和防洪运用方式，分别以设计洪水位和校核洪水位为起始水位，由入库流量等于最大下泄流量的时刻开始，逆时序进行调洪计算得出的最低时刻水位即为防洪限制水位。

关于防洪限制水位的确定，一般可考虑以下几个方面：

(1)工程质量。根据工程检查，如发现工程质量差或工程防洪标准不够，防洪限制水位就要比原规划的结果定得低一些。

(2)枯季径流情况。如库容小但上游河道枯季径流相对较大，在汛后短期内可以充满的水库，则防洪限制水位可以定得低一些，使工程可以更安全一些，而又不妨碍汛后蓄水。

(3)洪水发生规律。这也是规定水库防洪限制水位要考虑的一个主要因素。由于汛期不同时期洪水的大小不同，因而可以将汛期分为前期、中期、后期(或初汛、主汛、尾汛)，分别计算不同时期的设计洪水，按不同时期的不同洪水计算各时期的防洪限制水位。

下面分别对溢洪道有无闸门控制两种情况进行讨论。

1.无闸门开敞式溢洪道防洪限制水位的推求

若水库经几年运用已达到设计标准(溢洪道有足够的宣泄能力,水工建筑物质量良好,最高洪水位允许达到设计及校核洪水位),且下游无防洪要求,此时防洪限制水位与溢洪道堰顶齐平,即汛期水库可蓄水到溢洪道堰顶高程,洪水来临则由溢洪道自由溢出。堰顶高程以上至允许最高洪水位之间的即为水库的滞洪库容 $V_{滞}$。但目前很多水库因种种原因还难以达到这一水平,一般在汛期都限制蓄水,其蓄水位在溢洪道堰顶高程之下。这个限制的蓄水位即防洪限制水位,应通过调洪演算来决定。

由于防洪限制水位在溢洪道顶之下,洪水来临时一部分洪水就首先拦蓄在防洪限制水位至溢洪道顶之间的库容中(称蓄洪库容,以 V_1 表示)。这样,溢洪道槛顶之上的滞洪库容($V_{滞}$),只需对剩余洪量($W-V_1$)进行调节。在这种情况下,由于 $Z_{限}$ 未知,V_1 亦不能定,故须通过试算来确定 $Z_{限}$。具体方法是,假定一个防洪限制水位 $Z'_{限}$,即调洪计算的起调水位,针对与当年允许最高水位 $Z_{允}$ 相应的设计洪水过程线,求得其相应的 V_1,从入库洪水 $Q—t$ 线上扣除 V_1,并对 $Q—t$ 线的其余部分按拟定的防洪调度方式进行调洪演算,得 $V_{滞}$,由库容曲线上便可以查得相应的最高洪水位 Z_m,与当年允许最高洪水位 $Z_{允}$ 进行比较,若 $Z_m=Z_{允}$,则假定的 $Z'_{限}$ 即为所求的防洪限制水位;若 $Z_m \neq Z_{允}$,可重新假定 $Z'_{限}$,再进行调洪计算,直至两者相等。二者相等的 $Z_{限}$ 即为所求的防洪限制水位。在一般情况下,可作图内插当年的 $Z_{限}$,当得到3~5个关系值($Z'_{限}$,Z_m)后,则可绘制 $Z'_{限}—Z_m$ 关系曲线,如图4-22所示。在图4-22上,由当年的允许最高洪水位 $Z_{允}$ 查得所求的防洪限制水位 $Z_{限}$。如将水库入流过程线概化为三角形,则可用近似公式进行计算。

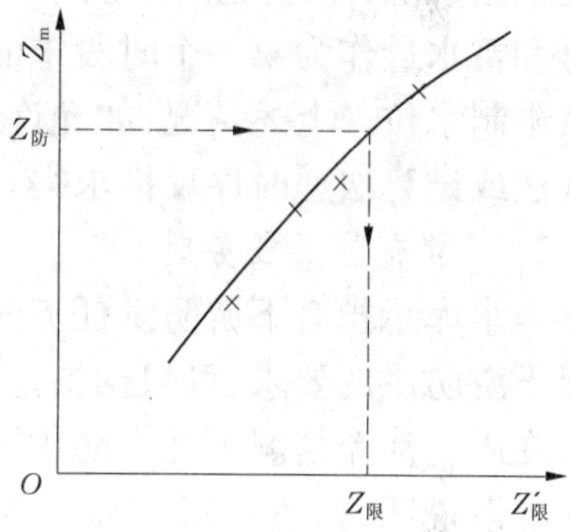

图4-22 内插法求防洪限制水位

蓄存在 V_1 中的水量,应在汛前或汛期的某一阶段之前由泄流底孔泄出,当水库无泄流底孔或底孔的泄流能力很小时,就要靠输水涵管放水来腾空库容。因输水涵管的预泄能力一般也较小,所以常常需要较长时间才能腾出 V_1,这就需要提早预泄。如果汛期相邻洪水的间隙时间短,库水位就有可能来不及降至防洪限制水位,从而造成防汛紧张。因此,为了防洪安全,确定 $Z_{限}$ 时,要对水库的泄水能力进行具体分析,必要时应留有余地,并安排好应急措施。

2.有闸门控制时防洪限制水位的推求

溢洪道有闸门控制时,防洪限制水位一般在溢洪道堰顶高程与允许最高洪水位之间,见图4-23。

1)下游无防洪要求时

此时因水库下游无防洪要求,水库的最大下泄量不受限制,防洪计算主要为了大坝安全。闸门控制运用方式如下:在洪水来临前,闸门关闭,蓄水至防洪限制水位 $Z_{限}$。洪水来临,逐渐开启闸门,控制下泄流量等于入库流量,如图4-24中 ab 段。在此期间,库水位维持在 $Z_{限}$ 不变。b 点以后,入库流量开始大于闸门全部开启的泄洪能力,将闸门全部打开,形成自由溢流,下泄流量随库水位的升高而增大。至 c 点,下泄流量达到最大,此时入库流量等于下泄流量，即 $Q=q_m$。c 点以后，随着库水位的逐渐消落，下泄流量逐渐减小。

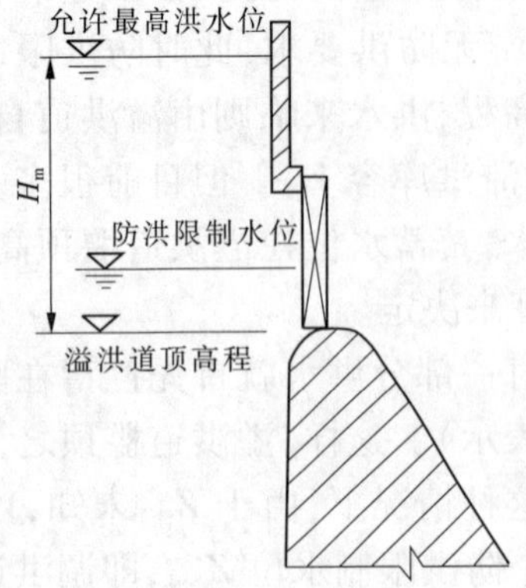

图 4-23 溢洪道有闸门时防洪限制水位示意图

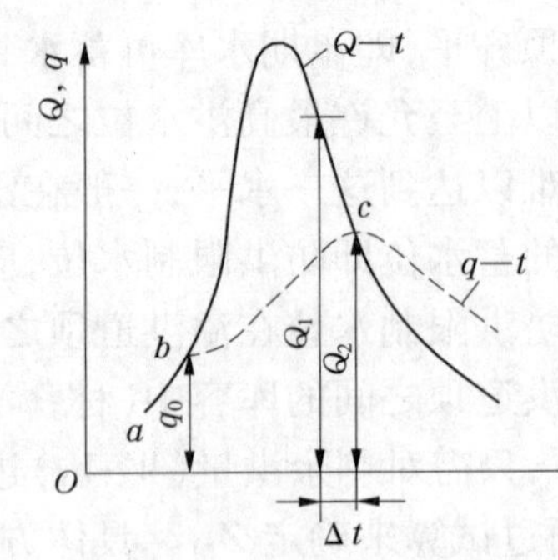

图 4-24 溢洪道有闸门时下游无防洪要求

在水库的防洪运用中，根据工程情况往往确定了水库允许的最高水位 $Z_{允}$，然后推求 $Z_{限}$。为了避免试算，可从 $Z_{允}$ 开始向下调洪计算，这种方法称为调洪逆时序计算法。该法仍是依据调洪计算原理，所不同的是将当年允许最高水位 $Z_{允}$ 作为起始条件，其相应的泄流量和蓄水量作为第一个时段末的值 q_2、V_2，逆时序调节计算求逐时段的 q_1、V_1，进而得到防洪限制水位。上述情况，如允许最高水位，溢洪道尺寸为已知，则可用调洪计算的单辅助线法或试算法逆时序反推求得。

2）下游有防洪任务时

当水库承担有下游防洪任务时，防洪限制水位应该是既能保证水库工程的安全，又能满足下游防洪的要求，可根据拟定的水库防洪调度方式进行调洪演算加以确定。

在固定泄流情况下推求防洪限制水位时须采用试算法。现以固定泄流（一级控制）为例加以说明，如图 4-25 所示。先求得下游防洪标准的设计洪水过程线，并假定一起调水位，下泄量按下游安全泄量 $q_{安}$ 控制，进行调洪演算，求得相应于下游防洪标准的 $V_{防1}$。当出现枢纽设计洪水时，开始仍按 $q_{安}$ 下泄，当 $V_{防1}$ 已经蓄满时，因来量仍大于泄量，库水位继续上升，这时闸门全部敞开，下泄量超过 $q_{安}$ 并继续增大，至最大下泄量 q_m 时，求得这时的调洪库容 $V_m=V_{防1}+V'_{防}$，并求得相应的最高洪水位 Z_m，并与允许最高洪水位相比较，如两者相等，则假定的起调水位即为防洪限制水位；如两者不相等，可重新假设起调水位，再行计算，直至两者基本相等。

若为分级控制，则须先求得下游各种防洪标准洪水相应的防洪库容 $V_{防1}$、$V_{防2}$…再取枢纽设计洪水过程线进行调洪演算，当超过下游最后一级防洪标准所需的防洪库容时，闸门全开泄流，求得最大泄流量 q_m，求得这时的调洪库容 $V_m=V_{防2}+V'_{防}$，并求得相应最高库水位 Z_m，并与允许最高洪水位相比较，二者相等的起调水位即防洪限制水位。

以上为讲解方便，采用库容做判别条件，实际调度时，须把库容 $V_{防1}$、$V_{防2}$…换算成水位 Z_1、Z_2…即以库水位为判别条件。若以入库流量为判别条件，则计算步骤与上述相同，不同之处仅在于它是按入库流量大小来改变泄流量。

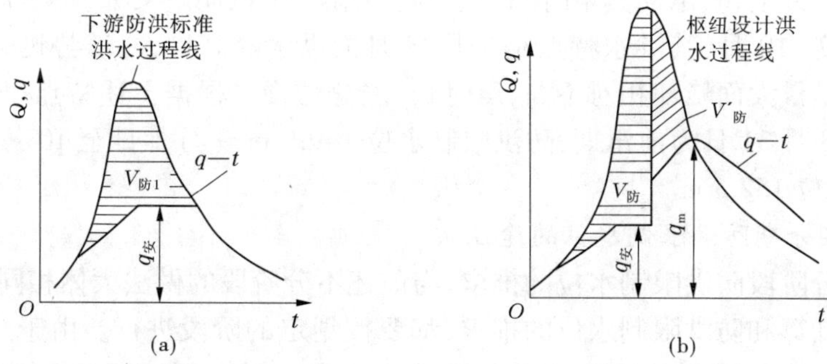

图 4-25　固定泄流(一级控制)的防洪调度示意图

对于补偿调节方式,须对入库洪水与区间洪水的遭遇组合问题进行仔细分析论证,才能决定水库泄流过程,一般在设计阶段进行这项工作。在制订汛期控制运用计划时,可根据实际运行经验,确定泄流过程,按上述步骤通过试算求得防洪限制水位。

(二)分期汛期限制水位的确定

我国多数地区洪水的大小和过程线形状在汛期各个阶段具有明显的差异,这种情况下,若整个汛期采用一个防洪限制水位显然没有必要,不利于兴利蓄水。确定分期防洪限制水位,有利于兴利蓄水,是解决防洪和兴利矛盾的有效途径,可以更好地获得水库的综合利用效益。防洪限制水位必须兼顾防洪和兴利两方面的要求,要恰当地处理好它们之间的矛盾,使两个方面的要求都得以落实。同时还要考虑洪水的季节性特点,一般应拟定出汛期不同阶段的防洪限制水位。

1.汛期洪水的分期

分期抬高汛期防洪限制水位,是解决防洪与兴利矛盾的有效办法。我国绝大多数汇流的洪水由降雨产生,一般可由水库所在流域上的暴雨或洪水发生的时间和次数,统计分析洪水出现的规律性,以确定汛期洪水的分期。如某中型水库统计 1963~1982 年日雨量超过 50 mm 的次数(见表 4-16),根据表中的统计可以得出初汛期、主汛期、尾汛期出现的时期。

表 4-16　某水库日雨量超过 50 mm 的次数统计表

月份	6			7			8			9		
旬	上	中	下	上	中	下	上	中	下	上	中	下
次数	0	2	3	6	11	8	9	12	9	5	3	2
洪水分期		初汛期			主汛期					尾汛期		

根据我国多数地区汛期水文特性和当地暴雨发生的规律,水库防洪运用一般可分为初汛期、主汛期和尾汛期(也可分为两期或四期)进行控制蓄泄。初汛期和尾汛期洪水较小,防洪限制水位可以适当抬高一些,以增加兴利蓄水量,主汛期洪水较大,防洪限制水位可降低一些,以提高水库的抗洪能力。例如,海河流域汛期为 6~9 月,大多数水库主汛期

为7月下旬至8月上旬，汛期其余时间分别为初汛期、尾汛期。又如，位于汉江上的丹江口水库汛期为7~10月，其洪水特点是7月、8月的洪水峰高量大，涨势迅猛；而9月、10月的洪水往往是量大而峰却相对不高，历时长，涨势缓慢。根据上述特点，丹江口水库确定7月1日至8月31日为前汛期，防洪限制水位149.5 m；9月1日至10月15日为后汛期，防洪限制水位152.5 m。

2.推求汛期分期防洪限制水位的途径

关于汛期分阶段防洪限制水位的推求，与前述不分阶段的做法大体相同。区别是：这里设计洪水的计算和防洪限制水位的推求，都要按划定的阶段进行。由于当年整个汛期的允许最高洪水位是固定不变的，因此各阶段$Z_{限}$的推求的主要问题就是如何推求各阶段的设计洪水。分析出洪水发生的规律后，推求汛期分期防洪限制水位$Z_{限}$，大体有以下两种途径：

（1）各分期采用不同的防洪设计标准。如上述中型水库主汛期水库设计洪水标准$P=1\%$，初汛期和尾汛期采用$P=2\%$，而各分期选用同一洪水频率曲线。根据汛期中各分期的设计洪水，分别进行调洪演算得出各分期的防洪限制水位$Z_{限}$。由于主汛期洪水标准较高，则$Z_{限}$较低；而非主汛期的洪水标准较低，则$Z_{限}$较高。这种途径常用于缺乏资料的中小型水库。

（2）各分期采用相同的防洪设计标准。由流量资料或暴雨资料推求汛期各分期的设计洪水，如初汛期为6月10日至7月10日，将每年这个时期中的洪峰流量最大值选出，组成系列做频率分析，得出初汛期的设计洪峰流量。同理，分别求出其他时期的设计洪峰流量。虽然洪水的频率相同，但主汛期的洪水大于其他时期，故主汛期推求的$Z_{限}$较低。而非主汛期相同标准的设计洪水较小，推求的$Z_{限}$较高，也就是抬高了汛期限制水位，可多蓄水兴利。这种途径常用于有实测资料的大中型水库。

四、绘制防洪调度图

水库的防洪调度是一种确保水库安全，实现水库防洪任务，使水库充分发挥综合效益而采用的控制运用方式。当发生洪水时，利用水库的防洪库容，根据水库及下游防洪的设计标准，合理解决入库洪水、水库拦洪与水库泄洪的关系，进行水库防洪调度，其基本依据是水库防洪调度图。

防洪调度图是由分期防洪限制水位、防洪调度线、防洪高水位、设计洪水位、校核洪水位与当年允许最高洪水位等蓄水指示线，以及这些指示线划分的运行区所组成的水库汛期运行图。它是用来指示水库在汛期为了防洪安全，各个时刻应该预留多少防洪库容及调洪库容的，如图4-26所示。

（一）水库防洪调度线的绘制

防洪调度线，是由后汛期的洪水最迟发生时刻t_k起，从防洪限制水位开始，用下游防洪标准的设计洪水进行顺时序调洪计算，所得的不同时刻的库蓄水位过程线。绘制防洪调度线的调洪计算依据是：各种标准的设计洪水过程线和规定的下游河道安全泄量$q_{安}$；起调水位是防洪限制水位；起调时刻，采用汛期最后一次洪水来临的时刻，即汛末。

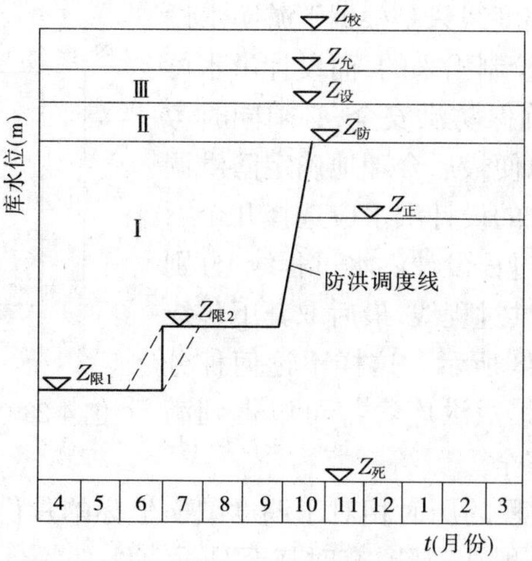

Ⅰ区—防洪区；Ⅱ区—设计洪水调洪区；Ⅲ区—校核洪水调洪区

图 4-26　防洪调度图

现以下游防洪设计洪水为例讲解防洪调度线的绘制过程。图 4-27(a)表示设计洪水过程 $Q—t$，在已定的 $q_{安}$ 的情况下，从水库防洪限制水位以及设计洪水来临的最迟时刻 t_k 开始，经调节计算得出各时刻相应的水库蓄水量，并把各时刻蓄水量相应点连成曲线，即为防洪调度线，如图 4-27(b)所示。

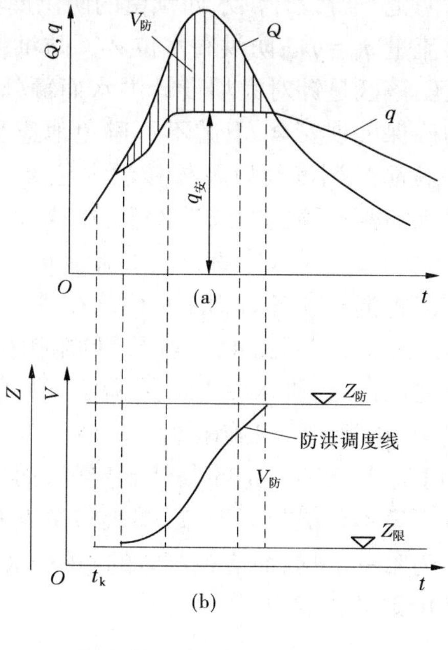

图 4-27　防洪调度线的绘制

防洪调度线至防洪高水位的纵距表示水库在汛期各时刻所应预留的拦洪库容。t_k 为设计洪水可能出现的最迟时刻，在 t_k 之前的主汛期随时都可能出现设计洪水，因此在 t_k 之前，水库必须同样预留足够的拦洪库容。

必须指出，上述防洪调度线只是根据下游防洪设计洪水过程线的一个典型绘制出来的，而设计洪水可能有不同的分配过程，为确保防洪安全，必须同时考虑各种可能的分配典型，以便最后合理地确定防洪调度线。为此，下游防洪标准的设计洪水应选择几个不同分配典型缩放而得多个过程设计洪水过程线，分别绘出经调洪计算求得的蓄洪过程线，最后取其下包线作为防洪调度线，如图 4-28 所示。这样不论何种分配典型的设计洪水过程，其拦洪库容都可以得到满足，从而可以保证防洪的安全。

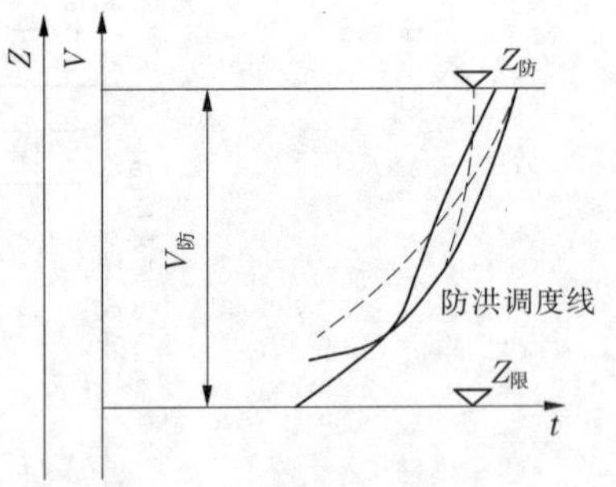

图 4-28　下包线法绘制防洪调度线

由于水库设计洪水过程的历时相对于调度图横坐标的月份来说，历时很短，因而调度图上 t_k 之后防洪调度线一般比较陡，有时甚至是垂直线。各分期防洪限制水位的连接过渡，可根据具体情况，采用图 4-28 中虚线所示的两种方式。这两种方式分别对兴利与防洪有利。

(二)水库防洪调度图的分区与应用

水库防洪调度区是指汛期为防洪调度预留的水库蓄水区域，该区的下边界是防洪限制水位 $Z_{限}$，右边界是防洪调度线，上边界是对应各种标准设计洪水的防洪特征水位($Z_{防}$、$Z_{设}$、$Z_{校}$)，如图 4-26 所示。防洪限制水位 $Z_{限}$、防洪调度线以及防洪高水位 $Z_{防}$之间的区域称为正常防洪区，该区是为防范下游设计洪水而预留的防洪库容，在这种情况下为了使下游免遭洪灾，水库最大泄洪流量 $q_m=q_{安}$；防洪高水位 $Z_{防}$、防洪调度线以及设计洪水位 $Z_{设}$之间的区域称为加大泄洪区，该区是针对大坝设计洪水而额外预留的调度库容。在发生大坝设计洪水的情况下，为确保大坝安全，下游不可避免地遭受洪灾，水库最大泄洪流量 $q_m=q_{m设}>q_{安}$；设计洪水位 $Z_{设}$、防洪调度线以及校核洪水位 $Z_{校}$之间的区域称为非常泄洪区，该区是针对大坝校核洪水而额外预留的调洪库容，在这种情况下为了确保大坝安全，下游肯定会遭受非常严重的洪灾，此时水库最大泄洪流量 $q_m=q_{m校}>q_{m设}>q_{安}$。

有了防洪调度图，就可以根据汛期各时刻库水位落在哪一运行区，并结合短期天气预报情况，决定水库如何泄流。比如，按照图 4-26 所示的防洪调度图，在对入库洪水的调节过程中，若某时刻库水位在防洪区Ⅰ，则水库泄流应满足下游防洪要求；若库水位升到了调洪区Ⅱ，则应保证大坝安全，正常泄洪设施敞泄。

必须强调指出，防洪调度图是按照一定的条件制定的，而实际在运用年度内，实际来水情况千变万化，防洪调度方案不可能包罗万象，有很多情况难以预料。因此，在汛期调度运用中，不能把调度图作为唯一依据，而应视当时的雨情、水情、工程具体情况和天气预报等因素，遵循具体的调度规则灵活运用。

五、了解洪水预报

根据洪水形成和运动的规律，利用过去和实时水文气象资料，对未来一定时段的洪水发展情况的预测，称洪水预报。

预报内容包括最高洪峰水位(或流量)、洪峰出现时间、洪水涨落过程、洪水总量等。

洪水预报是防洪非工程措施的重要内容之一,直接为防汛抢险、水资源合理利用与保护、水利工程建设和调度运用管理及工农业的安全生产服务。

洪水预报按预见期的长短,可分为短、中、长期预报。蓄水大坝通常把预见期在2天以内的称为短期预报;预见期在3~10天以内的称为中期预报;预见期在10天以上一年以内的称为长期预报。

在实际应用中,由于中长期洪水预报的准确度不能满足防洪调度决策的需求,因此在实际应用中人们对洪水预报的研究工作主要集中在短期实时洪水预报。

(一)短期预报在防洪调度中的应用

1.短期洪水预报的作用

随着我国水文、气象预报科学的发展,我国已修建的大中型水库越来越多地开始使用短期洪水预报来指导实际汛期控制运用工作。实践说明,由于短期洪水预报是根据暴雨已经落地来预报洪水过程,因此精度比较高,即使预见期短,也是很有意义的。利用短期洪水预报,可以预先知道即将发生的洪水的洪峰、洪量及其过程,因此能争取一定时间提前加大水库泄量或采取防汛的紧急措施;能在洪峰到来之前降低库水位,增加水库的抗洪能力;可根据下游河道的预报洪水,及时调整水库的泄量,进行错峰,待下游洪峰过后再加大泄量,防止或减轻下游的洪涝灾害;还可以根据预报的入库洪水过程线及时减少泄量,拦蓄洪水的尾部,增加兴利蓄水量;还能在洪水到来之前加大水电站的出力和发电量,减少弃水,等等。总之,应用短期洪水预报,可以及时改变泄流方式,提高汛期控制运用工作的主动性,更有效地发挥水库的综合利用效益。所以,凡是有条件编制一定精度的短期洪水预报的水库,都要争取在汛期控制运用中发挥预报的作用。

设计中小型水库时,水库的规模和参数的确定,主要是根据过去的资料,一般不考虑预报。在水库管理运行中,由于积累了一定的观测资料与调度经验,因此有条件也应该利用短期洪水预报进行防洪调度。

2.应用短期洪水预报进行防洪调度

在防洪调度中应用短期洪水预报,就是在洪水即将来临之前,根据预报进行预泄,腾空一部分库容用于防洪,因此减少了预留的防洪库容,可使$Z_{限}$提高到水库预蓄水位$Z_{预}$,从而可增加水库用于兴利蓄水的库容。目前,不少水库在水库上游设有较多的雨量站,对洪水的发生可做出短期预报。如果水库具有一定的泄洪能力,则在汛期就可能多蓄水。这里预蓄多少取决于预泄量的多少,它取决于洪水预报的预见期长短、泄洪能力大小及洪水来临之前的入库流量大小等因素。

根据防洪标准的洪水过程,按照采用的洪水预报预见期及精度,进行调度演算。调洪演算中所采用的预泄流量是在水库泄流能力范围内,不能大于下游允许泄量。当下游区间流量比较大时,应该是不能超过下游允许泄量与区间流量的差值。通过调洪演算即可求出能够预泄的库容及调洪最高水位。

1)下游无防洪无错峰要求时的预报调度方式

若出现水库设计标准的入库洪水,防洪调度过程示意如图4-29所示。洪水来临前为水库预蓄水位$Z_{预}$,开始降雨时刻t_0对应于a点;经暴雨径流预报至泄洪开闸时间t_1,对应于b、c点;预蓄水位$Z_{预}$相应的泄流量为$q_{预}$,对应于c点;防洪限制水位相应的泄流量为

$q_{限}$，对应于 d 点。开闸放水的 c 到 d 的时间为预泄期 $t_{预}$。d 点时库水位下降至 $Z_{限}$；当泄流过程到 f 点时，根据预报控制泄流拦蓄洪水尾部，使库水位回蓄到 $Z_{预}$。如果入库洪水不是设计洪水，而是预报洪水，也可参照此方法进行调度。

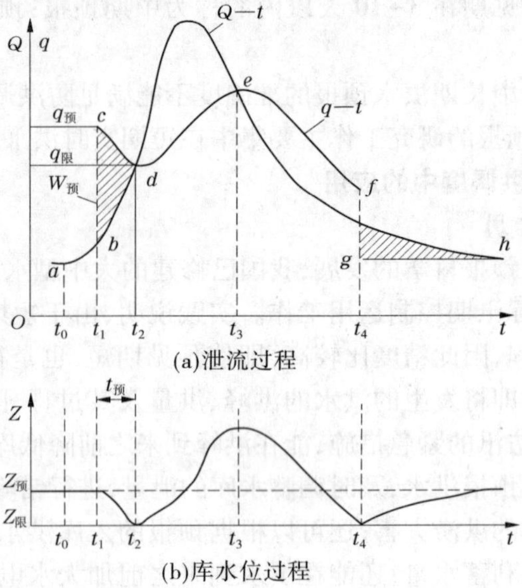

(a)泄流过程

(b)库水位过程

图 4-29　下游无防洪无错峰要求时的预报调度示意图

从图 4-29 可见，水库预蓄水量 $W_{预}$ 为 bcd 面积及 $Z_{限}$—$Z_{预}$ 之间的库容差。$t_0 \sim t_1$ 预报传递时间，传递时间越短则 $W_{预}$ 越大，故采用现代化的通信、计算技术，加快预报缩短预报传递时间可增加 $W_{预}$。确定 $W_{预}$ 的原则：能在入库洪水流量等于 $q_{限}$ 时，在不影响水库泄洪的情况下，将预蓄水量 $W_{预}$ 泄出。

图 4-29 中 q—t 所示的短期洪水预报提前泄出的流量，应为预见期对应的预报入库流量。采用这种假设进行预泄的前提是入库流量的预报比较精确，否则将不可能确保水库的回蓄。为保证预报预泄方式不至于影响水库的兴利蓄水，可以根据流量预报的误差情况，合理采用可靠的预泄流量。若流量预报值的相对误差为 ε，根据回蓄可靠的要求，预泄时预报相对误差应取负值，即在考虑预报精度的前提下，提前预泄时采用的流量预报值为乘小于 1 的系数($1-e$)，例如预报的入库流量为 1 000 m^3/s，预报方案的相对误差 e= 20%，那么采用的预泄流量为 $1\ 000\times(1-0.2)=800(m^3/s)$。

由图 4-29 可见，水库进行预报预泄的结果可以使水库水位消落到防洪限制水位之下，利用这部分预先腾空的容积可以提高水库的防洪效果。图 4-29 中 bcd 的面积表示利用预报信息水库预泄的水量，即预腾的库容 $W_{预}$。显然，在不考虑预报预泄的情况下，这部分蓄水量应由专设的防洪库容来蓄纳。

需指出，预泄期 $t_{预}$ 的确定应慎重些。图 4-29 中 Q—t 过程是由暴雨推求的设计洪水过程，这种过程的 $t_{预}$ 虽然具有典型性，但不一定是最不利的情况，因此应多找几种历史上发生过的暴雨过程分析 $t_{预}$，为了留有充分余地，应取较短的 $t_{预}$ 值来计算 $W_{预}$。或者求出 $Z_{预}$ 后适当降低一些，一般可取降低值等于一般误差。

以上考虑预报的调度方式,还可以应用于多级固定泄量的分级控泄调洪方式。可以根据预报,提前按高一级固定泄量下泄,而获得与前述预报预泄类似的调度效果。

2)下游有防洪任务的预报调度方式

水库既有下游防洪要求(洪水标准较低),又有水库本身的防洪任务(洪水标准较高)。当入库洪水超过下游防洪标准时自由泄流。预报预泄流量应考虑下游河道安全泄量的限制。如果存在较大区间洪水的汇入,还应考虑到水库预泄的流量与区间相应流量的组合流量不超过下游河道安全泄量。

对于开展洪水预报准确率较高、蓄泄运用较灵活的水库,可以采用预报调度。通常,当自水库下泄的流量流至防洪控制点的流达时间大于区间流量流达至防洪控制点的流达时间时,防洪补偿调度应与预报调度相结合,即按区间的预报洪水流量并考虑误差,决定水库补偿泄量。随着水文科学技术水平的提高,防洪预报调度的前景是乐观的。

(二)中小型水库洪水预报调度

水库洪水预报调度可以简明地定义为依据预报的洪水过程实施防洪调度的方法,它不同于依据实测洪水过程或实际发生的水位实施防洪调度的方法。建立洪水预报调度及相应的预警系统是重要的、有效的防洪非工程措施。洪水预报精度愈高、预报预见期愈长,调度决策耗时愈少,就愈能减小下游洪灾损失(包括采取有效抢险措施及对将产生洪灾区域及时发出预警和组织撤离)。

中小型水库一般流域面积仅几十平方千米,河道短、坡降大,汇流时间短,洪水来势猛。水库上游雨量站点较少,无入库水文站,往往只在坝前设一水文站,测降雨、水位出流,若降雨均匀(一般发生较大洪水时降雨较均匀),这一站的代表性尚可,如降雨分布不均匀,代表性较差;入库流量仅能用坝前实测水位、出库量和损失量反推求出。因此,洪水预报只应用简单方法,预报调度方式及规则亦简单,调洪计算方法也不复杂。

在蓄满产流地区,用暴雨径流相关图预报洪量;在超渗产流地区,可用扣损稳渗量法预报径流量。中小型水库由于流域面积小、降雨特性变化不大,所以入库洪水的峰量关系一般比较稳定,可以根据各次洪水的入库洪峰流量与相应的径流深建立相关关系,即所谓峰、量相关图。应用时,根据已知的径流深即可查出预报的洪峰流量值。一般中小型水库的实测水文资料年限不长,绘制的峰、量关系往往不能满足大洪水时防汛调度需要。可考虑根据实测资料分析,结合本水库设计洪水的峰、量关系趋势进行高水延长。运用数年积累资料后,可根据降雨性质(降雨历时、平均雨强等)绘制2~3条不同的峰、量关系线以提高预报精度。中小型水库一般没有入库站进行流量测验,只能用近似的办法推求入库洪水,一般可将来水过程概化为三角形。预报出入库洪水总量、洪峰及概化为三角形的来水过程以后,进行调洪计算,即可预报出水库最高洪水位、最大泄洪流量及其时间。

中小型水库调度方式多数很简单,即敞泄式或有闸控制,后者通常在汛期亦不控制闸,只是汛后为兴利而控制。所以,调洪采用简易法。

为了争取时间,迅速做出水文预报,又无须进行复杂的计算,多数水库常采用洪水预报调度综合相关图(或称合轴相关图)来进行预报。它是把入库洪水预报相关图与简易调洪演算三角形图解法,结合起来绘制在一起,这便是中小型水库洪水预报调度的主要工具,可随时预报出水库最高洪水位、最大泄流量,还可随时预报出水库的抗洪能力等。对于中小型水库的洪水溢洪道,无论有无闸门控制,都可以采用。

任务四 水库泥沙治理措施

一、水库泥沙淤积及危害

(一)水库的泥沙淤积成因及危害

1.水库泥沙淤积的成因

河流中挟带泥沙,按其在水中的运动方式,常分为悬移质泥沙、推移质泥沙和河床质泥沙,它们随着河床水力条件的改变,或随水流运动,或沉积于河床。

当河流上修建水库以后,泥沙随水流进入水库,由于水流流态变化,泥沙将在库内沉积形成水库淤积。水库淤积的速度与河水中的含沙量、水库的运用方式、水库的形态等因素有关。

2.水库泥沙淤积的危害

水库的淤积不仅会影响水库的综合效益,而且对水库上下游地区会造成严重的后果。其表现为:

(1)由于水库淤积,库容减小,水库的调节能力也随之减小,从而降低甚至丧失防洪能力。

(2)加大了水库的淹没和浸没风险。

(3)使有效库容减小,降低了水的综合效益。

(4)泥沙在库内淤积,使其下泄水流含沙量减小,从而会引起河床冲刷。

(5)上游水流挟带的重金属有害成分淤积库中,会造成库中水质恶化。

(二)水库泥沙淤积与冲刷

1.淤积类型

水流进入库内,因库内水的影响不同,可表现出不同的流态形式,一种为壅水流态,即入库水流流速由回水端到坝前其流速将沿程减小,呈壅水状态,另一种是均匀流态,即挡水坝不起壅水作用时,库区内的水面线与天然河道相同时的流态。均匀流态下水流的输沙状态与天然河道相同,称为均匀明流输沙流态。均匀明流输沙状态下发生的沿程淤积称为沿程淤积;在壅水明流输沙状态下发生的沿程淤积称为壅水淤积。含沙量大、细颗粒多,且进入壅水段后潜入清水下面沿库底继续向前运动的水流称异重流,此时发生的沿程淤积称为异重流淤积。当异重流行至坝前而不能排出库外时,则浑水将滞蓄在坝前清水下形成浑水水库。在壅水明流输沙流态中如果水库的下泄流量小于来水量,则水库将继续壅水,流速继续减小,逐渐接近静水状态,此时未排出库外的浑水在坝前滞蓄,也将形成浑水水库,在浑水水库中,泥沙的淤积称为浑水水库淤积。

2.水库中泥沙淤积形态

泥沙在水库中淤积呈现出不同的形体(纵剖面及横剖面的形状)。纵向淤积有三种,即三角洲淤积、带状淤积、锥体淤积。

(1)三角洲淤积。泥沙淤积体的纵剖面呈三角形的淤积形态,称为三角洲淤积,如

图 4-30所示，一般由回水末端至坝前呈三角状，多发生于水位较稳定、常期处于高水位运行的水库中。按淤积特征分为 4 个区段，即尾部端、顶部段、前段、坝前淤积段。

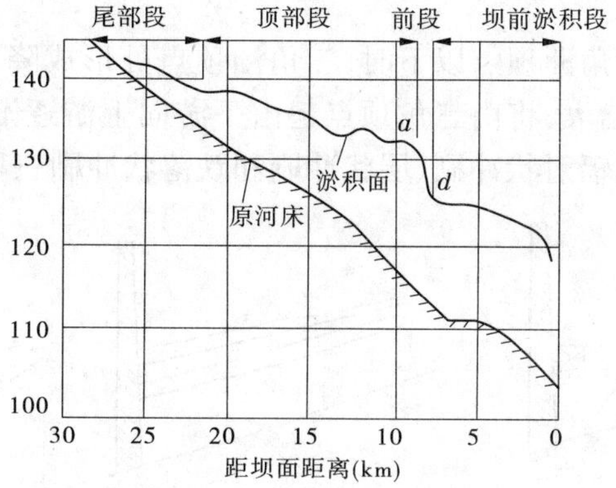

图 4-30 三角洲淤积图

(2)带状淤积。淤积物均匀地分布在库区回水段上。如图 4-31 所示，多发生于水库水位呈周期性变化，变幅较大，而水库来沙不多、颗粒较细、水流流速又较高的情况下。

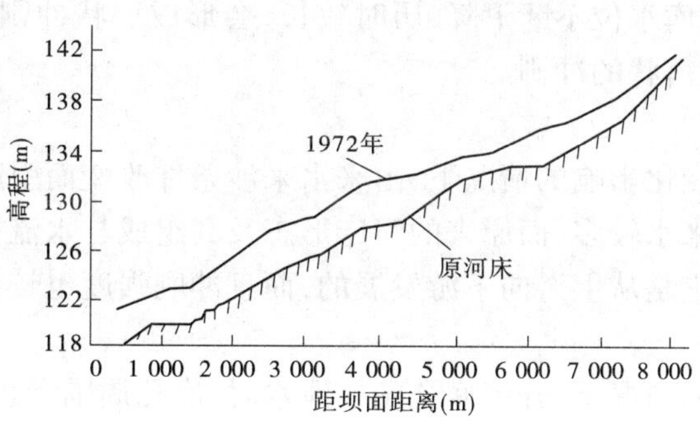

图 4-31 带状淤积

(3)锥体淤积。在坝前形成淤积面接近水平为一条直线，形似锥体的淤积，如图 4-32 多发生于水库水位不高、壅水段较短、底坡较大、水流流速较高的情况下。

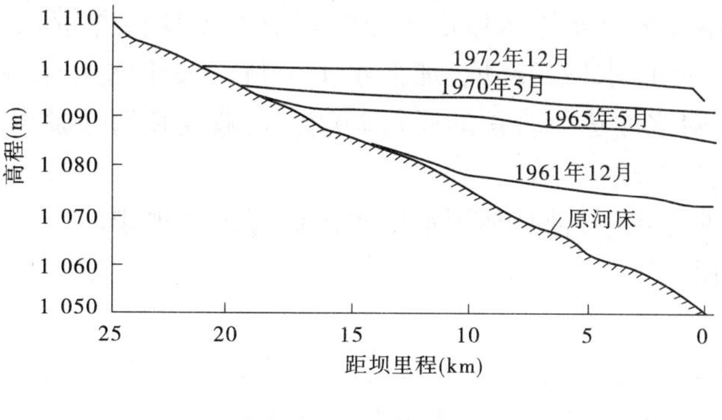

图 4-32 锥体淤积

影响淤积形态的因素有水库的运行方式、库区的地形条件和干支流入库的水沙情况等。

3.水库的冲刷

水库库区的冲刷分溯源冲刷、沿程冲刷和壅水冲刷 3 种。

1）溯源冲刷

当水库水位降至三角洲顶点以下时，三角洲顶点处形成降水曲线，水面比降变陡，流速加快，水流挟沙能力增大，将由三角顶点起由下游向上游逐渐发生冲刷，这种冲刷称为溯源冲刷。溯源冲刷有辐射状冲刷、层状冲刷和跌落状冲刷三种形态，如图 4-33 所示。

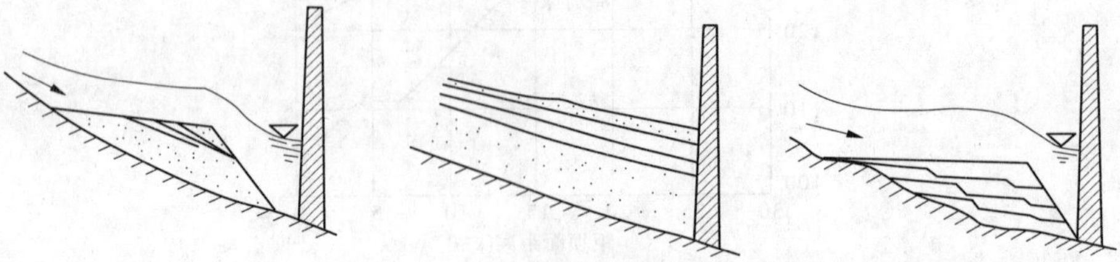

(a)辐射状冲刷　(a)层状冲刷　(c)跌落状冲刷

图 4-33　水库溯源冲刷的形态

当水库水位在短时间内下降到某一高程后保持稳定或当放空水库时会形成辐射状冲刷，如果冲刷过程中水库水位不断下降，历时较长，会形成层状冲刷。如果淤积为较密实黏性涂层，则会形成跌落状的冲刷。

2）沿程冲刷

在不受水库水位变化影响的情况下，由来水来沙条件改变而引起的河床冲刷，称为沿程冲刷。它是当库水来水较多，而原来的河床形态及其组成与水流挟沙能力不相适应，从而发生沿程的冲刷。它是从上游向下游发展的，而且冲刷强度也较低。

3）壅水冲刷

在水库水位较高的情况下，开启底孔闸门泄水时，底孔周围淤积的泥沙随同水流一起被底孔排出孔外，在底孔前逐渐形成一个最终稳定的冲刷漏斗，这种冲刷称为壅水冲刷。壅水冲刷局限于底孔前，且与淤积物的状态有关。

二、水库淤积防治措施

水库淤积的根本原因是水库水域水土流失形成水流挟沙并带入库内。所以，应采取的根本的措施是改善水库水域的环境，加强水土保持。关于水土保持措施已在前述内容中做了介绍。此外，对水库进行合理的运行调度也是减轻和消除淤积的有效方法。

（一）减淤排沙的方式

减淤排沙有两种方式：一种是利用水库水流流态来实现排沙，另一种是借助于辅助手段清除已产生的淤积。

1.利用水流状态作用的排沙方式

（1）异重流排沙。多沙河流上的水库在蓄水运用中，当库水位、流速、含沙量符合一定条件（一般是水深较大，流速较小，含沙量较大）时，库区内将产生含沙量集中的异重流，若及时开启底孔等泄水设备，就能达到较好的排沙效果。

（2）泄洪排沙。在汛期遭遇洪水时，库水位壅高，将造成库区泥沙落淤，在不影响防洪安全的前提下，及时加大泄流量，尽量减少洪水在库内的滞洪时间，也能达到减淤的效果。

（3）冲刷排沙。水库在敞泄或泄空过程中，水库水流形成冲刷条件，将库内泥沙冲起排于库外。有沿程冲刷和溯源冲刷两种方法。

2.辅助清淤措施

对于淤积严重的中小型水库还可以采用人工、机械设备或工程设施等措施作为水库清淤的辅助手段。机械设备清淤是利用安在浮船上的排沙泵吸取库底淤积物，通过浮管排出库外，也有借助于安在浮船上的虹吸管，在泄洪时利用虹吸作用吸取库底淤积泥沙，排到下游（见图4-34）。工程设施清淤是指在一些小型多沙水库中，采用一种高渠拉沙的方式，即于水库周边高地设置引水渠，在库水位降低时利用引渠水流对库周滩地造成强烈冲刷和滑塌，使泥沙沿主槽水流被排出水库，恢复原已损失的滩地库容。

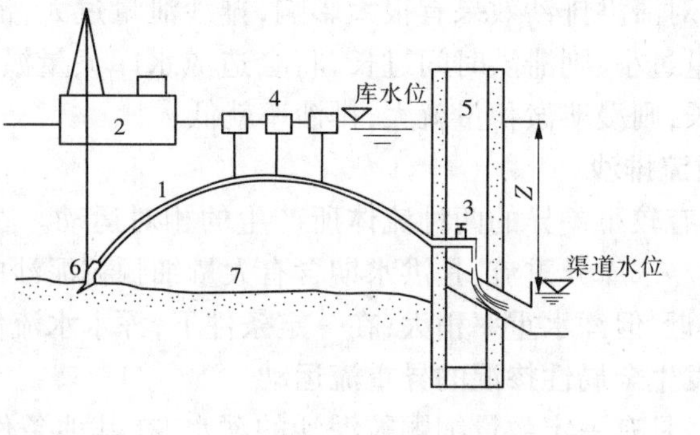

1—输泥管；2—操作船；3—连接装置；4—浮筒；5—放水设备；6—吸头；7—淤泥面

图4-34　虹吸清淤装置示意图

（二）水沙调度方式

上述的减淤排沙措施应与水库的合理调度配合运用。在多泥沙河道的水库上将防洪兴利调度与排沙措施结合运用，这就是水沙调度。包括以下几种方式。

1.蓄水拦洪集中排沙

蓄水拦洪集中排沙又称水库泥沙的多年调节方式，即水库按防洪和兴利要求的常用方式拦洪和蓄水运用，待一定时期（一般为2~3年）以后，选择有利时机泄水放空水库，利用溯源冲刷和沿程冲刷相结合的方式清除多年的淤积物，达到全部或大部分恢复原来的防洪与兴利库容。在蓄水运用时期，还可以利用异重流进行排沙，这种方式适宜于河床比降大、滩地库容所占比例小、调节性能好、综合利用要求高的水库。

2.蓄清排浑

蓄清排浑又称泥沙的年调节方式，即汛期（丰沙期）降低水位运用，以利排沙，汛后（少沙期）蓄水兴利。利用每年汛初有利的水沙条件，采用溯源冲刷和沿程冲刷相结合的方式，清除蓄水期的淤积，达到基本恢复原来的防洪和兴利库容。

3.泄洪排沙

泄洪排沙即在汛期水库敞开泄洪，汛后按有利排沙水位确定正常蓄水位，并按天然流量供水。这种运行方式可以避免水库大量淤积，能达到短期内冲淤平衡，但综合效益发挥将受到限制。

根据我国水库的运用经验,水库的运用方式可根据水库的容积沙量比 $K_s = V_o/V_s$(V_o 为水库容积,V_s 为水库的年未沙量)和容积水量比 $K_w = V_o/W$(W 为年末水量)来初步确定。

当 $K_s>50$,$K_w>0.2$ 时,宜采用拦洪蓄水运用方式。

当 $K_s<30$,$K_w<0.1$ 时,宜采用蓄清排浑运用方式或泄洪排沙。

当 $K_s \geqslant 30 \sim 50$,$K_w = 0.1 \sim 0.2$ 时,可采用前期拦洪蓄水,后期蓄清排浑的运用方式或采用拦洪蓄水与蓄清排浑交替使用的运用方式。

一般以防洪季节灌溉为主的水库,由于水库的主要任务与水库的排沙并无矛盾,故可采用泄洪排沙或蓄清排浑运用方式;对于来沙量不大的、以发电为主的水库,可采用拦洪蓄水与蓄清排浑交替使用的运用方式。

(三)水库的泄洪排沙

排沙泄量的大小对滞洪排沙效果有很大影响,排沙泄量过大,泄洪时间短,对下游行洪放淤不利;排沙泄量过小,则滞洪时间过长,将会造成水库大量淤积。对于峰高量大的洪水,若滞洪历时过长,则漫滩淤积量就大,排沙率就低。

(四)水库的异重流排沙

异重流是指重率有较小差异的两种流体所产生的相对运动。在相对运动中,互相并不发生全局性的掺混。水库异重流,是洪水期含有大量细颗粒泥沙的浑水进入库水时,由于库水重率与清水相近,但浑水重率稍大,在一定条件下,浑水水流便潜入库底,沿库底向下游运动,不和库水发生全局性掺混的异重流运动。

在水库蓄水期间,具有一定数量细颗粒泥沙的浑水,在其他条件具备的情况下,往往能形成异重流向坝前运动。特别是中小水库,异重流多能到达坝前。如果能正确判断异重流抵达坝前的时刻,及时打开底孔闸门,就能形成异重流排沙,将一部分入库泥沙排出库外。这种利用异重流的特性进行的水库排沙,由于初始排出的水流含沙量大,因而排沙效率高。随着洪峰的降落,出库水流的含沙量和排沙效率也随之降低。水库异重流形成后的持续时间取决于洪峰的持续时间,而异重流运行到坝前的时间取决于它的流速和流程的长短。

异重流排沙泄量的选择是异重流排沙中的一个重要问题。泄量过小,虽出库含沙量高,但排出的总沙量不大;泄量过大,则浪费水量,不利于径流调节。目前,多采用因果分析建立经验关系来确定,如建立第一日平均排沙泄量与前期蓄水量、入库洪水峰前量和排沙效率的经验关系。鉴于异重流排沙的特点,排沙泄量在洪峰降落后应逐渐减小。

任务五 水电站工程管理

一、水电站建筑物的特点

水电站是设置在河道上利用水能发电的一类工程设施,涉及挡水、蓄水、引水、厂房及设备等,是由这些建筑物和设备有机结合的综合体。由于水电站在水能利用上与防洪、灌溉、航运、供水、养殖、电力等行业部门相互联系、相互影响、相互制约、相互依存,所以在运行管理中也必然会受到各个水资源综合利用部门的各种条件和电力系统用电供电要求的制约,这些使电站的运行管理具有一定的复杂性和综合性。

水电站建筑物的构成特点是结构形式的多样性、作用关系的相似性和生产运行目标的一致性。

(一)工程结构的多样性

水电站的基本类型有河床式水电站、拦河坝式水电站、引水式水电站等三种形式。它们在结构形式上各不相同,各有特点,这里对工程中一些常用形式的结构特点做如下介绍:

(1)河床式水电站的布置特点在于它的主要建筑物全部集中于河床内,厂房作为一个整体和挡水坝体连在一体,布置在河床的一岸。

(2)坝后式水电站的特点在于它的厂房布置于坝体的下游,在混凝土挡水坝的枢纽中,坝后电站与坝体紧连,而当地材料坝的坝后电站一般远离坝体布置。

(3)坝内式水电站布置的特点是厂房置于坝体之内。

(4)无压引水式水电站的特点是引水道用明渠或无压隧洞结构,引水道与压力管的连接处设有压力前池,有的渠道上还有日调节池。

(5)有压引水式水电站的特点是具有较长的有压引水道(一般多为压力隧洞或压力钢管),压力管道与有压引水道交接处设有调压塔。

(6)地下厂房的布置特点是厂房置于地下洞室中,根据电站位置不同分为首部式、中部式及尾部式地下厂房。首部式地下厂房是无引水隧洞,而代之以尾水隧洞,尾水隧洞段承受的压力一般较小,常采用无压隧洞形式,压力管道直接从上游水库进水,厂房交通、出线、通风等多采用竖井,电站厂房防渗防潮问题突出。中部式地下厂房是上游引水道与下游尾水道都比较长,当引水道及尾水道均为有压时,需要在厂房上游建引水洞调压室,在厂房下游建尾水调压室。尾部式地下厂房布置,上游引水道长度大,尾水洞短。

水电站的形式不同,其构成建筑物种类就不同,但总体上不论何种形式的水电站均由起壅水、蓄水作用的建筑物群的库坝系统建筑物和起输送流量的引水系统建筑物,以及由发电、变电、输电等建筑物群构成的厂房系统建筑物等构成。

(二)作用关系的相似性

水电站是依靠水工建筑物来集中水头,取得流量,获得水能,由机电设备把水能转换形成电能,最后由变电、输电配电设备把电能输送给用户,这个转化过程就是通过库坝系统建筑物、引水系统建筑物和厂房系统建筑物来共同实现的。所以,水电站不论如何复杂或简单,构成其建筑物的作用关系都是相似的。

(三)生产运行目标的一致性

一方面,就各种形式的水电站来说,不论结构有多复杂、差异有多大,但一个共同的目标特点就是最终为获得电能,由库坝和引水系统建筑物为发电提供水能。另一方面,水电站建筑物总是为机电设备最有利的生产提供服务。

二、水电站建筑物的维护和运行管理

(一)水电站建筑物维护和运行管理的任务

水电站建筑物维护、运行管理的中心任务是保证指令性任务的完成,做到安全、优质、经济、可靠地生产，提高发电效益。具体包括：①保证按照调度中心下达的电力生产计划，全面完成生产任务，保证电能质量；②合理利用水力资源，充分发挥国民经济各部门的综合效益；③精心操作，严密监视，努力提高设备利用率，降低各项消耗；④正确处理各种障碍、事故，尽可能避免和减少事故造成的损失。

（二）维护和运行管理的工作内容

水电站水工建筑物维护、运行管理的主要内容有建立健全水电企业的指挥系统和各级生产技术责任制，它主要体现在制度建立、计划编制与执行几个方面。

1.建立健全规章制度

（1）应建立以厂长（经理）全面负责，各部门、各单位、各车间、各班组分别负责的生产技术责任制，以保证安全可靠地生产。

（2）根据上级主管部门颁布的有关规程制度及设计资料、设计要求的观测资料和其他工程的运行维护经验，结合本企业具体情况，编制水工建筑物的运行维护规程细则，包括水务管理规程、水工观测规程、水工机械运行检修规程、水工作业安全规程等。

（3）各运行管理人员要认真执行规程操作，确保各水工建筑物的稳定、坚固、耐久等安全。

2.编制生产运行计划

（1）根据国家指令性计划，结合本企业的具体情况，编制发电、供电计划。

（2）制定技术经济指标，如发电量、供电量、设备利用小时和耗水率。

（3）编制各水工建筑物的观测、维护、检修及机电设备的维护、检修计划和技术改造计划，不断提高和完善设备的技术水平和完好率。

3.安全生产管理

（1）对水工建筑物进行维护检修及技术改造时应采取必要的安全保护措施，以确保水工建筑物及水电厂机电设备的安全运行。

（2）定期进行安全和经济活动分析，检查计划各项指标完成情况。

（三）水电站建筑物的维护及运行管理

应根据维护运行规程明确的水工建筑物与附属设备的观测项目及要求，进行观测和检查工作，并做好观测与检查工作的记录整理和分析。对检查发现的问题按养护维修安全规程进行有计划的养护维修管理。

1.水电站建筑物的检查观测

1）观测网点的设置

对蓄水、挡水的库坝系统建筑物有关观测网点的设立和对观测用的仪器、设施的要求以及水工建筑物的主要检查观测项目二中已做详述。对水电站的引水系统及厂房系统建筑物应着重建立以下观测设施：

（1）各主要水工建筑物的中心线，如隧洞、渠道、压力管道等建筑物的始点、终点及压力管道的镇墩处均应设置可靠的标点。

（2）在各主要部位，如坝上游适当部位、进水口附近、尾水渠、船闸上下游等处均应设置水位标尺。

2)水电站建筑物主要的检查观测项目

水电站建筑物主要观测项目有进水口、渠道、隧洞、压力管道、尾水道的淤积情况及冲沙设施的效能;水库水位、水温、库区漏水、塌岸及水电厂尾水位的变化情况;严寒地区的水库与建筑物相邻水域的冰冻现象;流冰与冻层对建筑物的影响等。

主要检查项目除检查引水混凝土建筑物有无剥落、溶蚀、冲刷等现象外,还要检查护坦、海漫、衬砌等的磨损、冲刷、脱落和沉陷等现象;压力钢管、各种金属结构和操作设备有无锈蚀、变形、损坏及操作失灵情况;进水口拦污栅有无被污物阻塞等情况。

2.引水建筑物的养护修理

引水建筑物是把集中了水头(有时引水建筑物本身就起集中水头的作用)的水量送入水轮机,由水能转换为机械能,再由发电机转换成电能。所以,搞好引水建筑物的维护和运行管理,对出现的缺陷进行及时合理的维修,是保证水电站安全、可靠生产的重要组成部分。

1)引水建筑物的检查与养护

水电站引水建筑物的钢筋混凝土压力管道、金属压力管、引水隧洞都应进行定期检查和养护。

对引水渠道、进水口、要注意泥沙淤积的监视和清理措施。对泥沙入库较高的情况,经论证,可在进水口设置拦沙、冲沙设施,以防止淤塞进水口,必要时可考虑水库排沙设施,或采取适当的水库调度措施,规定最低排沙水位,以减少坝前、进水口前及水库内的泥沙淤积。在汛期要密切监视排沙闸门前的泥沙淤积高程,当淤积程度有碍闸门的开启时,应及时采取措施。

应尽量减少泥沙进入输水道,及时对进水口前进行冲沙,也可在进水口下游侧设置沉沙池。输水道内如有泥沙淤积,应及时清除。当进入渠道的泥沙量很大时,为防止渠道淤积,可适当加大渠道中流速,以保持冲淤平衡。但要使渠道各段流速尽可能均匀,以免在某一流速小的地段产生淤积。

水电站如设有日调节池,或利用渠槽作为日调节容积时,在不需要进行日调节的时段内,且在不影响水电厂出力的条件下,尽可能使日调节池、渠道内的水位在较低的水位下运行,以减少泥沙淤积。

日调节池、前池、渠道的边坡上或坡顶上的沙土、冲积物应及时进行清理,以免坍入水内,并防止石块、树干等滚入水中。进水口前的漂浮物应及时清除,拦污栅也应及时清理,以防堵塞。

水电站下游一定范围内,不允许向河流倾倒泥土石渣,以免壅高尾水位。如因岸坡坍塌或其他原因导致尾水位壅高,应及时清除。

2)缺陷的维修处理

发电引水建筑物主要包括引水隧洞(或钢管)、调压井或引水渠等,存在的缺陷主要是各种类型的裂缝。

引水建筑物的混凝土裂缝按其成因可分为温度缝、施工缝、沉陷缝、结构缝和干缩缝等,按裂缝的特征可分为表面裂缝、深层裂缝和贯穿性裂缝等。一般表面裂缝较易处理,深层裂缝和贯穿性裂缝处理比较困难。出现裂缝后,应对稳定性和应力状态应进行验算,再确定处理措施。在处理前,应查清裂缝的部位、走向、长度、宽度、深度以及贯穿情况,分析其原因与危害性。裂缝处理的一般措施是,封闭裂缝表面,充填裂缝或者使裂缝两侧的结构物结合成为整体,使其不再渗水或者裂缝不再向深部发展,恢复结构的整体性,以保持混凝土建筑物达到设计要求的承载能力和耐久性。对于某些影响结构强度、结构稳定或严重渗水的深层裂缝或贯穿性裂缝,应谨慎处理,有时要做专门论证或作专门补强加固设计。

3.寒冷地区冬季及排冰期对有关建筑物的管理

地处寒冷地区的水电厂,在冬季流冰期间,其水工建筑物往往会受冰冻和浮冰的威胁,所以应在水库结冰期前,对有关水工建筑物进行全面的检查,做好排水前的各项准备工作,如检修好各种水工建筑物的防冻设备。必要时,应对拦污栅和闸门槽进行保温。如发现有结冰,应采用机械方法或通热气加以清除;对不能承受冰压力的建筑物,要采取有效措施,使其不受冰压。

当发现水库上游被浮冰堵塞,或水库内有大块浮水,可能对建筑物产生重大冲击的危险时,应及时采取措施,加以防止。为使排冰建筑物能顺利排冰,在排冰期,应注意保持其底槛上有足够水深。必要时,应规定排冰期内的上游水位。

对能结成稳固冰层的河流,为防止在河流中形成浮冰(冰凌或冰屑),水电厂必须在担负平稳负荷的情况下运行时,使水库水位稳定在尽可能高的水位上,使水库上游河道、引水渠道、日调节池、压力前池中尽快地结成冰层。

尽可能避免在冬季从泄水建筑物泄水,以防止水雾结冰时对附近的输电线路和变电、配电装置造成危害。如必须泄水,应采取防止危害的必要措施。要防止各种水工建筑物及其基础因表部所含水分冰冻而产生膨胀鼓凸现象,必要时,应采取措施加以处理。

排冰期过后,应对受流冰作用的有关建筑物进行全面检查。如发现有损坏,应立即进行修复。

4.发电厂房的缺陷及其维修

1)厂房混凝土裂缝

厂房裂缝有下列三种:

(1)地基不均匀变形引起的裂缝。如刘家峡水电厂的发电厂房是半地下式的,在地基的变化处引起发电厂房的横向全断面裂缝。

(2)温度变化引起的裂缝。因厂房边墙比较高,冬季厂房内外温差变化,引起墙壁上发生温度裂缝。

(3)厂房梁、板、柱受力或受振动产生裂缝。

发电厂房裂缝的处理方式与一般混凝土结构的裂缝处理方式相同。

2)厂房漏雨和渗水

厂房的房顶面积比较大,并受发电振动的影响,已做好的防渗层容易开裂漏雨。一些坝后式厂房或河床式厂房受库水的渗透作用,厂房的基础或边墙可能出现渗水。

发电厂房的漏雨处理多采用更换防雨层的办法彻底处理。防雨层材料除用沥青卷材外,近年还采用丁基胶片等材料,防渗效果好。

发电厂房的边墙漏水采用水泥砂浆、环氧砂浆抹面的办法进行局部补修,对厂房漏水较严重的部位采用灌浆堵漏方法。如果河床式厂房大坝横缝、厂房伸缩缝渗漏,有的地方可能出现射流和淌流。漏水原因主要是混凝土施工质量不好。漏水途径:一是伸缩缝止水失效,二是混凝土密实性差。治理的措施主要用水泥灌浆堵漏。例如,某水电厂为解决水轮机层上游墙漏水,在该处横缝处布孔灌浆,还在水轮机层地面骑伸缩缝灌浆25个孔,另外在尾水副厂房底层骑伸缩缝灌浆,均收到了很好的效果。

5.厂房振动破坏的防止

有的发电厂房因设计考虑不周,发电厂房的主要振动周期与发电机组的振动周期接近,诱发共振,严重时引起发电厂房结构的破坏。

消除和减小振动的措施:一是消除振源,二是改变振源和结构的频率,避免共振。一般有如下途径可供不同情况考虑选用:

(1)向转轮室和尾水管中补气,可有效降低振动。

(2)提高机组加工和安装质量。

(3)厂房上下游立柱加固。厂房上游墙在发电机层以上与上游挡水结构是分开的,若采取结构措施将两者连接起来,可提高厂房上部结构自振频率,避免共振。可以增大立柱断面尺寸,提高厂房下部立柱刚度。但是对于刚性结构,当自振频率接近转子频率时,容易在立柱底部出现较大动应力,反而对抗振不利。所以,增大立柱断面尺寸应慎重。

(4)更换转轮。轴流定桨式水轮机由于叶片不能调节,容易在启、停机过程中和部分负荷工况时产生水压脉动。把转轮更换为转桨式水轮机,会改善机组振动情况,但换转轮代价太大。

(5)增设发电机下导轴承。增加下导轴承可以提高支承刚度,缩短支点间距,从而改变轴系基频和降低大轴摆度。

6.水电厂汛期管理

由于厂房布置不合理、洪水设计标准偏低、运用操作等原因,我国水电厂已发生多次厂房被淹事故。所以,防汛工作是水电厂安全生产的中心环节,关系着水库上下游人民生命财产的安全,必须贯彻"安全第一,预防为主"的方针,各部门必须高度重视,加强水电厂的汛期管理工作,确保水电厂安全度汛。做到遇设计标准洪水不垮坝、不漫坝、不淹发电厂房。对于超标准洪水须有应急抢险措施,使损失减轻到最小程度。

做好水电厂防汛管理工作应着重抓好以下几个方面的工作:

(1)建立健全水电厂房汛期工作制度和责任制。主要包括防汛岗位责任制、汛期和汛前汛后现场检查制、报汛制、年度防汛总结制。使防汛工作制度化、规范化,避免由于随意性而带来的疏漏。

(2)编制周密可行的防汛计划,做好防汛准备工作,保证防汛工作秩序化。为此应从防汛责任指挥、通信联络、组织协调、物资供应、交通运输、电力能源、照明设施抢险抢修等方面做出全面规划安排。

(3)落实汛前(或汛后)检修评级工作。在汛前一定时期,应对挡水坝、泄洪设施等水工建筑物按《水电厂水工建筑物评级标准》进行一次详细检查和评级,对建筑物存在的抗洪度汛缺陷应及时维修处理,并要进行泄洪试运行。在坝上游和下游显著醒目位置标志出水库特性水位(校核洪水位、设计洪水位、正常蓄水位、防洪限制水位、死水位),在坝下游适当位置，也应标志出下游河道校核洪水位、设计洪水位、正常尾水位、最低尾水位等。对水库上下游进行检查。对库区坍岸、滑坡、下游河道设障阻水情况应进行记载，并提出处理方案措施，报请上级批准。

(4)加强汛期巡视检查和观测。汛前应对观测设施进行全面检查和调试，确保汛期观测的可靠性、稳定性和准确性。在汛期，特别在遇到大洪水，高蓄水位，库水位暴涨暴落大暴雨、地震等情况时应按照防汛工作制度和岗位责任制，加强防汛值班和巡视检查，对重要部位、安全薄弱环节进行全时空检视，对发现的异常问题应及时上报情况。

(5)严格执行安全泄洪调度方案。防汛方案是水电厂安全度汛的前提条件和重要保证。调度泄洪工作应由厂长负责指挥，总工程师亲自安排，由闸门操作定岗人员按操作规程操控，掌握泄洪设施(闸阀)的开启程序和开启度的变化过程，防止严重冲刷危及大坝及其他水工建筑物的安全，泄洪时应尽量避免水库对附近电气设备绝缘的影响。

(6)加强水文预报工作。

思考题

1.水库有哪些类型？水库的作用有哪些？

2.水库蓄水之后对环境有哪些影响？环境状况对水库的功能和寿命有何影响？

3.水库管理的工作内容包括哪些？

4.水库调度包括哪几个方面？对水库调度工作有何要求？

5.水库控制运用指标有哪些？这些指标在水库控制运用中有何意义和作用？

6.水库兴利控制运用的目的是什么？

7.什么是兴利调度图？

8.年调节兴利调度图包括哪些内容？各有何意义？

9.各年调节水库兴利调度图与年调节水库兴利调度图有何异同？

10.什么是防洪控制运用？年度防洪控制运用计划编制中应主要做哪些工作？

11.什么是防洪调度方式？包含哪几种调度方式？

12.在确定防洪限制水位时应考虑哪些因素？

13.防洪限制水位的确定方法有哪些？

14.防洪调度图包括哪些内容？

15.什么是异重流？

16.水库淤积防治的措施有哪些？

17.水电站建筑物具有哪些特点？

18.水电站建筑物维护和管理的任务有哪些？

项目五 水利工程管理相关标准与法规

任务一 理解水库调度规程编制导则

一、总则

(一)编制水库调度规程的目的、意义

水库调度作为水库控制运用的重要非工程措施之一，在保证防洪安全,增加洪水资源可利用量,充分发挥水库灌溉、发电、航运等兴利综合效益等方面发挥了重要的作用。为保障水库大坝安全,促进水库综合效益发挥,规范水库调度规程编制,依据《中华人民共和国水法》《中华人民共和国防洪法》《水库大坝安全管理条例》等法律法规,编制本导则。

开展水库调度规程编制导则编制工作，对于提高我国水库大坝安全管理水平、保障水库大坝安全、满足社会日益增长的水资源的需求、建立生态健康的河流流域环境等均具有重大的现实意义。

(二)水库调度规程适用范围

本导则适用于已建大中型水库、坝高 15 m 以上或总库容 100 万 m^3 以上小型水库调度规程的编制,其他小型水库参照执行。

(三)水库调度规程编制依据

编制水库调度规程应以初步设计确定的任务、原则、参数、指标为依据。当水库调度任务、运行条件、调度方式、工程安全状况等发生重大变化,需要对水库调度规程进行修订时,应进行专题论证,并报原审批部门审查批准。特定条件下,或情况特殊的水库,应根据水库实际运用情况和工程安全运用条件,分析确定调度条件和依据,经原规划设计审批单位和有关防汛指挥部门审定后使用。

(四)水库调度规程编制原则

(1)水库调度应坚持“安全第一、统筹兼顾”的原则,在保证水库工程安全、服从防洪总体安排的前提下,协调防洪、兴利等任务及社会经济各用水部门的关系,发挥水库的综合利用效益。要兼顾梯级调度和水库群调度运用的要求。

(2)编制水库调度规程应收集与水库调度有关的自然地理、水文气象、社会经济、工程情况及各部门对水库调度的要求等基本资料,并对收集的资料进行可靠性分析和合理性检查。

(3)水库调度应采用成熟可靠的技术和手段,研究优化调度方案,提高水库调度的科学技术水平。

(4)编制水库调度规程,除应遵循本导则要求外,还应遵循国家现行有关法律法规、

规章标准的要求。

(五)水库调度规程编制单位及责任单位

(1)水库调度规程应按“责权对等”原则明确水库调度单位、水库主管部门和运行管理单位及其相应责任与权限。

(2)水库调度规程由水库主管部门和水库运行管理单位组织编制。水库主管部门和水库运行管理单位应委托有相应规划设计资质的单位编制。

(六)水库调度规程审查流程

水库调度规程按管辖权限由县级以上水行政主管部门审批。调度运用涉及两个或两个以上行政区域的水库,应由上一级水行政主管部门或流域机构审批。水库汛期调度运用计划由有调度权限的防汛抗旱指挥部门审批。

二、调度条件与依据

(一)水工建筑物及金属结构安全运用条件

(1)明确水库各水工建筑物的安全运用条件。

(2)明确水库各金属结构设备的安全运用条件。

(3)明确水库调度过程中的工程安全监测与巡视检查要求。

(二)水库运用参数及主要指标

(1)明确水库的特征指标,包括正常蓄水位、汛期限制水位、防洪高水位、设计洪水位、校核洪水位、死水位等特征水位,以及总库容、兴利库容、防洪库容、调洪库容、死库容等特征库容。

(2)明确用于水库调度的参数,包括防洪标准及安全泄量、供水量与供水保证率、灌溉面积与灌溉保证率、装机容量与保证出力、通航标准、防凌运用水位、生态基流或最小下泄流量等。

(3)确定与水库调度运用相关的库容曲线、泄流能力及泄流曲线、下游水位流量关系曲线、电站水轮机出力限制线、入库水沙、冰情等基本资料。基本资料可作为规程附件。

(三)水文气象情报与预报

(1)明确水文气象情报与预报的方式与要求。应充分利用水库和水文气象部门已有的水文气象站网,开展短、中、长期水文气象情报与预报工作。

(2)根据相关技术标准要求,明确水文气象情报资料和预报的精度。

三、防洪与防凌调度

(一)调度任务与原则

(1)明确水库防洪与防凌调度的任务。根据设计确定或上级主管部门核定的水库防洪标准和下游防护对象的防洪标准、防洪调度方案及各特征水位对入库洪水进行调蓄,保障大坝和下游防洪安全。如遇超标准洪水,应首先保障大坝安全,并尽量减轻下游的洪水灾害。

对存在冰情危害的水库,通过调度减少或免除冰情对大坝及附属建筑物安全的不利影响。有上游凌汛影响的水库,应防备凌汛或冰坝溃决洪水的影响;下游存在凌汛问题的水库,应通过防凌调度减轻或避免下游河道或水库的凌汛危害。

(2)水库防洪调度服从有调度权限的防汛抗旱指挥部门调度,并严格执行经批准的所在流域或区域防洪规划和洪水调度方案要求;流域或区域防洪规划和洪水调度方案没有明确要求时,应在确保大坝安全和防洪安全条件下,经充分论证,提出合理的洪水调度方案。

(3)防洪与防凌调度方式应安全可靠、简明易行,并明确提出控制断面、补偿调度、保坝调度的水位或流量等判别条件。

(二)防洪调度方式

(1)根据流域洪水特性、水库防洪运用标准、水库下游保护对象的防洪要求、上游洪水及与下游区间洪水的遭遇组合特性等情况,结合水库综合利用要求,明确不同频率洪水的防洪调度方式、判别条件和调度权限。

(2)对超标准洪水,应根据批准的超标准洪水防御方案,明确超标准洪水的判别条件、运用方式、调度权限、调度令下达及执行程序等。

(3)当流域暴雨洪水在汛期内具有明显季节性变化规律时,在保证水库防洪安全和满足下游防洪要求前提下,可实行分期防洪调度。

分期防洪调度,应根据初步设计确定的分期防洪调度方案,明确不同分期的防洪库容及汛期限制水位;当初步设计没有分期,而根据新情况需要实行分期防洪调度时,可根据水库运用情况和水雨情监测预报条件,经过专题论证和原审批部门审查批准后方可采用分期防洪调度。

(4)当水库具备水雨情监测预报系统,拦洪、泄洪建筑物完善时,可依据经主管部门审定的洪水预报方案,制订水库洪水调度方案。

洪水预报调度,应根据水库上下游的具体情况和防洪需要,明确采用预泄调度、补偿调度、错锋调度等方式的判别条件。

(三)防凌调度方式

(1)有上游凌汛影响的水库,应明确减缓上游冰塞、冰坝的形成和发展,降低水库冰位、缩短水库冰位上延距离的调度方式。冰凌开河时,降低水库水位泄水排冰,并防止排冰对大坝工程的破坏。

(2)下游存在凌汛问题的水库,水库本身有冰情时,应在确保大坝安全的前提下,提出防凌和排冰调度方式;水库本身无冰情时,应提出配合下游防凌调度运用,抬高下游河道封冻冰盖的调度方式。

(3)梯级水库的联合防凌调度,应明确联合防凌调度的任务和要求,在冰凌开河时上、下水库应进行联合排冰调度,上水库的防凌调度和综合利用调度要为下水库的防凌安全调度创造有利条件。

四、供水调度

(一)调度任务与原则

(1)以初步设计供水任务为基础,考虑经济社会发展,保障流域或区域生活生产供水和河道内生态用水的基本需求,明确供水调度任务。

(2)结合水资源状况和水库调节性能,明确城镇和农村供水、工业供水、河道内生态用水、灌溉供水等不同供水任务的次序,以及供水任务之间的协调、裁决方式。

(3)有效、节约利用水资源,发生供水矛盾时,优先保障生活用水。

(二)调度方式

(1)在满足供水设计保证率和设计引水流量要求下,明确取水水位和用水量。

(2)以供水为主要任务的水库,应首先满足供水对象的用水要求。当水库承担多目标供水任务时,应明确各供水对象的用水权益、供水顺序、供水过程及供水量。

(3)兼顾供水任务的水库,且水库具有年调节及以上性能时,应绘制供水调度图,明确各供水对象供水变化的判别条件。

(4)应明确特殊干旱年的应急供水方案和相应的调度原则和方式,当供水不能满足要求时,应尽量减小破坏深度。承担生活供水和重要供水目标供水的水库,可设置干旱预警水位,预留抗旱应急备用水量。

(5)根据初步设计确定的河流生态保护目标和生态需水流量,拟定满足生态要求的调度方式及相应控制条件。

(6)水库供水调度遇干旱等特殊供水需求时,应服从有调度权限的防汛抗旱指挥部门的调度,并严格执行经批准的所在流域或区域抗旱规划和供水调度方案要求。

五、发电、航运和泥沙调度

(一)发电调度

(1)明确发电调度的任务与原则,以及发电调度与防洪、供水等其他调度的关系。

(2)根据水库调节性能、入库径流、电站在电力系统中的地位和作用,合理控制水位和调配水量,结合电力系统运行要求,协调与其他用水部门及上下游水电站的联合运行关系,合理确定调度方式。

(3)水轮机应按照运行特性曲线选择较好的运行工况运行。

(4)年调节和多年调节电站的调度应根据蓄水及来水情况,采用保证出力、加大出力、机组预想出力、降低出力等不同运行方式,并绘制发电调度图,按调度图进行调度。

(5)小水电的发电调度应执行水行政主管部门审定的调度指标,根据入网条件确定合理的调度方式。

(二)航运调度

(1)明确航运调度的任务与原则,在保证枢纽工程安全和其他防护对象安全的基础上,按设计要求发挥水库上下游水域的航运效益。

(2)以航运为主要任务的水库,应根据航道水深、水位变幅或流速的要求,确定相应的调度方式;兼顾航运任务的水库,在满足主要调度任务的情况下,确定相应的航运调度方式。

(3)有船闸、升船机等过坝通航建筑物的水库,应确定过坝航运调度方式,明确洪水期为保障大坝和通航安全,对航道和过坝设施采取限航或停航的有关规定。

(三)泥沙调度

(1)明确泥沙调度的任务与原则,在保证防洪安全和兴利调度的前提下,减少水库的泥沙淤积和下游河道的淤堵。

（2）多沙河流水库宜合理拦沙，以排为主，排拦结合；少沙河流水库应合理排沙，拦排结合。泥沙调度应以主汛期和沙峰期为主，结合防洪及其他调度合理排拦泥沙。

（3）明确为减少库区淤积而设置的排沙水位及其控制条件，或为减少下游河道淤积而设置的调水调沙库容及其判别条件。

（4）明确泥沙淤积监测方案，对泥沙淤积情况进行评估，为优化泥沙调度方式提供依据。

六、综合利用调度

（1）按初步设计确定的水库开发任务，明确水库综合利用调度目标；对设计文件不完整的水库，按实际运行和利用需求分析论证，确定水库综合利用调度目标。按任务主次关系及对水量、水位和用水时间的要求，合理分配库容和调配水量。

（2）正常来水或丰水年份，在确保大坝安全的前提下，按照水库调度任务的主次关系及不同特点，合理调配水量。

（3）枯水年份，按照区分主次、保证重点、兼顾其他、减少损失、公益优先的原则进行调度，重点保证生活用水需求，兼顾其他生产或经营需求，降低因供水减少而造成的损失。

（4）综合利用调度应统筹各目标任务主次关系，优化水资源配置，按“保障安全、提高效益，减小损失”的原则确定各目标任务相应的调度方式。

（5）梯级水库或水库群调度应利用其调蓄能力，在对区域内的水雨情和径流规律、各水库开发任务和调度条件进行分析论证的基础上，确定合理的蓄泄次序及相应的调度方式。

（6）初步设计没有确定河流生态保护目标和生态需水流量的水库，结合相关调度任务，兼顾生态用水调度，服从流域生态调水安排。

七、水库调度管理

（1）水库调度单位负责组织制订水库调度运用计划、下达水库调度指令、组织实施应急调度等，并收集掌握流域水雨情、水库工程情况、供水区用水需求等情报资料。

（2）水库主管部门和运行管理单位负责执行水库调度指令，建立调度值班、巡视检查与安全监测、水情测报、运行维护等制度，做好水库调度信息通报和调度值班记录。

（3）水库调度各方应严格按照水库调度规程进行水库调度运用，建立有效的信息沟通和调度磋商机制；编制年度调度总结并报上级主管部门；妥善保管水库调度运行有关资料并归档。

（4）按水库大坝安全管理应急预案及防汛抢险应急预案等要求，明确应对大坝安全、防汛抢险、抗旱、突发水污染等突发事件的应急调度方案和调度方式。

（5）被鉴定为“三类坝”的病险水库或水库存在严重工程险情时，应复核水库的各特征水位和泄洪设施安全泄量等调度指标是否满足安全运用要求，及时调整水库调度运用方案，并按规定履行报批手续。

任务二　掌握水库大坝安全管理应急预案编制导则

我国现有8万多座水库中,病险水库总数超过3万座,约占全国水库总数的40%。这些病险水库不仅不能正常发挥工程效益,而且成为安全度汛的薄弱环节和心腹之患,严重影响下游生命财产、基础设施和生态与环境的安全,制约当地经济社会的可持续发展。尽管自1999年中央投入了200多亿对1 500多座病险水库大坝进行了除险加固,但对于高达3万多这个庞大的总数而言,要在短期内通过工程措施加固使所有病险水库大坝除险摘帽是不可能的。进入21世纪,水库大坝安全问题已不仅仅是各级政府、水行政主管部门和水库管理单位关心的工程安全问题,而且成为公众关注的公共安全热点问题。如何控制这些病险水库存在的高风险,从根本上提高我国大坝安全管理水平,充分发挥水库作为经济社会发展最重要基础设施的功能,已成为当前迫切需要解决的重大问题。

一、水库大坝安全管理应急预案编制导则介绍

(一)发展现状

20世纪,我国水库大坝安全管理并无完善的应急预案,仅有指导性的管理条例与规程。现今,我国政府不仅重视大坝本身的安全,还开始重视大坝建成后的安全管理工作及大坝溃决的损失评估,开始深入开展应急预案研究。2006年3月,国家防汛抗旱总指挥部办公室在遵循《国家有关部门和单位制定和修订突发公共事件应急预案框架指南》(2004年,国务院办公厅)和《国家突发公共事件总体应急预案》(2006年,国务院)的基本原则基础上颁布了《水库防汛抢险应急预案编制大纲》,同年6月,国家安全生产监督管理总局发布了《生产经营单位生产安全事故应急预案编制导则》;2007年1月,水利部召开了《大坝安全应急管理标准体系研究》工作大纲讨论会,同年5月颁发了《水库大坝安全管理应急预案编制导则(试行)》(以下简称导则),与此同时颁布了一系列的水利水电方面的应急预案。

(二)依据和主要内容

导则以《中华人民共和国水法》《中华人民共和国防洪法》《水库大坝安全管理条例》《中华人民共和国防汛条例》《国家突发公共事件总体应急预案》等法律、法规为依据,参考《水库防汛抢险应急预案编制大纲》编制而成。

导则主要内容由以下8个部分组成:

(1)前言。规定预案的编制目的、编制依据、适用范围、工作原则和突发事件分类分级。

(2)水库大坝概况。介绍流域和社会经济概况、工程和水文概况、水情和工情监测系统概况、历次病险症状及处置情况、发生过的危及大坝安全的工程病险及处理等。

(3)突发事件分析。包括工程安全现状分析、可能突发事件分析、突发事件的可能后果分析、突发溃坝事件后果分析、突发水污染等事件后果分析、可能突发事件排序。

(4)应急组织体系。包括应急组织体系框图、政府、水行政主管部门、水库主管部门或业主、水库管理单位、应急指挥机构、专家组、抢险队伍等。

(5)预案运行机制。包括预测与预警、预案启动、应急处置、应急结束、善后处理、调查与评估、信息发布。

(6)应急保障。包括应急队伍、应急费用、应急物资、紧急救援等。

(7)宣传、培训与演练(习)。

(8)附表附图。

本导则适用于大、中型和坝高超过 15 m 的小型水库预案的编制,其他水库参照执行。

二、水库大坝安全管理应急预案概述

(一)基本含义

应急预案(Emergency Preparedness Plan,简称为 EPP),亦称应急行动计划(Emergency Action Plan,简称为 EAP),也就是我们通常所说的应急行动计划,是针对水库大坝中发生的自然事件和工程事故等灾难性事件所制订的应对办法或应对方案,当不利的自然事件或人为事故发生时,水库大坝能够通过及时实施水库大坝安全管理应急预案,最大限度地保护大坝下游、减少洪灾损失,发挥减灾救援的预防作用。大坝安全管理应急预案是在水库大坝发生突发安全事件时避免或减少损失的预先制订的方案,是提高水库管理单位及其主管部门应对突发事件能力,降低水库风险的重要非工程措施,内容一般包括前言、水库大坝概况、突发事件分析、应急组织体系、预案运行机制、应急保障、宣传、培训、演练(习)、附录等。

(二)存在问题

具体而言,水库大坝安全管理中存在的问题主要表现在以下几个方面:

首先,病险水库存在诸多安全隐患。受各种历史因素、客观因素的影响,我国存在大量的病险水库,其均不同程度地存在一些安全隐患。比如水库大坝出现裂缝、闸墩处开裂等会导致水库发生渗漏问题;而一些水库闸门由于年久失修存在严重的锈蚀现象,也会影响到大坝的安全。此外,一些小型水库大坝服务年限过久,坝体经过长年库水的冲刷、侵蚀作用导致严重的土质流失,不仅会降低水库库容,而且会影响坝体的稳定性与抗洪等级。此外,一些水库由于建设年代久远,其在修建过程中采用的建设标准低,为其后续的安全运行埋下隐患。

其次,工程管理水平有待提升。水库大坝工程管理水平低主要体现在两个方面:一方面,缺乏专业的管理人才。水库工程多位于环境偏僻之地,无论是工作条件还是生活条件均远远落后于正常水平,因此水库管理单位的管理人才多由当地农村招聘,不仅文化程度低,而且缺乏专业知识,在水库大坝出现问题时无法做出准确判断。另一方面,水库大坝管理经济基础差,经费欠缺,很多水库大坝长期处于带病及限制运行状态,甚至一些水库从未进行过系统的维修、养护,仅在出现严重险情时才进行应急处理,无法根除隐患。

最后,缺乏科学、规范的水库大坝风险预警管理体系。目前很多水库大坝还缺乏一个可靠的风险评估体系,缺少必要的应急预案编制,在应急准备、应急响应、应急处置等环节应急措施安排不到位。由于水库大坝预警系统的不完备,因此如何在水库大坝安全管理中应用科学、有效的预警管理手段,设定合适的应急要求则成为目前我国水库大坝安全管理中一个重要课题。

水库大坝是人们开发和利用水资源的重要途径，然而水库大坝同样是一个潜在的危险源，因此加强大坝性态及其变化信息的检测、降低大坝风险成为水库大坝安全管理工作者关心的首要问题。水库大坝安全管理应急预案的制定与实施，通过能够连续不断的监测，评估大坝所经受的内外作用和效应参数，加强安全检查、补强加固、安全监测等，在出现安全问题时，能及时甚至提前报警，为人员疏散和财产转移争取时间，有助于减少大坝失事或洪水所带来的外部危险，降低下游的生产财产损失。

（三）编制原则

（1）贯彻“以人为本”原则，体现风险管理理念，尽可能避免或减少损失，特别是生命损失，保障公共安全。

（2）按照“分级负责”原则，实行分级管理，明确职责与责任追究制。

（3）强调“预防为主”原则，通过对水库大坝可能突发事件的深入分析，事先制定减少和应对突发公共事件发生的对策。

（4）突出“可操作性”原则，预案以文字和图表形式表达，形成书面文件。

（5）力求“协调一致”原则，预案应和本地区、本部门其他相关预案相协调。

（6）实行“动态管理”原则，预案应根据实际情况变化适时修订，不断补充完善。

三、应急预案编制的关键技术

从《水库大坝安全管理应急预案编制导则（试行）》规定的应急预案内容来看，水库大坝突发事件应急预案编制是一项综合性很强的工作，需要不少关键技术作支撑，主要包括：①应急调度技术；②突发事件预测和预警技术；③溃坝洪水分析技术；④突发事件后果评价技术；⑤突发事件应急措施及预案组织体系、运行机制和保障体系；⑥应急预案的可行性、有效性评价技术。目前，这些关键技术还不够成熟，有待于进一步深入研究并取得突破。

（一）应急调度技术

应急调度包括应急泄洪程序的启动、确保大坝安全的水位控制方案的确定与实施、泄洪过程中的具体调度措施和确保工程周边地区综合安全等各个方面，整个过程中存在许多不确定性因素和技术问题，涉及水文学、水力学、工程结构、工程管理等多学科的理论和知识，是一个高度集成的技术过程，是水库大坝失事时减少人员伤亡和财产损失，以及保障社会、人民安全的补救手段。应急调度技术研究应对水库应急调度模式及优化技术、水库群联合应急调度模式、水库大坝突发事件应急调度决策支持技术和应急调度决策支持系统开发等方面进行深入的研究，为政府、水行政主管部门和水库管理单位在水库大坝遭遇突发事件时提供决策支撑。

（二）突发事件预测和预警技术

实践证明，提前对突发事件进行预测并及时发出警报，以便有足够的时间组织下游公众进行转移，是降低甚至避免人员伤亡的控制性条件。

1.水库大坝突发事件分类

水库大坝突发事件是指突然发生的，可能造成重大生命、经济损失和严重社会环境危害，危及公共安全的紧急事件，一般包括：

(1)自然灾害类。如超设防标准的地震导致大坝出现裂缝、基础破坏等危及大坝安全的险情;山体滑坡、泥石流等地质灾害导致水库水位严重壅高或堵塞溢洪道等危及大坝安全的险情;以及库区出现漂船、漂木等难以通过泄洪道(孔)的漂移物体,以及危险物品可能危及大坝安全的险情等。

(2)事故灾难类。如因大坝质量问题而导致的滑坡、裂缝、渗流破坏而导致的溃坝或重大险情;工程运行调度、工程建设中的事故及管理不当等导致的溃坝或重大险情;影响生产生活、生态环境的水库水污染事件等。

(3)社会安全事件类。如战争或恐怖袭击等可能给大坝造成毁灭性的影响,以及爆炸等人为破坏危及大坝安全的事件等。

(4)其他水库大坝突发事件。

2.大坝安全状况分析

依据《水库大坝安全鉴定办法》,大坝实行定期安全鉴定制度,首次安全鉴定应在竣工验收后5年内进行,以后应每隔6~10年进行一次。运行中遭遇特大洪水、强烈地震、工程发生重大事故或出现影响安全的异常现象后,应组织专门的安全鉴定。

大坝安全状况分为三类,分类标准如下:

一类坝:实际抗御洪水标准达到《防洪标准》(GB 50201—2014)规定,大坝工作状态正常;工程无重大质量问题,能按设计正常运行的大坝。

二类坝:实际抗御洪水标准不低于部颁水利枢纽工程除险加固近期非常运用洪水标准,但达不到《防洪标准》(GB 50201—2014)规定,大坝工作状态基本正常,在一定控制运用条件下能安全运行的大坝。

三类坝:实际抗御洪水标准低于部颁水利枢纽工程除险加固近期非常运用洪水标准,或者工程存在较严重安全隐患,不能按设计正常运行的大坝。

对大坝进行安全状况分析时,根据最近一次大坝安全鉴定结论,总结大坝存在的主要工程隐患;如果鉴定意见为"三类坝",应说明除险加固方案和加固质量情况,竣工验收结论,大坝目前仍存在的工程隐患;对尚未完成大坝安全鉴定工作的水库,可以通过专家现场检查等方式,结合实际运行情况,总结存在的主要问题和工程隐患。

3.水库大坝安全事故预警分级

水库大坝突发事件按生命损失、社会环境影响和经济损失的严重程度分为四级:Ⅰ级(特别重大)、Ⅱ级(重大)、Ⅲ级(较大),以及Ⅳ级(一般)。按生命损失和社会环境影响分级标准分别见表5-1和表5-2;按经济损失分级标准各地可根据当地经济社会发展水平确定。

表5-1 按生命损失分级标准

事件严重性(级别)	特别重大(Ⅰ级)	重大(Ⅱ级)	较大(Ⅲ级)	一般(Ⅳ级)
生命损失 L(人)	$L \geqslant 50$	$50 > L \geqslant 10$	$10 > L \geqslant 3$	$L < 3$

表 5-2 按社会环境影响分级标准

社会环境类别	事件严重性(级别)			
	特别重大(Ⅰ级)	重大(Ⅱ级)	较大(Ⅲ级)	一般(Ⅳ级)
风险人口(人)	$>10^6$	$10^4 \sim 10^6$	$10^2 \sim 10^4$	$<10^2$
城镇	首都、省会、直辖市	地、县级市府或城区	乡镇政府所在地	乡村和散户
重要设施	国家重要交通、输电、油气干线及厂矿企业和军事设施	省级重要交通、输电、油气干线及厂矿企业	市级重要交通、输电、油气干线及厂矿企业	一般性
文物古迹艺术珍品	世界级文化遗产和艺术珍品	国家级重点文物保护古迹、艺术珍品	省市级重点保护文物古迹、艺术珍品	县级文物古迹、艺术珍品
河道形态	大江大河改道	一般河流改道、大江大河遭受严重破坏	一般河流遭受严重破坏、大江大河遭受一般性破坏	一般河流遭受一定破坏
生物及生长栖息地	世界级濒临灭绝动植物及其栖息地丧失	稀有动植物及其栖息地丧失	较珍贵动植物及其栖息地丧失	有一定价值的动植物及其栖息地丧失
人文景观	世界级人文景观遭破坏	国家级人文景观遭破坏	省级人文景观遭破坏	自然景观遭轻微破坏
工业污染	剧毒化工厂、核电站、核储库	大规模化工厂、农药厂和污染源	较大规模化工厂、农药厂和污染源	一般性化工厂、农药厂和污染源

(三)溃坝洪水分析技术

溃坝洪水分析技术可以说是大坝突发事件应急预案中最为重要的一项关键技术,在应急预案中具有举足轻重的作用。水库大坝突发事件众多,作为水库大坝最为严重的突发事件,溃坝所造成的生命损失、经济损失及社会与环境影响也最为严重,因此应当对溃坝洪水展开深入的分析研究,这些研究主要包括溃坝机制研究、溃坝模式研究、溃口洪水数值模拟研究、溃坝洪水演进数值模拟研究、基于先进技术如 GIS 技术的溃坝洪水淹没范围精确确定研究、操作性极强的溃坝洪水风险图研究,以及风险人口的有效撤离路线研究等。由于我国水库大坝数量众多,坝型多样,大坝下游地形较为复杂,人口密集,居民居住环境和建筑物具有我国独有的一些特点,因此深入研究切合实际的溃坝洪水分析技术具有极为重要的意义。

(四)突发事件后果评价技术

突发事件后果评价是指通过对大坝工程现状安全分析,对突发事件可能性进行排序,确定相对来说较为可能发生的一些突发事件,针对突发事件可能产生的后果(包括生命损失、经济损失以及社会与环境影响)进行预测评价。突发事件后果评价可为政府、水行政主管部门和水库大坝管理单位提供需要重点预测和预警的突发事件。突发事件后果评价技术研究主要包括生命损失评价技术研究、经济损失评价技术研究、社会与环境评价技术研究以及基于生命损失、经济损失和社会与环境影响的突发事件后果综合评价技术研究等。由于溃坝后果最为严重,因此应当对溃坝后果评价技术进行重点研究。

(五)突发事件应急措施及预案组织体系、运行机制和保障体系

应急预案的有效运转是建立在强有力的突发事件应急措施及预案组织体系、运行机制和保障体系的基础上的,因此针对可能发生的突发事件及其后果,研究如何制订包括应急调度、应急抢险、人员应急转移(特别是对于老弱病残特殊人群的应急转移)等措施;研究如何制订应急预案编制、审查、批准、启动、实施、结束整个过程的组织体系框图,明确各级政府、水行政主管部门、防汛指挥机构、水库管理单位、专家组、抢险队伍、公众、溃坝影响范围内的工矿企事业单位在组织体系框图中的职责分工以及在突发事件中的互动关系;研究如何制订预案运行机制,确保预案的高效运行,包括突发事件预测预警、预案启动条件和程序、应急处置、应急结束条件和程序、善后处理、信息发布等环节;研究如何建立预案实施的应急保障体系,包括应急队伍、应急费用、应急物资、紧急救援、生活、医疗、卫生防疫、交通运输、治安、通信等方面内容。

水库大坝安全管理应急预案中的应急具体措施一般可划分为以下两类:

(1)内部应急措施。侧重于每座大坝的安全措施和手段,其内容包括突发事件的确定和估计,应明确在发生突发事件时降低库水位的方法,如溢洪道、泄水孔的开启规则和步骤等,减少进出水库流量的方法,通知程序和流程,通信系统,交通计划,无电力情况下的对应措施,物资贮备,报警与疏散撤离系统。

(2)外部应急措施。侧重于每座大坝下游的保护措施和救治手段,其内容包括明确下游流域重要的特征,进行溃坝洪水分析研究,利用 GIS、遥感(RS)技术对下游地区进行淹没范围分析,设立整个流域的预警和疏散系统,明确安全责任及作用,救急物资的数量、位置、性能及分发、领用的程序,保护区及交通道路,确定突发事件时可使用的通信、运输系统等。

(六)应急预案的可行性、有效性评价技术

编制水库大坝突发事件应急预案的目的是避免突发事件(特别是溃坝事件)造成严重的后果,能保证将突发事件所造成的损失特别是生命损失降低到最低程度。但应急预案编制中存在着大量不确定性因素,应急预案如何有效运作需要深入研究。以溃坝事件为例,溃坝模式直接决定了溃坝洪水的危害性和严重性,而不同原因导致的溃坝模式则有很大差异;另外,大坝溃决如何发生发展,溃坝洪水如何演进,灾害警报何时发布、如何发布,如何撤离逃生和救援。应急预案的可行性、有效性受到众多影响因素的制约,检验这些因素的影响程度将非常困难,特别是对于溃坝事件,更加不可能用实际溃坝事件发生情况来加以检验。因此,应研究在实验室条件下、通过计算机仿真模拟、通过现场一些重要节点(环节)的实际演习来检验应急预案的可行性、有效性,在真正遭遇突发事件时,确保应急预案的有效运作,将突发事件的损失特别是生命损失降低到最低程度,实现提高溃坝灾害防控能力的目标。

由于应急预案涉及众多的部门和人员，如何检验应急预案中决策信息传递的速度、不同部门与单位间的协调性、各应急单位及参与群体的应急反应时间、应急反应设备器材的完备性、应急资源紧急调度的速度、总体效果等一系列关键环节，均需要研究提出相应有效的检验手段、方法和评价指标。

四、应急预案编制过程中的重要问题

导则具有指导和规范作用，但对于如何具体地编制和执行一份完善的应急预案，并无详细的说明，需要重视导则本身未解决的技术性问题以及导则之外的问题。

(一)管理问题

从水库安全管理的角度来说，存在以下两方面的问题。

1.管理理念问题

不少水库管理单位对大坝安全管理的理念还停留在重视工程管理的地步，而忽视大坝风险评估。对水库大坝存在的危险及威胁认识不够，在没有政府主管部门强制性规定下，未编制应急预案。大多数水库(特别是中小型水库)没有完善的应急预案，即使在大型或重要的中型水库推广也具有相当大的难度。向主管部门和管理单位宣传贯彻自觉、主动编制应急预案的重要性将是一项很紧迫的任务。

2.管理人员操作问题

水库主管单位和业主对应急预案的操作不够熟练，缺乏经验，未曾实际或虚拟演习过，修订与更新不及时。因此，在管理方面还应当加强应急预案的宣传贯彻和培训工作，培养一批具有对应急预案熟悉并具有实际操作经验的管理人员，切实提高大坝安全管理水平。

(二)技术问题

导则是一般性的指导性规范，在技术上编制和操作编制应急预案依然存在以下一些问题。

1.编制问题

技术上最大的难点是突发事件分析中溃坝后果分析技术，这涉及溃坝洪水研究、溃坝洪水风险淹没图制定、溃坝后果评估等问题。溃坝洪水研究包括溃坝模式和溃坝过程、溃坝洪水传播过程研究，目前模拟或分析溃坝洪水的各种模型和软件总体上来说还略显粗糙，一维模型和软件较多，二维、三维的模型和软件还不够完善。制定溃坝洪水风险淹没图目前所应用的原始图纸比例一般为 1∶10 000，缺乏精准的 GIS 电子地图，对溃坝洪水分析计算影响较大，不能获得淹没范围内洪水的精确信息。溃坝后果包括生命损失、经济损失和社会环境损失，其评估的精确程度则直接受制于淹没图。因此，深入研究和开发一套先进的、完善的、适用的溃坝后果分析技术对更好地编制应急预案将具有极其重要的意义。

2.操作问题

我国不少水库大坝管理人员缺乏对应急预案的实际操作经验。应急预案作为保障水库大坝安全体系的重要组成部分，不仅是作为指导大坝突发事件抢险的书面文件，而且应当在实际操作中具有较好的可行性、适用性。因此，为了管理人员达到熟练掌握操作应急预案的水平，应当加强对他们进行专业的培训，并注重对下游居民进行深入的宣传。

（三）经费问题

水利部管辖的众多公益性水库普遍效益较低，特别是中小型水库经济收益很少，管理经费缺乏。在无政府主管部门拨出的专项管理资金情况下，编制应急预案有心无力。因此，应当努力探讨一套适合我国水库大坝安全管理现状的编制经费筹措政策和方法，切实落实好经费来源问题，确保编制应急预案必需的资金，将具有极其重要的意义。

任务三　了解水利水电工程管理法规制度建设现状

一、水利水电工程管理法规制度建设的意义

管理制度是指为实现管理目标而制定的人们在生产技术经济等活动中应遵守的行为准则。

管理制度是对生产技术、经济规律的反映，是这一规律的纲领性的体现。制定管理法规制度主要就是为规范和约束人们在管理活动中的行为与做法，防止违反科学规律的随意性的行为发生，以求更好地实现管理目标。如果没有科学的严密的管理制度，势必造成职责不清，秩序混乱，现代大生产就无法正常进行，也就无法实现管理目标，所以管理制度是实现管理规范化、标准化的必然要求，是实现管理目标必不可少的最为有效的条件。

没有规矩不能成方圆，水利工程同样如此。水利工程管理工作要现代化地跨越发展，建立健全各种管理制度是一个重要环节和保障，在工程历史上，工程管理制度建设在不同工程、不同阶段曾经发挥了很大作用，因此在今后的工作管理中，按照水利工程管理体制改革与管理科学技术的发展要求，积极探索研究，修订相关的水利管理规章制度，使水管单位对工程的管理维护有法可依，有章可循，这是非常必要的，也是工程管理进一步迈向规范化运行的必然步骤。所以，在工程管理中，必须加强各项管理制度的建设。

二、我国水利水电工程管理的法规制度

水利水电工程构成复杂，涉及范围广，随着自然和社会等多方面的因素影响，工程安全运行不但涉及工程本身效益的发挥，而且涉及社会一定范围的人民生命与财产安全，所以对工程的维护管理不但是管理单位的责任和义务，同时也是全社会的义务。作为管理单位的管理工作，应以工程为核心，不但要做好自身的管理，也要进行社会方面的管理，因此工程管理涉及宏观性和微观性两个方面的管理。

我国在长期的管理生产实践中相继制定了一系列工程管理的法规制度，其中有对工程起保护作用以满足工程宏观管理的法律法规，有对工程专业操作或运行作业程序进行规范以满足微观管理需要的各种管理制度等，这些法规和制度构成了我国水利工程管理的法规制度体系。

（一）工程管理的法律制度

工程管理的法律制度是国家立法机关通过立法方式颁发的一类管理制度，具有法律效力和强制力，其特征是有明确的法律责任。与工程管理有关的主要法律有《中华人民

共和国水法》(简称《水法》)、《中华人民共和国防洪法》(简称《防洪法》)、《中华人民共和国水土保持法》和《中华人民共和国水污染防治法》。

(二)工程管理的法规(规章)制度

工程管理的法规规章是国家国务院或省市人民政府水行政管理部门,以行政法规的方式颁发的一类工程管理制度,一般都是针对某一特定的工程对象或工作而制定的办法、条例等。如《中华人民共和国河道管理条例》《水库大坝安全管理条例》《水库大坝注册登记办法》《水库大坝安全鉴定办法》《综合利用水库调度通则》《灌排泵站设备管理办法》。

(三)工程管理技术规程

工程管理技术规程是针对某一建筑构成或某一类设备的运行,根据其运行规律和技术安全标准要求制定的各环节的操作或工作程序和方法的总体规定。如泵站运行管理规程就包含运行管理制度、设备运行的开停操作制度、变配电设备的操作规定,运行事故处理制度等组成。其他如水库调度规程、水工建筑物检查观测规程、养护维修规程、闸门启闭操作规程、机电设备操作维修和安全技术规程、安全工作规程、检修规程等。

工程管理规程一般由国家相应的技术主管部门制定颁发,管理单位据此制定细则。

(四)各类管理制度

各类管理制度是由运行管理单位自行对某一单项管理工作方式、方法和程序的规定。如各类建筑物工程检查与养护制度,安全管理(或操作)制度,资料归档管理制度,责任制度(包括岗位责任制、技术责任制、经济责任制),水电站(或泵站)交接班制度、检修制度、消防制度、事故处理制度等。

三、几种法规和管理制度的要点说明

(一)法律法规

1.《中华人民共和国水法》

《水法》于1988年1月21日第六届全国人民代表大会常务委员会第二十四次会议通过,1988年1月21日中华人民共和国主席令第61号公布。

《水法》是为合理开发利用和保护水资源、防治水害,充分发挥水资源的综合效益,适应国民经济发展和人民生活的需要而制定的,从水资源开发利用、水及水域和水工程的保护、用水管理、防汛与抗洪、法律责任等方面做出了具体规定,是水利方面一部综合性的根本大法,对水利工程管理的实际工作具有很强的指导作用。

2.《中华人民共和国防洪法》

《防洪法》于1997年8月29日第八届全国人民代表大会常务委员会第二十七次会议通过,1997年8月29日,中华人民共和国主席令第88号公布,1998年1月1日施行。是我国水法体系中防治水害的第一部法律。

本法是为防治洪水、防御和减轻洪涝灾害、维护人民的生命和财产安全、保障社会主义现代化建设顺利进行而制定的。本法从防洪规划、治理与防护、防洪和防洪工程设施的管理,防汛抗洪保障措施、法律责任几个方面做出了具体规定,是防洪工作应遵循的基本准则和法律依据。对防汛抗洪工作具有强制性的作用。

3.《中华人民共和国水土保持法》

《中华人民共和国水土保持法》于1991年6月29日颁布，是与水资源密切相关的一部法律，是预防和治理水土流失、保护和合理利用水土资源、减轻水旱和风沙灾害、改善生态环境、发展生产、保护水资源不可缺少的一部大法。

它的实施不仅能改善河流上游生态环境，而且对涵养水源，防止河道淤积都有现实意义。

（二）一些管理制度的内涵要点

1.责任制

责任制是按社会化大生产的需要和分工协作的原则制定的制度，它明确规定单位内部各个组织各个部门每个岗位每个人员的工作任务、工作范围和工作要求，规定他们的工作职责和权限，并与其所得的报酬联系起来，包括岗位责任制、技术责任制和经济责任制。

2.各类工程检查与养护制度

这类制度因工程建筑不同而异，但总体上是对观测设备仪器的使用检验、各项观测指标的观测次数数量、观测资料的记录处理、大的问题上报、设施的安全鉴定、巡检方式和路线以及人员等做出的规定。

3.安全管理制度

安全管理制度是针对设备与运行管理人员的人身安全，对工作过程的行为做出的规定，目的是在运行中确保设备和人身安全，以约束人在管理中的行为为主要内容，包括操作制度、工作制度、口头命令制度、考核制度等。

4.安全操作制度

安全操作制度是以设备和人身安全为前提，对某一技术操作行为做出的规定和要求。

5.事故处理制度

事故处理制度是对运行中发生人身、设备或建筑物等重大事故时应采取的处理措施所做出的规定，包括事故排除、上报、记录等规定。

四、管理制度的贯彻执行

管理制度制定完成后，应加强制度的执行。为此应加强思想教育，加强生产管理人员的培训和考核评比等工作，使生产管理人员充分认识到贯彻执行管理制度的重要意义，使全体人员关心集体，以主人翁的态度严肃认真、一丝不苟地自觉遵守各项管理制度，通过培训开展各个岗位的技术练兵活动，不断提高技术水平，懂得科学规律，正确掌握和执行各项制度。

任务四 编制水利工程管理计划

一、工程管理计划的意义

工程管理计划是对工程管理工作所做出的安排部署，是根据国家要求和社会需要按照工程类型、结构特点及运行条件的变化对工程维护管理在管理目标、控制运用、检查观测、维修改造的时间、规模资金以及维修改造实施的方式、方法和材料运用等方面做出的规划和安排，是工程管理中一项重要的工作内容。周密的管理计划使工程维护管理有明确的目标和标准，使管理工作有序进行，从而避免了管理工作的盲目性，对维护工程运行、确保工程安全、提高工程综合效益是非常重要的，也是十分必要的。

二、工程管理的各类计划

工程管理计划按作用不同，分为长期计划和年度计划。

（一）长期计划

长期计划一般是指五年或五年以上的管理计划，是根据工程设计标准和工程施工状况、实际运行条件、社会效益、企业经济效益等情况，提出的工程管理远期目标和标准。它是工程管理单位的纲领性计划，是工程管理单位在一定时期内进行管理工作和谋求发展的指导文件。长期计划有工程管理标准、工程管理单位发展远期目标、防汛预案等。

工程管理标准是根据设计标准、运用条件和有关部颁规程规范对工程或设施在一定时期内应具备的功能状态和形状标准所进行的规划。工程管理的基本目标就是工程或设施的运行要保证安全和功能正常发挥。

如隧洞工程应具备的功能和形态标准是顶拱边墙混凝土无脱落、无坍塌、无漏水、无裂缝，底板无淤积、无杂物、无冲坑、无隆起等现象发生，过水能力满足设计要求。

（二）年度计划

年度计划是长期计划的预定目标在年度内的具体化，是实行决策的执行性计划，要求对年度内应完成的任务和指标做出的明确的安排。一般有：

（1）防汛计划。制订计划年度防汛期内的防洪限制水位、防洪调度方式、遭遇非常洪水的保证措施，抢险的人力物力的准备等。

（2）工程控制运用计划。在保证工程安全的前提下提出供水、输水、蓄水和调水指标，制订出全年分月的引、蓄、提、输和供水计划。

（3）工程养护维修计划。包括水工建筑设备仪器的正常养护、岁修计划、本年度的大修项目、工程配套和扩建项目、项目内容实施方案、材料供应及资金计划。

（4）器材物资采购供应计划。根据以上各项计划计算各种器材、物资的需要量，分时段安排采购及供应计划。

（5）科研、技术革新计划。是针对工程维护所提出的在新材料、新技术、新工艺以及新的管理方法等方面做出的规划安排。

三、工程管理计划的编制

工程管理计划的编制应遵循适时制宜、依靠群众、自下而上、上下结合的原则进行。这里就工程管理计划的编制，简要说明如下。

工程维修计划的编制，应根据对工程检测的缺陷，结合年度维修资金计划，筛选年度维修项目，首先要考虑缺陷严重的，对工程安全运行有影响的项目作为优先维修选项，按先重后轻，先急后缓的原则选项。维修项目初定后，应组织各方人员，进行现场勘察，进一步详细了解工程缺陷情况，并记录、分析、研究病害缺陷发生的原因，研究并确定维修的范围和程度,同时量测维修工程量。

根据分析结果,拟订处理方案,包括处理方法和措施。当工程结构比较复杂时,可初拟2个至以上的方案进行比较、优选。

维修计划的内容有维修工程项目的概况(包括工程部位结构类型、缺陷表现和程度、环境条件)、处理方案(应包括处理方法和措施)、组织安排、时间进程安排、场地布置、维修资金预算,最后将这些内容综合形成维修计划报告,报告经上级批准后可安排实施维修。

思考题

1.在工程管理中为什么要注重各种法规制度的建设?

2.如何编制工程维修计划?

参考文献

[1] 杜守建,汪文萍,侯新.水利工程管理[M].郑州:黄河水利出版社,2016.
[2] 李宗尧,胡昱玲.水利工程管理技术[M].北京:中国水利水电出版社,2016.
[3] 卜贵贤.水利工程管理[M].北京:中国水利水电出版社,2016.
[4] 梅孝威.水利工程技术[M].北京:中国水利水电出版社,2013.
[5] 杜守建,周长勇.水利工程技术管理[M].郑州:黄河水利出版社,2013.
[6] 杜守建,周长勇.水利工程技术管理技能训练[M].郑州:黄河水利出版社,2013.